Первый миллион цифр числа Пи

Под редакцией

Дэвид Э. МакАдамс

Для получения дополнительной информации см. http://www.piday.org.
Сайт редактора: http://www.demcadams.com.

Эта книга предназначена только для образовательных и развлекательных целей. Издатель и автор не предлагают ее в качестве математического совета.

Другие книги Дэвида Э. МакАдамса

Попугай цвета — Введение в концепцию цветов с использованием рисунков попугаев. Для дошкольников.
Цвета цветов — Введение в концепцию цветов с использованием рисунков цветов. Для дошкольников.
Цвета космоса — Введение в концепцию цветов с использованием фотографий из НАСА. Для дошкольников.
Формы — Введение в формы. Для дошкольников.
Numbers (По-английски) — Введение в концепцию чисел. Для классов K-2.
What is Bigger Than Anything? (Infinity) — Введение в концепцию бесконечности. Для 1–3 классов.
Swing Sets (Sets) (По-английски) — Введение в теорию множеств. Для 2–4 классов.
One Penny, Two (По-английски) — Если пенни Джерри будет удваиваться каждый день, сколько времени пройдет, прежде чем он сможет купить темно-зеленую спортивную машину? Для 3–6 классов.
Learning With Play Money Activity Kit (По-английски) — Обучайте большим числам и счету с более чем 1 000 000 долларов в виде игровых денег.
Мои любимые фракталы (тома 1, 2) — Иллюстрированные книги с чудесными фракталами, представленные в виде изображений с высоким разрешением. Для всех возрастов.
All Math Words Dictionary (По-английски) — Математический словарь для студентов, изучающих предыдущую алгебру, алгебру, геометрию и предыскажения.
Первый миллион цифр числа Пи -— Первый миллион цифр числа Пи. Для всех возрастов.
Первый миллион цифр числа Эйлера — Первый миллион цифр числа Эйлера e. Для всех возрастов.
Квадратный корень из 2 до миллиона цифр — Первый миллион цифр квадратного корня из 2. Для всех возрастов.
Первые сто тысяч простых чисел — Первые сто тысяч простых чисел. Для всех возрастов.
Развёртка многогранника проектная книга — 80 геометрических сетей для копирования, вырезания и склеивания в трехмерные многогранники. Для детей от 9 лет.
Geometric Nets Mega Project Book (По-английски) — 253 геометрические сети для копирования, вырезания и склеивания в трехмерные многогранники. Для детей от 9 лет.

Актуальный список см. на сайте https://www.DEMcAdams.com.

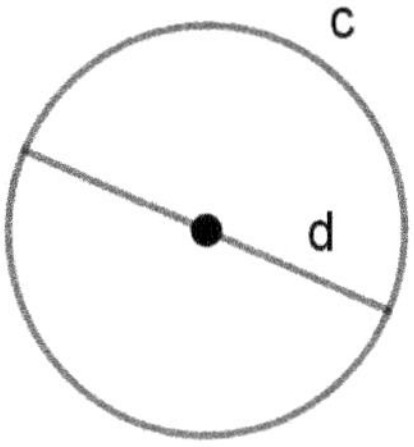

$$\Pi = \frac{c}{d}$$

$$\Pi = \frac{circumference}{diameter}$$

Π ≈ 3.141592653589793238462643383279502884197169399375105820974944
592307816406286208998628034825342117067982148086513282306647093844
609550582231725359408128481117450284102701938521105559644622948954
930381964428810975665933446128475648233786783165271201909145648566
923460348610454326648213393607260249141273724587006606315588174881
520920962829254091715364367892590360011330530548820466521384146951
941511609433057270365759591953092186117381932611793105118548074462
379962749567351885752724891227938183011949129833673362440656643086
021394946395224737190702179860943702770539217176293176752384674818
467669405132000568127145263560827785771342757789609173637178721468
440901224953430146549585371050792279689258923542019956112129021960
864034418159813629774771309960518707211349999998372978049951059731
732816096318595024459455346908302642522308253344685035261931188171
010003137838752886587533208381420617177669147303598253490428755468
731159562863882353787593751957781857780532171226806613001927876611
195909216420198938095257201065485863278865936153381827968230301952
035301852968995773622599413891249721775283479131515574857242454150
695950829533116861727855889075098381754637464939319255060400927701
671139009848824012858361603563707660104710181942955596198946767837
449448255379774726847104047534646208046684259069491293313677028989
152104752162056966024058038150193511253382430035587640247496473263
914199272604269922796782354781636009341721641219924586315030286182
974555706749838505494588586926995690927210797509302955321165344987
202755960236480665499119881834797753566369807426542527862551818417
574672890977772793800081647060016145249192173217214772350141441973
568548161361157352552133475741849468438523323907394143334547762416
862518983569485562099219222184272550254256887671790494601653466804
988627232791786085784383827967976681454100953883786360950680064225
125205117392984896084128488626945604241965285022210661186306744278
622039194945047123713786960956364371917287467764657573962413890865
832645995813390478027590099465764078951269468398352595709825822620
522489407726719478268482601476990902640136394437455305068203496252
451749399651431429809190659250937221696461515709858387410597885959
772975498930161753928468138268683868942774155991855925245953959431
049972524680845987273644695848653836736222626099124608051243884390
451244136549762780797715691435997700129616089441694868555848406353
422072225828488648158456028506016842739452267467678895252138522549
954666727823986456596116354886230577456498035593634568174324112515
076069479451096596094025228879710893145669136867228748940560101503
308617928680920874760917824938589009714909675985261365549781893129
784821682998948722658804857564014270477555132379641451523746234364
542858444795265867821051141354735739523113427166102135969536231442

952484937187110145765403590279934403742007310578539062198387447808
478489683321445713868751943506430218453191048481005370614680674919
278191197939952061419663428754440643745123718192179998391015919561
814675142691239748940907186494231961567945208095146550225231603881
930142093762137855956638937787083039069792077346722182562599661501
421503068038447734549202605414665925201497442850732518666002132434
088190710486331734649651453905796268561005508106658796998163574736
384052571459102897064140110971206280439039759515677157700420337869
936007230558763176359421873125147120532928191826186125867321579198
414848829164470609575270695722091756711672291098169091528017350671
274858322287183520935396572512108357915136988209144421006751033467
110314126711136990865851639831501970165151168517143765761835155650
884909989859982387345528331635507647918535893226185489632132933089
857064204675259070915481416549859461637180270981994309924488957571
282890592323326097299712084433573265489382391193259746366730583604
142813883032038249037589852437441702913276561809377344403070746921
120191302033038019762110110044929321516084244485963766983895228684
783123552658213144957685726243344189303968642624341077322697802807
318915441101044682325271620105265227211166039666557309254711055785
376346682065310989652691862056476931257058635662018558100729360659
876486117910453348850346113657686753249441668039626579787718556084
552965412665408530614344431858676975145661406800700237877659134401
712749470420562230538994561314071127000407854733269939081454664645
880797270826683063432858785698305235808933065757406795457163775254
202114955761581400250126228594130216471550979259230990796547376125
517656751357517829666454779174501129961489030463994713296210734043
751895735961458901938971311179042978285647503203198691514028708085
990480109412147221317947647772622414254854540332157185306142288137
585043063321751829798662237172159160771669254748738986654949450114
654062843366393790039769265672146385306736096571209180763832716641
627488880078692560290228472104031721186082041900042296617119637792
133757511495950156604963186294726547364252308177036751590673502350
728354056704038674351362222477158915049530984448933309634087807693
259939780541934144737744184263129860809988868741326047215695162396
586457302163159819319516735381297416772947867242292465436680098067
692823828068996400482435403701416314965897940924323789690706977942
236250822168895738379862300159377647165122893578601588161755782973
523344604281512627203734314653197777416031990665541876397929334419
521541341899485444734567383162499341913181480927777103863877343177
207545654532207770921201905166096280490926360197598828161332316663
652861932668633606273567630354477628035045077723554710585954870279
081435624014517180624643626794561275318134078330336254232783944975
382437205835311477119926063813346776879695970309833913077109870408
591337464144282277263465947047458784778720192771528073176790770715
721344473060570073349243693113835049316312840425121925651798069411
352801314701304781643788518529092854520116583934196562134914341595
625865865570552690496520985803385072242648293972858478316305777756
068887644624824685792603953527734803048029005876075825104747091643
961362676044925627420420832085661190625454337213153595845068772460
290161876679524061634252257719542916299193064553779914037340432875
262888963995879475729174642635745525407909145135711136941091193932
519107602082520261879853188770584297259167781314969900901921169717
372784768472686084900337702424291651300500516832336435038951702989
392233451722013812806965011784408745196012122859937162313017114448
464090389064495444006198690754851602632750529834918740786680881833
851022833450850486082503930213321971551843063545500766828294930413
776552793975175461395398468339363830474611996653858153842056853386
218672523340283087112328278921250771262946322956398989893582116745

627010218356462201349671518819097303811980049734072396103685406643
193950979019069963955245300545058068550195673022921913933918568034
490398205955100226353536192041994745538593810234395544959778377902
374216172711172364343543947822181852862408514006660443325888569867
054315470696574745855033232334210730154594051655379068662733379958
511562578432298827372319898757141595781119635833005940873068121602
876496286744604774649159950549737425626901049037781986835938146574
126804925648798556145372347867330390468838343634655379498641927056
387293174872332083760112302991136793862708943879936201629515413371
424892830722012690147546684765357616477379467520049075715552781965
362132392640616013635815590742202020318727760527721900556148425551
879253034351398442532234157623361064250639049750086562710953591946
589751413103482276930624743536325691607815478181152843667957061108
615331504452127473924544945423682886061340841486377670096120715124
914043027253860764823634143346235189757664521641376796903149501910
857598442391986291642193994907236234646844117394032659184044378051
333894525742399508296591228508555821572503107125701266830240292952
522011872676756220415420516184163484756516999811614101002996078386
909291603028840026910414079288621507842451670908700069928212066041
837180653556725253256753286129104248776182582976515795984703562226
293486003415872298053498965022629174878820273420922224533985626476
691490556284250391275771028402799806636582548892648802545661017296
702664076559042909945681506526530537182941270336931378517860904070
866711496558343434769338578171138645587367812301458768712660348913
909562009939361031029161615288138437909904231747336394804575931493
140529763475748119356709110137751721008031559024853090669203767192
203322909433467685142214477379393751703443661991040337511173547191
855046449026365512816228824462575916333039107225383742182140883508
657391771509682887478265699599574490661758344137522397096834080053
559849175417381883999446974867626551658276584835884531427756879002
909517028352971634456212964043523117600665101241200659755851276178
583829204197484423608007193045761893234922927965019875187212726750
798125547095890455635792122103334669749923563025494780249011419521
238281530911407907386025152274299581807247162591668545133312394804
947079119153267343028244186041426363954800044800267049624820179289
647669758318327131425170296923488962766844032326092752496035799646
925650493681836090032380929345958897069536534940603402166544375589
004563288225054525564056448246515187547119621844396582533754388569
094113031509526179378002974120766514793942590298969594699556576121
865619673378623625612521632086286922210327488921865436480229678070
576561514463204692790682120738837781423356282360896320806822246801
224826117718589638140918390367367222088832151375560037279839400415
297002878307667094447456013455641725437090697939612257142989467154
357846878861444581231459357198492252847160504922124247014121478057
345510500801908699603302763478708108175450119307141223390866393833
952942578690507643100638351983438934159613185434754649556978103829
309716465143840700707360411237359984345225161050702705623526601276
484830840761183013052793205427462865403603674532865105706587488225
698157936789766974220575059683440869735020141020672358502007245225
632651341055924019027421624843914035998953539459094407046912091409
387001264560016237428802109276457931065792295524988727584610126483
699989225695968815920560010165525637567856672279661988578279484885
583439751874454551296563443480396642055798293680435220277098429423
253302257634180703947699415979159453006975214829336655566156787364
005366656416547321704390352132954352916941459904160875320186837937
023488868947915107163785290234529244077365949563051007421087142613
497459561513849871375704710178795731042296906667021449863746459528
082436944578977233004876476524133907592043401963403911473202338071

375355516673027390074972973635496453328886984406119649616277344951
827369558822075735517665158985519098666539354948106887320685990754
079234240230092590070173196036225475647894064754834664776041146323
390565134330684495397907090302346046147096169688688501408347040546
074295869913829668246818571031887906528703665083243197440477185567
893482308943106828702722809736248093996270607472645539925399442808
113736943388729406307926159599546262462970706259484556903471197299
640908941805953439325123623550813494900436427852713831591256898929
519642728757394691427253436694153236100453730488198551706594121735
246258954873016760029886592578662856124966552353382942878542534048
308330701653722856355915253478445981831341129001999205981352205117
336585640782648494276441137639386692480311836445369858917544264739
988228462184490087776977631279572267265556259628254276531830013407
092233436577916012809317940171859859993384923549564005709955856113
498025249906698423301735035804408116855265311709957089942732870925
848789443646005041089226691783525870785951298344172953519537885534
573742608590290817651557803905946408735061232261120093731080485485
263572282576820341605048466277504500312620080079980492548534694146
977516493270950493463938243222718851597405470214828971117779237612
257887347718819682546298126868581705074027255026332904497627789442
362167411918626943965067151577586756482399391760426017633870454994
017614364120469218237076488784196896861181551585873606293860381017
121585527266830082383404656475880405138080163363887421637140643549
556186896411228214075330265510042410489678352858829024367090488711
819090949453314421828766181031007354770549815968077200947469613436
092861484941785017180779306810854690009445899527942439813921350558
642219648349151263901280383200109773680662877923971801461343244577
264009737425700735921003154150893679300816998053652027600727749674
584002836240534603726341655425902760183484030681138185510597970566
400750942608788573579603732451414678670368809880609716425849759513
806930944940151542222194329130217391253835591503100333032511174915
696917450271494331515588540392216409722910112903552181576282328318
234254832611191280092825256190205263016391147724731485739107777587
442538761174657867116941477642144111126358355387136101102326798775
641024682403226483464176636980663785768134920453022408197278564719
839630878154322116691224641591177673225326433568614618654522268126
887268445968442416107854016768142080885028005414361314623082102594
173756238994207571362751674573189189456283525704413354375857534269
869947254703165661399199968262824727064133622217892390317608542894
373393561889165125042440008952719837873864805847268954624388234374
517885201439560057104811949884239060613695734231559079670346149143
447886360410318235073650277859089757827273130504889398900992391350
337325085598265586708924261242947367019390772713070686917092646254
842324074855036608013604668951184009366860954632500214585293095000
090715105823626729326453738210493872499669933942468551648326113414
611068026744663733437534076429402668297386522093570162638464852851
490362932019919968828517183953669134522244470804592396602817156551
565666111359823112250628905854914509715755390024393153519090210711
945730024388017661503527086260253788179751947806101371500448991721
002220133501310601639154158957803711779277522597874289191791552241
718958536168059474123419339842021874564925644346239253195313510331
147639491199507285843065836193536932969928983791494193940608572486
396883690326556436421664425760791471086998431573374964883529276932
822076294782381537409961545598798259891093717126218283025848112388
901196822142945766758071865380650648702613389282299497257453033283
896381843944770779402284359883410035838542389735424395647555684095
224844554139239410001620769363684677641301781965937997155746854194

Первый миллион цифр числа Пи

633489374843912974239143365936041003523437770658886778113949861647
874714079326385873862473288964564359877466763847946650407411182565
837887845485814896296127399841344272608606187245545236064315371011
274680977870446409475828034876975894832824123929296058294861919667
091895808983320121031843034012849511620353428014412761728583024355
983003204202451207287253558119584014918096925339507577840006746552
603144616705082768277222353419110263416315714740612385042584598841
990761128725805911393568960143166828317632356732541707342081733223
046298799280490851409479036887868789493054695570307261900950207643
349335910602454508645362893545686295853131533718386826561786227363
716975774183023986006591481616404944965011732131389574706208847480
236537103115089842799275442685327797431139514357417221975979935968
525228574526379628961269157235798662057340837576687388426640599099
350500081337543245463596750484423528487470144354541957625847356421
619813407346854111766883118654489377697956651727966232671481033864
391375186594673002443450054499539974237232871249483470604406347160
632583064982979551010954183623503030945309733583446283947630477564
501500850757894954893139394489921612552559770143685894358587752637
962559708167764380012543650237141278346792610199558522471722017772
370041780841942394872540680155603599839054898572354674564239058585
021671903139526294455439131663134530893906204678438778505423939052
473136201294769187497519101147231528932677253391814660730008902776
896311481090220972452075916729700785058071718638105496797310016787
085069420709223290807038326345345203802786099055690013413718236837
099194951648960075504934126787643674638490206396401976668559233565
463913836318574569814719621084108096188460545603903845534372914144
651347494078488442377217515433426030669883176833100113310869042193
903108014378433415137092435301367763108491351615642269847507430329
716746964066653152703532546711266752246055119958183196376370761799
191920357958200759560530234626775794393630746305690108011494271410
093913691381072581378135789400559950018354251184172136055727522103
526803735726527922417373605751127887218190844900617801388971077082
293100279766593583875890939568814856026322439372656247277603789081
445883785501970284377936240782505270487581647032458129087839523245
323789602984166922548964971560698119218658492677040395648127810217
991321741630581055459880130048456299765112124153637451500563507012
781592671424134210330156616535602473380784302865525722275304999883
701534879300806260180962381516136690334111138653851091936739383522
934588832255088706450753947395204396807906708680644509698654880168
287434378612645381583428075306184548590379821799459968115441974253
634439960290251001588827216474500682070419376158454712318346007262
933955054823955713725684023226821301247679452264482091023564775272
308208106351889915269288910845557112660396503439789627825001611015
323516051965590421184494990778999200732947690586857787872098290135
295661397888486050978608595701773129815531495168146717695976099421
003618355913877781769845875810446628399880600616229848616935337386
578773598336161338413385368421197893890018529569196780455448285848
370117096721253533875862158231013310387766827211572694951817958975
469399264219791552338576623167627547570354699414892904130186386119
439196283887054367774322427680913236544948536676800000106526248547
305586159899914017076983854831887501429389089950685453076511680333
732226517566220752695179144225280816517166776672793035485154204023
817460892328391703275425750867655117859395002793389592057668278967
764453184040418554010435134838953120132637836928358082719378312654
961745997056745071833206503455664403449045362756001125018433560736
122276594927839370647842645676338818807565612168960504161139039063
960162022153684941092605387688714837989559999112099164646441191856
827700457424343402167227644558933012778158686952506949936461017568

5060167145354315814801054588605645501332037586454858403240298717093480910556211671546848477803944756979804263180991756422809873998766973237695737015808068229045992123661689025962730430679316531149401764737693873514093361833216142802149763399189835484875625298752423873077559555955465196394401821840998412489826236737714672260616336432964063357281070788758164043814850188411431885988276944901193212968271588841338694346828590066640806314077757725705630729400492940302420498416565479736705485580445865720227637840466823379852827105784319753541795011347273625774080213476826045022851579795797647467022840999561601569108903845824502679265942055503958792298185264800706837650418365620945554346135134152570065974881916341359556719649654032187271602648593049039787489589066127250794828276938953521753621850796297785146188432719223223810158744450528665238022532843891375273845892384422535472653098171578447834215822327020690287232330053862163479885094695472004795231120150432932266282727632177908840087861480221475376578105819702226309717495072127248479478169572961423658595782090830733233560348465318730293026659645013718375428897557971449924654038681799213893469244741985097334626793321072686870768062639919361965044099542167627840914669856925715074315740793805323925239477557441591845821562518192155233709607483329234921034514626437449805596103307994145347784574699992128599999399612281615219314888769388022281083001986016549416542616968586788372609587745676182507275992950893180521872924610867639958916145855058397274209809097817293239301067663868240401113040247007350857828724627134946368531815469690466968693925472519413992914652423857762550047485295476814795467007050347999588867695016124972282040303995463278830695976249361510102436555352230690612949388599015734661023712235478911292547696176005047974928060721268039226911027772261025441492215765045081206771735712027180242968106203776578837166909109418074487814049075517820385653909910477594141321543284406250301802757169650820964273484146957263978842560084531214065935809041271135920041975985136254796160632288736181367373244506079244117639975974619383584574915988097667447093006546342423460634237474666080431701260052055928493695941434081468529815053947178900451835755154125223590590687264878635752541911288877371766374860276606349603536794702692322971868327717393236192007774522126247518698334951510198642698878471719396649769070825217423365662725928440620430214113719922785269984698847702323823840055655517889087661360130477098438611687052310553149162517283732728676007248172987637569816335415074608838663640693470437206688651275688266149730788657015685016918647488541679154596507234287730699853713904300266530783987763850323818215535597323530686043010675760838908627049841888595138091030423595782495143988590113185835840667472370297149785084145853085781339156270760356390763947311455495832266945702494139831634332378975955680856836297253867913275055542524491943589128405045226953812179131914513500993846311774017971512283785460116035955402864405902496466930707769055481028850208085800878115773817191741776017330738554758006056014337743299012728677253043182519757916792969965041460706645712588834697979642931622965520168797300035646304579308840327480771811555330909887025505207680463034608658165394876951960044084820659673794731680864156456505300498816164905788311543454850526600698230931577765003780704661264706021457505793270962047825615247145918965223608396645624105195510522357239739512881816405978591427914816542632892004281609136937773722299983327082082969955737727375667615527113922588055201898876201141680054687365580633471603734291703907986396522961312801782679717289822936070288069087768660593252746378405397691848082041021944719713869256084162451123980620113184541244782050110798760717155683154078865439041210873032402010685341947230476666721749869868547076781 20

5124736792479193150856444775379853799732234456122785843296846647513
3365736923872014647236794278700425032555899268843495928761240075
5875694641370562514001179713316620715371543600687647731867558714878
398908107429530941060596944315847753970094398839491443235366853920
9946879645066533985738887866147629443414010498889931600512076781 03
5886116602029611936396821349607501116498327856353161451684576956 87
1090029997698412632665023477167286573785790857466460772283415403 11
4415294188047825438761770790430001566986776795760909966936075594 96
5152736349811896413043311662774712338817406037317439705406703109 67
6765748695358789670031925866259410510533584384656023391796749267 84
4763708474978333655579007384191473198862713525954625181604342253 72
9962863267496824058060296421146386436864224724887283434170441573 48
2481833301640566959668866769563491416328426414974533349999480002 66
9987588815935073578151958899005395120853510357261373640343675347 14
1048360175464883004078464167452167371904831096767113443494819262 68
1110739948250607394950735031690197318521195526356325843390998224 98
6240670310768318446607291248747540316179699411397387765899868554 17
0318847788675929026070043212666179192235209382278788809886335991 16
0819235355570464634911320859189796132791319756490976000139962344 45
5350143464268604644958624769094347048293294140411146540923988344 43
5159133201077394411184074107684981066347241048239358274019449356 65
1610884631256785297769734684303061462418035852933159734583038455 41
0337010916767763742762102137013548544509263071901147318485749233 18
1672072137279355679528443925481560913728128406333039373562420016 04
5664557414588166052166608738748047243391212955877763906969037078 82
8527753894052460758496231574369171131761347838827194168606625721 03
6851321566478001476752310393578606896111259960281839309548709059 07
3861351914591819510297327875571049729011487171897180046961697770 01
7913919613791417162707018958469214343696762927459109940060084983 56
8425201915593703701011049747339493877885989417433031785348707603 22
1982970579751191440510994235883034546353492349826883624043327267 41
5540301619505680654180939409982020609994140216890900708213307230 89
6621197755306659188141191577836272927461561857103721724710095214 23
6964830864102592887457999322374955191221951903424452307535133806 85
6807354464995127203174487195403976107308060269906258076020292731 45
5252078079914184290638844373499681458273372072663917670201183004 64
8190002413083508846584152148991276106513741539435657211390328574 91
8769094413702090517031487773461652879848235338297260136110984514 84
1823808120540996125274580881099486972216128524897425555516076371 67
5054896173016809613803811914361143992106380050832140987604599309 32
4851025168294467260666138151745712559754953580239983146982203613 38
0828499356705575524712902745397762140493182014658008021566536067 76
5508783804304134310591804606800834591136640834887408005741272586 70
4792258319127415739080914383138456424150940849133918096840251163 99
1936853225557338966953749026620923261318855891580832455571948453 87
5628786128859004106006073746501402627824027346962528217174941582 33
1749239683530136178653673760642166778137739951006589528877427662 63
6841830680190804609849809469763667335662282915132352788806157768 27
8159588669180238940333076441912403412022316368577860357276941541 77
8826435238131905028087018575047046312933353757285386605888904583 11
1450773942935201994321971171642235005644042979892081594307167019 85
7469273848653833436145794634175922573898588001698014757420542995 80
1242958105456510831046297282937584161162532562516572498078492099 89
7990620035936509934721582965174135798491047111660791587436986541 22
2348341887722929446335178653856731962559852026072947674072616767 14
5573649812105677716893484917660771705277187601199908144113058645 57
7910525684304811440261938402322470939249802933550731845890355397 13
3088446174107959162511714864874468611247605428673436709046678468 67

027409188101424971114965781772427934707021668829561087779440504843
752844337510882826477197854000650970403302186255614733211777117441
335028160884035178145254196432030957601869464908868154528562134698
835544456024955666843660292219512483091060537720198021831010327041
783866544718126039719068846237085751808003532704718565949947612424
811099928867915896904956394762460842406593094862150769031498702067
353384834955083636601784877106080980426924713241000946401437360326
564518456679245666955100150229833079849607994988249706172367449361
226222961790814311414660941234159359309585407913908720832273354957
208075716517187659944985693795623875551617575438091780528029464200
447215396280746360211329425591600257073562812638733106005891065245
708024474937543184149401482119996276453106800663118382376163966318
093144467129861552759820145141027560068929750246304017351489194576
360789352855505317331416457050499644389093630843874484783961684051
845273288403234520247056851646571647713932377551729479512613239822
960239454857975458651745878771331813875295980941217422730035229650
808917770506825924882232215493804837145478164721397682096332050830
564792048208592047549985732038887639160199524091893894557676874973
085695595801065952650303626615975066222508406742889826590751063756
356996821151094966974458054728869363102036782325018232370845979011
154847208761821247781326633041207621658731297081123075815982124863
980721240786887811450165582513617890307086087019897588980745664395
515741536319319198107057533663373803827215279884935039748001589051
942087971130805123393322190346624991716915094854140187106035460379
464337900589095772118080446574396280618671786101715674096766208029
576657705129120990794430463289294730615951043090222143937184956063
405618934251305726829146578329334052463502892917547087256484260034
962961165413823007731332729830500160256724014185152041890701154288
579920812198449315699905918201181973350012618772803681248199587707
020753240636125931343859554254778196114293516356122349666152261473
539967405158499860355295332924575238881013620234762466905581643896
786309762736550472434864307121849437348530060638764456627218666170
123812771562137974614986132874411771455244470899714452288566294244
023018479120547849857452163469644897389206240194351831008828348024
924908540307786387516591130287395878709810077271827187452901397283
661484214287170553179654307650453432460053636147261818096997693348
626407743519992868632383508875668359509726557481543194019557685043
724800102041374983187225967738715495839971844490727914196584593008
394263702087563539821696205532480321226749891140267852859967340524
203109179789990571882194939132075343170798002373659098537552023891
164346718558290685371189795262623449248339249634244971465684659124
891855662958932990903523923333364743520370770101084388003290759834
217018554228386161721041760301164591878053936744747205998502358289
183369292233732399948043710841965947316265482574809948250999183300
697656936715968936449334886474421350084070066088359723503953234017
958255703601693699098867113210979889707051728075585519126993067309
925070407024556850778679069476612629808225163313639952117098452809
263037592242674257559989289278370474445218936320348941552104459726
188380030067761793138139916205806270165102445886924764924689192461
212531027573139084047000714356136231699237169484813255420091453041
037135453296620639210547982439212517254013231490274058589206321758
949434548906846399313757091034633271415316223280552297297953801880
162859073572955416278867649827418616421878988574107164906919185116
281528548679417363890665388576422915834250067361245384916067413734
017357277995634104332688356950781493137800736235418007061918026732
855119194267609122103598746924117283749312616339500123959924050845
437569850795704622266461900010350049018303415354584283376437811198
855631877779253720116671853954183598443830520376281944076159410682

07169703022851522505731260930468984234331527321313612165828080752126315477306044237747535059522871744026663891488171730864361113890694202790881431194487994171540421034121908470940802540239329429454938786402305129271190975135360009219711054120966831115163287054230284700731206580326264171161659576132723515666625366727189985341998952368848309993027574199164638414270779887088742292770538912271724863220288984251252872178260305009945108247835729056919885554678860794628053712270424665431921452817607414824038278358297193010178883456741678113989547504483393146896307633966572267270433932167454218245570625247972199786685427989779923395790575818906225254735822052364248507834071101449804787266919901864388229323053823185597328697809222535295910173414073348847610055640182423921926950620831838145469839236646136398910121021770597670490830508185470419466437131229969235889538493013635657618610606222870559942337163102127845744646398973818856674626087948201864748767272722206267646533809980196688368099415907577685263986514625333631245053640261056960551318381317426118442018908885319635698696279503673842431301133175330532980201668881748134298868158557781034323175306478498321062971842518438553442762012823457071698853051832617964117857960888815032960229070561447622091509473903594664691623539680920139457817589108893199211226007392814916948161527384273626429809823406320024402449589445612916704950823581248739179964864113348032475775219708932772262349486015046652681439877051615317026696929704928316285504212898146706195331970269507214378230476287528028735412616639170824592517001071418085480063692325964201900227808740985977192180515853214739265325155903541020928466592529991435379182531454529059841581763705892790690989691116438118780943537152133226144362531449012745477269573939348154691631162492887357471882407150399500944673195431619385548520766573882513963916357672315100555603726339486720820780865373494244011579966750736071115935133195919712094896471755302453136477094209463569698222667377752099451684506436238421185353488798939567318780660610788544000550827657030558744854180577889171920788142335113866292966717964346876007704799953788338787034871802184243734211227394025571769081960309201824018842705704609262256417837526526335832424066125331152942345796556950250681001831090041124537901533296615697052237921032570693705109083078947999004999395322153622748476603613677697978567386584670936679588583788795625946464891376652199588286933801836011932368578558558195556042156250883650203322024513762158204618106705195330653060606501054887167245377942831338871631395596905832083416898476065607118347136218123246227258841990286142087284956879639325464285343075301105285713829643709990356948885285190402956047346131138263878897551788560249987483163828040468486189381895905420398898726506976202019955484126500053944282039301274816381585303964399254702016727593285743666616441109625663373054092195196751483287348089574777752783442210910731113518280460363471981856555729571447476825528578633493428584231187494400032296906977583159038580393535213588600796003420975473922967333106439560181223781285458431760556173386112673478074585067606304822940965304111830667108189303110887172816751957967534718853722930961614320400638132246584111115775835858113501856904781536893813771847281475199835050478129771859908470762197460588742325699582889253504193795826061621184236876851141831606831586799460165205774052942305360178031335762632670547903384012573059123396018801378254219270947673371919872873852480574212489211834708766296672072723256505651293331260595057777275424712416483128329820723617505746738701282095755443059683955556868611883971355220844528526400812520276655576774959696266126045652456840861392382657685833846984997787267065551918544686984694784957346226062942196245570853712727765230989554501930377321666491825781546772920052126

714346320963789185232321501897612603437368406719419303774688099929687758244104787812326625318184596045385354383911449677531286426092521153767325886672260404252349108702695809964759580579466397341906401003636190404203311357933654242630356145700901124480089002080147805660371015412232889146572239314507607167064355682743774396578906797268743847307634645167756210309860409271709095128086309029738504452718289274968921210667008164858339553773591913695015316201890888748421079870689911480466927065094076204650277252865072890532854856143316081269300569378541786109696920253886503457718317668688592368148847527649846882194973972970773718718840041432312763650481453112285099002074240925585925292610302106736815434701525234878635164397623586041919412969769040526483234700991115424260127343802208933109668636789869497799400126016422760926082349304118064382913834735467972539926233879158299848645927173405922562074910530853153718291168163721939518870095778818158685046450769934394098743351443162633031724774748689791820923948083314397084067308407958935810896656477585990556376952523265361442478023082681183103773588708924061303133647737101162821461466167940409051861526036009252194721889091810733587196414214447865489952858234394705007983038853886083103571930600277119455802191194289992272235345870756624692617766317885514435021828702668561066500353105021631820601760921798468493686316129372795187307897263735371715025637873357977180818487845886650433582437700414771041493492743845758710715973155943942641257027096512510811554824793940359768118811728247215825010949609662539339538092219559191818855267806214992317276316321833989693807561685591175299845013206712939240414459386239880938124045219148483164621014738918251010909677386906640415897361047643650006807710565671848628149637111883219244566394581449148616550049567698269030891118568798692947051352481609174324301538368470729289898284602223730145265567989862776796809146979837826876431159883210904371561129976652153963546442086919756737000573876497843768628768179249746943842746525631632300555130417422734164645512781278457777245752038654375428282567141288583454443513256205446424101103795546419058116862305964476958705407214198521210673433241075676757581845699069304604752277016700568454396923404171108988899341635058515788735343081552081177207188037910404698306957868547393765643363197978680367187307969392423632144845035477631567025539006542311792015346497792906624150832885839529054263768766896880503331722780018588506973623240389470047189761934734430843744375992503417880797223585913424581314404984770173236169471976571535319775499716278566311904691260918259124989036765417697990362375528652637573376352696934435440047306719886890196814742876779086697968852250163694985673021752313252926537589641517147955953878427849986645630287883196209983049451987439636907068276265748581043911223261879405994155406327013198989570376110532360629867480377915376751158304320849872092028092975264981256916342500052290887264692528466610466539217148208013050229805263783642695973370705392278915351056888393811324975707133102950443034671598944878684711643832805069250776627450012200352620370946602341464899839025258883014867816219677519458316771876275720050543979441245990077115205154619930509838698254284640725554092740313257163264079293418334214709041254253352324802193227707535554679587163835875018159338717423606155117101312352563348582036514614187004920570437201826173319471570086757853933607862273955818579758725874410254207710547536129404746010009409544495966288148691590389907186598056361713769222729076419775517772010427649694961105622059250242021770426962215495872645398922769766031052498085575947163107587013320886146326641259114863388122028444069416948826152957762532501987035987067438046982194205638125583343642194923227593722128905642094308235254408411086454536940496927149400331978286

1318186188811118408257865928757426384450059944229568586460481033015388911499486935436030221810943466764000022362550573631294626296096198760564259963946138692330837196265954739234624134597795748524647837980795693198650815977675350553918991151335252298736112779182748542008689539658359421963331502869561192012298889887006079992795411188269023078913107603617634779489432032102773359416908650071932804017163840644987871753756781185321328408216571107549528294974936214608215583205687232185574065161096274874375098092230211609982633033915469494644491004515280925089745074896760324090768983652940657920198315265410658136823791984090645712468948470209357761193139980246813405200394781949866202624008902150166163813538381515037735022966074627952910384068685569070157516624192987244482719429331004854824454580718897633003232525821581280327467962002814762431828622171054352898348208273451680186131719593324711074662228508710666117703465352839577625997744672185715816126411143271794347885990892808486694914139097716736900277758502686646540565950394867841110790116104008572744562938425494167594605487117235946429105850909950214958793112196135908315882620682332156153086833730838173279328196983875087083483880463884784418840031847126974543709373298362402875197920802321878744882872843727378017827008058782410749357514889978911739746129320351081432703251409030487462262942344327571260086642508333187688650756429271605525289544921537651751492196367181049435317858383453865255656640657251363575064353236508936790431702597878177190314867963840828810209461490079715137717099061954969640070867667102330048672631475510537231757114322317411411680622864206388906210192355223546711662137499693269321737043105987225039456574924616978260970253359475020913836673772894438696400028110344026084712899000746807764844088711341352503367877316797709372778682166117865344231732264637847697875144332095340001650692130546476890985050203015044880834261845208730530973189492916425322933612431514306578264070283898409841602950309241897120971601649265613413433422298827909921786042679812457285345801338260995877178113102167340256562744007296834066198480676615805021691833723680399027931606420436812079900316264449146190219458229690992122788553948783538305646864881655562294315673128274390826450611628942803501661336697824051770155219626522725455850738640585299830379180350432876703809252167907571204061237596327685674845079151147313440001832570344920909712435809447900462494313455028900680648704293534037436032625820535790118395649089354345101342969617545249573960621490288728932792520696535386396443225388327522499605986974759882329916263545973324445163755334377492928990581175786355555626937426910947117002165411718219750519831787137106051063795558588905568852887989084750915764639074693619881507814685262133252473837651192990156109189777922008705793396463827490680698769168197492365624226087154176100430608904377976678519661891404144925270480881971498801542057787006521594009289777601330756847966992955433656139847738060394368895887646054983871478968482805384701730871117761159663505039979343869339119789887109156541709133082607647406305711411098839388095481437828474528838368079418884342666222070438722887413947801017721392281911992365405516395893474263953824829609036900288359327745855060801317988407162446563997948275783650195514221551339281978226984278638391679715091262410548725700924070045488485692950448110738087996547481568913935380943474556972128919827177020766613602489581468119133614121258783895577357194986317210844398901423948496659251731388171602663261931065366535041473070804414939169363262373767777095850313255990095762731957308648042467701212327020533742667053142448208168130306397378736642483672539837487690980602182785786216512738563513290148903509883270617258932575363993979055729175160097615459044771692265806315111028038436017374742152476085155

2099016158582312571590733421736576267142390478279587281505095633309
280266845893764964977023297364131906098274063353108979246424213458
3740901169391964250459128813403498810635400887596820054408364386 51
6617880557608956896727531538081942077332597917278437625661184319 89
1025007491829086475149794003160703845549465385946027452447466812 31
4687943441610993338908992638411847425257044572517459325738989565 18
5716575961481266020310797628254165590506042479114016957900338356 57
4869252800743025623419498286467914476322774005529460903940177536 33
5655471931000175430047504719144899841040015867946179241610016454 71
6551337074073950260442769538553834397550548871099785205401175169 74
7581344926079433689543783221172450687344231989878844128542064742 80
9735625807066983106979935260693392135685881391214807354728463227 78
4908087002467776303605551232386656295178853719673034634701222939 58
1606792509153217489030840886516061119011498443412350124646928028 80
5996134283511884715449771278473361766285062169778717743824362565 71
1779450064477718370221999106695021656757644044997940765037999954 84
5002710665987813603802314126836905783190460792765297277694043613 02
3051787080546511542469395265127101052927070306673024447125973939 95
0514628404767431363739978259184541176413327906460636584152927019 03
0276017339474866960348694976541752429306040727005059039503148522 92
1392575594845078867977925253931765156416197168443524369794447355 96
4260633391055126826061595726217036698506473281266724521989060549 88
0280782881429796336696744124805982192146339565745722102298677599 74
6738126069367069134081559412016115960190237753525556300606247983 26
1249881288192937343476862689219239777833910733106588256813777172 32
8315329082525092733047850724977139448333892552081175608452966590 55
3940965568541706001179857293813998258319293679100391844099286575 60
5993598910002969864460974714718470101531283762631146774209145574 04
1815908800064943237855839308530828305476076799524357391631221886 05
7549673832243195650655460852881201902363644712703748634421727257 87
9503428486312944916318475347531435041392096108796057730987201352 48
4075057637199253650470908582513936863463863368042891767107602111 15
9828875539940120076013947033661793715396306139863655492213741597 90
5119083588290097656647300733879314678913181465109316761575821351 42
4860442292445304113160652700974330088499034675405518640677342603 58
3409608605533747362760935658853109760994238347382222087292464497 68
4560579562516765574088410321731345627735856052358236389532038534 02
4842273371639123973215995440828421666360232965456947035771848734 44
2034227706653837387506169212768015766181095420097708363604361110 59
2409117889540338021426523948929686439808926114635414571535194342 85
0721353453018315875628275733898268898523557799295727645229391567 47
7566676051087887648453493636068278050564622813598885879259940946 44
6041705204470046315137975431737187756039815962647501410906658866 16
2180038266989961965580587208639721176995219466789857011798332440 60
1811575658074284182910615193917630059194314434605154047710570054 33
9000182453117733718955857603607182860506356479979004139761808955 36
3669603162193113250223851791672055180659263518036251214575926238 36
9348222665895576994660491938112486609099798128571823494006615552 19
6112207203092277646200999315244273589488710576623894693889446495 09
3960330454340842102462401048723328750081749179875543879387381439 89
4238011762700837196053094383940063756116458560943129517597713935 39
6074322792489221267045808183313764165818269562105872892447740035 94
7009268662659651422050630078592002488291860839743732353849083964 32
6147000532423540647042089499210250404726781059083644007466380020 87
0126664209457181702946752278540074508552377720890581683918446592 82
9417018288233014971554235235911774818628592967605048203864343108 77
9562892925405638946621948268711042828163893975711757786915430165 05
8602965217459581988878680408110328432739867198621306205559855266 03

6405046282152306154594474489908839081999738747452969810776201487134000122535522246695409315213115337915798026979555710508507473874750758068765376445782524432638046143042889235934852961058269382103498000405248407084403561167817170512813378805705643450616119330424440798260377951198548694559152051960093041271007277849301555038895360338261929343797081874320949914159593396368110627557295278004254863060054523839151068998913578820019411786535682149118528207852130125518518493711503422159542244511900207393539627400208110465530207932867254740543652717595893500716336076321614725815407642053020045340183572338292661915308354095120226329165054426123619197051613839357326693760156914429944943744856809775696303129588719161129294681884936338647392747601226964158848900965717086160598147204467428664208765334799858222090619802173211614230419477754990738738567941189824660913091691772274207233367635032678340586301930193242996397204445179288122854478211953530898910125342975524727635730226281382091807439748671453590778633530160821559911314144205091447293535022230817193663509346865858656314855575862447818620108711889760652969899269328178705576435143382060141077329261063431525337182243385263520217735440715281898137698755157574546939727150488469793619500477720970561793913828989845327426227288647108883270173723258818244658436249580592560338105215606206155713299156084892064340303395262263451454283678698288074251422567451806184149564686111635404971897682154227722479474033571527436819409892050113653400123846714296551867344153741615042563256713430247655125219218035780169240326699541746087592409207004669340396510178134857835694440760470232540755557764728450751826890418293966113310160131119077398632462778219023650660374041606724962490137433217246454097412995570529142438208076098364823465973886691349919784013108015581343979194852830436739012482082444814128095443773898320059864909159505322857914576884962578665885999179867520554558099004556461178755249370124553217170194282884617402736649978475508294228020232901221630102309772151569446427909802190826689868834263071609207914085197695235553488657743425277531197247430873043619511396119080030255878387644206085044730631299277888942729189727169890575925244679660189707482960949190648764693702750773866432391919042254290235318923377293166736086996228032557185308919284403805071030064776847863243191000223929785255372375566213644740096760539439838235764606992465260089090624105904215453927904411529580345334500256244101006359530039598864466169595626351878060688513723462707997327233134693971456285542615467650632465676620279245208581347717608521691340946520307673391841147504140168924121319826881568664561485380287539331160232292555618941042995335640095786495340935115266454024418775949316930560448686420862757201172319526405023099774567647838488973464317215980626787671838005247696884084989185086149003432403476742686245952395890358582135006450998178244636087317754378859677672919526111213859194725451400301180503437875277664402762618941017576872680428176623860680477885242887430259145247073950546525135339459598789619778911041890292943818567205070964606263541732944649576612651953495701860015412623962286413897796733329070567376962156498184506842263690367849555970026079867996261019039331263768556968767029295371162528005543100786408728939225714512481135778627664902425161990277471090335933309304948380597856628844787441469841499067123764789582263294904679812089984857163571087831191848630254501620929805829208334813638405421720056121989353669371336733392464416125223196943471206417375491216357008573694397305979709719726666642267431117762176403068681310351899112271339724036887000996862922546465006385288620393800504778276912835603372548255793912985251506829969107754257647488325341412132800626717094009098223529657957997803018282428490221470748111124018607613415150387569830918652788

0658896682362523937845272634530420418802508442363190383318384550522367992357752929106925043261446950109861088899914658551881873582528164302520939285258077969737620845637482114433988162710031703151334402309526351929588680690821355853680161000213740851154484912685841268695899174149133820578492800698255195740201818105641297250836070356851055331787840829000041552511865779453963317538532092149720526607831260281961164858098684587525129997404092797683176639914655386108937587952214971731728131517932904431121815871023518740757222100123768721944747209349312324107065080618562372526732540733324875754482967573450019321902199119960797989373383673242576103938985349278777473980508080015544764061053522202325409443567718794565430406735896491017610775948364540823486130254718476485189575836674399791508512858020607820554462991723202028222914886959399729974297471155371858924238493855858595407438104882624648788053304271463011941589896328792678327322456103852197011130466587100500083285177311776489735230926661234588873102883515626446023671996644554727608310118788389151149340939344750073025855814756190881398752357812331342279866503522725367171230756861045004548970360079569827626392344107146584895780241408158405229536937499710665594894459246286619963556350652623405339439142111271810691052290024657423604130093691889255865784668461215679554256605416005071276641766056874274200329577160643448606201239821698271723197826816628249938714995449137302051843669076723577400053932662622760323659751718925901801104290384274185507894887438832703063283279963007200698012244365116394086922220745320244624121155804354542064215121585056896157356414313068883443185280853975927734433655384188340303517822946253702015782157373265523185763554098954033236382319219892171117744946940367829618592080340386757583411151882417743914507736638407188048935825686854201164503135763335550944031923672034865101056104987272647213198654343545040913185951314518127643731043897250700498198705217627249406521461995923214231443977654670835171474936798618655279171582408065106379950018429593879915835017158075988378496225739851212981032637937621832245659423668537679911314010804313973233544909082491049914332584329882103398469814171575601082970658306521134707680368069532297199059990445120908727577622535104090239288877942463048328031913271049547859918019696783532146444118926063152661816744319355081708187547705080265402529410921826485821385752668815558411319856002213515888721036569608751506318753300294211868222189377554602722729129050429225978771066787384000061677215463844129237119352182849982435092089180168557279815642185819119749098573057033266764646072875743056537260276898237325974508447964954564803077159815395582777913937360171742299602735310276871944944491793978514463159731443535185049141394155732938204854212350817391254974981930871439661513294204591938010623142177419918406018034794988769105155790555480695387854006645337598186284641990522045280330626369562649091082762711590385699505124652999606285544383833032763859980079292284665950355121124528408751622906026201185777531374794936205549640107300134885315073548735390560290893352640071327473262196031177343394367338575912450814933573691166454128178817145402305475066713651825828489809951213919399563324133655677709800308191027204099714868741813466700609405102146269028044915964654533010775469541308871416531254481306119240782118869005602778182423502269618934435254763357353648561936325441775661398170393063287216690572225974520919291726219984440964615826945638023950283712168644656178523556516412771282691868861557271620147493405227694659571219831494338162211400693630743044417328478610177774383797703723179525554341072234455125555899986461838767649039724611679590181000350989286412041951635511087632042676129798265294258829511412758412627327907988075597518515768412647422094797218433093529726652100156625

455299474512763155091763673025946213293019040283795424632325855030
109670692272022707486341900543830265068121414213505715417505750863
990767394633514620908288893493837643939925690060406731142209331219
593620298297235116325938677224147791162957278075239505625158160313
335938231150051862689053065836812998810866326327198061127154885879
809348791291370749823057592909186293919501472119758606727009254771
802575033773079939713453953264619526999659638565491759045833358579
910201271320458390320085387888163363768518208372788513117522776960
978796214237216254521459128183179821604411131167140691482717098101
545778193920231156387195080502467972579249760577262591332855972637
121120190572077140914864507409492671803581515757151405039761096384
675556929897038354731410022380258346876735012977541327953206097115
450648421218593649099791776687477448188287063231551586503289816422
828823274686610659273219790716238464215348985247621678905026099804
526648392954235728734397768049577409144953839157556548545905897649
519851380100795801078375994577529919670054760225255203445398871253
878017196071816407812484784725791240782454436168234523957068951427
226975043187363326301110305342333582160933319121880660826834142891
041517324721605335584999322454873077882290525232423486153152097693
846104258284971496347534183756200301491570327968530186863157248840
152663983568956363465743532178349319982554211730846774529708583950
761645822963032442432823773745051702856069806788952176819815671078
163340526675953942492628075696832610749532339053622309080708145591
983735537774874202903901814293731152933464446815121294509759653430
628421531944572711861490001765055817709530246887526325011970520947
615941676872778447200019278913725184162285778379228443908430118112
149636642465903363419454065718354477191244662125939265662030688852
005559912123536371822692253178145879259375044144893398160865790087
616502463519704582889548179375668104647461410514249887025213993687
050937230544773411264135489280684105910771667782123833281026218558
775131272117934444820144042574508306394473836379390628300897330624
138061458941422769474793166571762318247216835067807648757342049155
762821758397297513447899069658953254894033561561316740327647246921
250575911625152965456854463349811431767025729566184477548746937846
423373723898192066204851189437886822480727935202250179654534375727
416391079197295295081294292220534771730418447791567399173841831171
036252439571615271466900581470002633010452643547865903290733205468
833887207873544476264792529769017091200787418373673508771337697768
349634425241994995138831507487753743384945825976556099655595431804
092017849718468549737069621208852437701385375768141663272241263442
398215294164537800049250726276515078908507126599703670872669276430
837722968598516912230503746274431085293430527307886528397733524601
746352770320593817912539691562106363762588293757137384075440646896
478310070458061344673127159119460843593582598778283526653115106504
162329532904777217408355934972375855213804830509000964667608830154
061282430874064559443185341375522016630581211103345312074508682433
943215904359443031243122747138584203039010607094031523555617276799
416002039397509989762933532585557562480899669182986422267750236019
325797472674257821111973470940235745722227121252685238429587427350
156366009318804549333898974157149054418255973808087156528143010267
046028431681923039253529779576586241439270154974087927313105163611
913757700892956482332364829826302460797587576774537716010249080462
430185652416175665560016085912153455626760219268998285537787258314
514408265458348440947846317877737479465358016996077940556870119232
860804113090462935087182712593466871276669487389982459852778649956
916546402945893506496433580982476596516514209098675520380830920323
048734270346828875160407154665383461961122301375945157925269674364
253192739003603860823645076269882749761872357547676288995075211480

485252795084503395857083813047693788132112367428131948795022806632
017002246033198967197064916374117585485187848401205484467258885140
156272501982171906696081262778548596481836962141072171421498636191
877475450965030895709947093433785698167446582826791194061195603784
539785583924076127634410576675102430755981455278616781594965706255
975507430652108530159790807334373607943286675789053348366955548680
391343372015649883422089339997164147974693869690548008919306713805
717150585730714881564992071408675825960287605645978242377024246980
532805663278704192676846711626687946348695046450742021937394525926
266861355294062478136120620263649819999949840514386828525895634226
432870766329930489172340072547176418868535137233266787792173834754
148002280339299735793615241275582956927683723123479898944627433045
456679006203242051639628258844308543830720149567210646053323853720
314324211260742448584509458049408182092763914000854042202355626021
856434899414543995041098059181794888262805206644108631900168856815
516922948620301073889718100770929059048074909242714101893354281842
999598816966099383696164438152887721408526808875748829325873580990
567075581701794916190611400190855374488272620093668560447559655747
648567400817738170330738030547697360978654385938218722058390234444
350886749986650604064587434600533182743629617786251808189314436325
120510709469081358644051922951293245007883339878842933934243512634
336520438581291283434529730865290978330067126179813031679438553572
629699874035957045845223085639009891317947594875212639707837594486
113945196028675121056163897600888009274611586080020780334159145179
707303683519697776607637378533301202412011204698860920933908536577
322239241244905153278095095586645947763448226998607481329730263097
502881210351772312446509534965369309001863776409409434983731325132
186208021480992268550294845466181471555744470966953017769043427203
189277060471778452793916047228153437980353967986142437095668322149
146543801459382927739339603275404800955223181666738035718393275707
714204672383862461780397629237713120958078936384144792980258806552
212926209362393063731349664018661951081158347117331202580586672763
999276357907806381881306915636627412543125958993611964762610140556
350339952314032311381965623632719896183725484533370206256346422395
276694356837676136871196292181875457608161705303159072882870071231
366630872275491866139577373054606599743781098764980241401124214277
366808275139095931340415582626678951084677611866595766016599817808
941498575497628438785610026379654317831363402513581416115190209649
913354873313111502270068193013592959597164019719605362503355847998
096348871803911161281359596856547886832585643789617315976200241962
155289629790481982219946226948713746244472909345647002853769495885
959160678928249105441251599630078136836749020937491573289627002865
682934443134234735123929825916673950342599586897069726733258273590
312128874666045146148785034614282776599160809039865257571726308183
349444182019353338507129234577437557934406217871133006310600332405
399169368260374617663856575887758020122936635327026710068126182517
291460820254189288593524449107013820621155382779356529691457650204
864328286555793470720963480737269214118689546732276775133569019015
372366903686538916129168888787640752549349424973342718117889275993
159671935475898809792452526236365903632007085444078454479734829180
208204492667063442043755532505052752283377888704080403353192340768
563010934777212563908864041310107381785333831603813528082811904083
256440184205374679299262203769871801806112262449090924264198582086
175117711378905160914038157500336642415609521632819712233502316742
260056794128140621721964184270578432895980288233505982820819666624
903585778994033315227481777695284368163008853176969478369058067106
482808359804669884109813515865490693331952239436328792399053481098
783027450017206543369906611778455436468772363184446476806914282800

455107468664539280539940910875493916609573161971503316696830992946
634914279878084225722069714887558063748030886299511847318712477729
191007022758889348693945628951580296537215040960310776128983126358
996489341024703603664505868728758905140684123812424738638542790828
273382797332688550493587430316027474906312957234974261122151741715
313361862241091386950068883589896234927631731647834007746088665559
873338211382992877691149549218419208777160606847287467368188616750
722101726110383067178785669481294878504894306308616994879870316051
588410828235127415353851336589533294862949449506186851477910580469
603906937266267038651290520113781085861618888694795760741358553458
515176805197333443349523012039577073962377131603024288720053732099
825300897761897312981788194467173116064723147624845755192873278282
512718244680782421521646956781929409823892628494376024885227900362
021938669648221562809360537317804086372726842669642192994681921490
870170753336109479138180406328738759384826953558307739576144799727
000347288018278528138950321798634521611106660883931405322694490545
552786789441757920244002145078019209980446138254780585804844241640
477503153605490659143007815837243012313751156228401583864427089071
828481675752712384678245953433444962201009607105137060846180118754
312072549133499424761711563332140893460915656155060031738421870157
022610310191660388706466143889773631878094071152752817468957640158
104701696524755774089164456867771715850058326994340167720215676772
406812836656526412298243946513319735919970940327593850266955747023
181320324371642058614103360652453693916005064495306016126782264894
243739716671766123104897503188573216555498834212180284691252908610
148552781527762562375045637576949773433684601560772703550962904939
248708840628106794362241870474700836884267102255830240359984164595
112248527263363264511401739524808619463584078375355688562231711552
094722306543709260679735100056554938122457548372854571179739361575
616764169289580525729752233855861138832217110736226581621884244317
885748879810902665379342666421699091405653643224930133486798815488
662866505234699723557473842483059042367714327879231642240387776433
019260019228477831383763253612102533693581262408686669973827597736
568222790721583247888864236934639616436330873013981421143030600873
066616480367898409133592629340230432497492688783164360268101130957
071614191283068657732353263965367739031766136131596555358499939860
056515592193675997771793301974468814837110320650369319289452140265
091546518430993655349333718342529843367991593941746622390038952767
381333061774762957494386871697845376721949350659087571191772087547
710718993796089477451265475750187119487073873678589020061737332107
569330221632062843206567119209695058576117396163232621770894542621
460985841023781321581772760222273813349541048100307327510779994899
197796388353073444345753297591426376840544226478421606312276964696
715647399904371590332390656072664411643860540483884716191210900870
101913072607104411414324197679682854788552477947648180295973604943
970047959604029274629920357209976195014034831538094771460105633344
699882082212058728151072918297121191787642488035467231691654185225
672923442918712816323259696541354858957713320833991128877591722611
527337901034136208561457799239877832508355073019981845902595835598
926055329967377049172245493532968330000223018151722657578752405883
224908582128008974790932610076257877042865600699617621217684547899
644070506624171021332748679623743022915535820078014116534806564748
823061500339206898379476625503654982280532966286211793062843017049
240230198571997894883689718304380518217441914766042975243725168343
541121703863137941142209529588579806015293875275379903093887168357
209576071522190027937929278630363726876582268124199338480816602160
372215471014300737753779269906958712128928801905203160128586182549
441335382078488346531163265040764242839087012101519423196165226842

20037112304643006734420647477180213530701240988603533991526679238711017062218658835737812109351797756044256346949997872511254408545222748109148743072598696020402759411789425812818821599523596589791811440776533543217575952555361581280011638467203193465072968079907939637149617743121194020212975731251652537680173591015573381537720019524445436200718484756634154074423286210609976132434875488474345396659813387174660930205350702719529839432714253711557666000257844230310734295515339450604862227649666876240793243531929926392537310768921353525723210808898193391686682789482811704726245019484097009757609209837240900747179733407881418251958425980962417476101382526439551352593118850456362641883003385396524359974169313228947198783084276004013680747039040972384739458348961865397905941185993103561684368692194853820557803957738813606795499000851232594425297244866667668346414021899159445653094234406506678519484177667794704720419588220432953803263105374948831221803912796784461001397267538921951191178365876625280836900532490045974109470687729123282143046353372835199536482743258331191444590178096077828835837301118575436599589827245319253105881150263075425714939430244539318701799236081666113054262539958338979429716020703387678150330102801200959972522222808014235710947603519255444349299867678178910455590630159538097618759203589373419789623589311259839025983102671933041892151096891562250696591198283234555030590817307351955037216658702880539921385760370353771051780212801295668419841403628727256232144287543022109094727210734741349755141907370433182766261772759968882602722524713368335345281669277959132886138176634985772893690096574956228710302436259077241221909430087175569262575806570991201665962243608024287002454736203639484125595488172727247365346778364720191830399871762703751572464992228946793232269361917764161461879561395669956778306829031658969943076733350823499079062410020250613405734430069574547468217569044165154063658468046369262127421107539904218871612761778701425886482577522388918459952337629237791558574454947736129552595222657863646211837759847370034797140820699414558071908021359073226923310083175951065901912129479540860364075735875020589020870457967000705526250581142066390745921527330940682364944159089100922029668052332526619891131184201629163107689408472356436680818216865721968826835840278550078280404345371018365109695178233574303050485265373807353107418591770561039739506264035544227515610110726177937063472380499066692216197119425912044508464174638358993823994651739550900085947999013602667426149429006646711506717542217703877450767356374215478290591101261915755587023895700140511782264698994491790830179547587676016809410013583761357859135692445564776446417866711539195135769610486492249008344671548638305447791433009768048687834818467273375843689272431044740680768527862558516509208826381323362314873333671476452045087662761495038994950480956046098960432912335834885999029452640028499428087862403981181488476730121675416110662999555366819312328742570206373835202008686369131173346973174121915363324674532563087134730279217495622701468732586789173455837996435135880095935087755635624881049385299900767513551352779241242927748856588856651324730251471021057535251651181485090275047684551825209633189906852761443513821366215236889057878669943228881602837748203550601602989400911971385017987168363374413927597364401700701476370665570350433812111357641501845182141361982349515960106475271257593518530433287553778305750956742544268471221961870917856078393614451138333564910325640573389866717812397223751931643061701385953947436784339267098671245221118969084023632741149660124348309892994173803058841716661307304006758838043211155537944060549772170594282151488616567277124090338772774562909711013488518437411869565544974573684521806698291104505800429988795389902780438359628240942186055628778842880212755

388480372864001944161425749990427200959520465417059810498996750451
193647117277222043610261407975080968697517660023718774834801612031
023468056711264476612374762785219024120256994353471622666089367521
983311181351114650385489502512065577263614547360442685949807439693
233129712737715734709971395229118265348515558713733662912024271430
250376326950135091161295299378586468130722648600827088133353819370
368259886789332123832705329762585738279009782646054559855513183668
884462826513379849166783940976135376625179825824966345877195012438
404035914084920973375464247448817618407002356958017741017769692507
781489338667255789856458985105689196092439884156928069698335224022
563457049731224526935419383700484318335719651662672157552419340193
309901831930919658292096965624766768365964701959575473934551433741
370876151732367720422738567427917069820454995309591887243493952409
444167899884631984550485239366297207977745281439941825678945779571
255242682608994086331737153889626288962940211210888442737656862452
761213037101730078513571540453304150795944777614359743780374243664
697324713841049212431413890357909241603640631403814983148190525172
093710396402680899483257229795456404270175772290417323479607361878
788991331830584306939482596131871381642346721873084513387721908697
510494284376932502498165667381626061594176825250999374167288395174
406693254965340310145222531618900923537648637848288134420987004809
622717122640748957193900291857330746010436072919094576799461492929
042798168772942648772995285843464777538690695014898413392454039414
468026362540211861431703125111757764282991464453340892097696169909
837265236176874560589470496817013697490952307208268288789073019001
825342580534342170592871393173799314241085264739094828459641809361
413847583113613057610846236683723769591349261582451622155213487924
414504175684806412063652017038633012953277769902311864802006755690
568229501635493199230591424639621702532974757311409422018019936803
502649563695586642590676268568737211033915679383989576556519317788
300024161353956243777784080174881937309502069990089089932808839743
036773659552489130015663329407790713961546453408879151030065132193
448667324827590794680787981942501958262232039513125201410996053126
069655540424867054998678692302174698900954785072567297879476988883
109348746442640071818316033165551153427615562240547447337804924621
495213325852769884733626918264917433898782478927846891882805466998
230368993978341374758702580571634941356843392939606819206177333179
173820856243643363535986349449689078106401967407443658366707158692
452118299789380407713750129085864657890577142683358276897855471768
718442772612050926648610205153564284063236848180728794071712796682
006072755955590404023317874944734645476062818954151213916291844429
765106694796935401686601005519607768733539651161493093757096855455
938151378956903925101495326562814701199832699220006639287537471313
523642158926512620407288771657835840521964605410543544364216656224
456504299901025658692727914275293117208279393775132610605288123537
345106837293989358087124386938593438917571337630072031976081660446
468393772580690923729752348670291691042636926209019960520412102407
764819031601408586355842760953708655816427399534934654631450404019
952853725200495780525465625115410925243799132626271360909940290226
206283675213230506518393405745011209934146491843332364656937172591
448932415900624202061288573292613359680872650004562828455757459659
212053034131011182750130696150983551563200431078460190656549380654
252522916199181995960275232770224985573882489988270746593635576858
256051806896428537685077201222034792099393617926820659014216561592
530673794456894907085326356819683186177226824991147261573203580764
629811624401331673789278868922903259334986179702199498192573961767
307583441709855922217017182571277753449150820527843090461946083521
740200583867284970941102326695392144546106621500641067474020700918

991195137646690448126725369153716229079138540393756007783515337416
774794210038400230895185099454877903934612222086506016050035177626
483161115332558770507354127924990985937347378708119425305512143697
974991495186053592040383023571635272763087469321962219006426088618
367610334600225547747781364101269190656968649501268837629690723396
127628722304114181361006026404403003599698891994582739762411461374
480405969706257676472376606554161857469052722923822827518679915698
339074767114610302277660602006124687647772881909679161335401988140
275799217416767879923160396356949285151363364721954061117176738737
255572852294005436178517650230754469386930787349911035218253292972
604455321079788771144989887091151123725060423875373484125708606406
905205845212275453384800820530245045651766951857691320004281675805
492481178051983264603244579282973012910531838563682120621553128866
856495651261389226136706409395333457052698695969235035309422454386
527867767302754040270224638448355323991475136344104405009233036127
149608135549053153902100229959575658370538126196568314428605795669
662215472169562087001372776853696084070483332513279311223250714863
020695124539500373572334680709465648308920980153487870563349109236
605755405086411152144148143463043727327104502776866195310785832333
485784029716092521532609255893265560067212435946425506599677177038
844539618163287961446081778927217183690888012677820743010642252463
480745430047649288555340906218515365435547412547615276977266776977
277705831580141218568801170502836527554321480348800444297999806215
790456416195721278450892848980642649742709057912906921780729876947
797511244730599140605062994689428093103421641662993561482813099887
074529271604843363081840412646963792584309418544221635908457614607
855856247381493142707826621518554160387020687698046174740080832434
366538235455510944949843109349475994467267366535251766270677219418
319197719637801570216993367508376005716345464367177672338758864340
564487156696432104128259564534984138841289042068204700761559691684
303899934836679354254921032811336318472259230555438305820694167562
999201337317548912203723034907268106853445403599356182357631283776
764063101312533521214199461186935083317658785204711236433122676512
996417132521751355326186768194233879036546890800182713528358488844
411176123410117991870923650718485785622102110400977699445312179502
247957806950653296594038398736990724079767904082679400761872954783
596349279390457697366164340535979221928587057495748169669406233427
261973351813662606373598257555249650980726012366828360592834185584
802695841377255897088378994291054980033111388460340193916612218669
605849157148573356828614950001909759112521880039641976216355937574
371801148055944229873041819680808564726571354761283162920044988031
540210553059707666636274932830891688093235929008178741198573831719
261672883491840242972129043496552694272640255964146352591434840067
586769035038232057293413298159353304444649682944136732344215838076
169483121933311981906109614295220153617029857510559432646146850545
268497576480780800922133581137819774927176854507553832876887447459
159373116247060109124460982942484128752022446259447763874949199784
044682925736096853454984326653686284448936570411181779380644161653
122360021491876876946739840751717630751684985635920148689294310594
020245796962292456664488196757629434953532638217161339575779076637
076456957025973880043841580589433613710655185998760075492418721171
488929522173772114608115434498266547987258005667472405112200738345
927157572771521858994694811794064446639943237004429114074721818022
482583773601734668530074498556471542003612359339731291445859152288
740871950870863221883728826282288463184371726190330577714765156414
382230679184738603914768310814135827575585364359772165002827780371
342286968878734979509603110889919614338666406845069742078770028050
936720338723262963785603865321643234881555755701846908907464787912

243637555666867806761054495501726079114293083128576125448194444947
324481909379536900820638463167822506480953181040657025432760438570
350592281891987806586541218429921727372095510324225107971807783304
260908679427342895573555925272380551144043800123904168771644518022
649168164192740110645162243110170005669112173318942340054795968466
980429801736257040673328212996215368488140410219446342464622074557
564396045298531307140908460849965376780379320189914086581466217531
933766597011433060862500982956691763884605676297293146491149370462
446935198403953444913514119366793330193661766365255514917498230798
707228086085962611266050428929696653565251668888557211227680277274
370891738963977225756489053340103885593112567999151658902501648696
142720700591605616615970245198905183296927893555030393468121976158
218398048396056252309146263844738629603984892438618729850777592879
272206855480721049781765328621018747676689724884113956034948037672
703631692100735083407386526168450748249644859742813493648037242611
670426687083192504099761531907685577032742178501000644198412420739
640013960360158381056592841368457411910273642027416372348821452410
134771652960312840865841978795111651152982781462037913985500639996
032659124852530849369031313010079997719136223086601109992914287124
938854161203802041134018888721969347790449752745428807280350930582
875442075513481666092787935356652125562013998824962847872621443236
285367650259145046837763528258765213915648097214192967554938437558
260025316853635673137926247587804944594418342917275698837622626184
636545274349766241113845130548144983631178978448973207671950878415
861887969295581973325069995140260151167552975057543781024223895792
578656212843273120220071673057406928686936393018676595825132649914
595026091706934751940897535746401683081179884645247361895605647942
635807056256328118926966302647953595109712765913623318086692153578
860781275991053717140220450618607537486630635059148391646765672320
571451688617079098469593223672494673758309960704258922048155079913
275208858378111768521426933478692189524062265792104362034885292626
798401395321645879115157905046057971083898337186403802441751134722
647254701079479399695355466961972676325522991465493349966323418595
145036098034409221220671256769872342794070885707047429317332918852
389672197135392449242617864118863779096281448691786946817759171715
066911148002075943201206196963779510322708902956608556222545260261
046073613136886900928172106819861855378098201847115416363032626569
928342415502360097804641710852553761272890533504550613568414377585
442967797701466029438768722511536380119175815402812081825560648541
078793359892106442724489861896162941341800129513068363860929410008
313667337215300835269623573717533073865333820484219030818644918409
372394403340524490955455801640646076158101030176748847501766190869
294609876920169120218168829104087070956095147041692114702741339005
225334083481287035303102391969997859741390859360543359969707560446
013424245368249609877258131102473279856207212657249900346829388687
230489556225320446360263985422525841646432427161141981780248259556
354490721922658386366266375083594431487763515614571074552801615967
704844271419443518327569840755267792641126176525061596523545718795
667317091331935876162825592078308018520689015150471334038610031005
591481785211038475454293338918844412051794396997019411269511952656
491959418997541839323464742429070271887522353439367363366320030723
274703740712398256202466265197409019976245205619855762576000870817
308328834438183107005451449354588542267857855191537229237955549433
341017442016960009069641561273229777022121795186837635908225512881
647002199234886404395915301846400471432118636062252701154112228380
277853891109849020134274101412155976996543887719748537643115822983
853312307175113296190455900793806427669581901484262799122179294798
734890186847167650382732855205908298452980625925035212845192592798

659350613296194679625237397256558415785374456755899803240549218696
288849033256085145534439166022625777551291620077279685262938793753
045418108072928589198971538179734349618723292761474785019261145041
327487324297058340847111233374627461727462658241532427105932250625
530231473875925172478732288149145591560503633457542423377916037495
250249302235148196138116256391141561032684495807250827343176594405
409826976526934457986347970974312449827193311386387315963636121862
349726140955607992062831699942007205481152535339394607685001990988
655386143349578165008996164907967814290114838764568217491407562376
761845377514403147541120676016072646055685925779932207033733339891
636950434669069482843662998003741452762771654762382554617088318981
086880684785370553648046935095881802536052974079353867651119507937
328208314626896007107517552061443378411454995013643244632819334638
905093654571450690086448344018042836339051357815727397333453728426
337217406577577107983051755572103679597690188995849413019599957301
790124019390868135658553966194137179448763207986880037160730322054
742357226689680188212342439188598416897227765219403249322731479366
923400484897605903795809469604175427961378255378122394764614783292
697654516229028170110043784603875654415173943396004891531881757665
050095169740241564477129365661425394936888423051740012992055685428
985389794266995677702708914651373689220610441548166215680421983847
673087178759027920917590069527345668202651337311151800018143412096
260165862982107666352336177400783778342370915264406305407180784335
806107296110555002041513169637304684921335683726540030750982908936
461204789111475303704989395283345782408281738644132271000296831194
020332345642082647327623383029463937899837583655455991934086623509
096796113400486702712317652666371077872511186035403755448741869351
973365662177235922939677646325156202348757011379571209623772343137
021203100496515211197601317641940820343734851285260291333491512508
311980285017785571072537314913921570910513096505988599993156086365
547740355189816673353588004821466509974143376118277772335191074121
757284159258087259131507460602563490377726337391446137703802131834
744730111303267029691733504770163210661622783002726928336558401179
141944780874825336071440329625228577500980859960904093631263562132
816207145340610422411208301000858726425211226248014264751942618432
585338675387405474349107271004975428115946601713612259044015899160
022982780179603519408004651353475269877760952783998436808690898919
783969353217998013913544255271791022539701081063214304851137829149
851138196914304349750018998068164441212327332830719282436240673319
655469267785119315277511344646890550424811336143498460484905125834
568326644152848971397237604032821266025351669391408204994732048602
162775979177123475109750240307893575993771509502175169355582707253
391189233407022383207758580213717477837877839101523413209848942345
961369234049799827930414446316270721479611745697571968123929191374
098292580556195520743424329598289898052923336641541925636738068949
420147124134052507220406179435525255522500874879008656831454283516
775054229480327478304405643858159195266675828292970522612762871104
013480178722480178968405240792436058274246744307672164527031345135
416764966890127478680101029513386269864974821211862904033769156857
624069929637249309720162870720018983542369036414927023696193854737
248032985504511208919287982987446786412915941753167560253343531062
674525450711418148323988060729714023472552071349079839898235526872
395090936566787899238371257897624875599044322889538837731734894112
275707141095979004791930104674075041143538178246463079598955563899
188477378134134707024674736211204898622699188851745625173251934135
203811586335012391305444191007362844756751416105041097350585276204
448919097890198431548528053398577784431393388399431044446566924455
088594631408175122033139068159659251054685801313383815217641821043

3429788826119630443111388796258746090226130900849975430395771243230616906262919403921439740270894777663702488155499322458825979020631257436910946393252806241642476868495455324938017639371615636847859823715902385421265840615367228607131702674740131145261063765383390315921943469817605358380310612887852051546933639241088467632009567089718367490578163085158138161966882222047570437590614338040725853862083565176998426774523195824182683698270160237414938363496629351576854061397342746470899685618170160551104880971554859118617189668025973541705423985135560018720335079060946421271143993196046527424050882225359773481519135438571253258540493946010865793798058620143366078825219717809025817370870916460452727977153509910340736425020386386718220522879694458387652947951048660717390229327455426785669776865939923416834122274663015062155320502655341460995249356050854921756549134830958906536175693817637473644183378974229700703545206663170929607591989627732423090252397443861014263098687733913882518684316501027964911497737582888913450341148865948670215492101084328080783428089417298008983297536940644969903125399863919581601468995220880662285408414864274786281975546629278814621607171381880180840572084715868906836919393381864278454537956719272397972364651667592011057995663962598535512763558768140213409829016296873429850792471846056874828331381259161962476156902875901072733103299140623864608333378638257926302391590003557609032477281338887339178096966601469615031754226751125993315529674213336300222964906480934582008181061802100227664580400278213336758573019011371754672763059044353131319036092489097246427928455549913490005180295707082919052556781889913899625138662319380053611346224294610248954072404857123256628888931722116432947816190554868054943441034090680716088028227959686950133643814268252170472870863010137301155236861416908375675747637239763185757038109443390564564468524183028148107998376918512127201935044041804604721626939445788377090105974693219720558114078775989772072009689382249303236830515862657281114637996983137517937623215111252349734305240622105244234353732905655163406669506165892878218707756794176080712973781335187117931650033155523822487730653444179453415395202424449703410120874072188109388268167512042299404948179449472732894770111574139441228455521828424922240658752689172272780607116754046973008037039618787796694882555614674384392570115829546661358678671897661297311267200072971553613027503556167817765442287442114729881614802705243806817653573275578602505847084013208837932816008769081300492491473682517035382219619039014999523495387105997351143478292339499187936608692301375596368532373806703591144243268561512109404259582639301678017128669239283231057658851714020211196957064799814031505633045141564414623163763809904402816256917576489142569714163598439317433270237812336938043012892626375382667795034169334323607500248175741808750388475094939454896209740485442635637164995949920980884294790363666297526003243856352945844728944547166209297495496616877414120882130477022816116456044007236351581149729739218966737382647204722642221242016560150284971306332795814302516013694825567014780935790889657134926158161346901806965089556310121218491805847922720691871696316330044858020102860657858591269974637661741463934159569539554203314628026518951167938074573315759846086173702687867602943677780500244673391332431669880354073232388281847501051641331189537036488422690270478052742490603492082954755054003457160184072574536938145531175354210726557835615499874447480427323457880061873149341566046352979779455075359304795687209316724536547208381685855606043801977030764246083489876101345709394877002946175792061952549255757109038525171488525265671045349813419803390641529876343695420256080277614421914318921393908834543131769685101840103844472348948869520981943531906506555354617335814045544837884752526253944

9665869992058417652780125341033896469818642430034146791380619028059
607854888010789705516946215228773090104467462497979992627120951684
779568482583341402266477210843362437593741610536734041954738964197
8954253350363018614009515347669614762556518738232924685473569358028
96011536791787303553159378363082248615177770541577576561759358512016
6929431111388635821596676188303261041646517148469793854226216871614
00122378213779774131268977266712992025922017408770076956283473932201
0881593562862819285635718933849588506038531581797606794798408783609
7596014973342057270460352179060564760328556927627349518220323614411
2584182426247712012035776388895974318232827871314608053533574494297
62179678903456816988955351850447832561638070947695169908624710001974
88092050095219436323787197648703392238115403634754886268459561597551
93765410115014067001226927474393888589943859730245414801061235908036
27458528849356325158538438324249325266608758890831870070910023737710
65769850564339288543376583425967506537150053335144899082938877373520
5145933304962653141514138612443793588507094468804548697535817021290849
07873478068143663233228194158273456713564431715379678180581958524648
4008403290998194378171817730231700398973305049538735611626102399943325
978012689343260558471027876490107092344388463401173555686590358524491
93701810416262085042992586974358170981338940459344719374938776242324
098528327622666049423851297094532455862521036008292866497241749191419
88966129558076770979594795306013119159011773943104209049079424448868
51308684449370590902600612064942574471035354765785924270813041061854
62198818300906345881870387558562749115873754210646679513464875867715
438380185213482819158124625993351601989355951679689328522058247994210
34512715877163345222995418839680448835529753361286837225935390079201
66694133909116875880398882886921600237325736158820716351627133281051
8187602104852180675526648673908900907195138058626735124312215691637
90227732870541084203784152568328871804698795251307326634027851905941
73389203585403956770356113293544825856282876106106982297214209619935
0933131217118789107876687204454887608941017479864713788246215395593
33332755620094395804345379197822805903959599274369137937786649409640
48777841748336432684026282932406260081908081804390914556351936856063
045089142289645219987798849347477729132797266027658401667890136490508
74114212686196986204412696528298108704547986155954533802120115564697
99767857389201862435993267776894540605082188382279098336271671244900
267611784982643770330020818445900097172352043319947082420987715144497
5101705564302954282181967000920251561584417420593365814813490269311
1517093872260026458630561325605792560927332265579346280805683443921
37368840565043430739657406101777937014142461549307074136080544210029
5600095663588977899267630517718781943706761498217564186590116160865
40863539151303920131680576903417259645369235080641744656235152392905
0409479953184074862151210561833854566176652606393713658802521666223
5761322019417013726649660732520107719479312652827633024138051649071
7456596485374835466919452358031530196916048099460681490403781982973
23609300871357607986214254220964190043679054790499300783724215819545
35418371129368658430553842717628035279128821129308351575656599944741
78843838156514843422985870424559243469329523282180350833372628379183
02165918361815542171574484657784201343299825945668845582661719790121
80849480332448787258183774805522268151011371745368417870280274452442
90547451823467491956418855124442133778352142386597992598820328708510
93383868299065719946149062902574276860388505110326385445404191849588
66538545040571323629681069146814847869659166861842756798460041868762
29805556296304595322792305161672159196867584952363529893578850774608
15373214546429847923105116763577494946229525694976603594739624309953
43310404994209677883827002714478494069037073249106444151696053256560
58677875741747211082743577431

5194060757983563629143326397812218946287447798119807225646714664054850131009656786314880090303749338875364183165134982546694673316118123364854397649325026179549357204305402182974871251107404011611405899911093062492312813116340549262571356721818628932786138833718028535056503591952741400869510926167541476792668032109237467087213606278332922386413619594121339278036118276324106004740971111048140003623342714514483334641675466354699731494756643423659493496845884551524150756376605086632827424794136062876041290644913828519456402643153225858624043141838669590633245063000392213192647625962691510904457695301444054618037857503036686212462278639752746667870121003392984873375014475600322100622358029343774955032037012738468163061026570300872275462966796880890587127676361066225722352229739206443093524327228100859973095132528630601105497915644791845004618046762408928925680912930592960642357021061524646205023248966593987324933967376952023991760898474571843531936646529125848064480196520162838795189499336759241485626136995945307287254532463291529110128763770605570609531377527751867923292134955245133089867969165129073841302167573238637575820080363575728002754490327953079900799442541108725693188014667935595834676432868876966610097395749967836593397846346959948950610490383647409504695226063858046758073069912290474089879166872117147527644711604401952718169508289733537148530928937046384420893299771125856840846608339934045689026787516008775461267988015465856522061210953490796707365539702576199431376639960606061106406959330828171876426043573425361756943784848495250108266488395159700490598380812105221110919433239511360514464598342107990580820937164645231277040231600721385437234612672609978703856570919985075956346132484601884098501942876879022687345565005191215465440638292538512763176639220509383452043007730170299403626154340013227639109129883278639204123004455516840548898090807791746360924393349126411642400938807463566072623366958427645836982687348158819610585718357674620096505260659292635482914990457683072108932458570737016607173981944850288426039636607460311847862258310565808708703055675958613417007454029656876347741764310517510367328692455585820823720386017817394051751304379948688223200443780431031709210342616749980000730160948145863744887785222730763304953839443453827706087607635420984450083062476302535727810327834617669705442871553153400164970766571959850417481990872014908756860377835919947193433527729472855379257876848323011018593658007172911869676176550537750302930338307064489128114120255061508964110076238245744886551825810581403453201247547232690875475070785776597325428444593530449920700145387489482265564422236963655441942254413382122254774975354946248276805333369832841561386923634433585538684711114304982483989918031654586382893537991305352228334301379533729540162576232280811384994918761441413229337671065634925288145282395062090223578766846501166600973827536604054469416534222390521083145858470355293522199282727605748212660652913855303455497445514703449394868634294596584310241907859236802245607639367841662705185551787029040735573046206396924533077957822459497104201880430001838814290081730394505073427870131244668600927785818110409115117293748736278878749074652855654347488868310641100510230208751077689187815256227352515503795324448577872776170019648537035551676552091193393437628662846198440262952521836785223674751088097815070989784130862458815226609635514018744958369269177990471207264949057372642860052114035812310760066995185361248627467563758962252991164960668765082617341784847893372950567390078786179253514406210453662506404637288156982323175005962610809219552111508593029556549675388626129723399146283584760486276270273097392020014322487075823373549152460856082103288829741839064788699232736913600488374366152235170584377055452108155133612621429118156153017588825735948925071088792

212864139244330938379733386780613179523731526677382085802470143352
700924380326695174211950767088432634644274912755890774686358216216
604274131517021245858605623363149316464691394656249747174195835421
860774871105733845843368993964591374060338215935224359475162623918
868530782282176398323730618020424656047752794310479618972429953302
979249748168405289379104494700459086499187272734541350810198388186
467360939257193051196864560185578245021823106588943798652243205067
737996619695547244058592241795300682045179537004347245176289356677
050849021310773662575169733552746230294303120359626095342357439724
965921101065781782610874531887480318743082357369919515634095716270
099244492974910548985151965866474014822510633536794973714251022934
188258511737199449911509758374613010550506419772153192935487537119
163026203032858865852848019350922587577559742527658401172134232364
808402714335636754204637518255252494432965704386138786590196573880
286840189408767281671413703366173265012057865391578070308871426151
907500149257611292767519309672845397116021360630309054224396632067
432358279788933232440577919927848463333977773765590187057480682867
834796562414610289950848739969297075043275302997287229732793444298
864641272534816060377970729829917302929630869580199631241330493935
049332541235507105446118259114111645453471032988104784406778013807
713146540009938630648126661433085820681139583831916954555825942689
576984142889374346708410794631893253910696395578070602124597489829
356461356078898347241997947856436204209461341238761319886535235831
299686226894860840845665560687695450127448663140505473535174687300
980632278046891224682146080672762770840240226615548502400895289165
711761743902033758487784291128962324705919187469104200584832614067
733375102719565399469716251724831223063391932870798380074848572651
612343493327335666447335855643023528088392434827876088616494328939
916639921048830784777704804572849145630335326507002958890626591549
850940797276756712979501009822947622896189159144152003228387877348
513097908101912926722710377889805396415636236416915498576840839846
886168437540706512103906250612810766379904790887967477806973847317
047525344215639038720123880632368803701794930895490077633152306354
837425681665336160664198003018828712376748189833024683637148830925
928337590227894258806008728603885916884973069394802051122176635913
825152427867009440694235512020156837777885182467002565170850924962
374772681369428435006293881442998790530105621737545918267997321773
502936892806521002539626880749809264345801165571588670044350397650
532347828732736884086354000274067678382196352222653929093980736739
136408289872201777674716811819585613372158311905468293608323697611
345028175783020293484598292500089568263027126329586629214765314223
335179309338795135709534637718368409244442209631933129562030557551
734006797374061416210792363342380564685009203716715264255637185388
957141641977238742261059666739699717316816941543509528319355641770
566862221521799115135563970714331289365755384464832620120642433801
695586269856102246064606933079384785881436740700059976970364901927
332882613532936311240365069865216063898725026723808740339674439783
025829689425689674186433613497947524552629142652284241924308338810
358005378702399954217211368655027534136221169314069466951318692810
257479598560514500502171591331775160995786555198188619321128211070
944228724044248115340605589595835581523201218460582056359269930347
885113206862662758877144603599665610843072569650056306448918759946
659677284717153957361210818084154727314266174893313417463266235422
207260014601270120693463952056444554329166298666078308906811879009
081529506362678207561438881578135113469536630387841209234694286873
083932043233387277549680521030282154432472338884521534372725012858
974769146080831440412586818154004918777228786980185345453700652665
564917091542952275670922221747411206272065662298980603289167206874

365494824610869736722554740481288924247185432360575341167285075755
205713115669795458488739874222813588798584078313506054829055148278
529489112190538319562422871948475940785939804790109419407067176443
903273071213588738504999363883820550168340277749607027684488028191
222063688863681104356952930065219552826152699127163727738841899328
713056346468822739828876319864570983630891778648708667618548568004
767255267541474285102814580740315299219781455775684368111018531749
816701642664788409026268282444825802753209454991510451851771654631
180490456798571325752811791365627815811128881656228587603087597496
384943527567661216895926148503078536204527450775295063101248034180
458405943292607985443562009370809182152392037179067812199228049606
973823874331262673030679594396095495718957721791559730058869364684
557667609245090608820221223571925453671519183487258742391941089044
411595993276004450655620646116465566548759424736925233695599303035
509581762617623184956190649483967300203776387436934399982943020914
707361894793269276244518656023955905370512897816345542332011497599
489627842432748378803270141867695262118097500640514975588965029300
486760520801049153788541390942453169171998762894127722112946456829
486028149318156024967788794981377721622935943781100444806079767242
927624951078415344642915084276452000204276947069804177583220909702
029165734725158290463091035903784297757265172087724474095226716630
600546971638794317119687348468873818665675127929857501636341131462
753049901913564682380432997069577015078933772865803571279091376742
080565549362464641260024379684543777339026472512819416320076848736
251764065967540693621758879307855916478777274739272002910342949562
447661308200729250734529170764226621047673037863169954237455117456
522022783324096803524667663190861011206745856287317413511162292078
865132941244815471628182079877168346341322362234117788231027659825
109358892359162055108763298087993165172528938001237817434896832151
590562493347370206832232100118637395770567473867102173212375224325
241626358034376253606808669163571594551527817803921774322823436633
772811186390511893075901666650742952758384008544635419317190531363
659724905158409106582201814734799022359067138146905116051922301269
482316113417439944714833040862484269139502336713412425123864026657
258130943967621939655407386524229897879782198637918299709557924747
320303239116410445906907977862315518349593035305923789817515891457
650408025109479123421758482841881950138546165680301755035580054944
894884871351605375593402345748979516602442338321406030095937105588
457052515704266284600354402823678768550982678161765520375795655481
677896038927498355608791541177749423573400764161093294003899982199
267257086957326068774974224802023307525187650255968420760693229988
587579898896460744381788170081548895226516722834045277219106991415
764639485231126794730865803195076455197675628957428881796812090026
387145257858315277615109088631740243695680567873015235427804793414
266495223833707117511265375503942372098784668049139473446530714079
622597287130503077258714875570502582573466866613802351426056116197
405543436548698005444879295970287590352258409782683598666446586045
694241390729095266249932902973440568160683805726626057277088407073
471496060064561454070734432782514087474275506722304845357006092214
390002992981608211717047917614505191008132670375214930740567853311
106058352912781007391749949197845112915913681107394055175208019630
539350740248509553772500367054665162330430425087442324262404632115
078997336929985407041656261041976700202415094892411856092409637604
429612002364590706449770627207919019235964807048923636979860198283
087284228564752353162882791324295524814447505521909672046080689545
181712204930321853740627247421519740305769043602686360780792004776
232429551829473522027244376339027721392087767065716241639751785859
254426923428535274328856336850789651962072519416556061870370550218

462845434257850383000095374518292958440464918838685793483961151297
160581665745096703677495836666693121881763679644943617130416037243
050658485131749264055855194018005180908475211868224616976149243238
319486434415908558011073070311201502243416073157929528752936835820
397003389112114170685219366589789459503154389589015303827143001929
589074149943592894083097077078362875914484037045038618966975811201
852319231868659968038583812370329156207578835948780941688205531605
128190152647592807574958154564221341459378167056992868299895611982
353837157880480478704584175394665497690173220310890070303362911767
308448450372145669644401469545173857434157810158618783839278552609
399130570255575559060947051498093487773320072797573038245989466809
680822221348485873822999281794090825665209581655472475244566743697
594474686376332428904269776106791933910983300422310293728298798903
209391092682836306173610173878123679898645149311702437128285882630
486298884492207415640607147059137405524665756971870217355287245439
427714809179364437650637861861324348635797411258520863459927803688
792498354363298457687650165065115345008695721239507544785683173631
557153527046524235259737513408825461609661440746675514226836031959
801072152463551069171871335731685485631280857834435623670959650949
946968820661185118086034202821331801249410991502601435450017432730
793625113070298250499417994284451146479329154599555909587807621636
668591791065435966065253525320273650725989121255686842802077246487
722010996631829559552903393312284364864475973560859840760947298389
542433932623153239918981852264180831296333546356874828863465618504
810632288805596737844562000941465603499280879405115310057587129552
571964111506850340773710604380371259575596985949362058477512026354
947347534748189262254190352671614429284899857536740692165271630086
060654373736823556588626486343689153218095572204456777137368310458
075584529612832832606319629728527966674362974800821318627921869044
284342630735760703999669430789508147269730253817375694922751795354
326156912040594832860949992366412287881226419148504856328072066418
557059520375030322916894489427578306090910852410601400683274205583
969773823150734996108758763704255564964086855071942256344966732430
656259250474581762733281816017019698166542426378763601453035946538
450325476674999737340835665138186025156520283637389171016545414882
674448009105704186162626837971120886141357279611099088292970229692
128180978798951391504270936786444983196420134566833908775943006442
485623012124614511697921939634409508083229281294270436599146482749
984375942113020418297308417178813090379558545603247170819195302771
465794555475544754284434408139388908609776017857389307518661906505
018077165001840744325854024184360501118242990702323417243674525365
349594799063334540754371812699399833719218485418735979845348934592
268515068182662490078029335012658824974226241885352526636702827662
499349829488748331061764208429016923052899608978604130065109028179
805040587107671179041130217482796682353001960220253185576789843317
586806378359968791601538922220236575765581586611409199394861599209
159917553341783033347643131635012705390697079326567812415906434284
721360235218236741214733124499944334155915274315931687477882533155
092770336202901222597794809855392200064527162280855398278906584233
447552821276517650572663267691141075034845871896996434875775138479
148183635100621466818585096348887081456976722020167991199462417776
688907917136865945960726468538810778783002161368276697026223459418
737476733537998884403427046803042551694127158739320398444374604547
816113056625176412759821181939661101850562880555942566060032312116
180994622129301002470913347150682268430458680300904242861682025562
140946087900065191099495570815816505828983340739466084457565780636
690272843462018587328252924796505286681408503538519837523637451925
622795490290557907030283950104854835929834542814487304358047053315

0815105030015214281171753936491331661726212354055278633080020831770556302949635942016543330940941771963262341193871051615701017980535516793708602913667569860971241203685838129576953077981413657001747613569669861460684914396995738376316958246025133421080726217136019430180872098885514150241638183259752595931655318658331171268579415272066122184226614118251546574848783126103478345467492583087299854474212064450952332450508774314961665552517971680209917200264093749219075699368963302813916472089635817717355558485927065245048625164195405508013435103233898133783024977018227549063814999647233340796130414697394763726508692733471084156856084309213162404346298639208416600559045985064912435052647660676003444416181864036700837741141010943205889555986586700778636718969440896223213740341135971991331359465536854466923676525890121084137774324821918127478478922872648929700323718734561579815998348391004126010507469645994303319788106349139238124905030614334079183280040639070986725961970983112659601474737253305268537177421465540058739246237276173649051987133680677239525707813606866832613950143295094748515947246675272016843165866088075127685847555411843811690116220055521134844889606682592274313190079630115870846701176549353930465633562253112447277966690058311906161019726630739705425314398184573794494867801346182178759390769996020290839656772878469057364015640150476964489939475414746083399186968892711569423454926512466455077925540281050376220359675305586018564920560628790907694533392088088494778288948511221547432301913832455629938810206144902668760102077532109156849778307408596498579671526170100394754945399176987913235465501064073558169994097562481499674432784292027626441897939181583945627081733015821602255196598987693761640198612074667550488611108557267645070526224461302223358520722736204850572892388158849387545352291863997143808840617572862209501225065158631042588841343554319737298562177530720222629475552483044445340434888878581170341345342522354319407877972846760181583227097745180929342193189815812482832658950040704855206099893783900341914163044639163880549658786501375046341695655156618298878630705842306967660254053024811471007899784211830489010464056896539702885595530925558636052158957375114089564905844156774937105859648014315874614491250549253191164653821585197370093280194530320572628452658046046337816631429933076646646530760590548962888724189716060225882617577539922055131509377200624863085562820493575752724995567089221634233983602565328731029194007041176919220850015116735670101958971001797019578120892910969417754369904368202563024054822625401905696507710581574240721496339560365270283334407305750073674562260584649886115101689612181119058471714461068719761017456587373796740697137423238753839030317200200207205928488785123911746471673743737923283881966201687622191346233893762599527025672138622112458980212130501407288904300322535504095866818724139369938193069148744717186646183111942603161664070377316487001864799600243044003242241809402278533309011509880870678268835317200767522553138008818780431690190072804831799287414125476123089606833095828377667688287578688683092976001011974533898331952588619630132917094385816615374171794496319177154312506959853481285684619377669894277459170918802520012749905559407289696594793331672243621567896776966708035229039018485730806275670867658627104769409203565593025352743418965927002227049233186829991560936413757004988537304596396152734629396974951748062696451793018719986788537581415975799314806608557232568374305282764175670050288040489429899580948103534833934144927885925262192415547231997143385086637320926632728243514933640704589683852345624744361175256766987767597223439206357507471552918102762614012992480422883990297879925418517499129630283990729635588579890593317795908769073905646025623533567221552259468838298452882922966275137162422172954678670715840

924184084147557582539385240963302051349704740695399567897981727860
920462286839735779815111868152659884606949758965481314651150392626
377749513761557248195116119877250344564710738513435927355538712462
375598193813214238441581929070046389771683887207916361741432497079
109658162746429717072871725142745898356897095534626820169085356108
944898407100581920302176945120771774588795519510473384184739980796
306767885845167575729904306971542642383498009870869933670912108394
453506245922432312348278549660374657188014892937945147870540607924
575900601219622123928720017215588666345734971409533721151655985757
941724419889026167016101611557834315025460328781198424027484608510
722406676778760855247617773833089502610064388350550205456324346167
859451941795669874968515244883847513618180667108316165564209369270
520611898517292617141714434655508706306063551012949400309759167799
158426049197120954322702678432654296572403272088714321999645313202
587109677165128549669962552698607311763718207498827399770601991362
093083230736838206455732563765982912578131492224220427971241441629
951265945639792759380383804782623160424325399132851123032247037561
942321733047854078576244013291717992979240783390715757981426816864
655382946847399205888631655934919867896962840447344968024077092831
376408103352255242717404107673565424441004483347440101726441052954
787296345898640501203608024451190350994974493973617181575277093780
209236668135841636268319263406714182797421342546220705415600050959
674045616840451771747952790353254932589120483385746590096781730416
000521088934610768754004241977803082885181200173369559127137714195
011361304409753279190504891583246399143483531648681548579178632935
123925552510211182788573696060276931301469661433449642302114382483
705633532793858895267672076688971274435815632088106650149568143558
796576909857765902768707453659276364975553449617308078160987103248
013795136170367763457594975686208013996374551762425147780628722265
971455482906769295713643572152674468987889418820751292225756509143
552828874614195097862427527881571566400763721037803194043095844272
549269987169234331890022141503113998765260688761566740210197201719
602390861082974927639569541153032275460173870795625993579785302443
476716399591462317931239989986928437975702492369551587297683854005
227651495614447105971962889888157109415171701518114743513643854005
116246202131174800791983749700100471363432523281578911355450453371
905275068229156185003328469567926226208190442473340362503892792071
585960039363153368842724375366799698647934741133198328619441460653
922784099903143840354565047056789552024827176011874335643690243503
085631309559055250390492731613311734922584644609024535079190184411
299321699770451832853586480428556822208737213616490586303256368913
084103760215679927020005322355439804653119339775459044045078568021
398465009693429547310269249947586466058091669984160684646087293943
808274308285817479694172872990311013192675573897984091364253479694
943480377703364634958476862982590103470727861218623001986607987782
684245933835638919570206853521603211635230064988744600200170413056
985365154668752023859375183280372851143274811699683692849220447380
570633496618711240947835915869626858643589141359854253577688774932
743634514754488640868818030369652431755688300205860773256959716086
485415834468432489963077011371344675156930244885482077124133557732
306949458067267845235943631507872728157901573070033178796854436279
525719023623274614262868732738009497741122856237663214904653294072
026197539071740422259539242888164559796570030957141389106936845036
268231053986743753240052701534745893325679514941854537808827063457
295962169085383535370381418115573816378209032561519869745357646412
125498076005156141707298046994813593483150568116642793219335279822
714715767340186088721518799669350252700757556099719882863064285448
128275139280694702750148163289727314347348528529504604883271673978

981563678804780443602109007320727369749344630499731442571560433133
690387618100948873120713482710815889857483265854207510077953118326
861708037070935927614936782530858340482351003632166378957426202550
350116861543407379504516482896755698358935522020173679548075781909
502697981271148703431190363112246128295303820512870430929471974594
690821025634788995431771524379696211281224503426066399268852133079
196370277780448857920573046990800923440186638113252097123096476059
989947925759851008173039606822219975327301606582628527582576695078
547260349382981335825281786706085126560022688717811253597829337347
791412736284188656175920832879447410969703879854736984025458063294
835022359393543587480223989760916296250110473931169449100666907230
634693130169711820632535269244043840093724284428209709364856909468
920087371753252557030543539828727812301139808093867015474885803445
631871319602678548793893316205007675264112044390237583342724298699
654786368534102848857370254725502365663418680919038388670787907208
403619402164670121534837978151832826472578628815207101081499558980
338118961569441756761340717046538512170902123777884333649651872119
905407581877394397528364143953044245913903178813004188791887114553
148267469987055587931040240388884083850687341625071657274185134952
084963670955542450439483948045979156228282483787934152720362263369
561805556371076814888893619275742659935823559431530887933052767558
747512365065843969475604297192002319868024351719937868100361102312
568364256079597410574153628297180046497748573718378639037039015397
374911654685499716453941611216417610717145401765190565052520662277
883129045719693205990241375395983861982603205495839501675552509644
137118222561496014003023035407899209698677507867200038074267970530
307167932296015648622808518403352350170608589512912223246117830253
163628943946073652771336511631646446199099021224922412315168992767
855863736315526002503488487813233001910189399616702731416999626511
945742636761965002434737172729028462209798394871065982270009954918
877696188505432653211802219444282228425152556141187434018041946141
394514712872527592391255964437356833972896331267678234910356332961
294719101515714311579549093390326141191865475237624721531102079369
115848742205822747343201735585077122437969857965491580627950274097
716886114807616315161855306856692457171769220443668433127398933794
111629722451699985468562215702417594711769952916550211685500108985
761934639455908826270775311465775223884634351937653973498480245497
607602440308084489010683878697261237097835782451668011714859836794
055290461982621656691720274262854823933960018254599409254308169691
032978411234022885600190549342750223185294712829609693976813734197
704278121300147328677605719405969979275512461718434956985641712872
481183465420642318714551824152867630567513116267717735061751124546
338799426529127010578995671805721436557918350691777930704075732904
397494995822410623810514917650238504182730096620171750940590805408
957283755406355152219965820757351315707592361539863945921115586400
098809755261053838256899272158478504174606516151133788336097601211
484870055601658124924706825684427204547289630942030665044529864622
359422600855499158914995360649842803457949275700949795945060237877
501947062463239495495782308228306684081880252107663907423097372091
628533717680621644693543231791785530583317142084798863034084657264
269395570026857605753934788858709460058272323051910811751423491268
733658596079989173292891589600181509181633740080603547520005151175
102901229924870961545928026206076169827218102916731554892942374085
196743307916607849905578210193571366243599088361385980851615641747
694605478554008195353067080308969763045294686823321053287823743894
411568517627171163630940147990964945635459295013073900362682100732
637008235615069126964318335171625439030469898931426154426359511363
466057378654951244574752621678954703628904830484996804037722513431

```
3552630156546080518686760680431608451284591604244132698791253856002
9915996727876619519505317648831346932573668946443825581391084862098
6637426745798313012223438725831244220330945714575414704792938758585
2389977385152135237238955966431223564326262860114748908681715928100
6687270840080203377186921535235269263472268090825989889840026208152
1782826112293131182086600709968603654098183268075582477670695041090
9758614362435521619453530292002546673679964850437313349520821075109
1992589266389956475698587079018561237915788643744690378715095001120
5502100388453119236529655994619004784866206423479423296700605290030
7091755781887081935221468714272352776325598980869487211138459800140
1238421638278244127365424467488333816797162011288619141540193671290
0947899026466644315609837296150196862422825067230616672094354657140
2514930864248877859868275958874906507726025095182953676518118236860
1694472436078376424947624692263194989219646440683169287661615060508
1384631941511620257790786307180123115945860389656252655422334623440
5450739478869026815949751311688514369452102168831904461686297633250
2298638518188500492869357276476682385556463655449640063176482855750
7858666102285515648599088209586894443625469867952382268611596991000
5636608292679153375381606611224786953132615853187176388598937792910
8890299879387981000036973078489592706254104848593158543233956831042
3902990702634437978756918554340670130844481978626507947644000
8301349424358342818859152592934714363175337495897901072873501270788
9804816350456766676932075530518404324461007403216764718360837084750
0651269307076608498252990003178503058536821395127350386382460564250
1033777558098646433980171862081426630741725922260005110913426810740
6701290143016541010649332122837908275150010035300156545975083237720
9654396973820477416265710657408216499606262274961879533479070659880
9748717795643340648417456457479069251701494998100953534135489087540
8363275795224072069862910246717035792514417667038866090698572626000
5812408253362252189920004189757457653151230000644457159317017716880
6354833305192158205594611735771632113223393196532038619900511617800
1713340010705766526899197081692022194647043237953564118660639205580
6090344570641517977821450547222788529872101978588460700474200284680
8737958442289499743336562718779917211379161644925413297156528795290
5326397595385359209501386333805075613695308995475848830242619627580
9859415137805158050257675404017857958524488311721050892770892272730
4319738238846873071682302487868688585510108073522781405371406520758
1072708481672639770987314551626469114232861030369329843303003236760
1627142640675878067318839715150027981633747790787750383079867594040
5910739210345874042196170349258081899072059612915864202028857340090
1149552388651079113714953346397639881839488045300750747403722809360
8205354304949519483328334700751619790086872854399629815756058916370
6247230691628711111376760864803237524596649304117539461364643378040
6711650555046706718362212857950480671656304276267114299991134876980
4470503706379001810968886297217579517324338027806174704963020424920
9166191718862433555992820932439194457118863215563201616542470553750
9386966246563341215410140322869909301591328858088312412428828763730
8727428380385907102927486333515030904453280525977965658920554562434
2979827941348917563824007716121733247364285401606100443376414572200
7859217155914010378320201321383330963807789040957238105588293927960
3743816606868351950592770195153616017221589042878567848206829194410
6987181928627308270444163039625471305328438833791337476873582612210
1625836027289616245590418967702474538275839665229937123516304898330
0124214174557885915942560597924277218199085562798486056174536844780
9237969079755945551546468531630244623256740348958454622567448582020
0424573919942530942642245042026890381501526836024125598075975236480
1628093048912746151196231546114008220563967806585354076686882275420
```

Первый миллион цифр числа Пи

650381225999162076017089556747446524234452017661650325945665912966
786324621379919222961458671422482492880647680321086477994100410060
033906792752373625460277429600734788038356687522003482457694908456
862696057715701919174892260635208129738797443835483286136939562450
392976805783223402171676555917766840375723484409461762931288492689
936871389838822271060279037990019045583360079739277410926655739233
147025909233890654388422351324115388018559234956139930223919645050
450369352927011566305153351918641864823442499919272027295345959906
304872360804159576002966812111683172366038110542803591445720248256
456105714055462420821343520948108417158289572445072063546816002305
120140848054358742526171017681853883557558717415424775449772221419
261315525269109175563331932322243218525422182729149159810583689702
503522813002141192486014248068079753699647771939490680468355280834
732761030604940973309169031678309793463661183278453186871646268073
883365670456601042376850580139507443647963922284112697945134773004
924987864965636794909929132712528977651918175427962806084932375520
815361113240339713165504391887960198382138585000773242461778849187
581459642642337889793330819488160040113126525635693244659398400636
890315254722923991414474377069633893576192603918924793631780083102
611419548543605157787160049557886565797066588551042882466363057207
778902266777042512681571979533225107638903681976284402861025880539
233932947467202408854127649238644760216116262082421299166036229918
492378223630098347811952291382184732634228575912097980547828525059
183798336801787411242644746002256241498069140074097972102327853957
561512834580616541111792671042799057939449713494632895045651286884
784187175802050458328387485313736911351025506201027753458094391050
010218339732456504728894768792989259450198750767122363791875864720
121496606115128048709648863056228440839369443872169212084920085155
838125107074195518720809374694245973117281172105192890389637039423
577686212766821093182763664984042124938144097959863114225436483965
499983479084307021764385554351257436828228153032222380834767951113
557014806318200453220723794891863572149106242526993994671015366846
234105153338142684770627585203524099207972086991453730109551641503
317628200196916411546026820723669255275141842996992053985343307306
805737238050416719722112737405078927266340638850686734458560773266
648384578027718911475801323105519878413365218519071460681389868867
103147598264611293795439526672867275994833590259744587868768496462
683484434414135917714587766088077845357183932937193739323640835633
757668846821111799350554102085561884901020160050563954168745108220
603555410817666460524124966224422804545243216032036019464135609792
001959024049792923673298924553990101980112140290868699920575891777
188074146122205024728585715367530747814389730571787268366360157613
610077228631963885264623512553807731945956356796538236249992655180
433079635962110674552852142902629498265675533527310046878865731047
246649332656792733134512295505918623293739332608607745135077530901
574443829487339779605322849358301361837958626480321297368474817516
476913662110360369509106666505171711508278200932788358722598394046
306837631811808904423626219988123682680785795262197216687201745517
472627818032683058548803970977047934831035439855907843552776676033
139884605271503138856332467688927104595851932895139167823857735772
658100479825639355193520055204080028705967824973937478860528356493
591497838037796496000521244583477900175604246586665199807702883943
851638095504304921960324436090340085174660429627430976838715194598
264473594023424821104475729111777958773134155360952759570898612586
771456252399450075938020609355024892008476733229308574222255020645
569023912654366357852427242905605320575403082101451238209021746697
579765347517250146583747884808053773515042222404295760361375432486
199655891939220504699982106293160967565179075132296077785755331026

5858425760866867645355209277482755675451771699508789411805936305 24
9944967012375980065534998739666395394417017059698101512719333118 40
7679232718539539809764048527846743872316432910029065495308612833 30
2664007580129618499207022002555972156957588376168784364346792755 86
3573972253564884133060119289574642809357858081132331433115287482 17
9766039712579528900364071989233281316116404169377366280132597382 22
2374268189176489596422703380390592959649696482133114473166765041 97
6781108490966469425717069457007871264014486522428469488976172567 46
5352205061621073001019262483146821203551699501522007316384004132 03
0333242312167082685468931758436630430784350785928104478492663952 65
2398718644173380085681692321347429754583269402161253332837900960 64
8627785494126679513674045877416945596140762656625029900692267267 87
6036587137932796041848883939339346926354341548095183623323317522 937
0352102914641331275203711716675487206347389232937851072902951446 29
2741546761947942747166916030497829288961474587026499797079206387 24
0825023006425544995904011974108535167844409018806462937483544396 14
4003535233103040411784572289029581805810321237438258987027473704 01
0683777715925126453570650830092147925834989247512745362200610585 45
7599736931352970781437428413405519544467214894150574528391716037 15
4530825255583432025125424166244575245629644579107697171521470951 85
0550035505439063168825810578507463565620479146676805569843845520 27
7099697198898072337148695635670317768776378974327349282934390514 55
6706074460797047693164627812141713818274378561462197088087021064 21
1057377851471358837377388240765280451914271374881105597447183100 93
9375197659802100241012511230813682603384744910877161322857660263 93
8849284959898236565727204263572026374825649494912629141917130646 28
0595669825493603261320192528043461704390289260279931404361370265 82
0121312851488158573111782104131033572888718172952627112000814750 64
0268304641898876974787917317370381399918882424169942121527760451 85
9567119094180737347933109970928315546816563952710104611376254066 44
9586183854638982208996778329550111431499593680398222303713632957 42
3217357446473421097414917436419947319588400526387269592318364232 54
9184559550453437784670947045095942012021142208641912790493599452 13
7392487110743231495113804293793655436372172634819075711353127093 07
9527295221124795314989699080894665747695565124360561142008663990 56
0990003803025061242360775032934134728905013167728097131626834959 63
4092922430311950848788671035335200237127302029165929752526570392 10
4214963495238570856057234346215769569851340683045483315459075364 71
1469968242091023214311717692277385347704177940764410013010485960 92
7072113205231853822274448702433271039878114791275460808361156877 92
1513113104500836636310075175110259002808642771502096271366239740 10
7528844546833161821150278926430729763557610551124620332480053105 99
5111505431484829553432959830574272451737886527193000732321736237 58
7327314890910945537402704811855571990516839387453520679708592118 96
4078548950410940569965988715988633620779550452193215633612468530 31
7470544394029418292635524015545231609868255313897018801539704596 25
0169179664812501555932311482673005633835797260328601778474149600 45
6972578349562058732873012451455576345230298648149544100907883529 80
1207012654109525184606662017674204525736799469077190845378748206 08
0290482516701766198207306183312392193535690040705215498939034465 93
8809047507724169543651858075066490459443188862978723571603022481 35
2204601090635214508280639749275512847694354996203399164488791974 37
9020957188863200247502079102379073072963746326336674594275563784 53
5691367345524014897125909480368566282321005003940073106632075257 28
3147115192633289285206967239347175098295260212549476433019535743 83
5092582831113391153906337661737307723630279889869985799450165923 76
9067548837988929400605162826140048150469482814033083916434248650 93
9635458909132805951116334550365634824519150583179498083182728134 79

505077271733594966337188214919283787116463903566925779942457394355
473044935559396848032790208614196815082606481092468854338332986639
074547805263629161562798803187828270745163032786390756653362197506
322424864576945975359667320060389826293000076125149479800895671245
256955982758548576901246368659494224227727177151849641751071598416
357207241224371968067203927064789427894217128426413342711831847944
133460647243141150155098551171241466824331235206284065722692606904
747919644729752832274956981963277872816259540120205380732958250049
744593080978240952991296542331849879880077168163198608651208831586
725650659441406184468374963189291374599342160348482288315828973094
216147368925585169927155311558888760072170341024458744020844342827
300467309795555666811501300338889583802314643138290026007632285034
758307808788951803139810207627889851743534782251208467594974300244
378958428956807526632036276962994601808349419949127065591308400058
626563996391104068510412820071532462564263714563557576945284927112
635577196325065896545536482125459263355257292595281499341587877651
569223119151023373440716991656476398200089698462984399775938539811
213321810328198969945792617649358297483733877523528594640351382382
306269453634581003193672502069828073843334117528315731434263989641
634712705303477569915580031181591809113788026883854757697292339888
286032302997704306662886955301210272705763395989768941024996847949
816842011992561348075644040655946238370872368881254894914879487348
086141681055211400184551700844448429484755073273664282722206336582
401745498808291301883914015680905000084954657373000327477972099175
074617859515799532022372852359204007425152256386166756203188398117
618611960221628474319079702503674592828046781785366473935600354038
278281845766947823374571138221219326167295010427069409520265028052
289859093500239449087456262053452217311940957783019536051850385496
140621825306182036518273370621119893902448897538635818099449181578
487833652886543654224830202789241704968965110417275947501781226785
814391748649424357300909171264877160595920974458114629554223100220
085120522589764778114827039426776664278274625939511743807198618722
265586504030028469146927864680031836034638172640570270742262034297
187555809938687124046562233389146465830554301315509528510972630050
805188265272685335372937338569182693717167730316118647494810424215
127915910146065697953331337740959367493264414637024275245393350301
309928336485407069840343991212452492755802997988240920664464042585
966200888741916498773027540372920421581093781471313622628866669454
742124495528490914921933719362340294337125575569988652966236450353
519202677763794248208286056893623152152317885014521313214914698685
483594470686585010981314205892676416115162109405356780736810089734
245872932705210853572676380564228840929665884477795279546710735193
295474713015079220840328232204428944678218396547110902117340725139
724757357008555312743219996751259582568063235880883884366203262266
191414934740436498000247398332092411838667429609269460701418388178
110714282439657796388439864782313715424989472583041145149526872423
618996763058816820846327437441210390552765218710735564525713360114
558045585684558650432859917676519619327114349866540777451450047307
271171479571222757201812886446440777517460328242317338533765298981
044232224046772463204795179809715760258008857689751340594805482687
288477629384645496040270370508539419092769937066804551719416040376
351180185513657545109524703460226002074174282384948178225490636599
208474903758320574467795910675566064077500934712981700581876940802
799269046059498721176341519148822518670439557310017937100046657292
180372848797971569227888839704198254565706428908985827958625659901
375968750078569853420944399597152366767355991155709006141301885395
600693305082611578831597901882912877765396964067539208084858229047
556190518637549059417647208090848523929966365377746870985680142361

3707637046742361802921867959247697776529262929041798392750534329433
3844765333985012282836279851502637454279667177148419757339065728 71
5430543215752354493205346537542382048448508846345908533866772925 38
5204449844131368637518941176848626136036819373635133932540806852 26
9214743073291344676252932264084533084493864715156181394136343503 64
8177947550976339255988278690369632386330342579445292292377520328 74
4890200405326681393547528550174645317172145995081455613646925266 50
2271153373818175978557950419880754858113362891549009039080607754 15
7573613737559880187573075362487370012912238261134381039234372313 53
6898891533749493786324984941764281417045284082969399172432328677 25
6415048376577311449335215538523001781108276163630370902052595037 79
0925341104705700465652519779256793314108866326405926231788931260 31
5285758716424211903337987257758742901290375936269727234314893572 57
2418837941862768645667758686920276014398050163871435204776738809 00
5789283633817797388457344100149966433235822257925351711059485607 89
1824015219982852269465095876314924712795201644676474027046895454 35
1030698261799914022340728548915468068420957432075066211544876266 44
6757986364438802325863608869187594422715214296506641613849638150 27
9721730712659205782660027847181400342092656930703090445702459646 75
7649018527813931481315092036410498459690602253144748229457070252 70
4363040611144551422276693665012542523720743940182775250894143291 52
1517059974545931259468212143510622763303318504339488951276720637 29
1512493681935703191046935729052762887687825004850548005973230753 26
5227792552419913159617911522069419685479187341566997810967025629 93
9932081645071741734905643398652199866390557093521198524390679861 50
2144862392843873982018760228547123039494596615725875096503200712 47
6657593813721248011341535506167547203695791055974610671125417117 45
3695430147191419937319722797169021161357262524311647228936664414 26
2124385498136236949635712821160368544160710823177510780129830425 38
1419089224920859536461082139564811320531607370777207605599349815 03
4240640775123315121589992462974978454743857855952270892671024791 99
1996450430401660056217629623401492821816115205046438140512010176 32
7979026932712227012592708163045794086959388503088585777676988057 7
1202774618583728185859970177211160371098273932414719793766386484 31
6000841579272530611640850151500165203002001427433763904187886226 35
2747022589848494690776947476132763910525994056603823823716369435 55
4706581748273071824741827263627240462399440284444736424586444751 04
6902997652674973443569857085390578191599585996096750612830910194 74
8865650751261397136329276415834913042083009508511004140745574437 84
9278985760726105769741819633696790755188383220173443764398053682 96
2687328518939530815972138409987536577466354932531139362559789543 00
0911914267407538592549690157973419183710401699917900945678359628 57
3224471479073204569647197863154908628412333251748127848288098487 61
0221009742783475164627905539385196688956965108760628729574590889 20
1702386720740106024538941519547393281424662231268923626502720564 02
6430217769031895555206112711463146717038915773390065452869232720 80
8111578757374991035324446693616535175221246886608059397380546894 86
7556025887068710308118989220242174952934582195353009915613553607 31
5909567346990699248742680019538217524621053498627010613215907572 60
2408043008278683562931983842710521983547275117642330279958926872 73
0531183558056875276124091974244476335680956874844410454670283523 65
1415276562700804363097477453767809820873498038498259924881067029 77
5494953522829951654655985068742831762852085719613937978285057790 14
9962321392204623415241682380388944662426737300189654337647650363 41
2518285095120888648562947143987795665592807491648962562185926715 41
4692176768396054500821642162605610642314443579823069196578047057 47
1484600729681823722879775604960891581786867293632379024157920472 83
6469702103139751800978415985500070553649387532125749616748758725 83

2599259576150743391862284379883013460445408808178096854911945411934702689650599198604109976532111965810629665500511618365170620292880877609149846167316442686419708923064846305675457388720247601652577608529377210933584453871074027292591915246267623538179786930642153401316337011357356351110981418211296622107367262696156726748307752488744484167665737024004850839370255838591012266948358068391545479166016456914863052393597793244672558867174160485503871149031760755373219447283058221915580788075245369693274460174736052420586469686975770612186776197205874910451651427154954238539202325269751234954654630906132946005665072830987280338737351553752235631835702537006494092638080317374634854036114660004846876242310894723791650074517970524862846727663375517303687368385644037049806617909200831710788210498183315526148505373540750351082239392474456301096920422788447371696889509111857369268903366597185225377703296220167081065518126758009408525150684775792191389321380928696119531220905038018107658748836831788278142527862618796676068219770390932600672961512755712527864370698983544440961391737903545485180403973331374805235879109555830404815348045391878540382432369073043102740626417777626573010347033840211296690848180461624964873947345844121553025815222149945822249941941954725641031750211442280865230280221342409319393272767819599060811259862396733945898961907167977778025951163147757626402858826251481582164399441350619608117589046195115853908261335496038803237135222451696811805975121895900285917973908665244952804078271302700453774372678555325048503974637573946460984085658930184822341614986583150346608218622360580194811455490351547426626606129502687840975477981407268239569314724876098280345081189383404096153431486301124867646531547875845494652222753187735608908350438370811208824417599385864663093970481172530040203058134090447450511563770541035014166861912485252694933482978510181114723298740453961275402222190958440508723066232688884970422345670001194975185979649409914897138536227945887407609904328542281277305818304024945108706336986946867400894810975397100908494768304107115295506388876524905456599942607738863473945525114489720361047937572544723966023547748127494160698351013147640236419491461059805563757044651556671236525682827015744528476022078175397233716409698626492055766876156445774464466492547734672972555705388285907892317597067686398249662945556019387315271036272012429312017642522464480318195446833376399461313836144570416088834222537155878358070161156027177541424723331527813566940098980044458238998420064074895892389238927522891473294553124042477552083805237951012393843585877545499900127206828665999857909842930384600732962384262907972182333727476694640152692048814304227394388383869880723650340088095245127260013615257041577497895464274592866962164154275190720789657656762047087629102592988877128340580613171820688795096273552308022803665885309302704619400614464491862785664244942081621020383276111696224421386397311571301189918531699151581650258342812848741492753605073550149275164965568949868814457828072415400901161769365898628113745927903225784890933976881608670857002995345721579420980997220532145751427154112209398869874562801165332079254551969851910384281572683512010923679952429068679954568308388593013667218521135364172442283704920603648154449717799886187390619701265066843706404251244599519090062260821798454151398740861561892465930844027470147101672547160166860173976919976620111199893015535406281778132823867987398831854809365141752690405027399232695322939310360456984252059471087760223210167746792793562530768337722069298099521332754934107640682936962565380979829922150200761906567133233307191753110953769674314458270474521918565656173056185321660425946455385616883759934532767382788781222315372811134173554517073553208276044077452544230785453748112596654635574596043270368542157386962244477

9609259367500830989140006853836358817787486427106882578787407992834
182519771408422304894979155179876782746847540849289938647634983917
5392445932931291380807387650050522006666627273438445404989680118343
2553499976250119217678755809806723324167826178257089116301798088
1955837910754011805096216010930804225701805492976467841153876914307
0882475312172313794037236592877104345544696266599992623393329864113
7100126804081160276969402287136507298106445252016551733860468650
4062129245789271472274267638614268236764085164119476626514371013938
5568064270077829659680486077517949221215629173867163546498898538357
5153249743158354139913221365051551384109030902755433236441202253
0077042821114714191814757096183313782294342072543410315558281866932
8386683660726916383696779320102142029046813370491534380592465471149
7083540122724100650394974216418866922744736899506252894502777189
8946913296346758587926423521163354647468642605485613157784036114314
9026954427505648038478887943295655604844339184060202704514682782423
1514065070221048519592072312004933717673835237093088565264344841
9467734538241329688543063024778255435028195957175433268735831728279
3377410102634717252580005510899808792042744778385364274972065430922
4796057214003306615979398156970613660983964055202876699917225472
4020639606096429945427059154600073536731549880773908300158133516035
7301111141092801541228066667058785550927033385009831156762851616492
4255092928303908770988934946072349028658560205422067037156804635
0038260527637108239865979318483093676416563607907066052334341113779
3121612020588095146143773947683538839504721294528349865480864837885
0194676769456232670199871331845545348373608451276718005678754235
8871951058956527978045378344846504681469516775381369518451030832390
3749657162143307963860154481614495523935111212189443023826954057860
1164673736647956520658725081592753057131343835699200489996180432
5495020521955502061792779930564245836658721675351928175033449923918
3325623616265020814903557861244051834404038159913582717384337340452
9744999640599186566641535612424308001626179337509214296580882832
2195705784317169794628455133096838246000369899618059298795066037607
1243272559753650882038636095880904003800176047507866974433258772321
5438325998399864395011449541507700972822653695839438085091284110
4162909663701274249881761634410166742340050683616764823271038894223
9482025308696722292524340750602651298857635878137500851005688687432
8274718732324289847733542581504162589550238544890684967676489282
9707281158435116760776172604891355851098147895084298498360559365937
1053202059979044369735340166287645320637188693821897801573219076299
8103612568387648387269853601294481607317618658066805968373389411
9826500873262426696002409088320762261178399915744021058427898450630
3601419933928362455402768350998972042185962090201621015651922358421
1948820209123783927557185605541656205455347196978661235058348962
8212860820840349731199881077259045458633766108505095823850307512842
5964285974947159675425924034955860979643401966466721757237237070785
1846466383706717029954169832988691247281876802738125496293898760
7223408465709509894320165487604793394679468513437326303922309331790
6873031699418007404800068725136597857958599478019949652342728688988
7178135161715505778391587138640405789565918232137081400587138088
3652304716712718220060186088112572603398624035420675212769089210815
5226032930044410189063723659195711953030288248586847825648830052518
1260810354213518122471584004627510592444870583709540835318975215
2361034204084507641376742347300588220343231604746330435062814232108
2948724090259476441189103223374049794740857827762204826182195142821
7981124372676625846895195106998673740227323002602615059706421527
4602326999497006158235928282229783286840199729036537816816002884117
3067332449662838403243536504139753620550910521974909579986059572694
1384024267555967486377429308583140664803184453153290815321549434

582880442937355680052766701800094788733588609136494945838526892791
365594342881741864555941029617929958126080970645474650902342618403
450108124033539000610734694120978386716277216137083614515110500772
011704214057510295511491370255453350206814116524476917845869435403
411879135071947286833389662476101183017004972618956118398981605390
920089117277245282732995868083801073781314001876067250126926454645
097673374700236767820135235673242624788804823436290099963301097657
305710745086213218779682807434398964835524271448757305830321802494
521092319912041786298321106456189823450495054397161803039568512653
801492251694878479554724186382786275823278212993978207428675547109
249821824468614795808140835500466875596261579061717590219271869723
784547241129855757317937479535182955842991336928140588480421571538
074685311302335494627214184400563239744587537727518071466016570650
353750000780005476100367863699111323985862132218224624643435010363
223985967017289928425234113154343262930390735953429144139338742821
872148418613127907162685826684720595466403565113327927292836704215
333378156489787872434723165771081189058811592205341344776752129774
635506551109801811454708921701244106349239492424226738349439407865
465836386859700260199154168385586155789670127220023220031686195419
702892475742166676680152480824022111156190982909528829342278406490
395339672008649956965447075211846134340977857777364263165869169876
274954188683133247514531590023354409517149140813592731911461920067
757921585633107612547070933961164415088007272939456368492532718589
155168814720960114154056640038921028118648545950411900558007928394
716199676003018770007299166134878103899189799277933082603333383340
579193386012599266354350647100912606346252385743463526847492979065
780017287665968256219468541077987421844550471048251138993654279944
593202443898985134425672669327861329504851702042670416810423988787
766282835019312545495101087037669638120603127617996218893187778305
204501948120474270520457321254873390393028668085392898551453951830
701677372533915679276903907336248590343351476117870517797664710107
502450768161655725395482009480911058631732989175311841603640219503
463573219594755860083208292675123788495516672506492207206097412031
293135743537452185545498302580415651798622780164689374817239713381
123695363735811057393910536917973929343197751880325243525860808275
537409997210154008004697992794342234544768970758031314906549976457
271996996280332692090891558381760321398926448802376910082742090668
080043739925045412236849719409774670467316737887852049416564473707
132543728313954096231813376473848894121827756876058275472115348406
411192866091980614228229552490758852587114072134140163523811998912
747789131397574682809342472823110218984300702443999642906444508447
880276686539463578359786330143574307385522480118057855163003059480
351702305291761937668044897455190062298141740225468793859809142285
837449414294668405678447862996873037366863397510139100798455883197
189398404205851783126255609907516425666609144857660683679374480652
972403709933396292834348332661041368713447259629441715366168325692
987460751934900436754871245012517388228959426432206171837705951665
664903889623415903428365924676238921543162109473965009869257089507
504114157819718945799485168292399767685260590940847692555560320947
301798892618229473834688688478774214747821124629005048761624209757
229517860733959886964186053995691274261105379964864827288214729865
447937270511431036415399504302492489038987190473804812173705725663
713465147154131222056319569952971074484542325785409319607037480624
328873057403741431323821583556267142756875575513618201917633010862
837972585511567417230504719060873616277083262964429580482797563630
823764361615455540616980045819644670667810243347845988069248477274
895298262045169437003711201912953531129197138017595577974532179706
899810786979967116140647258355731385280378144794618645821634745203

985589751231713640797468385145592041450052177212291446699278647652
010036539788997094195677954229000414384548714348852855651763080299
251676444247682186490621512191723425686851600605859780896623668832
012839653122703074654818211999482253881430040168114450362116720244
462048282967776160165637897576349795548725510809105781339420347277
448474876989841921828085630416492602991762303626322504418296296521
543856287607037421868140047386309450159109132542103032561351107575
582873478656260809325645074346337233422408558581633853715306945878
269202052395067272475369001398011496431659458297164868632204841795
219642449832794880631346462010891393287053134556150378876921145927
268505146771355995890632238650764778282690168036013061708569828863
363533982166411661335548040370382100344583808150558303401797120822
493909503856609585571395374634762832404217519342656686392559177433
783255482070386105633012623762876981734728224250946153189070215082
050421810397748940765721499083247852854595100246795973930841106272
522541569649389236827358143460772759803346264312598278889441818491
738026870449603886707186477083156478758911780354308201318656582034
354073422928347455769651498683915039761412613360789480997559164824
906255168553679482474050984649608568188917203699873757964398001165
295270277237226019357555720232631014768692847626362851893048492690
926409854724936481814128316893832831257956621359883554452066740895
840923148625755911051962200050308020425737002899660124136355648802
803399956946560958857632199260300046853975598028765558317107063997
506660476148677763563226116127152242671096736184025291082552446153
885776660277960808983028370687781398492381254517178987577906769165
132460310875518147960012167620168554361388753511114464644596594898
628685003842938167759796191272999045913439604283622782145743849108
066267372039815968331145831327755737193964762139470369487134483796
533672088650760949443106748938628101668608093548762040629531426836
790162232434421625009619198865282501847807500930929896168789351440
485278448521019497293149122933664283836109583591179266973210503286
586371961913064985733208661524319891775175613307253369060628944014
036246735791686124190767973072153896099260914778003921829096605678
051574245394812705158278656086176628088767548528264353457929751091
037432431480490509972013400938712099679922667327456972199757397498
352955663444532434557032626027829313689388962967691490051117916415
739641516223459624143879984997239721062591045242665562829601459679
012861764153524786433047855814962571113956032515036318374506194258
790732974799065403378129323435496477095994159702169181036814733833
330641513877132215173398409381746568333237521245212042635149480179
573706485748255881296241114146469266177478173860156155696776808063
542808133926222268057358604395739162738771435084847701866265316974
888647386824309419601892875891202138727709615384880950656532073442
058984978568214481099344327143794129234072975479326476182962040361
443641127465240436917542835856614059594332610091323144864164204976
494795520171710865170698122416084821707217101649482479807749180166
663180760457163952518386095827183272086570529825589266492312740506
731234877203497799829560941063603051658168190384801114703042390182
045758372731652085922539947510938900121122194266654459086779269137
115495078966657667654609628827777519957055450729792366620852350781
689434003204754374040076217990918813510949939669431342798599215806
292704213826756214353405924672023502064258541096859551282959888016
794748534882762322608988214260279669494883399735380911531026157275
260615166467574723112673113045630210164427562827821914879246698975
320978326529216825843304790854783365426975843307795571952000101207
872401988134949844384367638270411742100369511690111801683269994661
201008605320941579019288976139784035165111599346420444148276820545
506341848306161979946027048964895243897025843417177319031533093214

798054202089619512507592936490162781474077322477257322019135045680
559997856927754305465787984285946840858678413411453824124072065675
598264826257619030338341742518485385403847037100690876508085350864
021762101015672829143567367711035116439783634404283023478073545669
143817704745089458721178783915416653092472697951952686392823300371
685067876207877548178391081973218290478799329139607887417683308186
531819994065979267822132271345963247140952946307619739674998463493
636097580672536615518078598145349535821601480260233176252015063663
993913514287751153532124112251505706572311520853765028432210158406
189825700470439171864907241208917145612024917300437993499942065866
379857873460604806192281194643315629256867108796971234962364061937
388112180207379159818010975908011327225784300250111378803495792043
918992883005162429217600337641079337196813319206758299182607848524
757117752420168349348194140053916463935218273710489150036580479259
761583436513553494384319150921462930819950183591670942530265403298
032496761584396347114353247143703922148617843828261138668855215984
613445058033026369143941743559917537871666881400452968934351987652
723008458465501565659895211301104852881693941568670635178319221855
955305000298648325444774777199550165082658896713964088988056795806
691606580609404851392801022276976156138260831907603324548465286614
649429483966773300807073200675104262514142962447145368750970687850
660059394026518778610327654702806325729906196897591887386672305110
123794932925976495748262551959273944717640092556185211857724430888
945893130457097527258670714556514236034181989031519545721886211491
710345305965784508261868074364977358317577008647587996432274454895
007809667119616215136769508530892336123866628348110293980460743553
427272442810490328075676700337727112094912843448745081356882215603
305043883517541081483037534434208412208168360581326234576775427931
619860454305044485105558004116794337671320558147058727208825360473
106496793184796373527884478852058731828660065633493256023590888983
537772507970200505414402105594610720764924409136337227897399466397
512341178836631250900614162322765702854104850679744981271814676430
841410300237525653730495276727548454599978716332533105061902402151
814681001465126285103975983941288236986211318315247764967957774419
133239479855287165302319986980239839847319817881713331034433989083
795800005131965345233833901090970444714347942650262857403151815203
546507282311838519865802936213522437975431938019834329143125027577
667543168698886028656770135003725896964458686834176473878390665444
218192358577310787002319174454287141600302682837240494643603478769
035733261881143101081321885527985897303450534403303722769151404531
823618783217199889890550829089662419765855980578341428737306480985
290782145941126494992196511361256777307699460580206407239180866900
201756956417595527211359337589791160475982315587253564456825714374
658566889820373705497045290715846973763555870609280120176978053293
579678380795022792200105201676898873254108389319250907174288810810
708623207551018480041769696826290392399839381162366384787130819320
185559267865898070985022953739494217542469625354704395473241339247
648521037611777311231385001618713047106477839324875850063619911967
787753268071392468984403882659360510854652369222619272403499121038
316226297241144083556868049980746048371359252075390170144693739164
092864863919053757393294556536775435632948953085479197356181168943
469443443643030871444254910609829482881581159563562993377947392209
785110406721664480320531067091303759488434578734398473707653747404
793080903438244339705830532695856299847938304808177975089019323978
819644747281348548648563997367907690393025212859195095945330313797
518529818662620117612609532139263391827182563275830591189372106915
776438388722784228529009122612514080523150812027262477370667161537
297962365171711830918171522805265375933737558128234864296932266784

713386959887691580950811504993633735690590084289200705482525461768
954164710778011758607143286624044830552364259377579855244869608072
673059076502488514081476189179998962929079540606916509862750703309
100886611993183653478110689500553232123231040994315669757128432110
589272907562665298306834612688174350276344573487313081278785396682
594804502445089945385062622281565720665625908071060090719474158064
342896173131515706055811399896076568427723954812062465492792246644
108673930170526784065224750410536043235086881525438218840578152295
198789560649956069827453289227327038537584520927092429466734689593
377789658067695128590449057399130794876253979899894685344867084276
328476440980465348855120943606428893738371053515595879507510368199
958600924794052205154880777749983061313790264128273715757106128173
624978364745020722775619521267432735816854961196988825831126166950
522240218811466930625749538470869958657459988789278684738719864383
790480463746222816126871276345113094783166175997075950853325746028
493740010436450345565804494429503453183381290785088833385837869771
084982066510206279570766983344517793452718037691141020755747743154
293290326295321149788262035159874125464228843952777954992895647543
471058985851590055084900569690369399463805412744078272079588120610
950182666750528291004286440115969091560260245872117456045510940768
469797368274814597904045521904841801154566347833534380881534140372
398178819077576306472338368480766171878875254440731865830501186475
632030171398339007898754244110262777492594557872631516087487025048
062038162606284156754299711008457236079436838831775697116071774760
197736299860847092256124190334430386806075160778365027891666283609
317675969553014936812797935466652393898654922082126132776378982029
467995816243987059362391705117507050493924429371228752072100479003
695203530541747026881003131427531174456246407354520013033515441611
612845306363822062031827141203471057333057060956104199977441294378
972333619529368071162946497417467460616194428419577150642124491154
067073122138420641412696715456643891594717779694935195834684336783
221413037431073429174373437635441590737738077683355454522041607558
324500141271289974101494705488647243415899129609228298624074551605
891496310210005958713471920979723983683128011017526431868611183517
017358675406492657915137405821629724201883751029772027692280780173
235365852486610373552463605197417587182349087381977451996041351604
688086082725590610482822257576746358191662903439070547597034809044
004304333317413461423454127456779872589232409091510873059202427900
149673701513477215142571480238781897278909931923211885180400304976
289387311988687633977056903190741451762975055829507905515712897726
034354672225187519472277750347806298881580276408830585887321140899
356256544526325626293042854399332825503295028936990777054902947079
622008390293221444112657382089568543447852253558437312693375479376
599430699100569908215603145081988649438948867959773652023776380526
949555871454270658517474445964682352694105685193373700491448623760
659795743742949313762849542374769629842362040406990322328625482822
335420165228291288443421575127060202153831784521856484115066939436
436446339032946286921500120033173722315945993702440466546440107095
463778627366769045642599775860341423376275925853631264370897307579
552699685031320690918306791326542030640031482455986239265759757317
759128625308946541251662284071633701497902673843253016190101372978
864695403425694557263052203876294232648064996238163085500312651680
544788556819973108967957554426839220485130919026882403377120177863
986046398002560372060692953460153673513009351664904759969041534844
228406494643578396273959796970119995996897055007139802671431539123
914611613581834068087605346672553050422397928096566221091111847789
650335190031281930814047064787403671555521140340703039890722323391
594235126529717112144915912874696964544557092280434733841013858874

280507251493201836765498654426190687675030397956939024213437475259
202844493707032198240950852874392941278159586475430366953365464650
438122955385696018708146303600068102231935356775884221706627177875
228953937497394498460688195899260579042663242818188329768257087830
890164354054641753677975214014916981613499304491042042741729907318
379698513124559586063991996596689961080050494007296397098959517574
634950113152395405436384247715767305796899780935112310127000606831
560134705616884208186210590658438546853522653099408095506864518196
431045500569852864036972272644964072209107280506565175900536331942
571882619016852091109444623049387276226013009665098018150216116189
314991755448664845101939640892424535185862966853588072370252086290
396375135442408416767961062540774535439718720220389829258815048817
462632144019324591263846776453878214900321873605288401615814676934
097243424966959679745512952152475413003838241759677554225154868903
498467584610663159419881211797133452509275307014085614263503015271
473708797902296635683001787990288084193893922491884489117670080380
387588878016977011134533491153480210658508757002551736325688200975
955274871225357182551697875315095569086898546483794843035187061492
313573402963136527912761526230610431409239565352297493261018023574
144940020107575292488958929324580351889348336232266211070472227951
789643113533222151331112813026996570565423666607124273606758337678
351910125109944370304629076346614964495599673032125852284006812886
320601384391535239320911579060473413936297323492759180894233656526
093948313364810290643586311830825965878597847150234490787476787995
667424852051040103999757103940220630691734742020896991756005288898
736759396629367401720982195418337128233932862477317196438625665314
551269922236776677708198643496799841526045194640459016395789604927
913929104349027568381726840470522981408906713149152625044175452710
112357868012989368284933913963833660781422917945543449168097066491
318845378120257962155232128839888294830960254154515830155645623132
845031741857697997991078955656799608252916553758612233838070069219
579639419837426117676769100507357501471041273917783596347944115924
160740964918923864162314431509843379999957412386084556879065017966
046590401190093106491459764550874416917093615978054671746589930170
413753904682544419849306977396303361433004032263704413884245648531
960009102403591486043419567188919858561565546577508901443177712861
645686219001284594607421607429571045831400462012463901102101932368
874623187463906390518460908247466122225868317169890636064025404893
508750600193538323584777977777184156692711224004455167705419310730
388369438797889046242175900466660910401636227006450671672563298135
619169577585613333903982775996522509904038709327898622159549437997
063064807096494177080058122705593309162118440046358937856324358641
910615400682047879016214044578771739810295260717300099121797113754
243334882266618671805934535003597940626101694558948798528738239461
925927383005865786236901271929638265926393781959687776344919278138
391527346851031712835011677541289696340176336880334761324250065479
448355160024231256646080107867025860376099390800451756260090655554
130984042735743005006687743313528206170729903389370532225467004205
889640465239361428307918540416966678324070955958770942320094156109
555343344349138543884086108248624289859619741256571704240067876712
368593537227109156704060621943472602040994139547201317552449158345
944274919192913502355834404187206974345886053833701858976572062254
668638991474061713844091114054244489241812528058737844437599033702
714432320785204641931475594758314291941697190629769790449882130801
925875904858757010280498900927646674318174193127387987919086670564
601741410451836547363921120183127264213529907507531674186041139085
079174044172658009288966400350856182993724721368434131495692957040
198130016060875412795746641903179733259392402107416767024235351742

211828571516183297681422260730902963694871330880778555666323972833
422527065650730725189030903950229751455450814134444281654143644104
921750622706436286101757171120483665814970582463578007550456264537
446280525932841567885798506901058045279756262857220830478354366813
133031723323813526470752577952330152891663952865431899957317457801
678267281460222640381899566937994842421098248974200882331114001341
044095160930831309054655031595551547397748022146240676110527161375
799862835439696657835524567007936049751876795850043478594444834874
734552599963239258820104452878957672333911085208137994842347153189
526128187510890512135465496924606655767345185717740511398090050749
322800709405692065544287992897680913853288239231274264963790719799
785249090304609585020328130118819189798753861277050983112679686721
178100609428860334160740802044853244141445794547210546989291664998
194159975081170839975855253125347930707237719482373833676065541850
211333735753571160498408863069626498901511556298277922304333498449
367839151985626850432520084479855462969126299788313029363064633704
503315526375204047392241570728577799880296353289006984007678189697
563540217661942944247537256498457226550678735909340572389793781914
608031982711392480497941100492298143175949919931032808979574725337
681460617454331326448924803701346264266926317342443574270517747565
067556341333600591783137637375920389020426517169186542244841360946
598636267754333221729097280677212181229450177664232716733109192752
337724245059080858927565564344115484438889532132702856054060064352
403401177439426383149269420366767731249233446046152792228711747373
206820737950407753807024875139736974872208079418362724579267158605
875684373825696601528845015936360579976487955466689796317276414458
267140983930260584443731183219527357824299238053046097925321759529
437646696717859956554797526010481116090019255987703160369289053546
421969361790098547207855125725975325768780341842823941930116764712
780200132449054170687194060874864250992490041243777990256723623875
213448754686801805700267716590457174167509358537466327846614717022
291277538164893581403754204131631796620462601683005835840278084250
847061028563214676349216441559656539951244111527225209885576318078
808628374443953733638662891394399045918693562979931691320743108491
238782696708173798380276007328352371305703835388120192178074557053
921312504821976693406394280234533509698054521919641649696642051922
322293325224980990680943829860823933868677395445267363219444015986
590406652867020651004940978671302450896050636311474978975431863273
763793202279530010877176844026182180038590906077029345978640932969
511233853261494565585967711754424619462086741789881434778027023789
183865475073672507012316459542104230368253015499272923049706500688
744552908893664655148193848056374554470319717186422720965870630049
834366571830309458525285629892546132607901723746233601382089476404
721767102107836353063283918528942630970835241842688066639724543519
498745949527236882351106475938370531361494523326299006061354420207
900800784435918514238109540624635928800749174723260142829150664735
646949149075313040411948746127584251725422993376561913228344136159
688451230509792290809347780610001202430793367546069567188678475890
291671628151047910984819968795053757476103438392892981834755913533
728342888492285393965950164594229684902163576984603656667706884979
0614937895866238978513950301955525207115947916243038057133910441235
127977174258949971813208993972409457630504381765420237749372929236
666408582635630470188942847136621796280779475814106472039686900573
358837832383938515643676929109532126309530237234188776377595132558
571988684156351143465444921346183625820017739111963565973620917480
289510711911931216161504935661400198915406771914740604502008489007
852104489840715587249131814241237453147390958592854919261955127528
154045555489486053043951830551638652963511435855426789578843322470

303223984629694037003638667059755189622821668494721551679940102372
605276192061750456049663717076263845953005334443878994432854366301
464142075150267652998714841483859242046843515052858926483541295999
641906383622255006162029851790807999551716142892743322162806963512
162902965050345455980024292038066113122499875748777814543334957813
655800830045879054556552375964308994728294156584689806294311272597
554693021887912731035300216864227633661031890511086335963986070974
737419552934178507801365337868776791151473833252513002371910235875
886798039385529704998321830389985333735331510345804434025730422758
682609723983422315017640803327317622631967565989772971839422971652
277619673408573444137475914779317933398924359940581396032281346592
478558756550575159428611613176739552834815080851852071547951439266
728751057441386769718902087776119592459359290863839696200576865099
629303818145491280734180972040320363366766499443919936264145227145
073503705907609385752440000947482297136237721592630836022139158855
909461407406976301297086569690667624421861836355204727903533175309
360779778798470802390218595874487896074523749056283747418931026806
280481743381300198221277706092184700815252327145986723437854310497
839043649305860764535756025983828162540984963998318112971881438639
542654408280086193057291799568887988182572440923086077708626351313
609463097677409970284727668296668542908454052022919003034322471898
204993824806075163872794566894084973666516228133694882858339531350
502170536111817502101016960937372882174683892618068718872117122032
067336498312812545726927631056482587901068575208080633928751364817
583758109695596993384841991062692241136561171129547967778123862393
493414008547053784583782851512327987308840937357211004586036545449
453018681073293761108679782828034366133339780538614863594371635008
771193119559848021828992677797694091393084926892397161087516259813
646427951911630339179612919001760953221655734911037471209457900418
602899221551175915683036249471608650518632279742956136519830351897
142876022375071605999046852270284824202570096299382791478180154066
416917925969650230616749677247841947414200924297729713888325116655
222730338964447305270490241477275647154092376806641652822611221660
551903510495321695382999570174114651029984898251643905699093945986
820498552583128764456838984342109365894310511407555838492789369974
095013891988212479916209888392435587365554523753623890641072663136
573386887150143766765743928298320734613140394952617095308448965800
565584630952329631871245183661663042774985273620234906785915576936
220534724261112532638914302528937667373926286064609916642583999874
647434141639526777322469333134089892282135236716095628251349234859
268040735518153607196567395027069135357634343767443117249084553776
703266698841449114808884801324930258438177011878566635729353987811
406465883694172838736570843375751044799123597365972434455742718384
733620516409860393102195921211225720343651001396389064945296714205
608908617698288316388283825229707658189611895457298258107339454017
277497834540687764110778004407429296639807958026689312946890891500
618618418921853041643322169492782133921182771902167520208059672627
494630028053887779459621856830743842989256463024089063366760647389
704968736267734714319346437826952783760286146583892789336232361603
686965888599440717090143857650085623703570747288123004277647474703
779463200055437274736584724026183902508185020399413109503970812481
221077612832459563995640730378422829494179041799135365337060929535
804128449019567717436326558733430284401481499075465103281813878210
907214339837454150957218087233216393141184885404882476133156499354
030311313197143885666833802176668360829503236040595136775927155165
679680295859733803613440693078137573011613002657970242655917863431
943626466230186872587963057556366078289969536349814522388660073014
771879198641606614390805777255192448707082910976735549911200612317

536184781317654395572950385452923653669413348562178789261547404561
504523088531184389783350748069944802081583047802929139502742186788
691980176555468181445443074191102292721931864440749790317259939771
362180997111761468900013772407009234849963308320304297321967582789
400084665235071155111834810320144835294744885188632413303960676395
857662392727435386476553325926113916010589720694912160419438436276
922502040836018348118271585534392555374582362825523726253314359699
646366678255933821009175987444402718522512906425157453594796130527
189599488847824353172256275413109599850442774753526388871189264977
071705502201056823253071154389564758303122551162876396883514326272
862981524075588799596209804394659688932951904490105741914199814985
879000053348961206916311175468253485829007683953766264145205273936
078651380572241506897185582776538952151358565897640730148811113373
869245888909822760229733951244135075100387258948206647854453929055
116049254655683017922363526377554626840904947800372684716102649508
826206935748463164396897896270083376303743017561945738907884810424
309285523631029835517451745446606529767081994743205995165291596008
715652115461296735413957327751678443484864598339137584856250554601
750792209883587719338601394896751483376380213903415290428362645376
374580878281537904708544575967614210377236123296196402292022895146
968811447058289309803570015041036948417054728692275197044694697292
034951969766217664143620321098749717299081440003715739281891528408
319742294373367747782587092187172252984069305556935225836786253877
699037108329877979505169169629957607026624877256111532102452287179
703093738005633540592931089018740049575133056457554686458819253443
722717048411076045834505257242917684423561001394566824566042880004
740729261916575440953365000544583331333348665819727492760012423238
225171846893069408572324615542392813887422027661693797935663441045
037115598236757714312491279623141150164528880440942390051734645637
803629395327787801636044104275918642025167711823591081249478448954
880725855125745496079956918012971317205403842490960873636213513109
752862098622426241874243578376772912641791880137675200320563326189
241018616513034810244006856808606110481129427409009375274857858586
840922973157793668860861996442907361574905330345107467921392139357
341469378267840533131992354433034607195155205700661001169301061146
455648916805009145005561378494045436931348591061841933018954548638
521986008082004028633222685779286594749900693607510578023474201503
531773730083649498916728935090935421209752074727250436661880061334
959093061140711046459924475971754240199654073065408416973523925041
563550039026440029227515519108629413672360002694120712781130876365
316152244335162266919012310171362950133169807700976703122592334099
542352764898442089109243902756481617004072173927256602429583715571
067168541418713003571310230544725937706454206437302838147841910218
688218466567138326128263780697530988608290663303966984683962467476
885114506491315186155246294792481115987311090797711529805880920928
581622770652756777195393112035731943345934347337295189941572147227
619036780043087959047999266424281962016300988837148845043980122446
245560266040861613319972328497876159317126814004045056189668690984
708239413708551813261996376889702124152313781873313001560112199565
703541410653535638452439655642672721743450531708970862034765475867
412814640719792280574469540684927959945904582090187317658661625178
733129693572624876301827480530656002946241810151431318690240874938
411242158215083730741283373100322266839576907350698817682754848177
304995391310318465327838386562671747600180627887580492540088784039
279856464964515527892734502001541003131905096271080962889523768982
872651391408194511671959166631818853373127982279478096384186330812
324934368273270884716848408230651068049840198996614184868219292371
243226293284424830236101798391004269904077447991908376102111123960

672507192997931365177067316450479862322551979702992566531510159660
459669015088706888298252728640598951425047655646438613971390930202
571945855825271392719811327758886955446292060520268767522136796682
746877587452876077863449138269956348008254414413182534720494801421
265432982967846686054377906133891020607653897467837990904198226428
291713569800434724666969930157511495371520437403191810795486894324
062290945862326245220966757449528566016465787368842465402656045769
732900129583787420171151005742659749253328682586625702458378115218
220127757607872278753625441767851681849197994949764910003693490955
081945020556381122496479676624965078580232712368944622866979631971
539024990109911767205329659201024327415836646285103519400541457190
714863882469446903822456883885007824410392501635971537484905694524
560531254037917603310165347750019986495805835536614207169974117331
055254042055211077318581045894610462735580709471466835287835222442
439519510959648019339972822544123729119753352333978820050032094830
778066283364606324667100180087066628897715761318039445308517785997
967916175623642457991318747995295187367560206724336078627831644655
047133342557745622032970583706520846148146180327955657231128913791
506107878236724170631574279086027582680483282048253059594486535530
533557360894366837877887790883577331658156656404633363117896557755
386745135965474379288244327761776652997753788443212262675878961266
383306843849005800577613730946043245733141597876165553722630161642
335345100237463536829894247824255806480766433618052377415631403789
337126999008115460840814240586928446408742389124577519366466994637
359158441193177950085848065280520451386178972329910964611770976297
169880547414864040358883927950040568096688268252678332587535835160
050579458531484837770296761832636064913660564711850804916359111816
805735686256767574836279625954231444084268694441780846545900109830
083247012732767325186296528101198756674251237185471917419644610996
381436922527648768652429643328488026710488044888015591064476982918
336443256383798347892249924247347347492558557293151861103453413733
567227462578276718755128522961571935018632517217599994227794412512
769491665964117645331130767839435875570151126833978807782308932767
292196739065650167909884959899971836201837724669791646815888400401
508326413390170244028639070088310664906834976762880088097131577264
334164705251536471773066139272240563257100139729989909559374773055
963634856006159849612535183107450428280599101135615276461371873230
740548644387095103762391293174413926799644747323618213633118585804
069936583777606558414953328326602877854696894300229268531019343019
873705871735821809800669389125076625708474659506289918468346949911
962050562881006235243400502407512125659762183568345522576684049165
251570758414614413289520970093068729022716370563859061059216969457
351312296992925835675318834452109537570173563261816644245918307191
732592805373518481830987229456262172540444189864039750384513606111
006210718088689290538855653803212319776645007978808922913907197183
215533766071468815888614665937080218118486409491244157801586964737
239095958580311735493963934232398121883858322269062273043691547964
773290362031023158462282118660828589608169094090006189644213461734
468252143386306086410764913030963038606156122694775672705661641983
226612829559405418526700993894418145266998151219653967190513843135
365503213138068242451734889475925031241924841752557403818235113902
616355370936864688471015259866820062966604332671588470284672528273
675136369158934985721514957696957393793129333387868587015586438472
121908813119471337087338232750005623992374477172103479216899958700
150469805895623651885426829398566671272305833174739467989387917984
475726396699725651509335049449623932989411838095115220273859361991
620893155937352131938012702984818829682456924664015891024522408334
073529472376766018719083566257343946835470483622445461993712921994

552160770522653798347510666769463255511566494911680705230528173086
908826823801294125418146730584593435812734334074634710981016973378
451137000361466614777973756676762211878253942360370654923722566475
192700250824888860406223409811545113334223901773684113599153372373
184676634050715689668193810358548079907399613453888826857567243504
591899740069104470411162878652679201061613247199984482371523349978
363752301431351328269553952901086494205818604396159053058259754001
573475299749827230953870577210005396418869704874528973591568792707
994416581049442687939022278200261738842463895922113926387495411419
594330027084671423706812813778229848743892258019606732295576646222
560726500832043734636892069742573101488777832814597005506211252970
943955134820697067809204578900900556359931930300746710425701791847
467995201645098538151015396961735455277804306267757948771097991362
593662234937064837059816841914409008692838417581369607702626526373
984217927518655855340018024947388424795076359369625165815980054901
107970726953244886137434993884408366146859209020138746292972909384
539568930915524703254564948483425584353927500268398089195124385714
727889228818004727979105941649371664175676509443374654097289014406
328130189143863392806334434942400260228810471699972553393957076410
706789505905241632902212917615707202813379630649859882322426710298
264264548227932715480458764992124132126818276723090347559579303115
848248948301417317193431046635619982934226608452419772743000894757
519064436425070401157381317794809599533926915579884005478289536523
956367416572964880463463057367371172158099902098944537332554066492
445556570479772079145812304506188806693477316115492135285980811109
640356420103206503138783298144430856387206579389407056232795868744
608528406980628390128319940403175369817291011930274216487446018619
632159446845380755709872212964758426105804371014414489107488133766
721383545414247871366665387182071284847617070028023077139862001523
285284674980517160094177008483060781630740674129158570458579809143
541609290613494597096889257105679100556752900747504379946338211192
119990091221539655631726332987359358386665001897021037681056553912
581127425650365892142910191935677400796661271382307140818828418649
325456700504789023579983462966520539034526722973679711222964757638
427953370703079415632893117466348996286910518604722726888778758797
953654811330971852577488362549950780896238311682394650511685470862
613640217820445276222621850946877145846667658899947937102845702785
288649455781921024708840980548840494289202758632513512032768369165
509333757568774231103616106683832158080256433346454271722024956218
060593586057783683982546182236449833541991908181754923962168710528
049514224637589120113615979984380345538987436863794164300305130378
895831279248454986839906586006407899335281278519409840167197297270
699322133907184209551782475206802684636165397716512345743403044324
661478177119961085537282430917112635195011915381033226170096078197
922946035526018787669236212486362488512903544283973792325138955506
401423913076654675381145244024706837652806414248720891345137963859
994493516086771074601432747723851028474946663633461941723016077362
976288977251283002580846877265301516820292508730013462199231565387
199041060550741930363390184442397874423384998260696760570205353684
564642727270348943923664845900245979494739486041667113357170281209
226805278156883353132643317590299465385748521847109720477182480567
215619231319966276378282067062797786438225580872740355388755763722
582999050673591541471494743726498397870576633115053342116121745340
896541521554977462478886291183035260403687328220250708935308435234
580815071956958892412605287571839649630550766286009111672617530072
817388845881237359853726929926264266600217297690409322916645780080
286157310501383405996052151802023374674932941095769139999676638521
753746488507214642276836486091831973323639215924903900069678881210

112974635837340525868785445702221462087368587279664145301762633541
558879405907321222539467073782654675608107464960418043395795387211
330646467992861229485713933856329761617850891155827661197902337999
866357704749637968223993509579545082055051118930347793570244303528
304428347024105904612246808113753997074287434351207241798271000829
331913714192887714098986370546271136142170603160388771587341075626
603462603469320575746363265306120596147410967864366328128489246217
276990604400356483137270171843261107628690706296287678248337252181
678495208701873888835266818806885615538210291793846881259759223871
757568737766365217279182935988891248129048499965476445965554595153
192301986734214396269052453374634498603717927205427968168892955587
945755341314658812833102455747928050200866695716939577801534143906
770746884443719972294731420962430984645053185396521906026711006056
621714505652396167629158214100393073338929186256703337144724170924
079448220819579349698115524925573254088088316481951994849251885979
718179165071886497535369431957636602624261722924254800560595721748
153559340925382832433344777942345089465946829548015616400884023550
373234965498786621710766801062510274472340547773872282337063244223
465713099833535636179045129664535920772793879392700954660146105091
802732697555135713654909405170986914333834373538622395662531670508
132212346736878144276185478830585005810785155567880769397324212208
730661826200908305041506079878672078008638748314710467962218043947
575563099086244244382809070751636039213609739671934940819820051893
084634184185137758694213859700251923572103523597814756562837006498
935806194277478376736716568604401242535394254608374734622249608298
272472402187537341510443884271408930329039663170598527274357572249
198043964068936908330704606903363403761135669272008017206016525870
166209246565318321783590348318466849633623177354463039337934892379
583823380148352466207076888417756468257271713619148355289440361157
962468253470999577854148164846673573561133803192065822135496782962
945837948992590906571508585899240368777247095602252060304105945472
235734307619920200387034244022234909496718095119479811812317662161
328126574188879267178040238578005598529232561568824676516359048340
588004483845823024199841762420397502821442033237813646956129181609
088070522692744785023579437156142854961033099970139477214606174500
788247541700679178188133730735538786796010124219243417398732897632
280986762293745343728998117259300822232462437598540018372660873832
647120725544913064336449951001947825445255425611985444689633861923
341088611902366362520061671773407268444876708707863399288518785748
868906955952057560806553597236255486657680659973002696144997913863
949137643343951178186561697245750119555271398766633102419936496159
367342333676593518995108210508545586590240452439501495865709751688
017729800819922259725289161528326432871330191207202622505599302105
520059364272067206743658081959198389468624150753802751656622826042
558448723696342315273704964736012472937470582351894637772876085862
713952359990692232587035991070927536077178731275481509403512701381
707948704002794636433688427716924012826404447538300216806055597399
111532756743042507916896649365346106649030339264547982624507527529
703551170293895493926050261167328050806361911350415038722553548052
495030725922083212991676993938578960521919040226593296893201528053
855848832676736575685837994286855431488484598780431993710784840893
374197790800338636966596327000480075341073313028695828601359287661
350885694130726895270622119444657090135000285078170081732969360699
447808011650899774698383275335446223117890041424456125659236190671
377822188309901262050387138637461107547138243333426066111911249960
431197487300355784675385580931940536564143872408715930702800223362
024034209266924841036541392460325281513910602580690086792469478464
151377425304908113337485925659032521084378705836901803059338532970

010969600087425044814184589259856965345569808272371276255400483792
707641017020870006758524443257752645790361826803605262387899668756
268684575871134948261702787264207740532779178396605930246805376125
287836224216318147642047643334565869242915619461741479293032672745
331987962759051058255643906412796059960516294105583577003536563242
856713972433093599861784854409718181725544777914093209591840501649
984386128073788718816754788756505663196319767304705864894624045949
269766453285109198744337351215664488814513250978299799856828301830
292718126587579974915259421426066384493476182366943613010007783474
504544383940594638253164174696216796375403949152116008355340458730
070341674476885386353724175911919125730296287576998669830602845055
125425577813049196573537081097538898051449828195851720963288792497
596687858557626872836385771428233523466567958926948548919544874241
952228540275810132725725884846046549518516222527214858969727263289
515266100741919597178328836594559768570577262847855954488372407579
162883631484906477914553487265755850111942264869962439109009594842
195050118285457021898741034571838981790486364649082967773150836776
997335515074170081220258053885245195363983453187617781231829233845
161492018946787202174802452815919012422558651698747259021550762497
491226737659456330761660211943484032397991440702488173434330292725
710928657389894240649561810909797654985118424771133900728809299016
301869411421261170343722496674766825988818337774891530013580023146
024260472055275799319899409643161144298528316114869897317486423082
626493416316845278016222869452176524878906995560991510960158794169
103884595635966852936125991245729283769357494996000637454051029331
252353719421156501331547537362809071428157731851185927633100144847
811577305157277411636321762995559710643742787164040829830710463054
191559937148153916125547811264374389039745212073575767777507421150
508298100857375238351838357539933202975989157824880504120705904644
073227688483087435345122645470626940975444513697572570891505730232
425735672721085168470673901113721018280580460322479166007383269145
415931982924325433746486049633965342248172938325475111403759384377
805581002679023593384798958654860787419414168840730434173496904240
691742895829113388157394322771015619624776355190240217127468627824
721979967626629009191769556438105385692640185914761669543194077693
489655590603130341579094455197560296624875454879091117532699370937
126380672256751463060740233445983148205780778552538169343648053568
079452045386888722145805202281371652698201162506165729737974807500
297233921909750122049474941700659392967296028738767195222550630864
385036022864184376624009174719032833908399536747468613101093275450
853701032488164563575489558603679918936112978761908356737312274823
781827018531064263096134724871436054931890377026133291202074118570
203965492336859086327290034787222376598941863189523397575264482623
228467814741678394175878779284134112230198805548371919662085993112
969783033886516758544622791340538447608394235553449033163300012475
799652761685263194532930959627313146726192661819832194566480048912
724042165730413638330422266489785155626456553219711447297326058213
214861528010097276801510402989652020638606860045981614285237499912
085209347292307977350301533905977647834289074748778151734815736268
828728847309608641886645303294760075330935853802770492600732884329
411952086482971131759375253443889588142555483851732952836011377915
329011335759811747590808295590475065765845686049895198699305066250
601709707832987606304681600952109729778751360186320545895578180059
587571719117232350915787137515399125515052606959476059331576350909
179773320833613680719455156407495330357188422563693171183439732516
057365037747321453500563595638262474936382247058368475214260727919
955251074551304244338336405493970033337134880029978594657544942765
183034121119702102998733619911776479300476493264915219099177723625

580527127257799284186221272202594729578364241569518389042618629319
498502398088279018227708670870719353980183576382804721762702614902
491846340252361295645126001797544961312208728483738833193857402018
908281767850298505262156335275083393941014555472125637636854640790
946476538165508050017967373743140990894748416914300650811821039900
941917142905544287434869177808284127163283349333738760189805192382
363730219765007029919984095395364081929393544844337867252570777295
959613871007157921472183707580415005441349860049290749969893790348
810208279250693005742360174677126398250444798794775513836887538882
077572120635319586500300839106544714907549279711557218460901553945
733251863898128582468776959800827417655549925565263787184749887063
29149439080307417260367589680254871837399961968293266122412170677
133971378809252017026230147178208006391621359820529738550555820959
403332647089156195552235663806264125747913463825374925991288014312
614436201171810061047225858418500286341562115688441856620282727660
065536243416531861727054704601829523329536489605733307453064730077
394581740556221801029658695455429623213626808519358450025873573058
666519561744637181113447756361029316422929997712848473992479149975
246975746167652401333988711899350291995072594035417767887842758631
733862021231433122324549995210226464191705902063721563648704410426
983363333138216958848319812093693683591904114931623478727636627592
154568410702417405297925694298191498174063952714478690511842343371
955926123191937579062117858090932058847948363057956121560105651820
752164895293647504997836425968788047609259997018653611113136048448
104343137267327149325176406779591282704180928409930214809574578663
493779227121375537125494983646132191054790119508054816377823175531
880540483447456823482955282130638303595464797553133860371316576407
833408859359457376719674086252518097818178803698601166138834712999
153771123834154528740489956469028260300688542763451896235735546181
582222140719678668431026826557381151949371316182349253043654779188
727730395772916676035989068298497927532644579302056250041982158178
336797583245820167033440163751943613079360668770605961550745818730
074058855418570777129376539546111235520177374526753650277123601026
263711408502493754519972388118497200485295407605375755048633498517
603934340365895296086073448055312295533568821456711805760475884194
205834963384542165377020226288732032814262719241911346980715350623
640604880106101761396430655066646671459774792751275013133465967646
396069944057031186056087812280632896781657653727506296728357626397
482838464729501891798560482491985007991609232399766719647678330126
384650808804283111098502554661296861855650350012361068529743566446
561984920921101266375831195462401126619489300838284386599999928333
379487659821355883933309759653943516874770254203805203373382317893
878282543047736859273772357478886566858736092568691056377446851131
559478673651648492178603892046920573921373965976293426617993875988
610557138473901586953800144003377394259635248692636896090870539526
251096127290887376798222410747678488299026259214172065135443271991
645998333033382050970236703791891297771139000217964645568170138089
418258462959876893635924393798037012604370001954537532094758565668
626186913776932365553855337366401811426040117126345320537251244688
0839250455380642547662809345060391086151119488314246477393594536113
462632539790305310615515404757043183580698889116850882783575406260
470081334894277564198811046150339108196697436038560732670871560877
665885891060896072087471582697016905626687199268158483351741024109
506049761333221030468320093162948196664178664108925963354038629241
301524764041519532761824707235278977276957745431491457204054179953
185788374981085050571576711105815852167055220110024031214717157984
645854332489073410987610992956496761565447188062442849337194222747
404498379859647558413348941074260833361521207750192980151294656720

8421155076388164598896617646436976032892432451053029825051224268070373121280839351220225540841513202947999805751376864933655676167849947133492695625773907848371824828315567929819728778686290363105606858009907222402153876614713644801965614811245388627165423342887561979792048557301929997500417588186220355084352693742241834775423575605346725549561541898838178560292676908506131365952880391735556024568797177231060321745760497595023225629419637906309379558104490958762135916778658295393030657653092307043986757062576067142706385260554759595253213047800632610710768083216210014579464097769268006913907193727253192285262742895738950413768547745929603359227262526666835217070318949628272456528458241425460630372804077747979885412946353979992464746913355243372318304535384890808089315251813576848527285891732859174645036561200688294705032047169041537686780019293050636695778550885505423698901222980877912670610523562973580602220182943158073555219093758657747362647369928888127978293339349986977352324137599315546363119298207065372747860725899731206930627210401572394384260875603932638706392902219030858909877722019855938537268814793228829223698259046430933978816522998597111438879191681125563749831316110931906115632552892612058651598514939761270556240876767140605906275936789728632046558940753192715912951170184437557585352369782060346030811140856162220429042890528709348719387536681994211967871603447511656321704404160535134139017313668946388738555313863682433699759859706164570626704130459126437284989148356890455609093481011580923180730184599840879909046157493109861431331591978406063568318884195057075962103268508407539511046071367743150631865568117504568429109859360948634686959367227758077306072883798814246810034268587441953320342225922259113156871855129884383997718184817757527652868727478679975609559814433269798023224692517480084804373540267386844464825094568371986966198330889858783525793232810047849800001659240729031466028150564724110345203157652765771714505108046030512975963903369048782270839013310400538514937353749729516134897226397902119889634448662018819029576929504346472305784526520058067990645390049554274873960333111513343423239392815392857552418925427533689936707673603270769534071539778317693299858002902473809122227024700301497321483099349332418808211182569586232946518575636897541635746895986602665172871063731782115440732830840958229371768628036856451591525703290275690368571298831278118747345960741731009788473156283864948619310435016618122663037695937267645885383809430494530230302680142109755025038907214842460093398754399153838421377545972464098687379266027941662047086632843876627366087827215003598927765170744547706538396196028343102852384091338723785639795368257883705830489472663481348213171908883396336724123153639729520379956140542026523557331822605360301516107672701613667753472021089952406019019073107167115721315313139910873460499485588793055573290748667569249917791477776275257215331530591915437576402085562431149445372545956809702564757642444230904740701449387200931485566126738641899425494931363104759618933034909499307284324090098660429647764160636212894769517265674169221041267919762026291755853059616058835981509438139888155464739539002210859787185924059647802767889239242804773232416801150880994290751300672861497273785041600155380972786910116538163760299560019987567710528743417964863494875902284345081024845232428506194564649282883380246745314360076653939325316906934715341110259091559509809996077710819240434008174019090499522416945936708415512633504468374235408291264653803549416953846871915947864482169071971882790453741758978656539635436417496421138332391272660853829567746264220437486137508696560381441154467817463182415780125489762580240567221816519025525646655104178403139931552734970128274640783796773431039575001167643501232392187217369395615725612096294658612581792259971229

3601560483252932466059000746753828911358876966050230432754644157722
7204135535343106923020990409588280284249254566092255047367866335535
9776701147547793789512216395039174883700606920832143131056511403321
6591497160545033152608756244303975120162704447566549744508291084449
1427532865125788432014337191619507424345854267127681102600799697773
2731091087404071388839859302056854770568128370032410609948808912203
7233751569167712944767701057362851752692267386733249041105761883363
4334373993174057361935369077705806991870011038755068258651233963341
9298473309667875732032904837005690335362168372869158682248493164558
6413099556128076135431583947979650364579844225293998032521346097728
6226953626724707628997177963276334614112070415414830530440196754558
1623598606346657273305740334246756825399885570038420395650977199554
1002683762829751197071569287780588231902617101475800897373783464999
2100430570761585953225073361087295702715074312297920313721103151220
5786945818242017418320565151175338128457998173296130009722859113308
2820909053314760119678185038367530347047000578748360997590909129663
0344182765505119842942611742125017453108837615277210320916233088333
5710208577216259509925298643641820689439656908564775124318290301883
5339510911467513718534246305851770744343216131691304544562072955777
9149889048547850294942518699230156420482367299678208543277081713999
3729713647285516236910280943949049809571114798735326336108615449099
2136210719578627182658984645459587009069249248820523435112868738662
6912529335695565624401533344756716240947811826571155954756699368442
3562499979227723332856784786245269498130382957671588368253903484661
6714968014138599194055597917917858281975784812372478022962734271332
7380701712131593454022544168614641620641854955622017580271717419332
9604030724285575914037487524125583648684782653057902112930150460009
3009791132893911020928422212628874397239879299987221712680244269557
0436408269175123947288580976631735219034774020783010825008230686774
8165992916214204378559690700839634317491570400704911133097023046887
6615857483135080144475992852020727860406246909862458183710566318225
4920666633928689416422316813978537417455898355023981413476275686661
6221186367561134540185061230145050641464766200254793727370169115509
1057005880583855287751553568346135550888143137449856363777369433447
3077922369202328195126019883348531930841391296921034511566461558817
1845160918653048971195380110248525749893158647233999267453725219114
8787799788807562673750638723780564697643526861306774761161564030888
9810722990061362029138553864683684245835443420724906526943131926336
3064557919103281746224652305086811453922379034699935761819228384111
7831112734266093171716054723027485870001047866059835368762042349099
3563146793544370070867604441608093430388964169122938462935021661110
0210761640546614532826133025098992955391927596299462782632632116556
5874319551733594278724799548287227810793149777110353425543816635005
0218200475598457194707642967827158772684836236111806592445159528229
1523018180897167227176349652283750680731317414453350933010558621557
1973367591051672048856745415728163217259397927018267765927879072669
7595865244447986278487669539491461017760577603607110750866034557555
5712962345406637758448773140658050218144414570121613889442942543001
2726143996039751548809684175388778709977105315689605779553635967000
7806998565011955361699581910918533374036619990661867745865365937882
8951586192168358385372055171819669900290622524429719647760765792112
0834997981483108425338006646056465462844105959758701053837837669551
3414411711576580152919723932831823741907241827055621142924812595000
8621934825451856553970125840647774590941610778984486679878798360355
9430670508264698506509650714242879841665013303364759597132945835669
0587596970583659840237526455951428415274309347600284805973744511554
8230400857745381944142354918783809292229783184414022384436112322168
8505624335418588432511544720643284962084563281194108270588318935442

884543650548453563300884266856935636428902027669230848663361182991
429872638798806829980861239497632951046359133826912525187946694508
941539649332734549729944898362994739917547441647197173177987268394
360240105216610149815265541625403854517795215840024958798797410495
248004753558164544116079649674374767184221183581573767370489681657
618646684473995745738638952849566518957447866597778195075225888298
702478900964065318520474237695238933550121847859966007408965038385
951470180407234577687838560758095616453392168848975425983059917537
610132320635432534424048860000309082261900373063418486886143876373
649417887401204826095051275986339050977024247252980175882639229387
079367325221116705792644140908543740148530459025037169637477458607
191405425694381561170144378884418883091592292719203584129871622866
850532460389435650023073416708375186459536802527582405209237446765
733512706016011703490806822232723412140846959667332516156575806659
024310130320641153751168740775678740603592587886171973634936771114
265430484708113330323186633985509494314397480484078764776783277053
488015967141016984435669780845487805182319957564073978831770271135
643924204452033300760976436796999004095854955620131358480587537494
725693403309091728323941836921932491518687235477393921275611794664
018511800138075010277721713064204253265553611432390788203509453770
750843488923010206936485172849761293833257931632804024023662247707
358488505586196021481895075688961464986471085846445373294965523337
264188383262127117827240693226571570786417557289614533829164489186
520495527295263300281049823109857339430816022566981711150564218030
749436110781361389682204877365185667020919787109427227650347063385
085500842117094040508256992457562828262781375133270805294552322160
845405765437854007179908127688366953749752286406714615345649011269
387426711403621513820477587549428565722785336658487290869174951010
237587497660723016951857365090579491818691542049514818950633136723
233600179192443975940164167719835945106934272172934837133152708252
285878147644954066168266066328173859064681708480980195630954019100
230303837721074832278139011682082582389277936139561206216213391578
640790409627777430623945887116813593241244337109448308742299489657
270496966891909767872956785683749182662280759470730876390942917918
464672898935038166571603238341300482214907355731011475604391076423
070499714171792722498893625118537718445653611243536680334158347109
999781275045931072949201640040438736891084890000220658968949509883
554543303448063469068362642692622526048050382229656658564454638172
578720242239306031674501605397755165542460307432569145384140667700
093348172625337857836954968801819714207583047902504544932943440806
547069667092081966871809574518223790333116866601065885464616222513
680755807281783990499382032540352222147912787357337924050581704793
436111604657520350964992030094306338515155701039654361560042502091
754083680251075696272405400706130739148399782154975269620067771746
125375177474080770421469498072465669210313803655901391446319337852
495607651289588470395683600524056037732266484889767598647222236870
457260025131465330278949073668317542852793043641684491309014822977
944414539776700050476454539441997442534009022064970795065778667625
625790416787951719322821604842790422281457455555258501105051118532
051282481704493408500651110585967966113480543157990100271163704146
255884514695315016137653098634679351398306442172125391421048484018
069955555893386469844709722072920441600174464574485789885219133254
971330254820980219920946867055130885041123215989403060607764070886
215302252839630610614984492974704512812064392509526839331630165354
068929280565187157265787411940217478091727995418741181137373534823
204924028544437285424144786673531720397284099921075338521376852189
920275476375155088032382034514104490336878610551139745556445344133
528058933149507241545365042536863587651146455776385286184222500373

544338608419457202578083624670516135441219360521249265478557979011
265815919933225542147336102522035640035827908575507305278835431594
674179374264974074094794894477957316609623021732397288402601621550
899074510246296718368591603789059816357439266727829502991817957028
068636510124544515441318142965418452451978873052020028802043389552
095212624250682073625164648296888315050959701000226437213534878582
602533578984284992642598493826986555915745522772230447836700451292
620325907284470070718264639429939710579650492402721513090902016322
578929364662069079114189091709554858581709996939845824188862304346
386468537094692019086644250014237049070605479440163636224484204946
141454073340772056136753779947174346418696144163556429471591970959
124572988939233815001041229439585288124290316381893911829364047567
480132005483777642241308322733790168055134561187865263787390846029
832484496777676526714460909842724092219442087290507772474227128491
998627528840954536122442608122367302636241666463676956582340509347
865011435452230172110431829674611812712477267475584183473918296468
924243908358983041077861222164667413927458084410934467091407688908
115480426990464476617903706913186431644872934811624753142709479512
183711895430801606136867423308652068568392614804784456647494574832
329837112783484945756818482357381296729860250944563100213870768049
043011088410435606595632913551363659537905774508634658418379378550
213855073066062032361892026534379655424091388667805176486602355686
801024443819982174081868308063265793445013660695883116352765901963
710912216830217994317817811597562569334811817590163704539548800254
386919502939484296333878802324540268683115920771472660964081472974
256413523770713265586567292609352131356326973863345139232379491272
741604407165332837276663606992078289885158189007406817883560033839
550249105442191369494384025928975768041647987388754419071010073882
502600250529371571205988217997519052515481351289265070350312953887
973951968071463129797393988552240677107478132966112514244409425462
058656056386484117697376509322232005813738988859893022336308095219
342652281506753067731168349920030749784495333173923562877249889011
049829135380994323467387064792939183829847365091741599344224180136
090702185376839482371972551488138816352825082378087561773037185933
102376901551814895668026451066955667635627033163755042821846935526
079312867717163008152297052501399440411109952375878216898707228324
155404378594936488165971060194170111775308197796006102061075809541
843822637717441589308934402454807763589859838646004481913063291821
212522007280634089056273136156282514259729116909696211674082471631
451891747360069596699142308087833837868659015986702232142869157014
142480704589721910542004790420726183894565916757662433748165233431
013197777875062648144789623796854491833393254452263282389839955214
350864723998824618234678333412034969696346523102970980070312729811
300298748758845155628443101315609908946158784058400383614543062750
283843451683679399431155194067233688033261838130190651593168620191
839636438811828697041164945876942211365769814951731860439447681922
394006701455127928254056530324642352419083789115209165207534501147
751337617613160303463500158304324119830345045973111548023529147267
556528539615498251732218702811891475582192510975188147499627018320
123866466554470962703221196735206682568834873759645072512079691451
687396399872950892928615057450939183524898641711515633710772070437
194298978525854106512202087219851152011968200668515495090775699216
193168057612255084107995644735723621151384426059118785236111157667
462461676058949088473218825118818916537294130184756365083622904096
877270759063075951737344653812358167205699861544933744135511580828
599979725070005425695844829042157032963296954183720611253277818507
824353239187267379753901060421898213335680014917629276358973974915
103361029448548755412659458830826273087297415813599878505897081564

293241595652057224388601584207810475042628112904425526350548296613
431983475578851932222671869303645667271026495994005116630866373172
740445456949737487485211033177549364625380611334474310806832630846
622039370773105244279995137450193526614235225514186805510400502143
876778592990110859251867499131314500087258371166936982497699408416
160624284063083328979971618705057651962404924316599951518966497547
503900114739890318968783264557847453725180452235972687766876242850
753816616792488000823409032034807146522890222308061496574270447722
125026619237142356260929122601825058373181197103907517533857713780
776213177245287947915831714843227314735068371778815798520230352800
599998697766693700822670880420433042717610360443602119574053183239
775082537624353359925874480669523131409508267297420082719591871616
960153406545781475710124329470340498901172403145627070070858913555
130659474830501092675331050476766851006872795324432368964938724349
140188685802176697065515885025617415207031509272651458735885771669
074118956676294168134057842406773388665298433582820992092796000256
053731611957486517297171140435836830233310269244755634963018267857
351110563974947335708175806329870766803421309668272612847950604361
526544217036355406583290195474112632161794143686238782446810885100
608798206571969473153168872765582925484100600262887084707264146369
814546760230690648480001950891529208834752002948330118357071474860
460032318036646630113783461481020801040824162464398628580275352540
541481178772578449824401215358088326311157679388344399416742552671
812706870485790500170018827661154025989664563822695284086125700000
312015134146214627435881881137521596235509096186934825303819680850
849675713080265221001754452150438824469635391354522294838227521939
781610063081571394734757164331002885720115617471919226677195436928
312826604396069925463721960291425377797398316744381208097218818831
236226603387075326789425385591691829772833273126155084174849512359
891579860193104630204088365812328283393282877527485978705364732951
561411429853246103430255531301949643011670379286563766956985479637
443740469514404752486274767380255896740849630272538858173832095777
727044265967645023462419588725735933861552680812047751364027860596
714899368123712011862123490548171292454815430238041036501487535674
543111800604500426130787682215885144267302962084048226136949742620
817609999350033446197688418790304159595153926411196546477482084960
353618894576122048571862646143232749719188085841721650249255612284
867044407945280918253914446987618136633194396064637822450816138177
872928278397648591104634556227172221781769229741153867862146057242
015889821754945547494863631767227436470898021546200732501302370572
121626662522005303961351678831013008568016798771386008087441449608
596103041041197485369831113671070824797474197170808243016916661770
771312763331363815453158913375254168398408478643177506675039488466
367772146792112185361223631672188803806610698593702379096318692240
259119146345846149741712192550199254747960048460063345981864608011
593744703731663195351890879205648107281187772402039744024602129739
110134992696648989782233646553651294973293415434068946943373818266
377860503474934332702908375618011054934690179339428739905663796976
347810695528961987646189850722086345874757753558684468723357249179
047654807751039237363961854667533349597089174705010313969438090236
340457990307072485296328514308887866880742498163585636339314194762
523066152520565896307037142091574467866737683351558224442263717555
290549395328823666896153326331493583928128224584932540555941071950
713799703563742340097316130986462139379530870947165361256508033157
850445730000941413946001474525441403816920993360411596583800506303
682545663080628250094880200341800214558417554634801876535677644115
164771043843669008537061169050325303146835437133581809292400768050
958188888031319229966049866511923553334427159951307690820852662967

7403102594730225917768201325910777315857844773120758864509339877561
8726625393836235757625158805620309231213866578072162611618127003756053446226349498386252566652422923443651396972082378259957626108099849375422735675122410923244793072428280291762353753386370876387351815527482111244800245912464051115111499664462619843390057925463539496228889243623252186402524810490595955408365028689357489054200091253386743431340734226519599814488762644831855273277494122878561306225821878120011628573521338086043652520123507908301505963245468281892247598913287169435985142267573258150924982124899051846590727823763964923211904205643849172556431873441622962006044719016116127860806915970507233831799024001062116474775843902375746789131695701182264621770289457119136412685871868635824932717465627067280751367431597507565774758376406338044944820668352178332133327896776383657446746201728839572367211098154016213270068168740231366194833250104464856464603641253174133332379607567293733052122974579333525661685589200437596251342030638342943060971584740953801974115495300102821650559592594591948533482273271554448735213653447294239495596453047880531794558629341890107779349027602218084991851412571653165137450875031401466774251976476204616693113326045387896451657290843861519443114016151423070224716393990100437906864103416236790741850646376825660389550334773489673113343136294285431488760312473133541967098000845264274014209763136958762258591009311129973793600135533529207482985367204276126984764006676698661053455207287218738180679105816290748701076736965216687344878743827719973271864925542480668423833027410696091855007115354892417444079433704231825456068386702420523393305803173064778859332292996554662168705712818066315810759698803795419028671051589682183998617226456523727215921272699856166884308596839602871715385266941479317328935458449531502185930086689117971366494924105395301740136078588915471340850039768036453811115720861295639470964557427082387312687498873097059005337318346168969341709300000861680278005895674152284436630022965265070138562656843588862975858927122897312250450193975398801959929585946674448852792346410372473341353383902594807739551764067414764658014533037551258783915206002730545980582800834158675087820218298029124179773152353857706406771166845213368665010906443991846647291438415228435595778052417869221343902620970359030350252703283979867654871112971641506576891539350909404216300292126234234712852108395421664911751887684890160163507949908725145944284090769519699618037712827929233063139463215096579366488528671853658985428232404638733828178481530209203088315697267343925583364321632066089888458071136277639996649570648133324300804430706922817962968328613163949834158178871426219665499051404499949051322758329020397338902854257513664074283771983895137584603568593319676365422978795979675682839983101815254236665985727858888680648518945970716203467370351680456789741083210206877691531050566876687732933492002389350574436954451602342979457806030671893157679519089580811282704868678565179494942531798989854558463511016629241506701611762219757292557732222995795702695142731341258703602132593747642947677233855393949608034943296308145907993381594311461023743648260905274892609114997817599242523396972869525241668731500923820412128542613616353249136625137866287441728736927773266853389990509144288059316961768257728559277785548891224880886696290222200907105319867273320350125608327618654686069004612176551141034532831271204435229510016794790313350534253556783869192234312490521332794361256904680330454064259314334859893529878822549531857424881037641375414844998295227489027969508981498646907616443895752343566506497982594152503242632552944116596940559895866507612153399297486410528083098879197123728761697290730295301586338095431940182026691046931393035266362835832196293419502205582156281151008278370219142231861577528

443074012512069822362570413511621279344747937375070858534490402518
946776914742064913902473152404739223757035683312553974447363697759
131016724855642522704985587132991847584382118515249153210866087093
894774655589097681500909155245318437110167970439422720060659347278
649237655946958471716429025786327183436043870606152679931992517807
196060181997889618914413296815327355365655317827878987704548492565
683154048433686635893482791153784996014629433017853591892226871356
021156380668887360245242861517707711106712851439717394625668407770
725858919518657200283026878274880646248625804514333344541330861637
868233257296257953800673509106053396523255759682415048279519619749
459051008217962365670147705645902747898018100630951888962137903769
365337298726812820884788701063082554158504213341014958285427718069
494633813881682451903444805049224355100033141429208942257683134801
951041953956483428383168994699706893612395299336477360596737956301
617803184226182619920816348676196602758664471180876032530070874535
085357549089483316670801325348249711806765228158023607082333904142
811702294135253600330633026112455168649227533897653332750883730873
546591411189798341977081211090804713744235632419974361958142327674
056004446749156949455787149355479222541764298223075736651596039395
678729520830762129957290564633327979056087360196683806841521600534
098228717682054303049482964071437795896778917852651344209014796569
969586033217610283983223252420909187497569528250236244494235687350
103470187419905300293809698609087614945672871126806871959924240064
653277115700461234695506725963015667229090544556889669490363819793
746846586653406795597194462977563164582434386240379348980473005757
098395158216139214440418894226816655348954143282061553926819933381
323414313987908720655644117610051979103079211594464124822986954039
586697896296360224807663263111856093817090755322596581714925458095
004864281930723758653310934741026846088351017655232979279258864296
905772257139082911909071964170853845945443359918962961825813795766
195253377709395930937558695979150585469590600816003435570792205728
418485855996164771561906337685043293655454747429793082284034010421
477940049481806545729224483426104801520489332597893682357594775848
939079653986132009777388783890023066496506731865265056828395821962
580338070209708988714146215856544262375254313938425321275734074533
191162955171187913699270353917235081499866237794428418843345714929
271033322663099327159181177798427378975014789433268497205154307237
560639987729616687253234709907174640540240739876530764999282725555
733397102244685228197440635674154423398952240404254833976955371473
159903911519958160949598512103745365994424396455866218951207314020
177355678185319574500159138619106408997869328313648390096137571062
723478005228242118426427552831612858697601566046431833533610397233
746019991538893157302858826916092049488454130092262588377714048796
551601554359374511078984718088470096060778907622069368407378496336
096342509584708257256336812670064291029822279991576193941230501066
561932438529131227088307156747196820218627201948474469147750995873
774866029631262112393626268432315339171935691378989196606671277097
343228082519847506195406203449333070378426798379941771882384778573
049239862558566116335286152795713435314524810391638351705507787722
297623979208407088711586623991923319336495574109949375410066796880
142650207310666332190372968824698040807054186317885193804782714122
565417999942520847288328203476858489725525747181941141110041741566
799999641975328403240933119063192104713467023378515181682298661343
846179559222892272724792951269711902324963913804404399574050092712
081861325429437494680803495274028786638624393417108857657456509859
476694892184500640546563007857601863379039611427130965704638609176
346038756811696167424770017570120962241599529760603853488570014814
031370011280296945431637235112508802119138585426221056899489951830

180914171906159263693473649530715417590666788072282014882919882051
557077635832956721911220357704249516850618829530889889133774280092
605574823119088319103131939299334559231342822908244952580052392312
035468409591811803767004110412429520600416749760555822753840278557
228994429097079220373479880867350017022354028870748724156877915062
146524891733255247701844863336042379174274985534336281951376593862
764032817426362481472009657057617273393219713701624994376072232561
327874249377778589269330335964016213344136498402711391338427470757
769543778601175664910861942707182917441242654445981363785943440204
322865897546386434827291483675790906124620843234390391923443343496
772773556111421320014394443227320381369085729795736326744778943865
774890385918099259886296977925891374705285779546130320543303677522
033550855052641852468351949293468352432860294168994575328382103070
059714264453901409018029918233366474407788470720216230623856055975
822134483772962995988321194341336945834461478359693702832682714104
848145288290526166403281494081840243768279808314945204633401314793
187522373778064144956575621060530337373631466749971428199074239705
585981535036662090465058448358290370627882179517010954976396032910
465540606926458630212687402703333762870900863607757172312759161950
765391337763291958221560239574342934468871298084612180268971042434
170908330991098588888835254085942276917768288120756179439690119075
663452417006163200810141847533290811300309310975867707303631842545
293345309766615291752366323656474216904228061697515605333059925079
176825022364645999570337747610841475018859988302655204068322532391
058724489413214920420150763661972890004060592720424962760719992999
765156898504788208519098035733115741544655500524131490124398995076
737791147971421276661555365700029980643522358559463340291519655744
773725774525517368467724114822876372680019635844862426037986498657
582130805125486775367180449618700159104473879342430418785461787045
785436649442843850304116481926667184975252670736583993025400618865
946300442593498642188736746677914010289921935190341984732576022585
319484839338206114648070364899786708653140531734815143246518534005
640853019289907636016009140767076874864987866144724164384262549228
598167910812920521882291519447434704103619261982249688650183287881
228655261494487243355986406705534886676421607699601535508232824182
707156181963143431092962804052569380172100643874560935856366533754
096152099368441090064234555949678992586527173749829803717638644155
408339933247328130954900909116944267647099606051366703401744118303
662250489910202822410449800530639392246517643281963200444786431071
064518182924901554707466301366585027750507967666944709231116950742
845792691986465479689769857442471202502619936276904918689385379697
748241302056076304338922473675747538314713417546782974962447706654
093819818294053395278667728983884828299114239277363245716014373375
263048026324942165455657671976751934720546499442516009891508526537
508002510756054326553772723422307196967945272246615973866021741689
039122722547133825915532284525152266946972817303175525367108519113
588765425443579041298241035431744232764343271370654209963215706364
060968713845246245663352691301220789207803854120376020634119553945
346946694930916207958199116593075741982692987786665036590825853102
107170150184413675291384847390819223564708665621950319865198555690
374767109471408761353154871815930278188382078139400086999967045174
005890292947204951246680739095172243055169301048038278147544641937
702694249327243368125202460157153486104406075905633203741788371475
352143957277788274638618416087213432549823690048373821826384009251
021559976282492414832391100246927892536253848077699875241682775157
981445345592180912352016230923561872620356180637137437050124625681
248863511622694756689681361908739138611682781042246641848813774916
377582353071751093363651592078320285074878177329456795722880270292

533039303562960965509081112345990450064098314626001133976600372981
33881316144986246073840041038738952334677015604765647774375309135
303602773064948548181815798555845871362783153768046482215248418050
024360485920424819532883678403638789956319332163183177839752991937
552421965960896506553739404460898228965083088605090890249651264721
191096922940386605909137826663597944840783267636254438297382631612
385127135883189511072580994198572394263896590594982782417809235047
599580728228798338367066100204159537645690875936082090530464645605
498351090377847790876519746000574937826856962268923656473689664002
376142139140408853022853014229240229342391847460728918244015840316
196570370051165037483283612130517927679202949584496107578731219312
362792490708774704940277207668639512899595810379182555275737019903
563985512824029479351343047014985331634148827241470870511372210732
637816770795704244352542402658784910323099442185047657104762926221
526379911773502945540414719797361893916413646795825081052536221009
567308707059953511023282255406880818424246132905503411246368206259
564429291757401920097057467517837870949738346200035152023509658220
513234951881288097417013828007277492706073842957867654565122328069
601873592793842250298239452654566153768909500376120416256518301073
537003907029150204753714277894368805917320302711857789917666634257
164269537166959331831417686469920393292873147806545499610556358587
858035598893825325627842779752774869590582901784353170386419677914
076504812980943838768811633599534749783496325840425665564883523023
097152638961085263284139935517370055701579243314557133926350649126
910328745743368016847088321019831805725899635641749947999141176464
0878309858738876012622243929152513512743163114240916595798544231194
074263914199573700819368632439542888918921590733557117772516588695
449446490515695732422360494291061139881878797814569230082568163508
933768853608784915097614076727220176526327006304042988298532360410
002404018299071505820953486678658549147523103917653043924444519665
134251485886593572530618789331732908416340355221647410415435261375
821818187912790652821080566445817008188462120953276418823619373937
158454165450046137634755726916725247610255780211198221219161676924
799468148510221108354686977604706507970232697917944664058254587841
235137839159878685765801747173575840055450021699156624893432775705
316234398574651211255669761595794165500430927839580643678562017610
936953432274420323727782921264107279273315388054265718719523146147
608512412071162145370705234609873528525352639855517375988621522832
527062331717710576468344207112184896971626329212490614166624188760
417868396533520813403993199974584851636867649088685910452680787306
216050214958591937822714926533322860968536505039861403799578393235
926809107789054855586108859242822422592774477365117818270019813885
316073056803365796762717845777429169997919369629629072997268103049
709697061750361784872804915714553234024897008651825057184139097089
981443210863274307629534648301060291760317398316298855807697144339
567729015294792494892573053103628809298857109774203433903894241774
960849678531158757524460721062635221799957944832824964981796880877
703560490697406097558151120951620501327709107803913461147510049698
677195780467282368221758850855512187378823843550239713535647675312
848875111455843944130756166908021940470540250925616388730579959357
100709542152424023897386614498430269643615697593835035800086525206
634482325093428912815946824688131107670648072715392133808549088932
174463059788581127442534488131962175507453904692292260778682863658
751566809447504786267227357076953714897264860136280801508442263265
972211471187217154458187742615869707938869559231035534774484427102
772791812654193912554760484431809343679664633404282833273374185062
986549946001209056686091094950352084418389916340306963343519971372
234045101839365628394905715741199173881420686449188564896816333551

950660009288433325248067355841713374961715055093426371894023253035
4259938439418771874208814554354356164303489103148152057658869444478
2706449109953352128432519104912469054321738051067941859880544012 89
4251232589909962312324053877398210144640584965597415865952320581 44
988525103769306549748931350603293607448181499898201118274927781520
1132404643038340009302231080547259597551216746706659229444385710 75
829356865159801179019948045358247172345030176398914902214494890216
0198684151758737919168266109838573845376528041890093375503234876 75
887576583508168084898048899461346384675835827589450046648026022470
7959607311234708701901229396384219925088768537111998543312937242 94
8475788361151740833584375331090665942701325803295439815269206810 54
8042155210247965114545433197115305740995493783836932001706564102 39
9396852034151317330925138608298396103448375643485470945637411060 45
6166683280263697605594107860053014854032125282532232725173232493 55
7882265939595083733400950598453008448615493760830772932369780539 02
0694898436522867928580781581080858064953263317305646816091785147 12
5400088072257937135985919602032117698516618138205726664487971456 05
0564764174273684189145067342456756416048290309818979175956744799 70
4418481543956047023378435681267617715798737487316524458821001641 06
1928767152951977309612579504013279951251230446071737653304434889 75
8377502200674146778016973228005456734499425372413845823677596399 57
2285545930783851914039504744136175891007414622681929769694988612 86
5298551788024993319663563824838294192474319235584267635073198580 30
3015343074861824378325227933579938356853781132755653864730024767 43
0672375844555706643322396705837897501940110984584530312039741608 14
9528633651224839511514265139521361994928047761456722848443128565 96
1544973138278595330767369601494158637070362175658670104303586961 14
5791714834458205482295971166547021136277282493540794629070601403 72
0169035778923993263032726072545060040364605028380929610076000676 21
0935821615488096827981804590876990755827971114967485871036597981 77
9005599204619921086218833393864367675453578236336989088161935642 18
2109555951100939837537477554658607786559433062248491278978754508 135
5800095536186322477894557821672858215655834857416920557822343615 03
2535519130694519600528949869404686558645288393239196124043995947 79
0575543519058225812702468257321602699353123762173162563897324757 11
6285960699970829394959814645468124291192894493216757893635877523 65
8708312626129768952214037121333371373636570097496111467954738940 21
6254866841463524981486568437129932566103690320984324524436374578 92
8327453254010137873546087085784915339133018487965021588810929903 71
4350114962119197243727036331890117992931009198972066058919499183 85
2698678005809392309173781954298508516846681299233425946670761777 67
5588620801261412614640886156063703867564612888143788618168840692 10
5737310071471275560282552384610494287319949838014192749437510069 47
9060959762757040742560527920403735132256437205320096902712617878 84
1958243923433165252466820942546627297934824209502732777029535981 56
4982473381806163938715477491975350493217917432066843409206201758 08
4778305188754961244239520118964907047660186063573332139879373467 39
1490808812351345513774071558682223545588457544686343337754031387 13
0262607146224011717060240106522549119864684309641572194492446028 28
1732525366703537230042424986606480531127501954356523225687382635 15
6061797817749036314750495732032582722820879015800370394722078471 14
4085353021626740506650512561669500573990832732506899521269752616 06
0272524728366524467699546935694759472575668558118942585377725768 09
8397685880649644185753871729087162366584295460006457283605313875 81
3863629441043134629953741827762718530615919342612177132010310021 14
5256576690287097455533109073858111289551403927166875224799849874 99
1785025892689021482459578259051864454825308670960541524639164867 48
1996956919637597196303980961058033546132789435981843508697452592 00

0548590030372961683071957622685435364173118174509579933164776907 74
640274025905255388091862936860458673952113310468554748440381710725
066369101455731473828250535705756613939175526069518689649250344686
647491465261560855050379139420298199422219947354382317832230368471
373302474855942982638040651298489197127731269793994244683681397971
930894515313010228207176024113229639122806181570953761845202287863
361784261035310734175920397829165437023953430922591085010805655918
772527775548002700192946141441537672275682553321417372014074713478
844343631675916143872255943304949771961233842226616048964396242053
267797041430802411640119680891010920634290380279255156967953244161
928348664108382860544153699643659319691377778700593603048202291302
651459229613455802971827243841968767243708449263675507056334050268
371994493547326526563206627438083699582633516760708235495298561583
433119524392297003987910675268314944224875870597119750135716880807
708801638578432778181513027786831168589194611430108958921839289713
359413928885648854509163725939835974207671570746071497524605986398
966957462315777686048797201480357679564845898219702887616123194701
320955924214488355505762723234434842642601175322306182230356585080
470110118991932525717205499629266412977350428504370262289723585281
626756378963020389847435594806121738739066853543845303929312988193
883304118342377836147805975750584066225413362933578093194781966392
974235039084805932006978991767883396869131974825886474708627997131
325613717273081653340613946256855059072754586450686465652776825553
429721408833837278820102890293240313242102002610635664244369661208
304176869322010489934515597321174663009086712008355724205292251062
850302940669270580504400681819227351425634658435481109593207340127
496949000254472079736037916466970319503383284835516767605831036545
270857655498002823947822313718870396521642078414038632005016875592
892442489164321079620031371107462606935918955818239988365915310970
042358174294600735961247432905721092909762924104106566209235037924
431392689030306220340787058475213684434981400664399682817772883283
068082967474851072684228563950311923967939970227828083290403918794
270125640317319867054809038172901093826770327618187333823329928735
425179121467416968444384160995792173492547541151695503632929460672
187983817798488683627829099798430217204175362522299672743257163080
332626794270088346679931237227789280490726906343593863344827373494
687180880694508882406899726165871343751874071244353589993574950576
391055026023488483193010977628751845555614279728428487603938721304
909025418488426977514011626937613955045856899047300398762225695695
285227027007070022363127827564720918907236614533831506450866015716
672503044253134573076142482529934735508200948111074026427032879613
545589972387692438810975970444457279722559558214831857922116838192
022376660147053550332990566389961139502003559003953143148531999733
956110064596295558214961621580455163249615249846254913386661556613
057471073066064947612592513473986724042947052713945870057114461774
359248919999779853985891554580117570754584198570746444171573528708
831815566490671161372052484212406756883333463263093946744059153928
124346865274150763671083329467993079601213226236297192288906112943
956865890674688582258888398916501883553307523319815790355358685515
578206546821833215907429103474695675663392485415223645371500388621
789026343137853026622744881799998738533234152500505075994452916010
384924296473792314485199676400312042619311018390010745597693245743
996519682211157017225000078018520076909279952748195722352249009245
510210083294350604709038217623401235278483873772731431981235331216
735074162478419546325344615208289122378046922908509386280752677373
364891675275108867186907485731511798719112758973717212220069790268
627015397703337623539168573023532778080515008525981753295550807877
886672815650966691615839112721698699388759112688648485453452898384

5001720075317880961273477440300452416750323930383670617071013055044
3805871730675668335337453783036855999377590869513062184655285792355
9339174191712054179699872561324532665773975697093217056219380046144
8285749989375231643513474707365882098106057788654165147324898178700
0946301385079255922260729715226203881943748439143105940959925843344
4656576817396893261104598701003727543525116377441612272999941018611
9566051421596941206355131448597195452860809748682548745244590362600
4731380648393797344681866249700721554710601935002386483893437562277
6350127925849417326436623720232785535941949304500111524937011476344
6341575426409557473943069445635423620812122411763735769708677763599
3019356383644402889363050783332280366747439432486570798950852508722
7418326835271995157792652719876374997907620843894634721262036078300
8173814280478785549782897862274724417700301632550133970537241768288
1532351617690692199702556999620546424372653577547251024031299435533
8645948314701949401560266849430318378369365546618665662547082586077
4894839728251558916038553495064513847442211882756298620633135692133
4350535417532546229427385701851422160479791812391358185702336381355
4453571127711719432166046614310154741982155492904756210901895720800
6062349088029040678545667463724177248681190074206557848221929501066
5966835352086790875855344900927132510735378131123286004105291883555
0482825682124393180978579666414416419743846503597543167041838521455
9077943357731496484574214860854886745291314574589315184834205058544
2721160275207010530288121820442571850407971773519382644415143034000
0038965083547606952112614351514494096991515178332585172479894740522
4206100459840736384351138298293353702855164153281846898780435921755
8197601110371882601157152121989928035754608388740947375220406391233
3628982806618731953235529204014220009515480880706100745386563972588
9708030327985512405709675299487752503483811914844763960690239980088
5887510116129006008076911943810302609494806598476196904805932178522
1399828659016361397294733342452975784299759023288921228876174536433
4315837531437849574608874737342587958758219901935389814229423917944
1515613153979302514641379860895988767541369432304048702855541978099
2295804469899019290455890684659783833799449251271604941337790706488
6578589496757599405061755763293475680828922029111549186488201592144
6177654499211827254988676568962251706361483219514060308448688429477
4908171412276698952976652846718701072919337792928244353243138285200
6357061580769259282603222119402768779042924083653232321510235407533
4232109476053210171678047889604168510719739693991861879463461896799
7135467867224402905164443964782932669463584918661504011655032137955
8238846403545337067500146824508939635084079633883393164400215576299
4876554514962298494573570455639845828653901031203119955863297898599
9642742416545640221552693117618219340405280497700139581856995045066
2690832184422098580656036039665052040509265294491631122474122439855
4552334593973602158488959564576035601123947226002909110232358183277
0776031819289578931912004228297227192768010578564466733402031860655
7975998976736300451553441212227464921178419210429930233047545934088
1486957338855853118789257243599624701958104940834271300659716364377
5165746371024987053629169290060997979798208147147131128995085184922
0039864046146530250994914143403583695568842161518200066725398585322
0356707875344741018213449970395917873975349621147236777151075064433
4193206709784810139061194681429965659469499803015015050439499165811
9364340617547120060232533051005685661995398852109699179681030651566
6276114001239394412740504065600221709854777964424685874863196946188
9551035133391641195903971893876105442642302464412785966320148479555
2732274340928634620098405982453385763861519336443209833918195749622
9505252717041594110329416055200707970044527426550329106801682918211
5054886572979083065733200566711040393166428946073974276132720699133
7735888776468407672601645037969090673762491231815694613258421465111

243018088628385018727320829304932053488349080225799962089315382043
458746206252362968122407755716676147083325307435180280156466152412
335772666545968950153512096407409879933525112423683932555080407795
389065135984869314857268748994901408530010625403698440243398573821
267762945491927728192707271007595054194545037909180516361580836288
870015386724394500702749898432185567647403247143923664843411160620
931019601825031780683539857258391335713344930361449170866597972333
881453092174031811747752032581674338945826496752752520361126273672
109764543134023806587201125134514611723801638359472687522817638356
655896188613216729989394014941251035646583363688776090658837696741
829191920311945646978094249838609041603309637645292794234193002301
740054343225854625094743545517096835436975603565019923851473718492
670597233277579791173815247435316334241172984589412910750455504288
587776273734066330416039180826874172606596159893360778633070199222
318466648889304527152405511746120223016036619219393661579378673696
158162597300582128112825576467959494028146674576045577470673902200
197698318259700293819541492759081133733236058858777871610067258359
623260496001605899148893422047361613271007545230048439431098999163
722188623262572247230711979182304944435140335744766397083610698607
144570069276396639734920292183462976443818601893766880534512777038
481569085406140328036150280386094903353489323035792511739353041584
113326547129056739888443593082228303303222116592985419196559797184
885423887158089140369301617172570015570614836906812742295502793463
522645006869343077482074666368747614762002275018155179697826673741
459504387058872387338963291213957303994663054340289132774681687546
695021614124655037009126591798302903887348417613972343394556935660
083801609435561378553746892071454423377646719631384646526315701017
132358397487466544236302779285419045015666457881859979478971251481
140502377690261728979301308065657163121212079142907054215088898379
545365916435512334174598794809276941751149031174605522455785458135
586702153090077031955655899599746805741613338361641691140099233415
564386836225866442807940336267010522666936192467472371364090542898
520518835100369268187997465647052545068268393626406994422311791299
733364106678173591597162898327417728872302052609804248757771006988
196240372912716284558358478403404924364878183372432037161878814931
836632132424242420147187986601290829544902098739959542872139066776
982756308916794217401688235876539750420302448986418896369096316270
120557681969929154992775142543788129467665083250351267168466448444
547240410124528064217832732227760436916102880783588718437100518084
017958014108352816351636038053463076389194761501869867367060501475
565451912556348547440616202739383503562785615295889468170169994014
332311095287212448270472060546025850066704075791114136827906978686
587117792043561148929968719888032590349546258685078645156073721715
399533910705457420844700489981128289942160212220926244947274540561
035820926425126780398190545265944373751942813217137033612591057551
698992847294695342429807232562902588836268426784470298363132949660
544162538614748828347981673228810978487694132343671883348297513277
555209811183566129984856870217344971594558142051676013631681044749
870916364943156667001634124731526314664694470222860280711813992815
888751637214266832121415092317205731891117328825980525201560900415
547775952404089135009403651970848700749678332743233588694631268790
098502313172066141132108607604861957063566245230487204929701679457
814582009036192806782139458937433777693126987686811712481640849105
253884239333690894635409235802310817255763499799694364597544489485
664773280449886762357891730215026987964549842771233602523960136788
902639127631673348690099465888102863102237495535995017161877940595
427203256807509917230406040592447593475587819231150708603864364001
669769358844410773687028457703794092834941402822129586407527063935

3993044472385084396885275777983552083175810709482686545514923467711
645118856722380760062998781844878270052720312938847998209719432022
757136352039888007560979354968507222173819096427575684664407843849
762359541643789860716673486049953642921576909269615170952825421086
026688812876213228288701239411121356084998485602261674350348830521
151995222130947223118824547392608085441215344210434543110428353361
072322446109504754903082384976233787723979857646707148507270115503
350791768894285532565557856891411105393768123007641727332335555556
958197951616787651611271588023817370581258433764454963932090336308
884238313464741325415758340853287016214784675273660353298142198999
001039965166398578162708358962481375811285205027468314346218654210
028735798453064197217331119032520073461929812872295178982451117703
283234759864039562706190854550735807916589710077764022903519770551
651463156954288414243755797570968942232887312501544659132356822348
563230881862148691752544420425031155171125209326672093524453853285
759307857205196311267715965633535956460663812156991761342710503579
689346925609775922911355755004495468093959419880769193752888650248
971124685916195119118057366233650749218367328395749066939668994863
881254658855888383033086427922354597161408639132801696867060967477
934970251369670949211851826806837103932976818279349090488099268529
794978557333715456812291190828899996496173672758296772254271826422
328664001327243273092429509230566221346977560274971311377496402160
451869335895994334517013147431671669925355352625191822960685511025
521066176939130589930470440130555394785866316843769182864723435324
859388779733700023743444052230578338504233697486700501600286637163
548072142572742363471659825920005995273502863429413906679266972379
873043735393795775874670438709507356712455449660309789611819455417
024559219300964059380552294276921735098819503385424390196223556566
509598118950849558347583267944137194334777064417430687607287323860
319093764674529189218392734056524491250586956517611562069812500393
153884581844064908193055138220680810239336308565359538328508151852
860249073808881939719741926645634161448426511541316956283525195911
244283826288101030847554548973690254035882364831424405950604333637
217231136979737662537789832914814676854754118971023646587793294524
553660846298717097667145215393593629565084168679388747451776846470
197056012062911196593927169428782001047384226912084203747363388386
274792663438170746008618165177012473800268910283248614546728946437
703394342046484241967025618791648972518386746222304165160001856431
299654117598208500563323952416320466755350013353729684917467646319
413499223744247224633022021859547406463788211882345939408996899586
677663701142952853127079355663237832561966782136657092206028310256
539135401190662142923938164112080696172160438099387993003279135193
961605459067259657242443886673098839494804050019958699540877610669
138906842799356469502459908786561048152626194880291622037728544043
107619152330967613456578986649276023103467080783909926275476450002
311159881515250166756373957401905770341261342041635904480839076537
485827775259666285431629883314207477826120950407760433388366358024
308924484034883541028706147339632834646578357966974592587401134634
576232160810423976222516895973476817428512737721348884312642986891
670696316238734200146948985214230208355107107105025571884627785644
037605341548737134057035304716047710677529320079908300857963350589
136486977471509376122562844835142793387526367457072220025676912748
342237943660613198626760944062105152371984859747379297406177243330
777353802543022189439576676950956672798124850084862642588484579677
193561466464626014964951463471490061886726013021674810746605411192
668918406378835311056304417080835780199922329564347430329597913588
943793800972704425821506927979988831446725329768967209243310967877
870437254704049693782685353327799678176291518671277541365726683699

349108729256606562281591526335044669497567922949764583960403124782
609680807632457291796313570638055301817950615589346192005525020421
276892047265235195908441637059762275805273353990572737729245898431
134662089469356846280770879593423614342618357397284121665260195438
481774502442968737870447818458084566985918167574593630071250992994
559021579797126797928681418361794529381147438345911304949490625457
775739657448250418936610501567223911406337904426932767178357282347
840242922904037674700397134683438554640642707102611753009130847612
735756388934449578014367197801389826534243776067204873056592069332
816973770772050673214000573675534498089554053868887867159112407602
402876493610914648563243513922828961692053847422089604660805903823
099659189334258907900622370408006699792029798194409277173502701273
368468208673831027079479355302208227752154460927356207151719553874
896681908468028606626805266261730739559289324327665608205589264922
811457207893258778236808279305050030741774353514258764320918185432
669406906760079190821342039636895309452563340221307302098645862976
896554724865262428461104736657509041771732052323741407565848993239
270868216794264326875694735191217476911115775407999719992668288850
793903934061031042132964682504077064770521769095572432685966471769
863829141153779769760002581927239446920104966004285085470014809180
810817266504567967186688064620584788093007116714190784971339391499
399525524545209494650784349719810361428778184033220570694639515476
946972767747706424864607939235195654366350830702520798246537427425
699694577564626119873862943453280541508276209906622774358444862703
767092488431396731265635680597853428581984460900825022815051063672
691418876039788319773186265729314218073290550935385624444888087051
585120556194413737032854054757221463407137369326552108693222709423
907542994089944254445906867574114322524261672343521912782585438845
595167978299328323642737457452544546052939896806263513733587214850
808820205518659958034081488329701253781235056793050818818568505731
233257555542419605427358319447976432499228822660435558523349606680
905502905216337784746351934749713022329493965510415987839740167516
618593605179338950392466205245511268837311120785257244245799623294
450168341713595140252095179264681156829820313618827396426623321676
441524695487558164084358212585044247670699693803758573003905790110
515414779557179169312729095998221364115981595201458613678920666663
532183944579112942949372746424648239215477975615733670895761840575
322098504748583570891766352727809495354274482525113739382912378335
184147182784881809377625946725543342069023837559765846744498857297
100153365702593838609837888370559661656612261881245463878074036437
755829259340136451738584462455407649029616220229244791778901424327
249245624610572832994427679678314481934670551757083502942567326335
264906514141210237861093296718863103717170461762893116167259029067
712239858836596414924553081207285708410066076168543516663530341382
801133819677912289974126655244951348338934636181282256499053411503
179141167093830767768774232569803429140799802919107611396530776180
407622194451519402604063470356799353883274378588152011080406490885
175270082056238020512864218424823002632432055997998346926232665644
701956357300679539057244150398164239082136235132717714586191210328
112357269933087662553440894151205179902731473868182626644475280406
727464085723801550389418912595893739926501687752743769741533748172
422037707128664490771162603154417119414108348606899529507444772203
362744266818471196563615713772424615456070479650878312900133434911
136292975583609060175949453796861506817908507607566212738100117918
293076118629911635574502602021275654360951138569094815424476722607
340061037334261273608044855312147578890237559057711317455009411859
748652962705885639173897159515988987014175869648654185324863779433
780506989345553880505233124949841887573046444733144459850552473986

539970734623381939800857730435695476169828265893810030602411218665
685980207253371656135335099218859560107881521955992984830737114161
764839950330037898824790345410532502054955693588016154598918936886
572124748963613671862818854644786179243581710112551851317871774504
307353645029761507292301108330802551534951869294849716900991730394
769733378956502295614877878048366582834827540230192303690385819788
534303828558273006721561304247679650997367389863963084595330994467
366005278953510077510623540518095062072959121477879266263385428792
589775958630580646504484526239133538342627050430867009467036220406
339767252991365187842306583966702262580562122210733541161850293635
641616655779237766395860494693244550805903617986442755741294983021
046969861644931370103702775084860153961665864512853545304815598296
382985981545562592486591863288176301101499737206920153869877418621
655782087885028970856782970192695827695239408257958934666666883918
358815549069436830703532763207934945109365399450972042836730670351
441963155288753214822189325967173707812714051334747386080963694563
512019018439160557338408051663829148862479351379403713197966875856
259482942074632416148196268288849800968875641317790265769105550802
543228031258589984582872083257358894763134926062496271832200731813
542439536437705648192953995700144554383910878449144193680471065163
474031170374482458505185788180686628844170793566042698003163236349
120302919753700996010666193896217318762267071826314852284417279433
406818103101838417534997349697901352604608389864938417085293469279
158345594247787414758186260672246624811772249856862298974404384392
18402456036091912369895978248806446319555559308328167346023120406
670072487747599806326845273202557015621687662840583268894930505193
900504950495870154003485427760246248588466667342385974454567161141
984303835706397426666703855560964523903570201073652328352769206772
213666358574608076159948257589026155644286649673725692080468511746
26702467876686032287965119785761644265002553662207997203998656146
915511996591892609987569195721982755095064759786156264742355786450
1138970419935099764066765557120850295842115591494729075235534992741
008512949193855962594032638202524988224921444475588270029003679518
705235762764423558418333071204601246299399154841958135512551467709
344714433092476373215011861279838185602557163141744264421039231841
248615613047098148024733881256960519677269438321490104652409981501
183394145060084222913194160995009964496196330766171680279966145964
908485717408237805713129439661036877272697904349031896749323216657
233190372154146103647188424635680197125709771242045599277189401630
807555791531803886385226329349122868944587124407187398513109807299
600005402969139086326671417923649756297192502128839909708484680439
071763198298386258976031273818102754934261012824458351039724617260
027124726441028393060367775439840384623746557117766042747940447110
253227526070881915259623881035944912100259215675509990359849028736
639465333622278560198785244807812000092267255630431187021878325473
868804409188331048255150339506237035345911575694871584408122253546
614612133683291417713871207911325632996961058630638814550382930706
507642500409597837720091354284328731106694070419993253056831695331
854406218096083461319779933817165917065487955211443993463691039132
585349777380538014249409345036276165813689500309512610570841234456
296013280703948714675890101664115170393932146989030266726605846735
059647527480561780786795393551032684912986766565426312732988529192
700824708774002213743115658696907606589908547798087756486559413089
027045689772974195596550109221935693238497816225875176465524209255
740925717695468860519010003160801289728987052861085422973909396815
077500965971737146008611522092622608527082988364373624387798127745
117082236808061077077413663347955743533547250663440979289899184082
181502006262900581367815452848577595273359535974840872450053882741

039998701952126233169862828034388497269141695862950362027229748868
984900397414716167457511413346027344974235505878072186655258735064
125308324573880356085157662659100847907204770453688975071997435665
063066316758761134751644189050994953044117199851499167397662294269
445166214080877491355367345306518299977582014657530815794081675035
725631308268975276869491317516603141962741227162095782997451259507
368949976478651309830445539167618793163664040969778731171580041226
555288637091406258178846923903643987679438994419596332277331510624
171111117589582042138226824715855862315936615312894321916548928211
959762276658143596743190469318970709546254984802349550186923112936
640292909966700863878400428904420862483661779064302063305933920322
434365160794325702465868466897715343280772170987980118148551579281
644492135430015252996137723601077292108595131459952461659422716415
747632365702571880611706348762926273236008312525699654343218937450
779674452915427894712722894704464813147441242211665900810057217233
044387008737360533164683029287005557200190699431998706454465506242
821727117124592068124294810555040470592410528835740065648454724 56
074875624763472596201955416308086991308656786967875539700812791176
866919496838135150988085209582767929487854818158433903895764802898
509257246086253006148886286503065719865793656157955982572991894328
947716189620569354672805441856350184626344267485715560888443376776
775181119587963168418536391233749766123771258705575367714255354528
010236191288246608468567360849341333119579933540423335773588963780
531839093444280492270352162230871494436067300423117979682863905171
951575052097655902730996709989020051300226332647381845202399769112
952460615572933669965418267875614644743693887290887894259922714756
326206666732908094698629295343111076243281643273608630864133864864
668368334034117417243361379086047880568004597543289332721406080344
475032843441146117190967017625398428226686468388170610025364990074
317384700086148176164319642146091993738188776548270699793984153938
974909461030806089521056237233733955299064854565477711132351150583
518723974869707635229334354972561003011215891267832849264645292657
116115146530034496144130407078693714179233116662476964087635487399
017477537102018211428142144824621320489013665523144244134042877529
811835667348556593691796255853153675107980671452796637458994210311
881547454807524651853170218249967058200928170347143305649061103029
660077886218643958620309126219537459319155011169133155954733941172
086135358840520458592736046321982702240715420614033109614862990759
081033133065914757495394365387018430653038342790401430598298810968
662879396068421340105866813687700862550410669655362243076097486920
666744068427555947082594037595454393281264615197860109409221003946
623938100024885780821530539641236263035680445023302479433432134418
808431469281618392368201869189398393330782579391518765988615852658
830313054820647419923861166216919045975656253336318446768950752992
586777308978113220554526893234119637741580704297917296184933765166
937562151464881384172662171532362271080278418137745960978655724521
653492678760880091880707514451795591893207464840761990517355858488
913303280635078797052313167676931577373187959490721237263799259715
349422416504918609591639298051537541530560108354141244266350884117
088954264409770274228232128737818584813773935509749335551140624466
436894204535523793022955699025688892472476482856987927771770439584
369247240062220941325554943292326806265100656067112487799788039988
221458634529591716662481653228741155327526411248966562365362717905
170820153100267353958824702235281639972401534641220320257977808273
135512050193684281552081855499751491511016991412711608445400907620
830051416461882552963462036087371679019058251894683895404682662971
748668008393029512607766929924069435225777438631812759679506943700
156062505627855914341512413394030327712953253107118617480257722349

4892925219809743089521223146195766620759235563597266907679866612332
2910595279610183431069077020322287162520836119564948117529971327499
7305978355285212857854784428618168525710739979164485073794630194797
4860109379383640540030350892499489138010893132270306436604092136155
2251750336475912552993362345087462062522116152134533464059073152733
2407955939560032748790973869426066361431450934795793642528207605766
7366822455612779788579850905074655759995233257680197851647322235737
4446612494779990642933510320292417061814769571050772801917271665422
2720280245480655682926562444571074844343809247355832405957279281377
0093179495842802006781667030234830107405474219268605401978802767066
1773311698549010053252658070039193322183255176221950049560232954311
8807248709892249330737590455348878518957734282512509676519718567999
6529101719951017464781430278133357169564223193407571376783460869677
1224381217307989693831217042049112414515862212057381989260281325333
6165063327096126811273544576450343862718373919938943796958561167122
6683833937598558264615427978133179120578291237899892276277256159511
2584275400014463204457910654686673241405336586191842804226258216888
2737103215382122900160538955574580481497079514288287427566570758144
8260548242022106120376883410734370446169531356584731584649952332888
9740861389260374365455710313573097870305157976741864883330833346833
0617761996495333234340591686783886452470412755314395794027884216133
7596849182823286006692891160507611815980980572296761164235609054788
2755309990228360118255687572387881258582934211212064353513623423333
5454800037637353922844133746644754648997271532487062343247393949400
7436784904172725426574267589518279602033436226061843406548292910966
9473277581063150058025056894921339837057106195538103699251006160455
0062319589568527763384145338709215687875803212746031128492488714699
7592389661216541007845166518759992660729902045834562796342043971566
5244565003933269758416152741868905281033962277286801457027003189622
7877077513728951374928538916013451181479091212455428351145074766200
6145020787405527198310649131950843193937940513935608624487120632822
3309725631065680671593587120399214096663322511910445083216535436211
9937775858432812272309717649727002825335202360334694516082287284722
7522818468777375072298833913187683690263824493488856434606147021411
0159335537083375926119354381437532583680506869265160213196385900422
4945026077793289829297493102574748519154758212368427556373977810155
1502777188467396734397418256427158653009213673388007912311266160411
8917228468906382678717224697734147003033770948629424678362291721799
1257397858895723049380035859123639968963121613858310464837079637666
2679929761566821198465934155933916744468862003556896518406189650200
9957879494750342134510646829418913576240994955771883376474844936144
8903373387364084487665128579906005691803558021757432822372098296400
5413984917686142541135780192328432235662201253375699710382103714500
5361135215808754432588751773149812341597900774841548524687471869822
8437164277567966121882258983635864612337270873161639587829938155277
3415802880622289603227447919731513419589488384195292905675291358288
4702889972904682421781158812544500275773489756610693699383060028444
2488304085568975649116156938287828620459017159206618355597055735022
1830926911960506871136379219891638826470030323985599825852973720677
5968502122325947960921370133154369004734758005266973163662808767544
6868431544120054451810963963317799632707332700784242615943287198366
7100185305221100049935858980934727278261324522255474466336523469022
6079952018829848657929356433410586192063576580213494971238154233322
6330818249633020386361806074300789362848049457274765559689769047966
3077258435896097235562688527717695095754854674156318936544434526822
5222687331658583367174104535186016897390037051140387216074925657288
6694144634342819342201078799444793152890807044167837208591403807877
1920204687148954042965778274232772630067548268392572047428956919166

760052052321538211408873240679725588369972297703978174778655445133
936952804673097919875464405405015355984214901764939708993368236817
978618263713774776189924213964754681521802356570084650624621258009
338239375893985352553247370307268761318693261257733337290274919695
015084048179987728373665255064027193614777325988089081494639422730
754621137974252544785730656206162327584566336871604105456555821963
228444258001613092292561169521705856174292971169937298798552686573
679816223076859491733218637615077351715337805336399472531737904670
385755272237382781358856453237660838981202294975179584990141689663
452187860835838411893138472832576864873474621953538997800875424150
586749780156015931136540552070950803525500481212312377181521072980
032310175918378625405659625399485447107620238523408341501421890183
896302766908646062889973158305000605416610521126183324563088749423
761321117383235991026715443333980903010767519215606860915099297579
489847091340484776037253316486633273997745741707870588584989036478
250500607565276677666730181427983462997863115472471904638130827026
950271552434583777132888840113322856123276424758054914145334004307
351368200167103048967407913220417329365588638081990240250424758979
906199739449424061393859002043745081712616036278391241147268209085
690526837422506891099193767722077768737126770152907129682261584375
714966534629615403528980698498199023815881324900728284203166454586
451867787181771772779283212526968322976641245496739715278796804347
658957612653385245739151343813784500518738591532963414053689484439
722550801196079269028116229367043437115837195386577860034194671309
665344253552356135039263743335590248778009316758556650202614245175
520231051803797924160186816532721349074474187926304637935701957254
656870769649025628311394908306598139258771657534329051829883074422
093153945626718913650932778527585614188691505843112818062116453383
461456499861027990887831599923320834970349900964482897361997260841
303050161383437573503350269679199100394576485031398899804053476207
979951035562800942711980771413862537468942006711292903794021105099
312881767863557121288220584525902329882784488972855767643376551320
983720845365197273566294540752078683774825993769508547458537785440
151866870321270325108378857553525327422467456165530175294697049286
034935237663193775815312691121571250545649366284046131575493234361
611438689415519179552116040327941387040597365968287723555493695367
249260335274498928882204488684436527515895468955885890718317292891
292345774428441927250527684755038702706328297997585388259938790678
996367663472636799709113700050045191515070502085744705320311342837
530396450683734947465152543161640695883965696047762481007698125762
324027656324714558678116653563357384133203756328577111457947736117
758910978449597487134549945405008974943123702669160022779621516016
443144632155674657986969134302091737537932953736310293482594184851
531345770064943739097642085895731774231457672882967906750299223152
573286983302634123352631634902064904297082100632648815676763242544
468703921333767894896001251362652354725651702225595569986284251088
668968471078726001673324221562512429272130805593262213072140936864
354996898787430352676884922123183449241907637471574744625215974576
466357242752795222891504064277678656611519193319181783056716465304
813810106667342459156864174457688390624192018654102252669706153890
999072549984285484195668192454519747093061422753151298445309182757
715136118167303580932146032258472352811825504706062154262243245514
468964572693823166555250959895041093425374308599979713700425885834
030449726710962996976323360777674373479878835673010286471384545928
791637490145406647519394899352212362474366131747830486884631516036
592243576762762344666539589796468790552923902702010757218919138214
831626852490495848675432931241826413466272282093653277283976675572
672897319381293419430572396207232920071863867466703063646013311111

6425468025122894305331125098538601201236070449699785210958598753 29
3032771622679823055107676926800022074188490301650050385344759710 18
3016737826819436124165696392522947410357431851765836560341232764 33
9009565118632607917338991262772072135161752222552418296124339628 25
1823286968625444118623812330640345331556016406957472320383651456 63
5574987344116859941616551824960425979839267816131483180902534507 16
4666442670262761185976491324768295272780570322383435150636721770 66
3763740249030465909628596027197972553780014182019981018139812595 04
2348662483440439211364872366629202063939628845314483748901026084 03
6148407312006741562291596696366940836032643341496371209854547525 01
7736696019714617846451555599416726373970858649598779532421583282 18
4109391640528356790706864210780346607571979891481554005420051073 00
9627962347272499701122177816567984491943322263341503385675308244 67
7341045503274285611574553874214000719284301774473142300983657607 51
5512777962810147220530668174203505967941050980466563136377825172 47
0914099255524710368126705138246752117200528494295219748862848985 27
7878356210600487812711440634990881645924451898010442935708329047 22
0160726966046198426077224783107171439093492897379507505647105380 29
1618749188699463530135729350187320668731150173153109129679486254 97
9581512168220757123189190913833835344710236597944808047123388274 44
0350534679995291335460941392728446513911908360762265798398156424 63
8291599904416284527681893532791356747403227351506890987754721815 57
4998488346694622271194343513957275609331877672157428578303301830 42
2251704963297161229683675274898329472315069749788741400219267006 72
0656772921310849357294076359289561828129001109784724328303846519 74
3758573685912309817836030314052823008130266313304139925339921794 15
7647985347081786361137720014085708386394377035291834974037418351 16
2237004017318826939326308750548756645290932656650302439445362272 79
1708003815785132529023651056809625891794240016387149612121694699 25
4423986747262060057131153878388338830780165378838775211593119449 35
9569491793940578848860623959444184972892872308495579260721132977 12
1372388696986360236829162225464710880621094479132399015406678160 28
9346942821550627212605417982917817382489199733829530168266790617 78
0135336504718863397842735335856232791853579779226627038024456968 29
6862549118748685305497857965989184862186237485563935321563048992 83
4865561541540649512210466103765481806025067654913403327386294169 11
7762638138347851183641056999660949202044895026294461684668551060 66
2420883145374012687794781398595777699039877073994170325653193556 13
0005281435994560612616083223589903248956595675275769853245744035 60
7612886079681857619771788765561985237527447223599272020602389167 18
7908147088670683027939897683780233375796837484716792042056118846 14
4350842383697378594825884978259521414316768984959213193894128750 69
5961491932711470358745336608149437546971429195290310193894356371 83
5937491483074230449340295962811166523899581106000938622216226552 52
9766106507452713589497334474072816739263486222629713471555329362 44
4579946508231979087690744585253703457090077440815341678638701480 99
6741240038378085234273977881746910805353305091194433138730408380 43
0675060306862695321245229016675038563185858593174377694941574108 10
5727494443840013991522952924016806674584246966055691076975969873 10
9507845182518576898000939428637121910166980788517105711446695070 31
2737069620047300356753682352058152491868239083974088092648527045 81
6800639153401349373525471509235270441619265721100423458480853223 98
0930819701215864173291305325898717158855168420606503405569968593 71
5915621939545955585570093477116811798359958427981955643563653093 89
0509419646418892434176612177117545737144294027293771776591831074 43
0581515315960948263506336557238614139208130754146107405127413481 38
8906875208965175472864434890201501872018366138417280798827295820 18
9774861263383603711094140868044146381899755144190511520140241876 28

9786882338665288749564740110724599055379921751556478198091849558 76
752778280803822629818043941563979561725694090929518577447883651594
478720682678596369454763706238206696202396620665921081278183219127
468081453031421779867353368489380826681896912999835199422321272638
771597576428521321515883717146485428812423122468402839056157796819
989785562510271070628379399431907357979753622873719947845210383168
668521420822019266723155810117372442375609151489386343666526579426
037168289281580693159057152379480256619126870887647506950850111370
257880233381801903021002975975592681821635953507064188571900594974
446797417420252130947246191950277213237247025702961631681464762184
643644651799535877759048091724695567396794553734971032219369455962
778937791938340697253788415502062958387483096195420461546990222684
347461767711319737486600087935443607302433663280865368473350668707
408900184703067698214753133731542862215155131814095414979724670676
343697696458309286795212019941406654043266683440819686918622917654
410364920807857292423388755061809836591222653797288411120130691018
576030498329532694214188425942866214695276880632082571964867134224
698526419419022236241186339130284171844724822755723379969707482002
437580371792180734202080536935740618765664169607739120909813494702
120725197213699642344209305478465069237446490420888732630226156357
919606309236991602782364930003449747123779455951240858239709946570
275366759813304777505050536634574715516558372773100785781787153031
613276848925357607846211478860351804029765696058486717567636659308
748016099927950787178913104203849478943286084797051504283326524571
886423198399932856342268607883443745309272893146092544299060787111
736766959849633062177514884899337787867859785265280570548661217379
213552124702395325608190678852803832422968075544717437748950143023
150146961225494895338362756944869304674198022922555065087429772758
076095106879827109193837142290968268728596321942836727242477443909
060036804852784543854819955828743344189095523099265929588482897771
967505439205771668938552397736092582090693430578986742357295312051
485090384652493140068996173731735816222294455416149357871477506270
376192498036384400160913611713729557661808926386467940279365670385
305779912988573944783757639092679443336505496770742285963808721870
399582714758000440222404214003303590360960548004718847304678286807
740989832225262453168032034084435109374319499380299081241792110895
423927096542582195848586679924115788447815219557498322258335674226
798960098032009354865108549467676713405310343499864349758000215286
835835721365978208435732604661260570464409200520643748808684041999
585408697477316017505390253064903620449458476440882040053860571525
182217793518019414711660086532948281060021915944692783460379829268
818677784883782713148160668128480874790430234200377130896464781785
599461837510620688441358628450630346441913942893762354742777586769
014678228907006092683252250324639953337566728997660254246597951963
260902742615157481865278192977983681101331339651625793318419407026
964988951386923961261275369592060229690087420834720840833188415826
838019383358973224335136412244321174979404766824167809635203566415
433254150964501977910541460943749815990445792838028880133562481814
072611423275972894824141887025957454934254722746989976877162316099
322885042028070838100814091887352633318358420740748446573397838429
805347106002374219987211762683334909209073865337959074928089283030
107207550472450851183334676304759820661789998004462744803370196555
021320441396423674506953708781697379969379061637848201169796270721
270358480479488580658308963231288673402963848241128765952185362411
256969749199057478280326299861231724793050323637705845698785774531
610386670675558440682408910511818429025803298514096157331538756311
438547792152983663838215871358824082012778384097362326475844352630
281664756079993221483927156321249990837098930946329559859928728433

521252427433494379023824949445785164936127032642339094544808620028
353526261752981835525297880465028135399112847161281153414460389703
165467739525876538384445746110351561641809273346254142217903310714
720310599294953895958436885773489495225982103831596420623273071483
716691798967444541841890372511272835300592982739374737571099277652
356370360647348724784839684203742309758998874387876542841593565973
588345060936129924492587467691542804598132815825872999110300780631
592481722052213206010771492336601003182710066727266488949550942336
897935481055796423771544954137177407995177501466695465574100801557
934179598301318715461713838220333287263136997808093756281698575352
925390236568114358655398284283241700051641990051764383512005756933
430421802931523685411424059868057389737717209032816486238395498050
084360235358582554618855942442612928921434147898267094176760452225
134929872997435333820627622406331004883774527381188722581819982219
428293676666000040379914870018568674554412319573518712379305995148
215954867701054047820258539083335640618262225208028648666809763156
107137641890902360603954124553570380667535676524726680367517673845
564696693596022634258001555720896238403647713214296692193472420798
729629861675796746082959712748570679034670391578658581112738257432
519039782995445767430575299283028634186242545022496241979163982734
904359411395898404348957578332464822165249725331811930555856140503
105076548589915525542652886287528895545773678742029770378468475636
642494767084854307354132840361634913471074468329858980951110201242
544884643071227174886586964367223751257407663807577968593851823215
803790138851324567042252785387661013519568286523394604020035673386
025205513475307900746894526143616381246602094339688182998572534654
355285404636104131214993769216302614831518234694209627911549417194
660720665528440044356575326641438934277220905575184236912080347379
886707969228398693750888161460738382464200081539367400188625730736
953499730836725281014943043645634975213545319519500350764823703618
453849756361633974429430988638719898808188086747495831760222984672
501959183717870015464719437744024587964419343305273778617450245249
707149907000518726929283458717863091748438785506397547781397976147
102974805258930692216662225235373449011353986266028141926476293709
7680131872041406668762554595422292493849462711177550175862021378876
760029805157411237809551927818159082066363654035686833244556620095
160463375225688255854582920019306381533873656517945743702588756264
732107732276466231522699379582538162507411935992575434703207518963
927929216230912990259044551217209318966179934694954150218683377015
220759113008886890238579915282639867824654608874627852622681424733
188588572416651261959000329224404728408961960264923773072793032869
835071995091733622206904266211379357378789633982192711117924375186
8381757621347292227304841109052893127397566546440159910892056359539
550622684903481778340163888074775859106047358664560729940094200063
120435623081164981455149655513005854611735524052167155666041333475
875987920445592175677563283767227690115416492112246422360395403368
455011342654247448989545996792036442429665248273506879964950157404
621482511116740163812882370549267667972800574632906194561799730944
487237467063062834619376926372843710250629430239838747180411277944
515182108640001558475791284640128739950977629770826226345882505207
818345760505308157127681646160126745615131039107176973845578732241
330030005534719511669012581135208015630373046908093097927353658564
913574711350904412759076490299193882008262173939592861233365729706
646410270587838551318934657962685933047956026011545035967710140057
993336889004022075384825139930863716343366007923712406457617650036
410612205435688688177406253057006023018982911091534071177517124423
703643637158902201162317102635650130243991215404270127303916604348
528921717678005443537960268144769874794055715993778356399662100669

274192714681089620407361116347202589862464744081961204033687520897
010880633542844369252180174251211967856991105833494499916830944946
984707806367546667767825383723040528489291173054802989310613282285
243013974421278401082297992256374991861619095395092292352403872656
334962447446903480575135659465046250309625011185996363024036541878
244570740245894880605074168390715058032424183755862679604489403118
420715618426638993005968351960880991550054081911609426156177996494
555738936233509560216938453029407415354220170088505934108021537744
168969765523900070011310946928000344435606360766131030272873892742
266524989909815901237651570432773192185028448811193320110357105719
444387121835232255486772644086673404544135367403990104641792881141
327732957052332339987800916026700289290467003455063211355182259645
456365580270462153147060321476780387345442039887757315364197294374
658678276336231119864674608317162495938051631791016021743160036372
135135506555681162767164832287962390037143316348095868924384711690
483078965100591104965015992831438312018932525166768955897310518020
709156128212794785768231503099654870137801420342350862188944511309
174155201212503779765726305117588445579181661243191479349987937188
974667677782724332922702482645480284999856755494526946870327503783
940036651442685682081309020949057899622100814077366965566279789587
599381603739294081898326023119790605145978038449412185507347234440
464136333171482978197669866965514005181845419763310556350448849713
422360339130058979717346782373472329230517388505004636025681998062
728258112455591586015018439090409864180971710075461884773934911273
571127107533095079036197946170873344664805241788806067731106455884
142874312055368645075413123789205016418245598529170285529823491756
815198174953565040453735880040973693100210161974099408857233681398
906852305802152257830798584444988490026722154928888612925028852813
527173780318207628086658198702133918612113360246187362649128598385
704246054788599442082401809197362711751540474656341180486288643987
511052601860076320866403208005880981246682872769158288851453555992
972145134318817716645564502666336275157142261212702829023587031467
862427302335998951338331069080367912289759223209005353398361052808
487974347050510512429799469695877329008120707972879653583923242657
673392144380470361706529595672993234416869309201866257158203504592
227460113349178476867831063630236724355370932562694982307261863131
091050164320612674246086791670377930940669607135447772041240171387
152541478713374566022914274536828100929205588900795084837232678718
659556212837654930431227464459773811156396674092749919903096783157
044379273964166675109789264093117468241878846539287943914280719137
228194506211199604942014167567514155226569328596939900541011164776
752925649440428795835710036845090703458019087499993092734233237906
647410746289811710104027788338214509831606137185058427903895394961
345986945534332173388380442292218684824710117148515834710609975786
976196816012437330230684469271055789326166001295993498597491718450
334461056240840010952490311291513102073536606699142509744167108918
044279263850255766220625664347056888812091343129654781619845396751
548210810244160624449318587351214286010858155871519419397655261062
478092540814247596466270191943785507186983496876926575171350176402
003599383530178302781767102202449288655654620105595674157711590472
858301654225614200548268513719162768982527266000770336835926768927
117466145886443256295441705121686083735716597610278238848606701446
329636821363730331746487176320142788006742493485684457268867825525
550925006154697582885492108122224766822902775116822369502543987324
561861209996738050145752145346770108025915298160421223116328760264
578489208814442541782351787729463684916863787103355988029352879751
316600965034502135008786148165275693425491575825447858789779004210
159280113548097158154932538649021151389857756639270582004783308103

193586172095928503098371977956384664987334554901336566062958993312
667035425517958589534255685222167057206373166820932241554656528706
208202685332600866580058396609069504970302254534936941843479918148
540317521615318893601698982971238272732961881513540418704927348526
265666408136486378871680299743419921840452670036155802038750040963
721886553766105646252585967623112091455580614923744622486559052594
146783412301336488120864513178145054641794164567238577509045217705
499758332360916182468663731199597425637392431936836066334687888366
489399770870992397517694293270431571634050583519899477212598612465
956758031364020077933287978651130119476790122849334559372745446777
306994245626020238875493090223357398303966428565992346239434307543
557661485851861284466173143979975977684470929792773827647093562794
945093757497580940229719554370143859221216058081004239743853304543
467119143871226627091401261538446277366108865182715566402048997387
185384279740871780398587857487216892636293407937055160183714050877
149628160787383362335559788371360809666315218932287510522740371018
412548297128568954164194927943850639454838617154528632987007434474
646146503414460256193649389255719342320962385728409362207205517646
982530400643228756038069773146999660101861018409083474528089280983
391290914925830365117302996765473925151845027724484495376804763886
401906348729677479902124856127316639984427361862308855173182399678
817158183206309699648514729573723694647944254825014483727864303542
669964431539815277168679844685777773176724214993063597651813595392
768068710323045802519156036464184552722886148251459740929971994529
105998334724104185420272085136054307357487622738407920016763466151
090614719108133008769243989050542838285871745960020088457644825190
313755480860179403410944189883726523194071831370537998352344375954
898132153424084287482442809898880471971054529233998476551717751441
096350331443841574283608079013413016396157944559087366278909144275
984522976305439340866678264314016375717056188134506536372888736845
773001897543538641536393817376290182296333049441891940659730575385
121339862756462498470327918415111491211352501046851190089611707902
188891880624882538422836411906558748088381207312323141344233353144
433609656271921082476403927206088886262852588519928301333058905765
272829571426194979164995894363177324749580959841491639960872405594
058974095185184537010842391107823544795389772207975226175997379931
801766025841678345852154531357858420969913069952099187860988612444
010607411986374471530993510334286163756809485035927570474426589679
566193382876884746673876270357798755596549401466289989209986971648
540723033988839367611013303784045113078379970433116053326219954425
770307103968439752796919730812802511262236007775400051308597498304
645404951309704803426138354091344540564134101462193716056552804448
400880453039649492973826865022745282299484577467343378675502800997
560510091528866646587902625776895712418793158394872973887714835384
248129311916831606013543029978483686352773120290302971077830277473
895813465194275616066742843607020400238768610459207769656762678781
970656061203397304722965481373446191321988589232186743912322415257
741929078225709141401815695728457383362291885079486832949330533593
193572091676364595581367992386963556749298651132482713946073162855
012413231173726487739829651492342674132247288632846021041366966644
267728104149594302767238763428606644807904842677191598564512608618
704025727442774514307901736151561773151575005988399640141880497306
997550669101292407530374958155784627683114837351610082642105686878
635684085892011926825243703903525176669009238408264675261709260269
710407047148153102057397997681579182981289235304146491987593615632
212451682746172277968157330253255735223022968339827799416034826498
569382639736059056232139294855074276485329426710589699458926421441
196000845353331145040686537313195714843485415041517234706871596658

8934687947761605065252053255188779427620006779291742862951480363937155624921492192899450678409720543460019562984744096748624653637113020873814175483338166165615185111911346847323655382485319878581818145010538694131580428941053108502625828157123111145551238854904453479867002570776217413802918927623452389391402805293096864556020870747502963056856668723977499859113562083485942647022385403313966555122940520677229821077169887490683123218656678892534843739289398243039270631046016785592875306017870222133068112991425648726649716803285494390895401159821493770170327676209298763615294761022963864003909946651742860527160651172140132509592705592948397361299817981025671385331771066750331317827873251215013278377486502070331355062275581304810800294605171798864186469383014272229157943503979917780164905282771302956245709102784944459005025001264756232514016120398203255027526969519670742351684211910982090147345534524738516054502034488652611948457946739103249460175460659491334735648784812681880187073525918380839036790727219871365126911287379537715995274134266740529860582672777608419974697064196590299595629560556000221763788281809646584242944311604341015403241618371124118334133690860407381821867859296600601526097920430269051432225681436574696554200716104926071055162136298793005559121326652543344723751548317961256407867774243070700876622029181406550213601916638438599988612327515290352987034953210752896906114040165980218828037680534871490208308719178047753136085841410659675196043240179858915353244342336299100339036772618991404668102761485787215430327575243593205031171651703430242737608232710098962149506384969100290257741671365850448982075513534469441941851991214566815068435730758765412713166542356681222737222333875877673936228746034106368156518664932281342304242040017305391395804503405968044825751340555490464163357843816058868602279917915156776991848385745819789813620129705387867266068895188507220074426102970737128356942669779338208780912705267402281903448878106828049595910794308881004695618358720934323233044096976123771968962982119916878709833961134526201769594003458673833978234147321913824997499140658967734474340283580315374798489967619249699851822401768193052100224551085786038469056876636412890897515543665065616506192218185586063952563520434789459161679812323605749683748234389055596433504292754772607193219830825380715538852177309242994131441902635580211053579886653626415101464607119855982928954907551481369440936071764942629103403817182161439604176985281732820882103690612597704683140598765898142685317003106627425740828091023311681597595865485617816146064344765193028717343009218001005873954834544037627646013824276340532946558088847737466836256169083430972700699748178242457419426260777097989142290035008433211923977359095594574681566469478110101036963569468678903093375711027620866070878210655553779260881641337529391559615391062381538131481317662760323198880497921677961104910238832275063964710076965247441460982262594476729758448101388084101452159329887353851807306981009460126167868930860243784986072082802669244510981539169597360182132879440792230675841298484903656303436908701425831419899105413985226930754669501999027720119934380998096571948285919876724145591715959557500060243914734649999094962280732089018531774166215707333892838863916441375939741779799619064527740965797692825365348782886469722536557545252280316884710392694299440177441505654108392481853809722462655146890300020782127549450527915436981754966618751347831918657412558355397407737334160156114452815017161751179996399406119110086304704795713409531582791149697550614252596618790194047452875733438892990800297698778930869873399027324722936187651932972809463921588010581209173303560696088255232179700576000415904488179392298445358037974607129470760820065151683365645124128112940020791146082742431095203360028505785103178129690111967320

0860994900367426065788332367599890317467841882737621128226150437357826128239235832602350621502538812050380876107577923411020066388359646169318157504286066212124025308127579700257872538449057874024076775176118282802205700768033173143733222497208953222317699148309229185252467490518771658719283391451272224391076880381467647768256051991624289946664158685700335897100581727461170013131727201526453957506701723887331443852719496997537245850451851121245323760092430472399543989332763258474199660212612529805661849768230504120572683027889590129847903701012363477732672039081071163930328926896985898027604285309812579195732408053145359995068028164763767861620499087220505717926326447013802103274475785095981537692794373539955990692011086845727615873747414978132199221009794636168368837698006801932672463563313936198022844660290825749708876116126193917988989141472036055993690883893058053593693391145031666583767906825338101549463368505270216052865898969422570963534549240879532449834501523023103683349308340823516829151896416671575047629019534676550504543318915726570514987763841490791267283803179053794039065513432425793133041324948076088104697312495453454578562643292457539754436311066043652894034438429341310299218563861969039536229361901016399352853501057299327718394468786490277192411969477667967432169166174018371906560463900076521196114835072075559291017853787705695420746007253475463298759180083020271502977497891528398945332554071951666575323092649513942114255404511537786456966234680050010557665686222565597532000694853643862230379848569368223874903195490049166578339743669860918339199872371947258845288725401284645056630547236271099264278570245829223730422001039892514376074181197679980049611584889031365744048147277693497933519690791241286804950501774453583056740426732857897572640251681129144017289388939060078622033980666196507858085348249079437151059318692320640496738656353128130407910722221357665482187805198585300198832071946026351214279937006940708565595872468136554341671216007026774829236204014529850560212244185483378259554164191001106984416061119361341572843855737682243702736802105490498596516582972944555191824151604065511839707202720208464020439307298630013905543486080572720871181258779384498490437052921037497010016639981519494762949998642849373675253631752188331308710888079788392417704627889360773769147013802057889504947811588756399045026857550561741605589946250346009210210935213094767593435082242287365273888374232113471060109204939561731748853780227314662884160388678815342375391560037740786683286939848348080670719236001585719202923111341735102217455941199598354445613756191796311070401804744803809438397548267445519775059366593295007869513983479298733887810177945608175447381355918082998124982315003735066265433776452183166172959235665505036298871193560120416793837252007715931419035192724580169449393893968861290001191170558851515798078321975863643962234115591247845187082904022202070552688856767767572084330196215790085294712798233970767046678343101904313793909567418493179487559919905514096196893922557331938718224016540438942429761659128259606455657678962695006754576610574970349472098549641722192264151810279891105903306539154665967022021495454292522568011997322331862993012889772600548883051801907365617848724489615573216482574547538161434670840182571136375339420168400511442960030308232427627244024934395610559393307378279093954401080585108538114412665516154280952868117050960782891078997195299893421677946200201699898496514405533694909314415663747898278927807417117097798317152252276910176290637536782986869272805898815004823069790734921618995536707907033479375433604945307207964877016335038661247716798894046172089012433709581716007094122493621549649575492391338905213792848132560065407087219295204117451146578362108110624285418078166194941845801094848226063578640095318038055317525908824674

419440837169751263837722218999035166081850378401036964191489110716
279202497884078503577014056163478742264000063558174689957745981617
176542473582133634390557463367004182631314361141816033296676296760
016799420553340364035181666054990897216378910193314935297881620939
541968206581906428364266241323705903925680464546366588202705763264
918291587136360468736384505449748883936255634469025847997339724378
268667920048942544022238694891720046655825732880233249943539810894
646629386210678261585278995737113648254919496669990046514833047867
362138961073979915734993372656791738205067948903357851703480156848
711905733150307323648157543719277078267888498830184864653982118322
884774599068233974621561258538266237228319698602520433786277355751
555072010160597871217465069736999774885058236861823974059628238990
617184581682396699394042340380271521493416458066506094255166330604
931071671973308360331180912226728261653649177815454713336139513693
578970790381291008172086749705669639627505283727439791628764864557
681076979043877788536898437300360143129486649262310772749037059562
142587514293266878284788078762847818624595678168662583026820364459
788509829508925259441721135355859411423995153512414886100581148133
714476205748937224169221906391313782811620178787608643888605065870
832408698639465194511688837952774635359778005996422511881275601601
791590224752139769106798632092833840600861021846713981186612051037
717967858647158891191978082065110498720927329367444664555227833315
561279846519883483619760801583131790674551241002086775238220655461
455939748978692163232155531192906025885276633670028108500403677602
024625577852652669770340069592157761564764259634743356471602185512
767526489221675998015472591183530177901102148470226732507958525275
484231626158929674912801498005754149289437240746443811161096891279
255334866504394777647016689704662497021733473368079477321086193443
422642160858013035024637111089416681026503673752140328243429336919
373726378916898338751375557910265452952313728785719567272503523272
501149088524011122123152239535668141756360827968894201993232452749
115000568066190671007305621131256401829504993342817836112004413870
830454117779908282985239103165217553221739083863377240702608516018
650975472284511975391203976275960199053838294949822684160694237074
685285118596668768797229864602757184502991246920648994694897748305
050135197459222778942804945888936266175575585016684911380345406553
384045092547795648368531413220672805295322177576799732975000077209
030258510443246399340674510943312435873235986285879361322862400827
815076560815539481580746263592719106228645291219548991273889934768
984063069350153058083956513944024323250666224298765923968269410311
308341511967555361378398542211792194114495619165388491859795707643
267369745935938106687751104593905615875963496617956775816312907314
395200211716241602363878096329901332470378593865529140518948540202
174774349411807469378036532613139946208945557490603976970949550080
264968790833922207730630331527199447948997819818289566397872623599
650538450840226160712887069191795534834127291556345078392909554962
176378094144760392676202991209797852610126161587127075355867886070
133229374148009805349019787651172350139260320282831938137530461743
861854870731522878960438016260215193217278125010153660955395939482
662978500964721476963041420928560836755369714576744658251377926893
003498187673095366561540940181812138145157189348521141376323974759
124935970455118111351262638521822684142229057616723362217416385969
594285558415266032581735696873478715282538546866170831715678979869
207966857938520386732793631311097017509091536397157747854669238984
188000859849849311591372836081341437393598408772681388157631645299
040033170061435515871321048490860408630995545829324985126941508965
889662019644103033569857578797191371874747941989023985576445427531
759127821820679194009597944889802165519947491076702194965961007134

306836058843980625029333392918050437874958457839559752191849939915
665684207644401577026373497360798043894373233710357794629495956975
286424169076671625974311702801304335272139209895910162931503144061
676033044871310888930329252095324604243871580713741133334967521894
678420435201200510171558881014072790337090139060829623257365434902
251585715973438396432549682824253927771242235747636514746268630421
600367373905728097415180263325364778806297783650316962478876630494
658904139814536834964837676379724030131546539880841739693614258671
793819140481431262211849010477107002065136340198655824595491518936
088602077543374425879392350378338502501167727052720609919380261179
501593818710043945478642611784251461725602723804763286997966113116
147174598788554203789603048511936947192108774950855386289958503777
799044798797681917449414290009803597502443144572163879873259333474
843304573940812551247937720838298860465524871445206812031443287202
182491713332412389413032203595572780514404956058136514098616007905
100746445574326539394539164730244554090449359189950093007018061723
337167982022317326195486552606537659624069393912796408926084161148
803306464994054074645973148240396568634321593129943937077821600270
955871259263938062653090637227159030214454082789035367016709815238
983270423840016348101274986996593833187719507936973083569436728856
506110250945352047041905954246820198982796106997322621366281673631
229890562473777629237557610116540065593852372739150669064576794639
205897165228649774345022841403508880830934461816836667371572514163
826056268400920108841378388920760123000864027233105874037792368077
723633760999633454914229514026340740695000357192016355410390524035
290727326982389146458549806071219716833951774684572732705783001650
434385226732890660418884113825083413613799619810169705273677247197
959326117762234453981953204724407339455212937548499646212828779894
759263556471124809844788635485768440400796454086534311784469866699
631550715355346753318278942174905295408470023651559371913007076532
061016462428460575445913627408024944264302474203872311368140350116
491673880339796281288237086263147773710950925211669667728400056696
523553312357273447122505849334210006543804671533515249182317846165
102580881801644604999405884890852354086151838940436071934067129236
726069448064599978077724922090290386244074458697014205902219888068
460965151709482306000964657014364407668066372796875694071351567827
990649079063277209044524503248575792807082252032623968335485158606
931459783852836169456336186314956895751252054275834084337654387735
755811332332244587416913044623332885304034168185327650796295332567
196803046626222693929242338176147406217694381301816446836250602887
868826388486228440768649870505438229258065848704040355625732567495
201114319375477540770919620795371814882506166306925483188887162368
525155484810807574535347566506910899890257900674711653610446354848
625845329601116605524812366581334844340230338387669473085311468229
529009285203397072972478459503263973047096928772755667410787921270
676969147191629646778484264375541857569851081658718271514749550361
565003713207380545212738607371349328329950679483810466721696131667
455649838641066553851957114779798978040531315313046953559560125012
230730135122823590308974131531872460657676506927312075405356228053
969566709404554331001699200934016030151096700708703308962865869548
111711644722242956459262470228438373631682761826381454527381901157
150895220166955589525546220679207427677769230811522647511068244339
134165002524040693302585989456339270364194407539781200821821358504
554735215748043870509653774461478113468716565558883519727921318504
550683553943076050369009362962387836408667012944398938544441878508
815883750876290001144469012888129558556775237521659868493432422064
333126591574887295399533862251753806821534505112447440946911045116
323995851505755123125829401236747715157902678546634378329976843751

816713246639546430207887683845141331311200438362720947289667797439
488890340393339347714916556098784406261235812235129549256259585831
916362448449112395365765871050788073967088109766912105133672021088
490924983481410808514719793119832560149134071181692653771766948863
256773850811309929392427973112696774583490608959014679711219754532
868794910038496940607005645672377105349189064450652802955744757018
578593533302534373141442053035818947250256597419922390085503338479
296623707672334636290375995008754307502579639741502039884959037585
768291001734410030163901748485633064220117520177885798427457959125
026072781470357311880310825407223370561840398146430866701326413991
073500244188772556351318020125185808148975409736973081487305408871
737347442840919291643424402102449642639287357398240381058420037345
869531070327979850229309466268069017927241787098062523829754926742
717401093133908440060317715039883971756517156642506614086351975457
345974732854603525770816379080538731580692280533069866107176170472
318941722385413267567686410850693619772850880899912059322947870172
365995791125474049023042173561164395489353844038661966783227383630
991110052858370782496250614551882569385163576399303075590707409177
917689600909421662686399459309871665187527628061216776559917910290
609779887602911312938589553501801828282284251271767414232794377249
083446842157094679010491342939738156593513336070619125183966348987
890494708726441344580810241396525389714439089177752252411780220168
874982430162373290165423895888029875750062831044553948727701249308
315249497974712676481104179236903256497908621475914072338569985684
899320722812683150370989919313076022276809177596019419663136065337
542651454170789726564216949912776720193565187129742389742007742270
600818331468689266029409808583955345298132643374294839713715782663
489388817585285996432152468492022170504236438629715317037861202578
285472396855010947264868652733936132705317091849608428679730630043
616542134626766101017003598757979069986223205488026418532486292510
961687965980769538976545361454574455400165223914248148929729381427
906255885970122387283489024057385524642344391199345027206577171521
049912790899211699242640970409416207231803949694168898542656153032
807224682554245811114270095732327190155988537895755711619245963123
390013892387272152786124203816814896467821416667587669182854585244
394137306771464037343309404136447692935783257567547224604923772545
306631226140550175638115999431970278836561469974535618662519921774
758789668022046667762597743833899566039040362829861482702138619053
606636684579151451491296624149189690080815398786558385378115703426
603443048225501319786604767627111519141329606396129679567514855605
359664271764873387754842166807326793446827374535661080150860574339
919862152957878761118559244723527131690090072760229277857204073949
284081028003889856654021555633375622291458982640581718488090352195
923229845591916946392957967530091549871090141039887383479249362893
105797115046206176901054689301366912564960764551910533627317915600
645964827476548057231889471398410986013028648665616266629576250098
178394457435203937949163186162324508410436164555398170233396828075
408160676789235051027647052040995697148193078321599322556225791336
901779370937542504178257657070596223970542412067164187424641557566
178175183211009184626487177650911903345723077873178804849377654425
394524714942409147933707351348787631457698510024967498296725718389
578378464947863985440231214546407023160932103605559461954760831841
078154975855244947322143893205233734975829477293697854244733192165
853383175552249465848759397461203136817692491287900551784037075161
061508632843344567384956658915034942405200789741383221214924671798
085284634286820447027578369882865730447370179875498833918216443632
043836027526113090044610037477990279490761245993811240516191996059
651390077909634293583119034305624356715734095056163628748278205876

1548998813622840063195111952017808096749067049765894282031932459 13
2425596171141643166944161801552406618863311739950687964377815538 09
7222929745986867436434377244602250082170131493699181402454209157 67
6839550131681810740342830411268652549868032645793231845029509774 52
0138980553581941410191319848338679855548199401716615848836118148 50
4918646756391772863305837466512519099517627862182217783739216042 84
3812365855035987768316798876917667864037696003396728064045734525 97
5201932854039038432784751855614753102263637335938463979994511977 34
5685665446742838958191103508750244754207501175472655793430406416 44
8164000185489617235736987650020914631244006805066561821132029336 85
9567547226664660246868542008039260740566298299662282788667330645 06
5503288416293882956258875540969468070706581219805085789240566782 07
3019132006706036421683649165256313537762548308959484205360987229 55
5827524593150094334190090781546711225727107985212227375561583261 03
0239205316792788614118329822645975576534045423461049029572239587 53
3119579619502289460503083569740319848247937503897398279538992068 97
1891296270970268160179994882368515441024906345037933046385059805 00
6893688509215960924934546170186966470225326193881930168212264843 68
7779523961813687773501783987601428797208483664107732876428869253 58
7146978397261888103384503337118151711484715753572829111377136313 19
7782120245684609697774921963796847374969109456442146235274675272 61
2853018007895735430327535505890027607241710824277977227327359006 26
6638666960135223025608509729963153757824337925071621720744063331 37
9638751714439266238114553939004388678518424717587537903066366609 32
6888319312103232072351409070336054165750822090603372016681138850 31
4684644519169504365588661521259506938284344581528708712282931407 27
5559336996812109903515910164212560711075765634430635117056731674 35
2895819475495216114251931100258904134528900750775831818122670748 61
6937051137474051447945461979530174760061067934534837739405521359 29
9881834654586798258758604317340405546011823364935533063590832243 91
6668061210292859293099627572450312748943909642963320873077467150 07
7733008339343158859637012443376957769454826077160976708615481666 79
4238910350609046146044130396871368948867998350878040680643816217 72
4063479178119162006295777013993709343944321724972218231952125379 94
1326027533674568558608844105908511230270606553796894861190333431 18
2933910876196185654145709689387436957061234280197733557389624076 81
6315844335848770733607207064012636724168412550983009513819576886 15
1246486601910441900040538733356712015287826261145314440019490501 15
6417180146235530033460802176758915614799503714673327458150272811 27
2118264669225554441318839859509334196239859455611849476747865322 07
1492014140435873483891207105258163644906920398813879272899285398 84
6067946999733862878432225100374328066659264199306084693616756774 84
7179955538224978574655672505567489493096000388111650259900059937 40
1738666047062621238852848170109467101387683522002537004909446671 04
7557900086274869986075801005598973977527485320741834661939937899 97
6107539930251144261568920485519723078407582278483831235864781682 86
3472397050703377015510803721686394150717589120252352003093644538 16
1000890881305020391693411591082327549299699784135448332296718754 24
1822465520037962279043106977024167654829394976164049500283098389 39
4260224304616904843558047477224038717866934915392885786302298924 31
4368417304703015701090230606750370244720033264134872856010032197 23
6565201590949293414826212299982317332073064879601203797276473155 63
6303760929383734234682091833203420880375831996892409927493635290 73
5649847239275179648356460381131807445271846223458597944972284318 05
2740625000578442004830052382387510848554266486618405878804641206 81
0359198983960987271311506410818454904555799276094354218400671764 53
5486151052824756829626859818060293772829879244252943870854120731 02
5294049832789179127749003152175521488252603471416018195384541767 11

8062521836875819415407036768156157661817204779986923314640336138O3
3465204018426158039026418253618572246844860612887368699927202741 62
6806376662112069290346196954581136434474159871401892116604662265 82
6615905420697639435931236620455287560342165003473601194342256149 14
0320157941711851715427563965172568645384670954524837130594898582 55
9745277564378372093903737606448757805380896666613991839630554346 35
1531548185886779262912725363426288985256854464698144974618924149 58
6366367198140065068588860860224267337988127687969406497029915452 45
2721325754281953249173115066208586652077490952965100753404049227 35
6548282957025690629358881690414651069717772420955446130258543817 86
3048508060589906373809054306950261384242227053753545985909932669 67
3321651519481725345327473336027447258527245394785787049054847586 33
1157183663323591323475882593406415210390728719363267963759284733 13
1612339781549856507745957426301925013613442181778657326845949803 92
5741969699998764598249567094095595490645143192997532969902929018 11
3346849189397316733740473761021534979028013172233791279986391471 01
0573645808824964037793669144260225224329182203596947965229632415 04
6259303763664328408656160231216109902717797940482442374377242175 45
3274369030749262617258880652233261410603381653209323202669910870 84
7586819856399049857501176199636905969925410436875329181907200415 75
9826234546672701573697113335704140320937934512660607079906558687 96
1615799849341095409032124365443108731615863757273748174501786655 73
7939848669229117599204342247600648597600549782806294187391474966 45
6601976892636165982896565574458040991426890947249706735220470116 19
1536009452736325306664402010023201873227819761486866348989132734 70
1444820324293117841009152833330376911197051252511890297082942974 88
3981371499778052781649343705604326005352698106918986588689816108 89
9269920434547815535740465293822554757923965125781698498673421821 85
3124073431152960821411209199994061601015821912737301650176958118 61
9036689779275690467857101810593937314388119291474944356522189626 02
8632586636519017453659212186387681077742091583646909091651827398 07
5310306649980624484927747561884529732947271391489972684077858977 86
8656048723305752422857172473443666741818123270841591791478616819 78
0032875242194648011931593793515239417409041909841257809909038894 07
7942046727049153450002486042745530730683647222075893082199445234 72
1452184282562092914376814387802139693639978602212632210982207735 71
4412941264065376526428543482970693655116806728306148155350067799 27
3428746717408366660205372922048484087025230125857179145696657952 39
6359686270645903720726805879439813400667670141176581252233481048 38
6867717405879736896155996217846549730739340954660431458601540495 61
5776456167344721264274687461408302063879359804284966224722325504 66
0952317681724586362611284833874076507582889567745895887361095197 42
0723212623335561519338247176021818683895300679750212076904388381 28
3562581450125007119027156514434627064814950590196996139040560790 67
3726072411292447199477028384835318633298176199947312833144915968 77
7504290327977034761938062955123840138422910035767692969859590544 39
8289266660878010344059670559052076683702101595219513945447731187 41
0723527945608443549466760792882681935676466658916136214042478564 27
9268156254485063166852683275246560027477652412794270534193482805 46
2670281599245391248739375580940125919778346533655735625937668087 69
9752574602702166964925299837753819693846254708518861510475226475 13
6489188335738189169712195832681004195765377021192118272566508896 68
2467504866699659885042041191615332089885672380926018142811762344 79
5582942880858136988607372754974912130687437421943014866766259691 69
5195368856911749382319697559557940217938873722515159971405447289 70
8395510365486662819650368486846610392745568414363590177744038756 51
2080771456364877728443833156357249683675631481039438968092119282 33
7414507618630565777737794145333025782078879337135523281930667781 03

474487881453302276711598246301467739131806469901714532318195729640
171382993445866528104239029204404205030108503722889707226673204164
075838352116255472935420977067186526207629467204363364327350566320
411252128722589414997628046891485550759736146505117641257930283697
453203604650615692381197213251056180613452134381768173276284141810
216441341702491755843656811454797775195828066284424975037917477236
204204245057363060911154840242699564336003530143666597511828032803
953421054049191030567314210754130235793487723423907395938930043689
132814854688219705348268064061334476035746590906564609800971717699
575204375563545216850442243908278083480721568003121380513744755738
663358066128982569525355723266307395195406369794691392739195092970
992913488014867607271497851682702690507107678965765304404633626268
887226274293120287517384975542143150499890745646121569554253570152
014746265873588291544869367168210972638770366929876270333269267640
511235659178773632477046116118752837864088038280136349041450851318
295587380336571592375540437403660094312662493744735018369408835012
318057025510894184693666883038062360436168998681815046281454399370
843946723795281953032886060996315478054110539798317391048191798793
376309918240071636953592567835866999085256828346179992044849215828
682554266066694806590558837547674778900630307639773201191626441931
231373328223641811934383050586585544982998689911466813117119421891
601793736025759632185321048687499204734702994267871276133342376683
428225657565015748972028034318032062448495723097390057150931453891
843449438283973734515799805156259164322627014186206236944759302141
050850281203604910993905368478056021662704636855257274132906042289
956351025228475190703082532738499555533044957803309025927531635221
809889882629115980337112570172176766904545680649223051574746891557
171017567240354189350611288873024043144319869586521866760733038549
036027746096354501952529653407030159703240985115025293058865671901
125083284714968064894381300783718623924468179021621735691228872394
802164846473775176818942122207103565559650797948449900827193552814
791434040371387172081760903198856458746108109910593691774379471287
936895032477418648580648196799561464367082487089936839513150720305
653030078868598203607206699167376164147566542877193535910445211691
676928163963645629783407370647882740618340543570774121613832028737
879037858589327455361495644612550505547826687454455090886889469271
859889494234495074838218501843413032362004668070019175045926284083
850536431267686980340268115807098103458986041308417355099569441517
991754323348063307326133913997978800038210913276601454961115704285
802816067516233813538630524295638330950320192878164132492230047611
795358249560591453000424644788062130246897865596926292576357402879
940135692116755390400269966455602568297236950495909960271709738166
616867800483272929905942810296816157469630606061010622671702125396
674795138938137485389535175783294513642600693613777744000566993017
402011366773178770446945060129226074969110615762076378933450413733
651195600329078352359646532657474974352867211162980756758510838501
606998969358671522596463057009139087628741649254170816909684730954
886023329828880010165296280897698772319690742102700934888093445551
218818833651978431853559606747635072216117872873563946565543427614
068559412425912141707811630308010192587621993809895894305093968251
827713033033492664885329561879526644631906349389649279747796305818
237760658035402279669108180932267251426142876850855023403639597056
214125151376204672244428979978554541319013720560029456706340382429
917807512572448446357715258934722336845268000504905794076592611834
046276469983532198933127117327105112938774627200813172632086712472
478310369532505711668466933919993838341653013309247729429358470743
882634240070132171320972827494796116356678261507156628250212520627
638975156658513406045529010926112638166224236689927106490418862700

```
46108258185874671334067334432680515475652761122900942154655618303103
41268701722865416226907574466637402578505819839033726685391234251
13889776103701554705969784284381211041667496423619368984063561386
22795954521514689288132823943963661294501387816765909292508975247
16691236834827515460782728044518243453759655049256806485323099281
45147534550927555277962794142455744052552188253239556250857217996
35301956758117744367255097319751155651484513728542407490483808199
55880915161179392191042619092848578161390514823147445531015161597
84145999947122390516596944103972729574115833974593906205007758007095
96765898924961437343487815637744208374999146183451341178572135676
51002882165343788389069722998862946226868519562883232057053789417
89593678448999728380822512958573742956531487043040321954330164720
45813979057452880207472858810311408587987472118632864898447340531
46044004800111896474216571999311588903720590031466418126179209194
08878500667780109991854619093489266918509118998532817580156149634
25272742021323083262625378297537478084964862057473772980595049024
55010896934806451097433300599798555320331318269175191591950065584
88436551656335235079497441486995545934682666761749841931923239185
84931429070339724907410433531550716185771284452704556151487208278
79010758099459907819034076848455908034852561211244638832388776007
25640595058576145061729291017634210620163227631335708698416113384
33519159552199342391045655657931008231699479978456319598341143056
70588841358572324394599937160845154432247333257473269029321113405
53605260907241688375335436141287023423782527089538235765851659617
32811004236702247942658948954200246277977930989345076021362417370
31065132759759613489924270047047172533326422774262347566320225198
42495249821276559511394568141270076623154851582573596335382671792
66993633391806685509480289663970163358030635777920615129299586818
60233278268287561386953489833858078404867756502916232810223212686
23703647116725909111622074499444703371546717193557960340649572839
91324315717586890563578201193562277763421623672475667687617220610
15213389428844275546380391429829340970637684665116996845497749248
21623454987901900590122307110248805880499208202673415213345261948
27180404524659228844295541908154492145808904570493927298321688341
42995368258674641083672846833132874321981230074513031444007683574
24462780977013002142187123511884439078142864571486713031627438140
33885760388529469050776911243964028442753921160112468485588590871
12043313698335512983177044754395273511809456262736507213423867548
81623509663987589890781058433372203975442049861899214534394570010
66993023334045070623558228321979391210716339044784574064959683368
35999610270559810934327545718226581916273764083264919446339254141
57047278930012181409950288177663218498545308566679007037626577058
82731749561209175232476012728488544222989867998826628395086789457
14388158096755058011481632951013417845949532484743502461668260490
86054349862607076952206845769308881019963886020569081016645051872
18150057434727469240045662801352442429043237968476832649959785995
18767960988824064974266522958440697297761914626489783151028740066
79236203320604044535479441981998947525319571705208553161777916410
72764613921571177402991355550151670979661965240622229141609972270
98654087146907919329111017460401206520811903347933507409339673354
81066776442516210910640978277403934724092269713998641932401833676
57879516616692114857084403473110985771860414380657030581140896522
99033707067927777173240196063669059902396600617475966027436477233
17132112564069573043007387189697608262537784076168904565036964121
17260551105063180587830717710457167891720931555100513126248850749
12570882776081846297351566606413813185775692321942216169819818338
```

7171733477484904241570447657365745775288703137087391907218250577299317720421259661778909462781073748939672753336694977597757614013390964005994959912477424058226022767434791404365977500711749068727626934563752876279153861033480986929574289849008704137552160375946787643984362695913728997237720073145336673352699683662926085657058390388235938311896147636133170436652976443607494016496971739566002324847531278261351162745169349859149728425780115663540112574883834495782054756513486752535339309492987778566824738322471363412781566382459050230733983253608300387302483963995418402866298087668996005436067463747817597385932001097038400943290848252148607855800720302839262481484210735676894365084782917239431353773078338286204525607937143479890247754480001573891165778949114366003679354363932067762630211052152101359215469454499705888762836579334060613239110233812347891165133960648232734302761158534325707822596745669263994450654928199905402788150706299036213505045231732501367062439410618076676137866141456378576604420749242292697703498450126514921671769633105167672678488372954900567865723978442763113473249771989060076187591408960730665821513844913456155557115108451321597382911001114287389599461623938505836032323442082881450433915073780818631937207838031136417583734875197650793352053542610648396468002283180323476626782438970343828285676740993880122455841828250616588718419177397134842495575355361542835106244832821141075660967969951048252279421587069315186868228906599054454289767683407842846866351695073592900594465251718651841204544327116374524591249405103177497432716433047861042520357940327121038480844643633301371529014988427523779498345747998752815119651594344029887214917065555918493963736202353463688821813143720813493658980418852618146166856463897428391505955837039471238321734527348213615696128326308516503821529565084208247108348556368415289277977777563665982862156502212507461167590321165420965414701229428385457567214173899297998005246418168473348180217325219882119503518467058280842927115925999701537509747900795093033188056558010139808122984565468161871538579928128610376600684408308498397279763700416603065246148266042831177932893558742055934518813264760502991798338271637395986023588785134609267323195158872972924667709763509894677014028229224590936493192519317428596941523665646599511192546858864800103777931630738794443787115163435808683855098036167341177467955250541569632555175659300110987103438333592007520317718713211694297373666504816162281397436919436021979331891137147757928460485105745428328748179328722787109615896826041519103216035886779474792592988509994990492164849713854412553391673798326983742448741274547096206337139047404836079415752936336390448179541411173493620260485120123053605543688879386291448078791005255598932825277335435924706739997269227399277565339725669671524096773073517612992214202555065314295490874261705335850333177746025891528937886543076661397186947435020469696687505676637825001336654434120149780395334094843058804080871386953158989175443230557614844599297128725620764700238088330825578637544806735453859876380858476365069526736280986119900402679811302046101019445980359274353057449296242273773395520169158005332066975513019731133703912561191330543297941699192948293905572679579528177269687932911425777320500214760199698152202061524517942389845818526827978979744054165648056210083302860547301031605032014574051888761984535029699992646579565001904482782417386095401791037025463814362445250887029226639233664043519678003566545443642503625079529648921390656484140182736971450214526431646621003738099504185588748963082465740733426300253099497815591421287519705271001157101716377498833787956568653934426611954407741443992487423206042266159771478006548964334962358396221135312572898201355984815657020457482109173737866280253930704465543688974749065847794940959812244787432218660155

300973454802469617267129477879519441513440173011883236744872044780
623663700352425861765683808485736885690237092290882122272083417008
979129256543541940782689930557315191699011807050189588596474048139
046260970734195449422706775403353710296483606203275561731021591434
684415539095659097465499279153763329473599602008980264079468292536
127789832058536058561861189451406113222427128611166867250257033634
886315857173971160328821238663749187456626042953189852087917692798
532059687082732060772049087562497623985063918737880636107372115907
573362989705665746883773515985230620783485667267399450197245706160
417028656143126685079755716895080673861961335761307793385665294261
178995576128220396278616303669765729274631760052262488130026201593
446959933230130444390851414406961294909514351132404372818037803052
701614745966697318233961655755091009447720112313016992708211043728
483536465802279843531764876043952080736225958640787345819153105945
582524031075377215743214571344778184309844749991891988572348815392
190452015661719255542998753345400238110974852027005371147123897974
701015854753862680281323170286201290386585144236448649286552358171
372029388017529410102252028569118718607964501087652984253297163117
441865075201876929274642106131317620308506790665882560616162451232
983338560212251996132072858164070209062312718344848223007894040924
391632745240874566781367355700397551427807392003435331321282287328
689542061881883291418904239295829349293059481391941921015430324356
744769924306848954952023954564550306504709712589530864100115696873
272805753462888209289499803769427671523724690745276874941173761124
890701919879296423247494837186391329220403340476272852904805702005
887722635976788174715798214217641766434900548515322233513050200474
266084260275811143081158773578536814136568366713391740316070565037
908528432267821646435930151920709912343384447619748970136375189516
849863063347124393571993453325119243402486722685096712244422809548
620967064207146038923593401068440047536963864975135973583310937832
600190925157443192037612293770890557454362847738453351375649811641
233689229522888668519991591629961786720819183717347307006822812701
860650275302983390146699957479446107026716111602787170650023445485
265531804615279803013588943109664382224754397716230467646353180281
996449375662371151160519787587083429214674980001529714109167257057
969361548756157178235831117710135901253539556871274579972017592606
546190059379608978461902722181450723587954842714991331503962030512
411091650441966975582513218186178356942755406145597270535238267357
110231808197208539486018220548268986636028695668183486685245446144
084069521826332804876044469190082669676296454907545722369233274416
649131955648643994588993387758700988054331863998554049323067761591
828592874389605780464098420897405506832961139723922222697903646977
678755173039666447415747265846547806596395648953581955700357971668
912269469927151284486477227398117418148866331928994659470600892113
189894296771965704861852768613423688150000417238002829767005277922
765540848554333486168898497387186788618987323238004240096386406798
435171625112697259246586787211070538015319495771649485062981579894
694171428204216416558665990728619849384917548026958461964229477931
498122383641538557038089789007613901032349717969632547196564912274
558263541323414243643574594749297927856960776359148472801212182057
123722912544332455660534074849518144676905895980695200349230012498
661937621085005123644254782643573382132966096697316535354256247308
090288177611337397206298364305054086194062218385024498547566872126
006763397437315325783835487482440978097393361487310202390453380947
415977664560313768110629892140901661232700390050502294761351885912
410647065603129801460888994927862354781233707563735243212718006105
308551717034053603307376301871136693532176984282601761121860063584
896534143606709141997792464097211427449546989146355548286434011040

147223008474005897193942555677557844039936570126377009233040177201
570971402261897254902499639625668908485897750415713042927159289338
014627628178042451243346115672917087218116986695871312610665581097
155155569633481984422493772789984900169133406501392255837452536445
871131537749642845154005364042185976909329790072008362962024673223
965883741317529058662626944673521044260379193152110356061561327177
958332423894101137830862454629514095817189416538188260985813625507
028147207441010322838569770121266793214647280115968243771101640588
292038122298228255056488502000903159908409669801425015995974256102
202631836172557111491392144361101853384556828607031576644860576825
091946215850695082849408530180664499120714286759898668841279064653
948357153197916296821916428762691256721694722877436722690746310853
419544061133608487163008322078153715481543546458370259485036167470
707302758499672313280960162936123357408505167586704703228598724739
808647326794039491393791308497363241413902943928457663835198421867
634664301808689606921433831960422100947209843976665228225443683042
220547014325651194268703971992934248063911831147159679288276590160
658481161372294419943326376901682224343559260799088203400234350990
585913929771576049472707702830957584270709136977043713575902026722
712135534497330430506741037054407734595843092276937484039563820488
592647043863621119935422550000256114497085052705009162892960498473
983059770893141204198377018700063858078442617736127875809955159503
846662074848157250182123540825433798202752568074574177955302589468
194577646065374993269932888205395151847408514744363568210924250171
052586349534579159028715221299536595915807697373406864938135614834
686259397425293493723922991126095352789014741520946191693752339607
918005888183785066885788221740893022376707892649055901783573302904
986104756624088404630174420916460792765924033500521369750536665803
340501312807124279897000627372915259070166674643724566787432560019
555424209445336334393919567680459087133098344796212966325811637654
664808900711247402815156434346310814453273397154323345449268619307
448373532903424290227063234450908155379512377571610492712179818535
358509941553871821944942708611496926208222831105450526017646944214
984796916249383350864389979794372572585034947332112364201564544595
832321025867338212082720110236171813291628134769361336231630005551
854169945123703087471769347530638094914882823181146014847359176501
968305714704713971680541712076085415277906148408154352770547111386
61935519182555496737687537655901891589207674352614885293763210787
312387572064840823737530328846402348829287586745751741196425955473
254712998878441337697174478289514806062975015981041096517924873725
424158606070926343451122180515157680503952320798390703844559080248
976751242811186831122353594495362332805156428450911638253284682769
037798940560973049659821677479429060522906427115409075963049075004
578669480644240791416042498973639622383553426568824892490309401353
227598292267618021399446801899603206758034293979479500581123563398
697279023670197762898407331986142970899455340903726057682234474886
920102976488719461875862934213170932727776916518710024989966658550
838113356789617481139240080692044146256653829452233915516045948248
702775240265603080241608406335831049915931308539474269073234720884
119182024847075732911507212454468985268553115998511179393810802097
734738174933999888973856536994038759525336217482394715478348005894
603936659188928996217521047163046603844441237345091038293248389456
001298364934173204224321656427582862696462987054943708647463427711
852938248043935821601986070062171196591832591807574493655660319057
421033069753707322301404429391360729974231482186205712797240843229
742225306478470222877289889172044541364168301862059266947810650015
772730346839982955110599642751983442090994298239413615583265388406
852983750196100267432796083226766089824373992304583819359944552036

471095908251899166291593196398638609984425245591944423740980765055
611750578961464359199255642675963119627783751287465379652386652568
169570032696428785072018471660573792272520952321099076112702419491
396280748169651494320431930648996967523523778013360171535579415272
267440438354774783461541713610807197104730886023745031213890081325
624317204976886802282925502433493959917827467695941155443098503616
431316394425732596746141758066342449250604023220280294698737518293
127065541377829886195848109350266364520750931961525082015023951281
069618830208378779175314247378006661366107125561380956875490976302
248182547336957774425013633346505272962419515030700162982343399091
000615550249467371288432197235339945293806722341962170161634329247
937574459146657715626682851107920980138236027790852490861406132382
047029603361421239678916949923423217152888329799391129466525384726
864053187319793226777027601787151571127131902216836416945329045195
204615033553473446978714152244708770708456141208314980110666716520
746555367187872873746904987162762468053085758352280419199560732766
591756957730028792070628730635622829071093172254124410289965621943
930339359793127298249018850599820753028058182687345362620769884288
389289635517726997755270892807119838327126416498135850566092974668
194143322037636016031702386454010380419337568874559351238398276056
529937969463111573623676580351575643680207979098069735892895033363
102750947847813570006470316765317984374893859319928446797050501465
842227782696067591977743142284898346229638095752245329234359223513
044120345909610127448589140505827476775911036197187481126259602724
586676557147275493941205551336228916904263820835739952061572394645
174449899129702110657095944985564756710539101364046559061659117790
624364595739346071857771170611184517001545450809988500405931558750
951206165545631462007387394433274391565408222265516671149813613507
373995489339174808637419664809327817100263955025914047775193472052
693611721552919289489112851231256310527709723493867708930988562479
735893275980846342321851624985305036273164555086002448011287948708
902187528734539294131614662088148268086141620159155491220419860259
848860991001008935521986004274340573101214273402947594356726977628
542777276759795406783215499987080260583813286902818386210006100337
642379198001944237044206333199893214651697433457699128223182611409
070898614415408199147374743368164498243252660816669669733619695332
127776912977263579843015097108158562779524101403121972539950098548
370069915726381749334231984170867848596330912936697738356288707840
800239223578231036122923133431387087137560726479553068785676787614
086797853884183975085046835092841447196834356692453914539697267038
657031729624183897923545368707062910535840958625288172928169247104
639591376543397751033038618690541627854067967188564523146253468346
430020306636243007728041839150504839977463906523527004766822033701
569158523770139905412638347648466384117910763416394509626576134524
834091389875379348887108440822515024794471987688839920035737926073
657685493015534302684384838893140272196682038727684904065078641498
395483862399144327100354841428571466367581410868575684974964249205
885698437459468657448018493422802795823563775643882682326241877622
162260709045198459326773477350182854360693935241658960117450737611
406406895988292994464538186860664747288899190982296017892978047357
912479632186915368703655952944433499542516058090830492735940881012
512804591065050476649626758222413393315802709420923435482413754573
059087156567567670109209505467111783773210475976697943635702499917
247764099099618422342259389668469915441887720946530070344371831157
287057320673987595782140794073633423608496383233359179022771268263
032769487753200468018475770539434300795119666775243961591663082780
839590538322951127233820755074415307889777628677166251881091187535
197330098637717478618815476411602223903031955967898153733333258298

360045188973413138579600929777458806142401045915014782067973943636
291993558227602367510347827556486627121882555285317825358601035108
225814502611204747092401718602564690068461731767990573490110072728
768926194527588335875822194738432083457863305280755745493828952390
059845682729141346432348817148584606783059482601453596876215967081
249553230576378156493445652578255229382496265751170749498866876544
103827053374089892104036867736560454285845169503140223236337570264
179657785208175448924655709924081323665578698526453538880111889193
286251925922213556676815576092763061557593066264739260898327834768
021460555713159391575134197362381437944978888581196334372829232196
632033578012611307701085721598982028012452701419440551082110912628
261670708062742710620807375623747391179018806303915191898251718666
137575727597103898114628132094118243212011578288178755591908312841
658981012959939724582828850347090530282922251789724313294878973743
215073413895319923645094033008944417799497855061146956152948565531
122294623526306051560149924641646941653581717906597534647747475189
449033886376945491013384753795701243435328321449298275732064946005
703587974137284730855685002414057806994944420965645454206704067126
917703420558935459214751399465865637953244989394807296345359598977
325035224253669755202625966190223911374464701515637749468173440379
453288595394926777638755908647972478088680068172355853131435632975
431766043925383854057568997429850951712778248854066092032655982812
701957135642813925406613098387251913882874323038507006601992157068
887156531369864586671792836573552565862718814401443171436793748105
969137093212168062424716237296617153934399533680541456986793897178
488910159860309541293529874616910919252380974294455148855831849949
859479590242636642554865556331493468935615034148837488463129465300
565980746769773601945598152863062761262676635577359767581138421612
373314597087298604713841740124888891879713327363626251131133467653
762929984089037789520000853939976358474428197985767807210489634599
077801542669717456754261723840220327733647639755175491665338447273
368535249669156297692483436265047461988233594559385423887390136417
704694539579811875271215977684425117995807169454668617498200389141
367574252951992353630286409958477380806675941697155808335426239966
791371918119745650950142157414450246559428230866854834547550417532
809049243969757733834069200365962698238063210584211683115360806396
000302983486986250141895196159770985309893415906918264474621242983
607543464462434641837589126993823538014384957364332358908803400365
035629450989571731821193875360604033750257331182525704669344702757
566572460202434358051761798043050015766122068591071191644783678775
528755576514955386462900314778433524201822322818628898360499556710
094713073625117504656828874933451108004370570085720732275083196736
841092108726460308626987012176044090402806979491118396436605218431
492307351631588904445480567978322555962857732503063907386237033313
393794864907355954685179650429666182553105264598245173537563250283
739435510180592720530901051429092433527312786900151513055874053955
359526490302813127589266878502683802775398087841969542444707598265
277147636801344512270464696586160140500059813554266004555304125645
385648993160312805596469709727717647751362379318695356428514304456
301276104282649403679748029330190134439986092840586881002688832877
860690700575222916378845954295112712364162904172492592870335181217
772457206347444140710457987011683486538940860879346428858140532372
205220333882782491606550751428498895026730473386894146657715191706
700715462849334130545953261782576247455778605289070556812093921363
602079484001904534822717501991998503517218198291555373940524474881
608401142868298542198154173994615194467566539911086257026617289157
211616708612807864422596878065405524084076980926229798908974388648
718812412152858621071441713146827394151245402315271846416021045875

096948375943180736202192937400119027475027176567343594247367066180
398677673056064018589905357512300230660837087116869147579133638408
623253843492671860661390466843378796516790070950960770044545355631
362405135816161738439970087207800572797374766973300019518157166514
482156340621818656955569523059973209613527960436084916464544009853
402960861674533438096899823943693824949550947169541670641283942451
714126019162473827086697693118069609710155725814785319462574614535
039762605546512543502145241434329824924138121771320340323718671520
627359281633744103154710463963111770834535015448259457608665977571
739145766095877536672498405172457008259582124548521961643789313109
882481700384223320632885004325420849215944237347069301246933339188
876395624142540683244296139656862403164128403058782564652342818336
566518958550369909432595309425060808246841425531437037390665109896
765398087358749937703345895301949519517021752264520732036027546394
131137116116222899004570802847540361406381477089041361896398146793
609058294820541858067653745684521520114145135847400424917141834979
108526755786923646084051029640568547162911479605166051298601164218
923584706774478369791634369220302198889638490152417264835108736731
345839534421502246261553366336148347864323356138053007496676208428
757530744847676122129520464026842561574021989849634090361092184760
431288829692663808182477416243214918051745760516527671485956723605
854481485440213290753231193378970542137669259894146244375806251615
321799734696371796455473353549249001405607436631064741766799857256
986302528399444346379930518242598412579835864959062789069536518549
591816028252311296488624546624741498780234896199049347281966658307
147577253201586835547077836728257562399243554639377454477973382960
292239539101363924842457990895204656398045121789111868368461117367
495659523732158831922247696642959496940073685050284037768906265808
500246717295897639915288552871279469207921220672013205280939645226
322708682212314758006603178586184106934504552579097773956618012334
187417941362215786050078339034591252524540485754363277089363734813
762506583880204845701532917287753658510284304303738094645827944631
703476961344868288054938747420783607209181966956077978078659557407
096044302978609309079720730749607010815586850159480975343530527293
411617148317473396610051752170023014799010869034522977048775984057
286298941810215296900745556597243348361850377715055086033011150531
761641696187723661381272227871098651734520385737873021661272258062
394563423895118271063899938281939468089089171426867874887032369742
369825435588883246084582028402348362623588364349326648017559046034
282151721956396349530430084841662178271514494595409011794488525950
494726556911945792036793654037611386749376191352883897654886121318
115303047160619686704364428843498822552331296875029163545865426866
088946046929370596495128448974048567800358527040399356260489828221
525557199699352579454526174074327085989113001429067140022594327469
021898299517955344274871811164211742934346618581259577501754135341
180155914001252399483939017661752161192300632039269350307440800556
485321736481168158330203170589764678232920238182476764490923997157
484669006626848707926979745436105026659791718725654581872259956718
471895396896356398273911694540082867722083973564852019605960672645
551934292523068186375946771657471639851037580102664513149058946532
011702593902980926721553261881121687059584164729322719691537323315
514987881303473988948962542717046310852002030893497607474809695231
438144859523362875963931570347642900052519090875253165740792449294
631761411281605006043323678149217024471810409000252357290745094008
754190944850132342773779028203768777598838891022428946586307188578
363258401140040295820151572777505522049767174180652296812814453596
307746839919743615077556084901483048815266226168875496803462833040
684967248845831448961089841116418534724679049542984233687929502850

535622738086930362906434961063890273423981644437129896752462213499
807179098325385375182451431822981701498047147440520820677173482930
757424460717784725245946185748904930509650979539054225306921236070
170383791085714698302257724852517384591456079105588537047066293052
686115149625701677756605098715221893119931908608040958932727146520
031599118043637406495544985222116311079240253084120858743275083025
736046735590502428762009605821782540707253588194242748229061261156
506709906900009646228666919350261335698044849903060697708791796420
344947066473435831304985932397059589076521205938976976179995460990
255750129252950517564633281937784817982728921626883979150390284154
892848405010183293430169393085976918820760983272888921135516982344
564447333253072962398579235645767684446557407881847532800320620409
124850379079033696967998575698548117548118386688492826248933731346
365620962364360176047562884825574687983523166892032758120831192672
738707762830879194416406020746280318221576402945658339747608798691
752555031704962919619171215072124527733136375472863049900375024593
485960032115144992840662158257436742274475501063912224218890391206
885714990281250332229301019625987938312748207951457466369086901110
213105305738750610287625824804729782975970378866527021744112460837
370072764091503713333614971740090516021354287018659906055371259092
989698875726878000679158690910845740780273990101872583402502706752
349279084556458472338387936948393212193705663102735811096309442346
293573358743954610171509748417603259483536217516712490048287878693
443178634077789561343147653044727101587308359186544227533506094500
454270943829595234500617950815499122260677053695403470872316703773
580038588820185360607740785920309100130736686153320514309483297128
610836602524555926973266001032976141119174374276782789747510302954
650308104060484212662927492258713195804378325583814279728206104671
644545396678275066337611956154718081141066372890445086071121650660
339892385555376753205387993468505034921858653621561162560773785078
336813948450925056970346054311689014345656230772431780451284414990
211879930904828898966619644774295261486897574573204681701313930905
117056129681336246565767032752997884256367261046845139557876174554
261407949927885159419323455730645855363767666277904565194687523590
507070290264235937689217411258335714398554727179693347166990452457
385765734636323402095801122354476444172330199688759484111588591938
802652082412625415775923953557139009940619257885762438343967082535
985086771745203064771259716871629271981108722640716731620311995057
495353350785579058055228056768709400358862145084193945110212966418
030102507190041435180262583918416963342871083924470112172842730327
747013437984117330124469137759748817280837808632835848060410924220
865767728752209963240080429944929304986884989845824998371385891669
131411594805379770420015970689347111831573389010474647987808156521
926441124175366266821681770769432381466336419486790863825847134143
907867852662542025507987500598344208643353203403385407169700485895
423819416463202364499218696935197625148758953644751634449406416198
941671134104435014824843798746391600097858007148865413513572346046
623479297272831424155920800251034678954542752194241325704026306976
946540161354854687985714429486803039101844108638904144811237544371
285330823993732836681962313029569185695856627411377033885853664622
747193167250336110407331565700765207124240797569995015171682190064
511788702874635229298088187710072903397299225664211305601375775977
190139941236326728084538940031909615421499319261336411225553601183
662732783852674019875478187635393573394928471029582528710380997565
439732567129487558224783626807452739034903745390658115194195726455
858788269618859947491839526549635447571365041228605931178327747043
171702175554273381131644612205777914607365779146307623015698777942
799470800066693339080866312852037258042871394552756934418643828321

630754249357674340668984292481754076245634843585997894799507358408
972112726010980185913187269858204360215449353734228209983215127996
754771510867255688821989769067943231991850034564659754689420908586
518688541565005301770434777447943867270393095250807174811438806676
944040880337002762289229403949546456869467365627651215744427275561
854727297092316077100833032761204644001950108825543666118384017506
433079878960184957256409227026453638384878282644377846764678894521
861373535543656377606476678170898450543551146912314274141648367976
459749610075175159580739164799319511126936601648584829390733187973
916908788195618674358831373515539061314098627551521295444877104580
897721910582763398947484910278339169952254377681439407418668237567
124423323514823465867649964519452476330870536440687141456832606639
769454801930943710086795751239891190608598079561897702861704671402
026390040755211696790396797200717133559771467791845713611149407966
712462922999331477634216541227783574825862753499006792111978060307
885749546973284196464487248154923884504168748844032656277470952960
677481195278592514810702849070915018652287534294183631406112370858
732629402433909819838680897918601274620818939502098874883195920209
202041991431102432886184043867214698447218058827477611885531433454
775949915708112154724304881109826753085018792712236067265424722554
951167783499513760704930313675989221645767417615608894882995093114
276568187950445739072603866015581213816955577135842043549347895364
202338974649549276685353620131752865705505880944097716682618778503
565693248837006191686881325769898892153770164294154770352800561194
842247298518748777495354659986473128376681023168478386420803571506
610437608027590099241762684102073191041168647523492506036456386777
296180495366105618145387474536473562955760076828385002653903382204
235925539829328419394494205000899887248918062112870490391300294855
651474954344575244822871583406545423074678494274930963470015143263
124161298211097657797808646208963643472088059155364232264831264515
021605196502658472066706130120493386969922060721205507484698313250
445679036197937511451056109940597227061024553164341842315931353905
307277364315636726458013226763772668618633479296099412432700177449
539823043204002544985446412582181492056014921887888485004281841829
538377471703679191289376308701042720721052793407615909556056902878
841543593704129448706773764271263821528379114630861459968813851549
589693494777530091090895645062887987494998791897733005539554996967
223113032996223735743856778002884728964213358326697472583460615280
371262743221724325293392575924924474115450585976031425395401902732
717953482453447118183267533772568831319357002083161783185793469555
062509874148085073837262014483584640035336912705562119589062989355
562779178399088576495624037971430883909711102642258974629317668967
223404012789249994400301464679220203830421619880771734664735164681
098205658445677184987499742916295695277744170956312845961026901454
223339536443247908988275294511632099275307499379381898314756794441
245959637262578848779824592170128005575802716147579216877302876772
414278390459073912739294267884385771923968052299403405334707357333
451836725155426582639619999309836730795037244868646114937304957612
941570707066203289181107238915527538336663817080430330556707275261
677419463060608701555657445230874655839612405030148057910614581630
901314898861882107938274751304764124868278016019084967844218901110
183925596780158884405085393976838736014191230960600868884840958759
093979887545712509890277211540144019262217279654656498959921437569
114290202041111579248731265080755959728472786996827891626827869491
152476745851922811086526770098192794353379135535005146898579382371
388273535727171789383014221648571714102900699728235323288484621928
112894081707974024421905443693038017492997032084340110873321114536
842359999320908951566908596491522776672296396942242423418831803521

099116402806434847354437983200003628081909768558492561175239297741
658204184481090895126836470846247411739612714881019329455867381943
250861265358837368559920259078153960821287907306065333544905988347
470101680869637317737325829139402014992329209692706783167596814766
966752080774826807111167849293584619841862617211092532216068525388
159185598806277687216438183516049553852793642109031310360781624389
147125433165370049295435731311918042841965032161578090425201331248
560532036085914481767170549766907392764895140552152060925413291657
024918171664437203666136857876733251108285903819215447665286225246
359219175013034284393319549122972792697639531748622320787892026844
508352041249612609478597647640505134461645779957974192093941387311
276724057940541046207559701574182718191565611832096658777408146769
169774837664183860817525478596851524694807752817906293992706525231
293089486645014790454710761515539979963895457354995616420964604747
459853772405194520424469515511057601494221445985078562898005200150
144217236030394428342444870888738111756954845868810158847305082029
360514301370104506990268158198945951504537485723487980716132368998
892862049934134778445964826238868934495641306886939680162402256960
972590583690359144783046409691845826547581534945007765160758195664
124007433611728666605780640979068506843839086550136603417156612177
413653524666292403852731631584292475107182073761997425700526636287
342485276970912414632604391164682571938447497652741279128833276475
340045879787567219728508025158776549056558922047149620525210401201
669876445381749387615396217620998186695643493775204078670455027574
954208283438265272799066404046308555601579354158018388708877140523
005777747910133607583463708160374140335816621710523779547780310828
789311389894479586116939228137724820976622315374165551870724300378
446838734446101858764966248302353552906856208893670501291450337471
297708298592055240518783105621652132246122880034754732559325711750
916176594166482394972913352370543886272408483705528170029629809058
650804794954624582240135714158490067330844573881811967445142911521
434279392699655622571986439196067753038374686672221703556890842503
483294766784150367836819897475626360760561739594959045378728870880
119654187892476530782025541234215275554653752784851164219300210400
696015444285500717437035400703359356505398651785707006582099804195
744951235876447812486104147556590450055377874542573276631373882502
017264896961612910104812793263745673134738711663877099845420670270
029601117226376272726745210181186559105258614533881970128991196384
735029017400070680631462301308053975457760287247409909750691788261
928319716472128495873791803549559085450061798813211982114298258375
305635097899123594054486017902486260767194835184423490587190753372
944339592409185352802957201038394209623342775620874772317011752756
872410122453028153879584509634857983910451921318634956903039125641
139059641254019436292949491921353071715344840968420710642282289811
864026763507160796935047021002318781098561356791065930660078977625
531978982500663151562983354439164449258057007801061628032102201957
047579865658116809332423000560664896736948762426172410119907596206
943468594040616410905711553454537680923271287235399907443591953983
973721101334949165692714299302802031477456050544661845753230590170
786156443038197017914956765394045943560606605070173938931321346258
503810731950386744835560194918228051677305768502688432549589089560
814199507525651893554022636610084816146203865446477107121879516306
983362021407461243273856073300741729085341371467646620823326530075
778457801275507872627830161825087008428187745332078797789429648585
975819284204996482962042735407338531005469939541254619473472170399
527022703577938585129683664406788983746565636135444780666838466976
517661499961854398962350237176711027408909193995831451468723612871
384972420690809504422367855102876286804251881635840261629851807211

528332237580970905745356917840193816002439654325782504544519694034
884092434085789998277191512303094738055403082315560818607161583433
955617281063733110606015264964148156840431946235604363017431750920
771304908868560472738551730953808475014486517604975677360783315447
229253433596384563021521710498738592531020397895814333663841559299
255089446027807017962274521055506711913163262652799366963598923830
060969816001670881344300203911771916307016377800383003711264182414
601498704171480566260338497751756038495491915791417929536849597062
863297174522149452643640004011685127587387943486668837572288996134
299386640236405894482452912428201658004781669418478063660478483817
618565155840174603728978215856590831489306511779198572317164764724
189304315319990881549971377420721011833196861968494405184713480510
376244887581817277233442721570874000852493919493398103083199952288
542626308518145514104967489642576817203145774197605540116651437193
376372188186506524854450399937660922677770747939980142258086621498
719124701387469895676580981634240795135703733486839946074001483818
809109122785049874225639471028589036178924869455199904917116231709
297408195172163625062371420825261190713179187638003738209989415516
736290310549402905372537989577370008817865887049043920910261127811
112935519422778192147007436373735190083294733687322396549476329928
275318351812624007118920345658855468095030263042519219879777374432
637260928911109005219868755372281053055764147614824639858637189772
797761937308767042649704411511412890062126113885306037367229595816
117021395030074141766112848332886016736716732035880470158024784864
639807999576764707923310644566260337307361589922617875267426013536
007295278511447312992791452450623340290963971759232197958011191466
992839606609054620079823745212245036016910411563221953297269544555
151828409453955078674040937185323660387796280514312676627403643982
398318817605978528134663946956055581184589398070501135751682068069
489438552913508828544734828151760971542385952213273086132204129233
077656558692790957004784303955681994015964223359594550228105654377
995470862448559080037069501560801930721464897267316393892553815995
861702205913973027090063858841495346162764260442837389125191847819
850025498263035851006341034437633407334699031270355830801124354815
866116467990470409954792381287897186780109815204978806050476668203
662967250936939607313669337472036724300318966620499750652520175471
357865734643836467637926850195846151069676536390244748995432199723
190611693296228778946122656683064351895616389957450772210945127991
885324449376487789040544224233470979587265217693777637079604073278
970245582953869616412632465754921044812238089336380764949967196348
615540609091415949767808774619122770828684460532572718019232463199
946676789260303597957811827900047139409217193998740760009997069581
634479233605106166460077875593954578581356191179734847242756439544
469001853703038899472199830805883405836720473010593371645853777333
738261881997860740674509062922554889908344358447071868346283907929
470801169686394851185081164381346028123477126650093708643498081061
192511699839069112411278849225010740467001002498755498035240563673
715644048348352246102196750403342268090196091918367697539184488898
103076931360368464907518519208998079674849520642528150398821992945
016312244419290790582175500212464156438780114736353486032318176976
992568862342243651161413783584860345729184564597310145801442339103
436619091211751414322400433814714649570280368174781573399255278767
581363359753605595393840176867674304746201122791642138790162717829
363320257354064982943159500554714114406637280225906499077297215318
483539621059207509481870223099482546729701848378246112123226391943
500731777620066954059960374037654410628719241786662420882146482782
794381136197446758843595640054338403532921278595748814000737497083
250483278575562787738665283977888843093724219594555354368165329377

198863634368179075180196127350934580410944655172588496802612101534
669727381161498560713593318421251782086976441366280313195926629980
080049993801799153449183914186001491765200955505742943903063235405
129132722852895331838612800900242018592068301245576885159986036670
882144036179949757693010158168404896369505707194161819229869985461
811066431624215434388574483433888071994766742309255414252204646132
633302192541233265542251790039623700118772248801218997398674540232
783101115581388876253275234665649792845609117583939724769569229581
647917057753460630170075274314017131409347082620758055636513836577
977785668667231433899715854051283817539517288672679243351932427944
640427484557220427137038338428243358563142551037569101814745835641
467895345086856290184867609167706199880065923053443639571728250888
425996639289712477574013093554392473324079182045553817663723533222
093512540132481590298902642974259278789454750065499469212124666206
626082143493200208055224057223984383044936328281922845488932895874
022579320820777499212636085911890296466098389588810029238820492462
297133229297037751993136100980352670524486853226374478046384325646
301000814486291219945715644790099446084293682847965274461276533324
488110332420251747386222344906972367553788033995966640307214375360
233103696573323152377229874426905668961779628232189871890962510009
667381607994856169911256164664511017559716379949948745173586586770
840471684474770849909769979447071072216462801394627545923362533618
584457602386869037340402342997958662188971415880457537565078504261
021206974369709692144094113468994263087437856931812699404387145948
959983500248233904352960214104347987103068353429770829833207751807
152848088283370145995157366923408952207467531109020004087766773452
083041072554159390052576034609120814028417742037713070084243715867
293605934806649256089060062140073524622034669434043776297371417295
657738443594005475357783364787173858831995725380639809960264540532
720562873151122978157160862957374684566542360082900430576533154127
168989746228513385107670664275111061263511316160924243466569700709
329952178094757112910514811469846816362099491211915737590934654666
176085925249964296490499530084958760781963600471026739400740732084
362442003461449470324239517678532424534809937752802805259240486576
284671412186729974077030839307426174014500322104972620715170167184
912813438981955969766521920190813700036727820825480844407705488949
773529007409396411521592813098524327606824759522533080282483140911
455034964805588336314363788086926850984022754356109530387770701212
000289803251790104923250778850259083263414354851687722009982947719
960230524388558044873833160358617226920300671018787426069417860407
069990250750049323362692993214094658099646531428589402950507599383
742467138926990433088969689317122152250932961528322314040152247200
696225193121876948328674200291736644356806635821053328041767261515
623021242888554325019347747162804383419392847933486122205735240128
775008941153319230976508281811189635502495846710684529264484555742
771213474285886128655316929049767845662596418247266927783440026607
279474144408370664575851237670920004831219403483729208560022902779
773086485414746185881115702402873149042337471022051225421059966070
353839506482334592609712442501847780809771726739247319401655039607
867012304739576533280658508348412526008894658467311915729174574224
177949335497989190078206213086108038655162237581246483554065072432
929291154509266713185929676930903243805005047057980295747163465461
868596663348164737563758253029528629237343678949466010883529136131
466638328071198371749145500064298208172745061751153316431785068605
599580414470505145134434661354349132377733690004775758504046993549
528650821231068855209618997124393434111680987953962481708529338557
609002702279497412417974047571783589151301019483114208868324943314
817802337650953324299552859443683435519727318517804946558350991943

093702256819318024684488318677087309347278038059155250231204064223
609470988530160758370543677837414644116053421760045932648901251010
943688839493750108078235517849509082358995407264746204374288810508
396455884266548692765048403283121820919225254911472664063622030793
455066039883857248600510852807898750922954152053685929261987791689
221592205220551985320147926147108591884318686574115963789931121609
989761109796335654449027343590983289478678839749661090310579656789
884814633779378097206339058401025151480018804012308861312975542072
153696492705801455275021614678086913660749812251621634354851006334
434910353420533934694524974769550862656936276212610915726891851277
303763839795715936693067949298648386633844544863127608551005181894
581104146470845401536291458227457290153410579881693540552831867360
382508835230473920214607034933191067272651277179914138372267050300
428895154913480292363239288242207957730865773544300787149940796063
032576958992623920596601385554180341966989324367028510494283621790
242444777381925654599726442141645880183324265738561878678959852363
478423536809059927119995597854014483596606215632951638907300427568
254001923588832030019113497523286130065109787692945531139668955583
476437080703315692464770566831708735818394804538875307517147833711
950768797640772884648664979182318450231538105517587340718962538798
537621437172436820710468814205249239365508704489135541655626666713
154192176366666445461341970658844048039586284011613603368548134550
509359031416572525760552586987870305119319075536363454402515452339
582336587160381608528218500714103549936084662784075061236838764462
145891921779142593006497312418546365599567512958502030822784103261
371511351983906124159646333982390087897387993371672887203567894869
612784691802988400077024046141684357096461162379484580024369153446
231929702763704581054668618648920064818578844704613762942820614210
703480363084411167800614815023913690139665758030939659044159125120
969529735812730979032583292747939969282438314920625902933092860103
323917403838342745711351398457747832024488386021968076716331653498
673034745401399921598221116711151254425853760916734327699904005844
974347590556420630769469347283565064991077767958926507983234810840
182244891170749665104061875918474857697210367432681514842019569722
074734482208792869960836293587631653890478390048742747935151528419
727078614321965828417069390496815772568280501220207510923634655176
931515723238105018022585517518247822341364317881652068506613942262
653446972893597805755792607832166738898066125192388000169534325226
200528899561086132879950759573554749552474243083287019180305647708
273670143445393759376315501750935185158798505069463905231958292523
097514074052545956314007436631365318598857577378878419026141186895
445650421603370647862526272470854341759779500692649026951120275026
309543674058016472131592679453794369497526101844660858000783127191
316021235091382970425870233641604644846128470918634315198653654660
902676182247471801225355996813235223866795597369258068959753037126
480244820458137018203432869086371659833775710858330103687434657741
106218143176556339621006385831674674809188717077376535589866220294
998738274442554792411634654679406036502474602456189525909349966735
951227127320524011111391852302706761427723092229472881013319296333
997818550318293443263220646980101295170455704300632501562504315083
657628326741230020495063971736784188910051425253052496886256738738
477796628662164973624028836930961735437337313667758358357017944714
574708124906980229776815688257225708949890899120660554025206080132
245048251208137567437661986796426412986059431128300054088818812331
334729747312126744443118675943209106681841781026557335326213877374
737553457827904151159313218518285887774417722966204691386602093496
942560536450662133317325961987682588594298794267093801141054153993
918960836361924874187916930646357844807215658399312037940118324480

2015567141428598637278598469707404755436182348158796011413662352454806720345614756939780122895658521622561696712983690085390043834510362995911887655548585010382420007282573831915399075270712724127201395819955356637355128909069762510703048920279452591556500485530466782494374123417108451112727160221094193145540157999752575970623571196509207796535145582849694641247127262752026385688980768351634588214744382212186296466126270826742263505719504739238635075412116648302620097127671004898267161324519103527836207012854444670111305232522693015087030633845197418927063406924545880913768037295753346806779350468647874587707376219253052874813619851138575784542929107665429283407134350225088281889291524452778398747219008131438072043020724546793175877846662665684652886150768840312232121873329607244268494339139482344004879473181001567234526177025767088679077948843575976135181772233032469991166575966356154888040497320129756009526598823496022332949604235511787278552924080285877667806337022880002218103354707338193738262226757192925933563709540615727780572441483111640428020011737810453773569712267028220634931269054549816718499502811568901079688029001125658917905559234547229213785287232821812125034518205954809677227766071310177860343882957331820642358723699341009810617234963824686830091332565344923468406806939017473532015044406113834755190428877540607758191617811541300399257403786443591301907846113155981228743338330985378397280207272868923202989439733948198177571392474916946466667896123429109370338793251233773971388025498350706646550164356596853145826507561070572470299837409048601724376419814227043148037384529368743600536391267265076156807813142004122411959494039297701634281240787208085216663064592305670320709816172252902696023063081292602279781774357161381029192980622509729023421402721191693803271329832008372850667961628159235828668657609990441599158720394183682247309036694969071774570121777144672683511194579923576437894693565354208606297301046730719822766077439302309468861548281095152021597052550236156478355794196881755560913857785219222596477699410230570038366747623550697882318965569824146502867863189211312240606180938604883264517308401695014208215732606429222886911152502549936021800510419326096907384748832391402415585332601152850704306609322444248252414417460744488445341855282414037622464301160849294866458299855205426715174054544202062807034332941069337272642970668910815358484014909456938246216847992970706873787740628928325451342260408837187219903835552674722094123126765963381557250244846112695927469752381449321640444689895162240069283709586273806888336291637240041875958645520463746275695830507984538153471523066411007256923629349276393671091313512704030545769699668455358471455918192837712462583521412445812027496607847718105699457043360508168509589453746307951839500347172519484435994948544685268129735901906906535989033569560310064479682631204573191011544496555112268417325152277386303081359758217229059766137627641766163476909125070161999553759643211557534396621688271084036751192999600088624632199987541809436005308741339626929982076296680154880905235587186807616985560604341753925240496799964651760002692691655169875265250677395085130408053884450609260109643688108942026856159073899850990825015494639182209700648455366366899685892286382159711076717976789750115428087230391288788699618678930719828675499197432627093410002685103259296326881852414895791244327648721801452982185749771429294366689378364382229658591114179405184942073570645283259884591225939492744455714667765151145692903139525375804633758579641581163621872276615189824122053513224224882561677424596765412540331784498838411137607350077200856972776264873652783389163614249642106308834930890332084877942864404972226828618599466893437948513348559058282069646123946497574122362831397733819087455803316751727223866473603363229422165312776353

8477306315342973727749231497394273391681398751716501781032613174550637765770978869597675742214937163528845687419756069536003933733202065164936970814922958343311631037274090986625747050514702272309629622876768936937738712390204651672955925396375704229682701372159784961803623480433790639703585582422108823529872394968853577050451828950991937634747320351938281114420925467393367822925849653220080015263180291408646888248451312773062679808155954764828504172711392640315538504058354882187206324982256830837811447496727888333200287176700343696901126333771406814924856099222370955185473844571790541768739279171785165931986828875641818677687684101914918079399611289070751588545524699476508217675677211646636427681998522410096521305046508340727574484966197616146084059060741022144497622366799448483777754612007723490483468047995536374920022287112718513560661682291232392180055827814185815990440624052625463677109244383173398476328514706535000797831849158240117595659005350270640384087071233412549043005892552683369109471018856806309748638940766073009576591462156505019760734488992170674595990100871084361834433277876536825877230822334434543292752645035082751036885278769677924752905435163484717783060043423068025104169270984042942326154928313761218792561598055496179934882234043222837656531886125750264078045152954197194195477977406155462426767143364705108681554032166445251623107122601230893710475506825086032404639086714436907732441343984928414678828471479332996215272656768340104003538027202527541843522537228344897065811560857105993366677451985660472200841601908600007880595268182669131384173418199055901058235929020135405146103729259840892444057996292612098298196317512145353321039055651854357550155063302303939832174241638876581418283754957382481357953537641564860019910209763533920754849348388692816112409042860516889724156259375795831898950072924596046798855441909311233298527184462335677735993334804074703720532803470697637002715728202307305769614148719664204255727504919503663230046513954181407251089307094439783121107332766875928037765071725136087557193764856367448558888257887661339184493021191882292709019500146842343636992753199546115671386857045074414321633904078029992349058144656520449623351543572010554182060440262989131818118356521480138655484650393917442276899832095994734532614851533809088184406737269357842931940850818005411125012034574453033313973804469488527709899805696000519141141422794776296903922415244615981368125575139849403015890891283903969068237159676228265437559056160300204572745615279459651918250071334871565451017527723448508700166716220881347145595773312518768056485291054073928022211200328627810564024398003807019056977396529787790988003162006689840372155196243342979928100956086160201491088191150979379290036944991206217653774823719553245806361501300980865044242529347835698514942884633840196508628261926818181331453522710221617868856397961804255727094019690419527822189723711576046001639909088872571825104688428346189131812029696413348931760054804610495092798975176311147402264219675764519848872453240032533025182483077491232525668847561695423934889778461915757944227708558205785410061634879826139855509192493376344196938647024154343282328276845684142699438372354025409393730738046343438282071965531403267158470169414833139149967410908125309984316312073108505016906329319101821105395585567039824196291695207657199927230717637308136423894014823262654705509038419616639574583687476267352525581199071918362373584368718343059092217995449969222330034287082269330565446768367767558779608375718328106825559568543168045747689684479201244439748747005737572457408749217827564247332585933827183601185506372711682381424624589045907602969214280818057785601886552690999279221547127089592401794765078445144146455171727245484769416076624783260657354138944619885837567498476780536983929576326602264723992041365211

623736361466640323155185415154811185810844339855150436734807098016
3062524751019715046695459749141410113086616816368604210338807456551
9949324586116048711164862799838024812539418990136377273111338342666
778532592324533344853759664716208338537412263555308937443901951541
575679942453238033408307216841994789968124268884616597060833397337
177144364986798767187972512615063197288554063191512610386496203137
400515441345721044904467051945156922739366732497685739160310543114
816892225159257668780953462048818191351201284162581472102780965979
991944160344384182326231448081673218912379946597469447371994734475
461447290698588542010162523064196805972372284233732451140654028375
526303970784269804597321019493457002525055959469814542210702836906
765111338008271970430451924780925117856272910352627916974258068402
627307584190214628440917898442561629867390910053700297885506985823
190928855440993457717507878492547917137854322631465566615358702116
916043172098426523231396606548893085383019683401924136867142069727
633671975814778723614330172612555205583002475666557171155769559720
731113661647649212410007432536721117181902698647349658130101367113
732229307682146982330958626017552721672584247759443215834483251667
717953813744964440656738138326645751744905748004650568402111858982
706460025498422293207274982206974769806226082660110961848556935211
806622929940380157261010384282960889874606563046798502292990209291
932461771606160384801422508869123734248586441731267184746634512149
080855321275811894748251785940175844722914259381996647903390875103
666661541646865470072022022545975348098423501364848574947885547459
213375096376782165427914135474670062812767442222991188279981357269
073785469091101556810429717305778842476385374026797415237094624639
434605121639245148210507976032685986609400873234156423535667666375
312276348010107704548905103240579565966741308311579279748096695434
726072474106920153392090933458277744733961650093575247112417075063
503208867717412193495146667638712637372846116040877063015837600111
533649212190203318068500324666379221737979268046636376195583620471
957455881725511200080419911461363395552011300394239159753566741136
702232551901934176455731469482202225229548333297745560513730774251
770977444659807607594546606593103127348715553264389083383702773822
074314568944586437175412106604933774542490470014903959465745943771
237897280058429396210552675039566321492376729814066350061202360793
595072500261188229881702440932306066540097229824335376524377994159
185149339041722501469974253353780504362141093577235490088186907390
269514016697214836261672332385111763897273755722811689919980399572
937460322172819284534093325844116963040623830035426887429021182429
856451245795207347984627346195104552425613736299433014983937291110
870529969519183533650534844242848046310476522083420859365173096584
496130285833654819543598186756220294161384321163257685982562967201
828906781124186868784597313387140418729700711919867701293106293096
949899354813921875928804839845138740758643027656157147335183544073
506255312343664960053109148813032384462652043513629026265933306812
051158885104358569945649938869570706111923572757110294196928994187
655436884256928063861435130310638444334313396196979733561523242666
417066390240362365593574944251038356824938543066369565628381349757
831909024277049909445141111241230206043422328892597491438231575907
984423517784541128724259493533330985710978755386839817548252121751
810308218176505155563452429948453904577562674465785517591489162251
178070532881170459740597598645830080056103223325384300750981134310
120450833190422865468587799440122965616563890815959223940343922260
010197221765736217116359902575752900033866022749259421935596129475
518513699393249692786635065238826768941167638908982314619095968338
612311858671495757270575686399745427113036591818384717808180841752
010065566213047632675249466820599746393688064999076413425808930820

409023632383517830632217617206433632011040344099409158405146878326
260477568040712615484260346833880268094044793089193734239036386440
254924481157390763168026646799679017556718706413633240288705087457
165871395916429253614402597840290871343774441758956655811307376296
889347527173711313779000310082729387122487986914124280084502725122
546352721992018762423508027844796784337023680736143992859048111112
541931101350959312727661124888954689194535563621879329974884586783
481448626980470399009162895288368911374616731561702410045157757001
603778370339572539261354053250114657419224801218243169853035363945
988575041132622240054109705194916292574379281916876204926756847774
860345138396946799094353055861500427944483112063090593443247000937
536710056044926556034727477807907836395045187624483926979873135352
843484638881332304397927748022015296192355486000473427309507867806
253076736433322824196132427056557794522660656950161892625626948238
005695033649150471162428579689682908969058363758278283892895520363
223930960420462287810637658111782742762532340505564585343287393682
881055582302015544340256660561199160833124527637674938321952334956
317862584221341665748262887744717933870329083625039959451591113255
050506004055193310678540221401392893077471031783341055948291837130
769245697952206414022795846705868857757846872528947007508518500453
068757078397466638450736019535737073785356700362585582066737243338
623835066357323527255029874737157104957827619393563501675928367423
085383857351276128826173200948780873129781099401372087532187962176
750723431042040983005430754543089347560999967053006260089395875398
030047816817127195093934191068331792429451595438511210909172267321
832118162279570595447822536126829509548622172312363166507257218634
531741072397650382647261206586272339002819509088574096005768787459
135373146151589768102894467346086010997367803156129155718923796941
378351231627407516945694908680544178759792003655469263444618177373
227167003444266776046094924812058797064658497352880792415315639324
344125789177935725901786375825693806342504430545882795813741075602
287584447810965427651767062223706972419791802152291454833956256228
460783866292668106052637667735843824873378258642885012123329247207
096075960682756058028935698068009042477941448052246140801929827445
359142613006731539974220398080445375011953972619448484495199114028
190660032628026970954487165779231879915526503112323553639686684530
243015961973492262352274323053604223375606417777316238560718050405
591823508941421612604389373200349753263396931768396397408340876148
966053467650020180180950179015247573815905144668404233204625195859
647960289531559077547204187516804221048827397952482737496742588221
229084184267327354050629747395625186097845807013227661151733251592
801250066103078456552279339066119554676984670693114454341653858729
999117725534075836267307205981923186415819683344077561735876011585
410628859025148597066302566272781881934320443544059426417472874446
384970887538924365482695425677051955005030485739671925936918313224
995238290395190787500747741928834128339315143605456554992740034000
514752860117649136881975405835181301064281918542772397988891155654
420613295214834039746559537469317679712605932622735788936943952814
037155498125622918360289709884483519995909272476142927384761134273
942707646596586099675123050324376092528374535447598558719279745135
456040928446312383889192976387224509486946643316458586117087884072
595663446488772838981448069759334634892092084747933664114769169483
043759599830298448510466971167611803157567043074868319135015108662
681481108066267644488187637341191046301486433951333169438648671912
530511977122226051292720662888283651460221944708196954631978248180
623064295919343803191070756728911303416669390683766514373340098291
769177833502351137723780700801344937512480505007321973812385162506
320810496669536517392868858139774907719078245297941956168869722316

752104506671379192086538936749986314866410170044457629958945321955
986639580917941851056008686137283520554464203327542845960428433290
425439861323590988961610491104037053812955077468163875576813162991
902508157027190764907757843602169772279041728321524831115467377986
753486330097098407188529177293638378968670454493802201715742430599
092277663302429744170450074589944751500765742782902593896377634935
315947832002254243267251842300506882020825497212921405633725581581
127104741570185389317829398787712798274886567150463224664385555348
488786876641355612761048582420589186519723435336395723609948081681
739740311903093045100043961806912344770855514924729667850895219861
090165524898357700496192037386165583736313265234598245319951059160
583790003979969517770697952469522983676074314990085485641433272200
349890338404285312421123402100498162429185892422243495753608082603
067624015469578806472961926684527511160095905378548316367124548486
778820172520546398558650035823500202150851642366350078776071519856
145256264951591055507477278537981540632716819511175410228892983782
225453367566519025121682301691819839425989997594117695875215092794
637661963360871925094446859022136218571040722049966386358712990530
555270284104677262021274466745452154577237082364445335706452251497
567870517194800500802567824607818185487583892258881641762049036112
904312816748320766934852285776067934846458657669095206610087879064
301681675339162115205681084467894159123374146368211388337577326140
274624666451509892104406381808305608040137010089074171937662958444
216912279089328319826772333212792007680916610268387238432454420686
797560394826736582067345155042676308881815855803931916173275442955
643651620151664466855759372594097115187836921732999384157882766022
670925291474618234186636721931122698423608685452041883128019978033
487875658827105870237096130274799132348225813769612170462274224961
016733754788010634085514866228699569152716263350178980339827364487
742823153814829001343256788832287607165110115958718714501057834762
975288743392745818276860004527757177247880209896564385294238817387
999187471297587411654133239155651089087752576862866168071921090343
265030146354274920447493124652014732319757703612045011747939862821
525354972026717908950519508590979562153891218056487899678573068849
963903277813229401520730505202096076546883252517526410135506514502
980213435336587555916168367494289441214804865998225611198797208669
302128499501664795238170649564273515525846846289200141881385743510
670806803934006493980278204084501559743111297779680235822043997189
182740819520245230161759947970828058600328892886741062471328690946
946684390420120577410669946215723851109156923759278558684493977360
688001922934914717580163165254747272854041117825003154049416495321
147450754966548023101855184474204933682149867867387892495751470690
246623904739663020066157810935792046362771350394697843435917414264
377803119021954752269208954796887825485645707135566698502327546123
988230278689013175732191716784930163650138955291315901174224896073
749460202948512798559245077379356908133386974703741573965582588573
741349035827814340746255423551643968904607795838664996649445074756
579699351493513597320013303372081166289167650986948072944032991761
290723011140465891138242727263296851760942841879398026052395654066
459330078965741576697086719209294525393155274373528280048234575091
448533542404918205830211736693760497384227215913483552040425761699
280642854714019368556141102765828085704034232587586569465009202308
498308267843272774869277955040661110043597647686786538495502722558
854224986136573631739614809989360847409717649547154334062370732658
697527645921337429714124207051122564494990791441924448328393791380
420636238002970028206239318075619226485397394933083251970873138458
119857017100249136525227198684083184047846936429025111292751766993
988620343878917517267572217442145385761100283487432190524333293992

8094883906152940641101879375394113430317191685263553167352985363986776163506611968224723486403409681038585046067296014761310740240074265340243680379210684461534197080808812207680711064389058863421578528258228774367547014083100311384298534935282493585040362345923926688311448077546710591069406547237346587789419248732364370240202401751759704682954025507967730984443179863541346459539022765743203518843111559754635233045235505529285063631152408117678464547141327981340659274673208354528227663430595305473430938175037787231764648909649104425587969404117052776629702325695246367177584587882202846053053054661817220965509818396754440119356702782721083355606446657522809805862870333075787382108211292102103896165231228487920328037665387201958205185618250144240962836609846332252841101574173614882341460287377498491498459046298890328492560839573991405910241206845576248034590472359536883927461900635300602528684434546600578574568725002887974078126995014359696494764149318504962555216944452855745294807232433027736555745610429660883569742530736111303108238000315853873628688492109174918033905482850546278641000131694719989488942095308644650267961007150484392620633117118608612081871573273455137001418676869219670488590103624233151677601727174223305049530615852479196288967594442134623565193122194284407143097895505598588624420173628260735051163846357111878468347158834906233425883436142747938295483412634174168826028887355478166532383215407683590968120548845481718926920620367096536056408987592845081574274786219413671699432294586933049535372296799780048719102034782473949179717197672625388495281730513600892270524308556487450412160335515149310396418638089265951903435019795036622993710706109803283472869345415135967181506297663744309949323695704953495914193527271514187376586945122363671079380115242166244941198004465572125975358046399910239327977083871847534799854360306617746854816743025350911414225363563383883543544686001108638480214792763158479351071062272212328900030400855510346076806651955216865671891813348506806937700390687013762540552466849767101445993496184224689804170186023510196499013377865083234368694437821639202188508599658131112658894829177348973611017473924599639788237708464359325646405544663545645062781650789100006035789584714117881140014704556579246847933898590443560951939559830484119070859683908269696463010331291954054835663347075482559716224095724560789952275137431729204329442145717570211196649273295045892435115422498928418293096801627909990143910006516066465476572330384646243951138306777012416199103093992894039811606167420760338291759306566044008716224229486412092768005484026354604602128643129686176048676854587332459049044581544689760012917675937178287781574634474974431747224571417824959332658959901232631654318097855782577535504957177981990246125777284944635352521703343393134364513830425898151477362367919941816883285991871572172287651994703142482487875964116310081912766602885664731096116466676711893676347212909630086923962342070886293386312556128734065346790974199382881663850602787328004850544918201993378711308294933902544408454452831107906717557815800938675360038603557680639810642357510997331840280685077099666201399383021570574904394911543830905615830011301410991395832903258695837676197074489191132631216409818434725600876621115969513338904625890504021039716887529763411565301637614017241741275415677573385156334096892443014061797497537174425664734934545792469679930110261943376364486675375610876916130436137483304794412259526124151489816998076810184818957800383257633878043531185697199517408404042921573207178938770895931557022742728265816149740801332063433840086890238893918333142004515961400898611215629243641694725431356170181179200559592854391833343694519194514317154135007420063905060716765819058242162028976968440905524544700128188685814354954542055668983878624483207521217410948730

647410915786040991025855586394013091551756002797658653840756823639
735834723364825533520524772296088193054082105328131130488092625504
406239557590391944317141526527540808952986572630716340732243950379
987148815126244606312813852410741435979408576657852516943899274655
621805886920662325044937029212885127459270213767483429277774127189
221554062683300828600901792187538294862915016245407247778866998890
070980505692506985818373901350763943654187232930311836581686333644
779329007078574510611399148091109971279294384939136701584241896910
938623802725764521667814022361322904680977248778268641881228779934
329767071638705695119901896323092458999902179757131345174259360325
136902088395860854675047773229290628464817203195072814911800959505
125813447571570554678484436237769148191799840529066771547929117426
693348858567088139473448486214381111595475449852804057422506951464
720084246244722993215792264672178814520648208302769361192173852367
856740962791085234229560906326667104802881922637139090737684448093
184449896992931060368700953087272410262136788706972698569734002280
363504755236880049558697359039020691931283070710617913556767421587
725759822191294318645745477205132894587827375775210307119425545175
288583633445935800552400893120991882570655486639231448086237441459
530559003065809529244042617675254206771033553684955246546435770101
789796416313038674952396108289032577244899186229965198423278274995
958934083103129326766102724108073795462818807634269861761703310093
468008306518347713287054254996232603250116192827302129934934139799
634261512648506347348327591363178682472894449321466061847965057304
067187482841519147416841690897229561606700728197766108311410618692
743573355356462725414379409813463832286243364133478978890912641531
873040605317247738103537082669410654440622661293766233632590613838
197631940130398985582094820953918602481990989664862713566498757014
979534006764478586820491076270969775705491508796197691944139015941
256832679426395790182782545568969968032231781589778225657613871677
013214802115527276731117341653118922038451473699023164776475938806
016075537483382328545825950629102393600165447353942982876682073712
192752999073697440811342372020131423404505259316972775590585657003
132022465479086657583451266545682630554619314754718739127923972118
469217783762006326246681456322496877656028010455006968281528657542
598234834009264710128328430643025697652644694135027062145831911049
179319414349301770348702633346016871029183608374125327587763154022
303956288776844723280302142987294946474939503146491804133514202393
881524875937371592838326600354064289535416985061992235303829218610
486918255269025574988931977847206199198050179722622476371814459796
413713846207982090839588211870480155631852081343051685237415842174
781458011563058311767877089770942569153607878091136284354824022828
394565804195220130311977227965959838840936358355901185742704482665
056343842162536049834085438904028543049268993066135302956244002028
267343672871926207940297350617969254101291753762660825396822180621
641812462173118967334743094220887670606305467169963141821559029243
513784364350632262093120680143169163849781012271071502167924720562
634687067390887567539442448270838250878826535655819744166357784924
176318814836216441222232363549938942990784092165099611235325120110
314233835506549388909275961105369398083023861037130475667626055583
092784943578519785639053474326745056049094077085918865106554530081
982644525281740877465478991615116348753930674193023342758365049641
568635388344929702698830212838507501173072253194741218860306066086
656547714244902618109150955830742760829485811035201107033030587092
579512353389221572474247856716767883589737676177211751305869343355
367649036743738817044405436987385939266494471535038152596325055300
204906764624458522605213931219629970578255032704577980448589560702
099021534466953706842845217821445238667104694081075061673174785697

189794278788716052834504290221224398343390694767646413145818070481
842165818603669376409894336493814267999197179815233510841570647616
502760453863299952244303389384486986948796492541509969476646546897
692164861423923568275318509654088133533236031501845430918115897953
009608823801822954836466507308346158753739094675311255426108040965
927527145627225527350121765782432201282217368454018834091125636960
586741735441883030291042295409312139163251665271628121402003934852
462926770253355678013212110007468751049272921506773328246340543305
146411016945801523928106487165119374849628471452059228602216430922
707329113148505514626087654910369689708578112513994774893832884265
980561212183161153030419155186977220696407051706558307454295568020
558606479198561137208320213973371589718010093419529924086318041862
299694415900148445348986206796450530773611839913611440073059304205
749678639537317291277835848215629148003084298917636403425821977585
909988615422915064881854893919464924424427073460653662824110438068
746346424452489217270080026988968400977049906879061899434905998791
232993931686542977873405363741086041168212232803214430184507966819
142023711524639482201770931427298845543362729864739836067619735520
646544148606206582731163150571772420887655624872226829266602037148
511214624414964999515202973569634689579349118486138732356737272362
867229569307022272826189362420914468343426468002660771995022165093
651912429912989094967348869160997557084153856326697999287231066968
120038735043570013902925124556125259003322197307426285577090519268
291420781601592068468518949602680324164502321797845493500368685311
200743998786753531880447347851395431773960600553611144063536421618
126021263865730946905932559063972194920380562876788287430919096154
068691521231893627892498701245388290743083816074862738967877453782
363709467889116034175404550891697540592273940492666239120406468558
191112089876130221444569725686254529501304112171998091066911541574
687485849599866199083983781712633106815336413320408361685895059251
501682768475240163473441553578291894992138591091122483181871721948
688386571304048294777424440601099690156383523782761290959674815107
225829181329982874270549873596774842208562067520671599421809118851
021464388153607962345415092134034300612997868682579602938497659187
127068051527071418619605739031888512824338726837664102076717571266
109274582233522905129948528281613592546990669160185027594016816244
982303860880138242498830699639176230939613485459945178006710782255
193242050873901267954978440156989887507912316527747212894791531731
284579690612883700197518951091669085067985676051658730747998414456
849249212797902881242410088408847783731591936132045482630356747492
775654138559987303215905407629514363788522298669818514967083486052
744652644981763753211029230625903686358567994891492488089604126511
073389096634435933844124958326982682427601020989659454604773652398
711801751865136733933944944267677542321191082309423728968680220347
439593248623769437410866602820174765563194951087225889202215249803
245839271724279586677378380658016613729297771184466502501152581240
730709630180406940749655684993087263042183001570412013792245678731
940258213109454610936997492226185837465197323220368127821679785482
540385357995868520967119563235803556744705872326862792820603648717
936660559441175390180898377902808434422479687088565952716127883634
043276080005804509481613762417573420339477986303223673828425719406
058354743783890446415406579099993185608124308463533967991722881263
788799160033833788588455471982316793889336283777320641146617025954
208508851805129008431630715043310753954554199079646509023164428834
474068719718935466735649456812354304961298884537609297708931994214
630482207660235398243215761625487612842541210616113313364882245413
244897545356626534914240822491340206617500721126943061249663413321
878554680294591249172174641038186713621514571649507321984896957276

872688364311053604427157154289136681571274428332133397633430005081
273956718748263504621039314324319975491958090961365625700243201665
807095188730589919787067936829524404853420238652758845077629278714
634221930150056380457251317594012285611355436854201081823715869013
394106131783292979204109913274541054713071745330047233839565461871
634457034018556047181381578089815947036849425786821926363634477428
221860596424745794721701500258173333022732047386573215346948938772
327005556946006475062041487331611568622852690741688093499017469127
606927198938505564840024337032655975293686023874269601591645095650
888549020898484988762500950696676359381231697790345117805540667349
228798064769733991389207356808640524705632218673824785071644611430
980954948809247373180071966058926964767438019702682241032886561113
658492748669631268073768413367434448435491569475817285335944010063
322752305783993875303255072167800795954106798161051287012353251890
481593561721703239862529923914117857155601316674495414313623225134
309093811713897244019512308210327892658362850240295904940492941532
776864235979783872458059395139056795560489022429600734317792826184
751933955564593715046875619975797431690153572144066875808686554524
850048273571308531731244135792320993581940084780355302666178999034
001645004709491013833401772294629926564233454788104605647714030170
786181447811161624796255323924406800969011790922851352731479550364
501613013003828067884533563391135173141024267843977071244855993926
430774456327190903208839351852366033052369976131317334834526825772
849605743916715539515852956333008194184226563499761732066839099307
221655802854054586971189012219660240669460829422781432154324365761
017502059129601843671261833291453458847496239270976581693940402863
874677684859859221382070348649830522504843916857753454819551137494
718952124618141523990215336585113352535414111656440333991014817160
305596064373428680323910031407094111326232632399839699537619227136
973500148398583884971448168151714974590795901774492774451113062728
420131635843764179209332924316744005546123114291616263976070663560
386006560837140438303004134347463989548459451126970333775832905533
641222535927524973455348333723258625709633843342035966408972856443
178958761351810094275452037400888010727884818895951672312621189125
001920873733861336501373434886404252252001770462072668820070446561
847389682355647147107826826300452149043241055363554525591842135419
686511373978866630975008142564319847403775914587895906098457426078
857863202314402576460524637248392024315470427111900318904204033381
700098642286434180747777798344255598930892290697457018720204681 82
941675249134855996061980098948447489166287604198006025970012736569
393629754093208594546675623408046150135458215508632072266038934013
767305762534065551698152777855992998824194642665167687761191736222
702092278336052507704807075907180343633570756382836596813995390760
727068181365657591986683751054611521808378119196475540967095824956
017828245672736856312185020980470362464176198682717748478222463490
327810885463141517371814329792883256249937115629715737390115836310
870448602510300496946914258386937065120377046630824216489443358000
596868730214852492879538242286100073642036496791486942425477306447
281042550872919341960667052564506409608790024404064247311413566099
006514678880932791384938464806546101789056276456355644526787973176
600856459859045759450452936327322914034062409343851631402526002102
085325002803141809837523389639583076237367334254811893427718926930
339828412036495177176010034675192081583382936321282066313108914560
201482252304552882944291740051438913118279809819848432290298386962
825148739445820391094065328018875407720949074786117915770017190387
912806376236617440144045207022924523204540576280696579308502039812
183784020672025012026675295531308349435347193634177273406360262579
603136511978554856693728464042046848927715778043458677610085289607

369314413346487377352501592452119765975459087695020605617578193591
077403625835765360080893765328137084369439022722986532221828843740
013882581116297155345756740321498609755428688657987436900949705097
986093770278357223388331453980493989210171433582618967400312252799
730336457106160728496826402668234770455830154585574827171372435847
099486137265871302549402449573855889966053537090338925114540555812
456929413788827165199000437610796725728059987482047989567855938858
499483469651949308978149972776347330585707179027093568227576306393
049702296633955287633799130785859314207811335111432012102601987304
216706260143575841179770790458083808849808816662618535883559242006
305302464346289923082030708064941073041567597710077523985586867594
573174476709455684268903853112849498801814477456650509614898991517
629924164287800047413850804520329530539184097689946319969559127867
694931959273366205430918120556692462152740786651432352659207070867
879558641686045277535750207487671433377060119129403158574310767777
795213590261308082898324883948320949988456830767241759299430340209
439932270827548357388507419917136940049879858619423446279608414447
356652037928295317016335118153029312723025435629105545863957777802
211658866611269335740729443614557490563720071282544811355783402901
604851760524329698135502747147052635429352648136623886958489819516
790476124747446800847725887139455273671088784750842568825983963683
066764766451330823429953840637149396551260259641269166395532942221
627797607874955291748568842182486374632474778324492983235440257156
760792867425952849433898967643436575482307575478403350369653768736
549802239878011920354404912882683594195397184364725540905314210556
663207320463884838276837926105500380573953794021513641366249674935
373241044043486238233624920495354428579053065452772650722034659290
443202201716324235831378351252109576415274124465776261675436094709
743356400769041436221806829935515109138556573734119489032184562204
438771527004821101276120814078245264988636103832650848085252951495
226355426460671844543042653382666861006655771695171442956555905423
681933938717532038641155224288474087963872655996503545316017872842
995906248975694314657253297995656442753810259566672558761130308635
459508684842081702309037760107313710623429337807454750823785605494
798769021390566558589286009199045602603206378272907615539703831101
800844901121481192777967483910272882057559782053508834615002190348
376576463110568401425042106378331650979093472594994266170452072326
910171868068931598950080623997586948389705241612230171728940390466
998494272133929568126161004650902845621267573941439279503195865023
504811047168563578354042648572127540263881287194620920381325464811
617031358676710643658766055165513311331702271823215687736219584821
685646528460697066190543954014065106309733365138119633316594903039
216427085354228049798026714911895636425174891344121426361554780892
145283670822169402598711263211438852993916963048048178929629882011
238074901305294249294801611435330239008067065721378167971985686130
290301299399445124984690100198919360598279169730514759434649602883
328969660815056345056609378129236133490585780550945642103530907360
195844637121650731982015642422013268456687741832331024731921868515
643412032717030573066078517538509706917170791725285511743627871301
600952208920242405030575640215372736959266799747810707279372391235
577709346828475601076301279131199539176281861594303820778398243261
731966313336206379349676875089524023642469231904541673862358360482
837439278866547759485902892040201939593770656732119490991043352855
1798714035020307605557820191483882880946496482084241766992456758312
262478070390557653141263260242922436203719532918554718091596443185
685205788235010309107612806044570442514799758960888028125997862387
743549659904929673220844972443458243503689780365184909951214229401
566917453416838309035284779643067608611599763678720495505795636516

693834521021205712467189023635837908339119080206899596896990188122
321855252869348573651888630160452941028179736080689549524036066488
944683485357371170607994305471921648759431314126975952516610252290
957537550950933718544900072907676126346765291664645580371533060205
534741620555668380872331011456706082197136019911669601177265351241
440510936203601001758405334468987565349002447580184990285112905603
628154372796762883123816577437517662456404578370496485690904281846
741434107660754984114657421533437962825237739351775877039942552131
816901739901861642141354392779733470876597369481710103318186376892
728376366023019205919792959179148224416394031804147790028285712517
764484105931564467536330924157970212626481304280838933770672398228
654341731736481424562966180793136953250911287546949801550317994516
691228413844646308741027987820955877346176667793320063616141299836
112387852698449676224949460162224198481882844175972508965043238838
826776211538694490722314080038640966747955659603365865500834501574
668100371549812154559177082855269058782746268018954840985480647767
322593083364643266678951981323034384780554257118933244880337102766
080664261976800040145768192614123421421090837882603488039871589674
691868127595035419040689672781395132198842118325610948747352764866
436713359368373719071671361534428920725273057077805616065916154423
589107846465547369563439707372217818591230109443692313952203010113
674073457059526133029367437932120406159970890681203507862354127805
416826582353742593856966435762710973540865230333395749249771995346
662569428121211926674888665256315169706607240021939626684282515447
561496357933365845237724099687357953227591900979741551721334845333
578681422873993851902093678274021559991420456446438381600099906505
371881484938160865503572270641774386629751678966655499987889572179
026230908454480646518569309255696453172241089451645426796761819728
832958413935133844596041672854573991415080495944661353439845014276
180542209659848671099440825081513239252136069510626733736792233221
425995230222936409047664596154505594842048813114413172046469267049
759749059935116920439027605157446677396870803247804063437778416725
021988849435409828211600072772915050759869365684722016941046189444
582618551160041549451062815887248514034519005556346661524473749607
661135778748374003886293884886101950281280781792745034958405752928
452983890915764913247310105633314781346402650462629156753779092137
247828970031963259689125133021524656120543583762268609282030777416
870045904352635817494636724551789784931750675390464041603363847240
546498075003930024576610714660605719495109140248232735266912214960
160708972207220546288100387307622968906215262971114289273463392143
785758381679957096512975121288247076229375657213489062361860141899
595000293934330117463300332972907834026382527837960530000473559275
468487189299720656136533751537477921962495517969220085573147944574
288225924228767773212885980653704654024619938729649935943563230213
110848242495018006757189398611897262182430778317833445857036118160
941397634465162725658288616878213013425589073818405734222752790944
015079633506963068315858425959758344133931666799730480514710420516
213562175409048777330227396980656495900945695698536584320835620615
934529254241892916173052220979352465712270664005413539212620953741
607025988131267956667461709323717405236296319608936529844425074302
280497664164038282925713716360306176259672499571761536958524866449
317201096085345723423625450385444144127163847672628333081895855593
647600616352498590632887445032551137768181305334664669950154774932
420985686593504901062114129914177309980459978865399855599720886527
297388216508774800198668603163056123011444933193578407633418331385
977273234527021265265772962648846204405032377509270264409159921265
248626771659965913245715413925400153811699661401449792205985286546
311988145874191873375518550958118710196924176642924238937549451631

5947724531101984145080087615562644078821720935112593426184468303521
1073794000418382893605854407065172644916885787285452650728104911
24129415223468484489897349653315569393268554021166559449075153103
97083246234459570196856432675680385445193586873351496819597696008
20
125379900840010546335233641891279605446876357037106514135683715512
448361849192509499414144624632178459676671911648776744489599464431
583958487181884662742027844189992880327512449666964867934589413298
602330348292887626063713644580737134010172699240031409996289875932
823997324878713822652547419034882217749819545570796378004278014587
919441189077071435801103026624542936251505434616515198607934238562
390664551545908689970098727578338564769103346863889942896361916953
313831063514443194692997895215042734302745054891282240465675168373
840917374148437318197118822641196702951400104844973686883604892628
854074537124601578468879477813170839202770185008395994013507875106
453561461548450353467874901534027514090183464567541976045483308692
169390248980675092299229407155069237778782666991230158990938081337
285055529905993471678423507867390580365538952018111477155275161383
726656687055032514568315829590653570060806572699022721433791492375
242219582555155273904766415152423084130932793556194050053244414539
506109491632703871530370152810088754080933294790986591783965408974
119198714373411365127164382405244158428876975714977114147142795082
958870299279246833213370515267564394231135026287768903446466363218
444592171575879241131996329875413120183252226786967899641329341131
763665388968320511916362239963736400650624218691982230644198135153
219731985910156362569862181748547088883782202161710149124324921653
238655769085274725478596829812494806860664444935191830374836655081
755422573352685140389878650300704028993343819723019614734086482834
761260730198222686144117989843675583891590084699913140541383193918
165643088434978829915171742974864909638389673430651712173602754537
578343113521721501826959291493227874737425724572136025662638413895
262627930213000996619630032325220131382188448222153852531276767630
485518700683146840399268185487653840563848319210024722319166100913
439507678555138370482142849151016989753390789756323399217789038804
763368137484651689226357162307184064156632492410866923967601216010
814456092321337429145784488061247863773882641020861802495130573388
369415850878231970981515867117095173880286795801510678804493390248
068909905291953284466968288254552920787080905016614853675330813369
070048013388285854616540641332025069383559631742436588406472615757
600993478411408406299823664823574855435335905053612627428200187848
052953044769863226366278296327416370115311182340817867398766107281
273257785139211380768154189444041763294630490061864780759891264283
257299873528716127741833680517563794195244023212888549117741506531
116818362269895319004959229250837626080500331743338563784867495822
310586318894073980761449692017917513933532988588534336449979130016
571286809999515576368835796903449984723426041943185991220465827495
644137636777021611431270014347716120164648321329271182571328791058
413578619311893745953236310239127088901391290916652719237745868641
703648012032953287516120129170609592709077735616740193911744124471
246014178496797282493661458990725500824349970890968096364168915696
208984519256267193430471714563044323998155688693543372623026149800
352837166513591216931783823097964852220628541884734869393594384325
299875376511924923350991966689310683934309929177429112608797283043
316638758402370220112172394561144733654127633402705845417785774852
486316499991704854769484320531209292739986610752631319764337653802
952214163742360237221850677911388725805767775543742535744238997963
358197140322779356139744707119461141651761515123882362790564886358
947268605733447972830925709439137795165630585389041681689876925808
365068825009361192610789112427098812226934685319851706637174204680

9637665572893641713249386443340528873527902550868995093761512046494
8450930848209464606417794077592727351875061493452818176751710845026
3652044236776815132674319325109519200587674918493027769559654098122
2539635771169467112606023606943945721364807646499016637843748410973
3573009874973387215572695976033113712883158380306249032383304861955
2114982623586673336359436081533096204352318069905867253166796719896
7757396719850563320391627692961278450432509302784936557570466366507
0504235380700021043379054365452676915632116230708153866793287528038
9918102228796675492741413814600656548508777948994478550508894914809
5288265876884445662729390819614400683983080524037256950641143899331
1811663770163075193044500215661609123977876500738743398612137767631
1637994991603580029425394150936118287792564890199706361151183343771
3228780513781700685461893977078002754504705746574409611518650168871
2167815808016185486410808986322233409912474922580811185326998795731
6203036360120248633970529467124019239868886269983543109200456227911
6998441698832120180955945505348853261754254953638515063118962530921
1766529165824315900458349693970687658654243281945647647853735525151
3068989109796668878100256983906871131921425419886641928666875453771
2443176144635415665762871405535364287851801766219647126689962431941
8273100939741710425905524374968733303659687214601889996692802582301
5000250494743195788736177439811819412948004602950542736866923100791
3833552779750038359156208164728629951618141511824304864955870476421
0387157706452758723677080818059040842352377577575400884687756111661
5813925119356731909402096142890110964899571503972071590504247857821
9641913981864645698069003883646798367981012376946322888360915854431
0104942614876035037990344177685999567599330502253234765254688995521
5806289317811721823163795087784593437287864151446387303443730098241
8049249554003322343437805888464426565167111725408902425165680743451
7602957148128224094784605585432107534563821848048375625891575170601
1371468196421689717760549530199246953023901996148262601706284818791
6357991239697001594441468677531856458312725471743944500821629828301
4937569597521339743912031065212616962292811787214991497537254721291
3068703850875650615027522642033730412161623496397880994352708041661
9332272183593224279111657363092546649671249929614399075000097635711
0205091352172102674878381800459683310699995590778255464891283674331
9451582478152805746103415113435638105663770354879809403265266548451
8248684582906755643586324591807534607758016958399758064881377043431
4130105968843929917931741747428671251433132551775956673912061135461
7364831151979354208615472228327585604017733891732111418623652027641
4917630825994309391671301603555506639664006376991774482383984045271
2776417201122912290611855951275066506498354602961029657475437590691
5555075101859350758837894692340808844242104044351784510184494697761
6022432572757633721382667328318485104191372257279900302301951988141
5702121716572276518919027375580323980856028541791086963303805028301
5825415520792215467550998816607126379666906266962228804105219437551
5359934786322393330880742944031636339297431845742947964530484812661
7242960554778937241659254754257272948183035852407989706013833901921
1881647311557850526432810671078304253827862550735751441780943794511
5208769644180392945053371069580028806009592615542404295384939223661
9282518654578715415505437681721619494162439802366970176458516822411
8482349498561226122052594069468684335582880004236042671649205198301
0304006390821604948418223179378001878971473265413916596941466285441
6072011663385275508319000328193491650079157574254157264221073192131
1424033453260766000540883242243039536428517010190719596899622216851
7242058270080448845866160085246854711766440337454171697257316643571
1299349388718199291759466318132864866184797194493997567376889688941
2187412505181286522654368902847895239453189075978183784293738692711
1233245224027048550113680713014991275390637656776195040824729457791

51614725178334058293631438937472774496789651364811407002313274619898292467466885589843355545576042775737627609120580484802719998495539526723426269717512224621696901278008109844442553591517508360950391542809560322940245012534448001359071329437426440765715671941413957919227136541009016170299103199865705258409257998434141590790940476127073830478178955109473090662575049936351422786265074676659604091872737225477947297521215673568572609788566464575410138193018478212336515699772263615169997116230814735386874455953454013866559999562536246834629631683409797550456405010277261083787851820349370533279213894340837041728605351627431809719641851581334638617864058085289932616267479202822900779806148737877411733583027613120796025607848881890468622896278439020499837036853688102771127764916480789399444390409250759048332890872832414244933523646308167981840710198476936630553895402873674490337398474907585950356060720035878450430168811021442649884729717744959410584520038230125316607870885990663037128041215289078551534221312154711394784386313780256937275762215857679289152126300066971699384726344308284630682783195321247975797640301436814373461526469198950210342181762593659784532667602506674488467124609668661730097066252450176922788520569067359008431604124592847480566894697818276779475588470103788134571631881749442899892987167278685725466553677372831124446176730408752350650543917283196198305056380900140711890771221329209083766220493049679457866788418100358637383427091353528093942551819807934978546448024964273686684335521670808965836820495433367410868993443622970414443439610988612701962123616829423893580447197020973891992082302323146423505671064991136035773195638847191819769880710058067038705725015301906153585559014641266966919236290595038548687337612191372174427144615555267452282574000580347074835030814855107153993891683837311092750205817019512313117767785184487776872680421393928603421323899581851327766693655981806455715585403801215929712677686438428537188809179099573080680102254116516429854798597801200530325322575249974103543108838019843220023575674082733060839664255593659517583051615349713443826367990287717942890826604259749491147707142297025251125860603900529602402545826248325755757561216131279581281215685384085591627805709293724661243672058886815767907693035051789575639340031112592979725357775442005699664022021383473566037691695441318906191606144682518131601766098616772320663497456046509728826595127539727333686941755084872178893886406183984600371686896850918522983446577551641562981490543467626842114452483994131230385258051848680195708892261883252235536436873645834791469035678722598255759755960216814522299491973792689788065727749960206183123619125984229997445917931919070044699554058436069326731670892612617013398426718889342124987556990243059505953676654027533075503094906893359337655573217538335664890410728780373174267309618140745156207212598314724574830121106609479787962949043813324270611655269733179812220467342712122664138192914732789436609182787888276414614697642220502911444841844138184923763527714914690697433608081450429276576158754217052493940928386373294735778423424077954882095312623534027550350571028903943133681481995153566109244774270469991167237898955163904637498396603242741993113944290390576059074155553325065548215179292254764254508718962213113516699330454312000747182980065063873898926256489054397396866794321270549392327444279957173363591063334844185146953429812808968687408323754080262605943298620562918175441222290018402100592584355705001162633413891116472241032935430679924686315539002795139232997222766212995130994097950530207390559581191512433304040788524971092537241747430138830317970184410857045135768151291536244294925037526161101183732100465189614678269724442617804346498440708181946488570155664729124940018323157474892122721505485676173310551732867555555137275257228070

5844443069091168420794485271927516752388469452014058436541244190068829957459005435743080561559465242288193127203292340924903397654714651811131459251905725804935151124366891654022600627554580176117435281431489499916146718935238144336846404276729538716752608133950987596207785727789249855982834823289177208117777338346633424188492279198052968309263756731847097048722337076247583698147177421148043213630941487254781492630874667847895245556100534989078888984592118410223597827373165212801974854134198697705439538874973901457412211904805390085525475177691827060709796771265972488441968233810582599435298238267236317342426715578296460105068310046137927489065603076363259810279366112357062254609303845922309569944746489959435280359572812207359002148467487609628497018798980716170871860113170396984354371096843517664924795544202742247063771600035752294276137432881027737424376338465481823242545858652299370190888474776740026800100967319726684955864544676707987877175135398088398320732770178046249932786188807671330925433892842895473399804678267914598196746901983068398922634392903571857330959662853884503112265863257014951784436813918535839204296433758389492384812217565502103554067105827726887575137843597979044491452691790592703508814671877816814014900991554621690142569780350359587247391497616190334804564991698043894828487160573309708072050466548034875571233312222486247330163998671379512788679864381025542560425357927516241316245495529731023645919930113496142952218531698295710406851480382213988837696390758142551957119935917111875508775962547737751359233870322994013917636580370678440085956246876399514014714572246854340128078585643043939470699712197594064592144290107129319140574265334713416412866451075856458812395114011779550807321636781016037343376015731556349255659393736716561935500458810732233559302448256969965558388305341318667616899808566682827713235687068122625484629821031317607718012390587255347242047415200161766602180588246194966487460645638789963150712442915388404232450756032140477624258036526092051914829101027157745924142628710445597292699956501128606688546274875718766506696977960282304138110846930878716848357909254627803494426425458612045997199608003166303479589928945632553125425344317399853694598058360286745185081053313047647528537628745709777767541307714243002325347404093030694218291168164390391655747003216588110006242071852475797469805276517097274515302509461865993728504011681495778142596361240147809683786888511251471276223179153314870448712057937765503040166429701507673885504773832888178731212460074527612354176665768817010114942899257349101235646676396258065112713396498422824502730566937089237358164609535611643437505650299631516797453409382353289997025627180216562436255117986972162498323095658719682960254668065000046716222402396653824185505730658144606359055955496419820113969652844393015739310520628308914921806342871553537005900350470864609635410978841060965660343653544490617007078995831805614533906504770527431566417609721517919489283364812866046083530718819480534421773042360408411915761644613091367593152863992339638705407205479884795798861699621806442015353531790044765255822727670645936350572878042757348558987682966892335724288086806246324897918958416944579002959286322888293828009160324606353202382231247377367874061794090104138153305761028300884886494159225575438094606302586267698917318461563936799577053825149341530483493122434806333168840269976702447327490618973633454332782808207744026670977817820783120857263445609470855485214265848910184957350318664217482298567340632852564208874664253405339504502310275449342901916000844150398495202153256001639276693664778095841265604290645256806170955852041871281481347434451539374647549634422053892610995494428914636753895787605584248419025831181728850215885837880689893059452153928137465408877753610042351014931084607654329094608679691

018840384162250090888837411244830646123775233176545420148684333531
525807526673468582177646255479877158003780737152412484086925690704
928900666781140279791636537433395145161411107226456176282259912478
849099284872988870529808306524599355173740824113367757972723356826
803378116357549983476669908238378145543916215512856385576818804480
343213210293942162408135480262308822241912311925661205255016134989
977537211303331839809636216624718633004541360033833053057938607902
112932032887174995145272045062395800542689317348183540808487347093
887388619010213621756502595911351442127021011648093093037494167291
593624568786003466022400339535225142449151606042997647942423498377
961134986659102717829299312465284256303982440607897986973420603951
700753187578630616126471450010032081159416960435788247184765644413
513385091862089785746218053947270574914758885846342665182414683879
858080482488208055020192887763490205355158562400189346433242686366
341174030312234237172519433745140146909287147290589015061523895622
846152031461702617566758586209515477682835625450643162643745807607
141785780027587608048332596758878853180959596581481600806521298179
195843985925295184458469272466477076091516851746385647187622149193
215623010127131052844507481070026502446417858724356779922130399652
183827914184826528162510461472116304790782242023484217623506439141
529823005543625701476369958878450144051305748180118673087237596524
652046435093431303966655856293925156810381694666620313639439917344
896713982981562741198826272351095251221821704750686253399267537797
846680999542042149911343540701022056926819994042516658933928498565
667347332579493437311852048961480398907491103503139468334077786693
687354754911077611269470298782112564765681491566691909552936732055
957727929512982090715157730091788477963374300214580360314477890620
077155490476480542427051316776689353266943735909722400831594023758
388314763542140440860421299577016536729659902048363057779854577067
028190587186483061382527527860075879070243587438121184097439290836
223989125389316731842659559659548495881455735273119107469179828345
743767858841443980936994532326065725996975882421929358791454369349
104390422637817675573224987314756957013416041498872979606838574148
390973894482340813010956583016594628071917844798263328455536359745
121872603325357817924068700106861650620278236810634292874145081373
060954890892474450662277330838526810902090813243131511849533596968
989039103170864371432842682490648126662406926704213367160470574265
531382424342208560979350065014126838867933302418654622307472025320
717893805031719917873491122677621899708478236081116007980195606821
356266409245951405941919888659605278045961898798897812460445075204
391195108742576253503374285344359966802548772112938561910122074296
511208884295468554439251909040934596997623225136684493959391431058
220054977616511932363355784477387007275167088770183360897310533306
167400940748760848572870502540396522062498438780791421232920380618
831048172321093001720191485125537211230915157190161271374065368354
640345909017516919077376312212625722658664549644959123749618371939
551519665045731490348698140453817457369758982275113774563078672356
216976682523924529815904675621852858455891453014822265840535952639
098539371766197101587838732782383755847244288253637262108186657407
440201307721398294034324598455034889846916089350460604602972075243
052225050884840981344559999075868131547522204656145766233140452632
696535279292379792937392919037486967196463071806072478474739655051
709747509660626023429037646844450582247222021323863885571451323474
982034996604066211777772978606443414673662111064805331614307054651
648294660337643562092912703240902104351027595403970654729979272108
961839673150847030362204984020805668699225246595358373749601331417
900353700524645605869477674688973094413691010744202027223857514205
225470819089634991421944317404112374851728895430801845740910319994

61128055643344226228957934051736502953133602831432970249365622O118
80738379659686669385630403655424493757197421024937405701936945138 48
25698600195321516256897140183511652549600636011031202819953496704 6
16097462082917736572997856457130696516500162277788527383407259835 5
96739708240463152591767380422974317852831564944495450369564011093 6
98558179851150272119159176380048296581307898594703973120653780203 2
27603441629732969801205906682469014302949399525015898904771050802 5
38351571584280517815264264006574584027917036556283411551999177884 9
95168857898088140509686764825608157587168921378526143482401986700 8
59594918343799687274938039243990012408929267645452342219220757841 3
78533424878833535474932468597801974307389167814296105044449662857 9
71986849317044974915506755212791116158380570696819657259481529866 7
21333525808676789995964951596061098889306228869661326312175575758 6
48326279685711415335026472140795023598595852764820313639865562813 7
44761293814847740202250445085912182509562477903788965494526502037 0
78510053115696562202984993747508613619043976299599031311900804319 7
52458094000091455821745452662580527403998131693257001827684217223 1
80514068200502309296617727018544600370433014323452516468664561052 1
72069290603672027333539615770828488823728813588940453449022699453 8
76878465724857819287558201702633487954178253554557549068250069979
73950595046134205343092698190572553123033871330291285031922813569 6
39601283835455211594356914097746015819877412381988958667271114272
95831082708986392046218034537945562433971856249712714095792596192 3
07818840453555297977422106889367338855485881072236768784859382251
54035440994822529092834847801360135009151581145329214423539629875
54830680155885316596656633944781862223963580697312612851200242204 74
11433759617769910633391463758052035815470302952792171703514821238 5
30493265705844611319656225452385286064449330918167412723697272029
50026266949386760673907235744132686071478130632796252252135834514 6
17531790735280901135431467773945347102400608951781555830757211821 5
07995005588377445473192612925383049981743040230702238909816076153 1
10992888652872560217949886633964206182092131604317680117781542966 3
67350787241918340580597801941364138016285792981832086842444697476 0
95946754659351392719202708606667009644691264257896976005037528190 9
66153756618554580626435229492165790834984379257431971587706468682 0
01818232048689982564563340501384966557640297083448061878669689312 1
63513396687831362351177497941993054822898661904006471543595957922 7
54427777943966726337297466277977535731960843472491811902101192943 9
25903802602648417484447820051685684303466144125006122544118553603 6
69682994806572139535133407886924532705912914982801741121071884134 2
68787888298002107119318415476906323213303566470428019983416257261 0
51670413116849386770027750949884410851369316956444860759317083546 7
67369017773894297315455114592277011103608430557718241212234032928 2
29874439864464019195609230001394993453060442579969384917723978161
49451131204204868637916752530634900665239580440289843539255578484 5
80722003320292503465974481326140173373384152208726498583672364880
56433128304693053048735390596848977694106624899681646551018255627 6
90892330654374747732515748234642076182693720200111288490837408415 6
66378790491771579162617447253356921102796313636396193338303169096 0
58563478651583641040952185421892539384536519000945682188235121967 8
53491290747273345761908795277007145342964288577789197970051773733 1
89425647467787059514167095015125436325458585059092777722357441369 0
61070592541796579407364489401336846212597403776943629267107864806 9
16569414494764962755479752699750611239290659055560299806182775792 3
21198690451590594249076760144944330214475381107886168394173626824 7
37953620485786673661943401837539950788735707695697363348906096623 4
15203303273664416840915597267506068186919542897295549678007420888 0

```
0677837450373992155604973161965453791841362376013666098734374056156
4616345985238478285233197307913701982509058532692942864012889661562
5623665336680867967626902193385870094706204085027017894505168178685
6277031934278430701645193131391148579096169684416066209283732083338
7867641488391352989258481845308669975884128896586702428755687731235
5900349616499576082923775226893655707635413408265577248890243575485
3975257909113420179830261153474517489394228238827710449742344359228
2036621472973991367403671012159709430824875344769801066976990314194
0785020801000638451622035427489532856955258016698714012790945546584
4685317297663885922327228023922957255162170439537798680918870851195
5501483450065354205895881728190715946327770613634760904731651841773
2001776274966861929830048478422225166252681241060317143651945672834
8892810958904469510765410361898853483266943402184793134763806133555
1520236021763656182711315453253152483185016002550353002350998118745
6840139784132450412924899510635618839886059399851860662669837430682
1560893536408037221056922170621065402903346895715239006679969843981
9719944948473637992656271379144085545126277376803369248790964745110
6309430481047440825975290276493019099618286720668008381247708280425
3485451549448267335177099158651397207444535596290620297896514822799
6438228462410049492538096631715849474649687732429417148601177579254
6480922293925634847344849734476876789725518676844578041930104358838
4787449847191575466125277421065198340368876821770985647989749664179
6375853276088948339937898038693590500388591500418224769262139163222
1151170732974075729995059216141953417954539564825806957558191410547
4085836697638897485443567038088777622534237252366586252868607011207
3766444177034759239022054029211833635920768287468191635734436212258
4685515849117378281498933173294328687866734127709419506140678430955
9634661183009377235593155008401882042990111253625495158658798777933
2016060230253996395820888578524640683893060314881551188185106339280
1380688294775533868576870062873818717550962023016789082957729937039
4812355322511773065141377479705343893796451947762336804445661037728
2423774640653174719122855087525701248555303495842547755111923104174
1260896041764530473844861849598768824455494974223707962742522613785
9561508152701735522514060924714662877076575923280000636236617818518
2014661299689732045067019387912233902801967928485764215175360503242
8049537412601702757403030534227164186394957860000645995239276691728
8951034783250731781367442373727643857425217775361860499615778451640
5621251200757112686925439127054804174130629085265480196487981111437
3415755475499917082236619650715279722050896985205136490535547278448
2972071078145745145684608611115729565963175793886474842463316376564
9448116161921604628737029040409753672886130662513809093509849143091
5201368594034990362979313644033125901186964880120878666141208928978
1050701755926315932894759333535558539615357374864732778846929005148
3756269645692713830108719298422825611441326287969308554351482195929
4806708059222682459066959870498056520226321886000458133848213383801
0714011937050319998655891249460661314089799465045029166977232883060
1951849785565324355223479476176792576544582052660516799447607227055
0260402538069305498861065092174655658888730178883841289599959659159
3227930457380841437898235777978122166391540010741213360957168963667
0057484589520547926161961736661796689247300318163307768429123981774
0029380690464820050593056721097047072358576276559715286668574058099
1153560586905724472242083498594270765145780433987934167957681379636
2083390395083293449558059536376048546223113625167923643813542477484
1948043589332145988194213605792941674122615999836108550167244026493
5290269294762413425825638723031974350786160646176951012185410632203
0817166112414886764403388729757657658844395220221961007374345414850
8916871337442678359527056131521252620738693321830593565893062103049
```

951160121464198439793903718964398693487841589092209093907042757821
905935709430767237024389005345312096700350896192224298816087686432
982939714882496041244651328082112489224188331444749268803634239182
966671662822415678183967524379665967458116991492813690145022797801
359769313865394554720684577771745913853617847926695371036950896377
227906128123654791570888690766768908193749340610368410673860054110
026278700874705947106586451439196980559706950556505015123393666589
057173313364476421307065675731991903938811893825307521088285951614
750680946883924574001113547027478698216862127432149766518830031960
333456223553442141736811700595766349367622329069184880323734519243
491246566532971823841739691986587133313412071051707368341724123447
237186724941510842704961554950379550152873822486053846067672039287
586862626169843822805601587578668309251223040159989753848922836009
598075215949025807471715773537480669005001534985359036976722971043
715921098469391204905426246339608550824918232865843934026293826856
371525962389474471783369996618020115478824991332365221595665340485
701123258277081886215013071577934600274395168927524355182396240839
150123473924668651002227673515415339817443806293681884318702195394
674578806838733045026699348204740930850952940088706951818632548354
824966260706650249956468194106470407122731100421544185549123163407
340196180907498723670338997499343924399165880651283667905641695736
521605028224488521757361133174294735635774830847833098492957430573
060450412840297114897365523337025293332859341544883137400581072624
246477515535611897734274294259684019406813333814161074909164044307
805277729770093827687366826928083628346772591003284128128935787611
886533037994391571099173130876841482981473167438924150708123330466
386665268851715228773495808650709021102713080114880705251086164181
615255674817104786219400105612800134647100048960081618136339861314
375953783573446347009738022397066733317884712174216623797833950508
494584056480430059112018417300502241962981137643255508625993667297
921212396833626254330792019745755537985778603339936113973147973585
880467482663190555031714751074082657545538452600524391171639479854
543854640477445274442320820115805894011041094538330920475598313012
780340587673381134517847042396208849358293399476294892749263076151
959475808635230500390635269755089737196321432027975808869585297731
621983594425668946663498655664182852784053071039460383705531953070
578143320616548372087637305421510498196398231622394615554016244819
227488988991548181616101412911142233274248071051202784972384904402
642968076980344031601013659880856422960754069569557133508005356595
188841456265319836545998149354703533396578804947612732090048553113
590869747145353689015718969841577548117779410760419019145652728884
040518827950849008264536013242915228888937975199955998596828893608
911271091030997306757062186597296734639843061928429550429210546691
609154182803517832368415521818655679634071112430643855154156248975
176397718812620984087360982992383637303027505941877062626357378481
368868368293339698892774446869696629499689660276916003698605968904
718417160001971841236265199793012787419139272279869802272459522940
152432208404817539812400825763713606703033447765411404274369962054
125145048270021051517411890882549260977472146205536677900755200879
989232346535925261273772769545671215444999501484526854325974087574
445023559503175888094678670624279504968122317381953193469955615100
420921536083260321530691857272259929860039539254734318064647706444
154409630859833209894281173897950682749552487066282732805364792474
107235461194594426537978749869795964322144950143520616632736083387
789574626900889609416213734426382002676575339103418924761056359888
170083539644955852192240769813052521731950132374196453428976165813
540733130263030285478022485192552078323237454832679632890712562747
524612292929641409424850290594741557599275124250850699663473537642

940738391820741909162541609728445916256144727217059082938576767130
454384335990826160862846719632875160286080403534720853621937494941
366551991508536892373512748507429481445196541693822917931530918037
820472872238945587726485845658358368883541761056472125564386401518
568769577988275174222434711115526234369721170763345046653272476633
423782119587911761578339722874708451279886599245183279164144598280
214437270189462668035792333375174806410499318521884550682118360856
897563251181387504609424195574432639719843107892775247235667228839
552735523606622598788598539632877284454683694923676064844122735368
292191324554704074421666820674612656707964301200553515990474170854
616373362027038659522738064231262187406268909039981671086150219582
650064497781735731850521577151608476313142971006824824913916249289
255612638476738621823334522830285701381554374765057846569058839482
531341998139629573625019198571058084667923649110592908805506833821
771837094406269993826919706824470532005794540835186100366116156094
508242398650419987316238383574666454521887359026121934531604858339
212666377250620851905462362373373281142581664384249889798596679541
759200369130045370371962753606871830137648121274105614824487959863
510850054873490298447752975753493966553071505515441039093865374166
652159183354997382566893264526862082359621402396340971224268268700
253395582693224380599832426908453047814199149893110710157169474955
576352194587457686296301838990582420127878675579693472318503074461
060348391459879497794871139135462902548628222497438944743868266164
360683181248859872326879107661623053800860292158338144328453224074
623554187998881747238128535968382895006202252464635731610826636036
431485635531605049915414413088721541443317452537321065139611973306
948781391309687331861366696193940257200499308099995348219427655878
113235218778124571834239764680697306979340608138301890778537922762
154846640882312642981642123941745697135666153982555435294981722239
014522235919257419431464218266477688866772502171232941522897844616
291056628542007145388341678148913456674450692912906319135618469153
315855813507648754132185945574577015648665261674662085801070023556
816875810595967699890198547270641753128848749413907086642080806276
944501319670197033551810041719242513644274485219781537035777096179
780365547150100641818050275407358363121007584869042036045306374303
438876152382898355737285260279010965811358399008202510641500684886
037785145170399362693832261888230189959127100087907541662874832239
445228502391848679138156920568635432170416335863703532435303860313
824517889442520080485301480423264006520996296009664177693761308208
068702013088347209999166455805747029726506424859031007184698953106
901743228378475715367509849704348348205993122322475198548535455451
980842281450746416932517417116603293266776227819083489722751003080
897525205030246649351264612784890874118303858779985696639063450520
022123934526686579920442386148475724289010511432888381458370014867
822833301640727611403694136211573716998560584173544560803368889069
252435338105397159315045259209401288682676195785113132383976361566
212857648264097235668922065045948831798586410105643818698894289927
631481613114119783948514389640201616144702822217564827342006461530
161701567304518618437705212706257342258715062895985488617620522961
688656521583778424714947986648770706732481799084249744141303077278
122172757039389853107662656948276197633287446596045593501802123231
361682946910516536799613149656188142307979002819702075307204137744
966745306251107845657924638003827385686022458954061439361499404848
428696980648326210846438074333655839868808998847151429570101451205
496684289667486610186687651297313962832144102683416586035991143893
180762564434460927475028253732472243963582314418661898353373236916
808695029220481436237204812347239217482268429106661178494353167259
238504105377931104908157295800821890410996537405229404620198482059

4719565468430076822037328399061467920788031306210807428878267456522
2279510397530185492450108066714356522034098520971712751588390486 13
1129466673396409924349264716231223460568160044054572146286566256 16
8928699746838216339043317628637080958285081909697417621207405508 51
1001815330208171813671768543487272089172606743181038687549909642 87
4280410652857444783139948749789244343537320188375097795346044005 28
1197852692754424896325741629879428825506076395165108387117664673 76
6387526975088379398903288357402112295635432087437414162494910515 76
8227117417711932232945391974092136590860000476202432818881161163 64
4928715559908299814543584037170956530527567900610385822005025774 22
4292569773732296609385467336929449681543260568582340850739091504 59
2315081322676781063632505958627455148922828565406945222105635580 28
6224167640557695260322183356239637398808014246118755054609555094 12
2720020016673290789780007096384828312446295596545022120743326436 57
1869713451446896888922951080200162568079951218413160983309702178 27
6860244871443361314459232060147349748148691320774245973643394920 07
3088574820672241184792682405330459869275458970721315458415404772 32
2220839208036324127217631162891881643394036869317135582680006351 73
2097450524378305263342982051585729293729065144082252093140038334 42
8600943717769650829294111897120873707840935527547594667607700739 58
2996325838861067374507926180433067251405352116133767896036538579 85
0322184508372345725893974482449203287338602799204201279950628458 61
7692934934748645046491968635338391449569329353499139922453664188 10
0631030710950568773445423096458954361418630876241494447419866698 34
7713405300957797872079291462389626390884639299690639310163833638 32
1319539379304280498487596279495977933648358480037841610186331741 49
8133643427387980302577970218308865036418106221571029282021587181 44
5626643551912892390746449491042735969276652311469566584458181144 76
3773752350128593126592576075055650198433567754320917506901135878 67
1619549365520291390943771733201558080722733319100177931651968154 22
8088370576507598837597021754117738087137985338962896830262981628 05
5301107557758978534823854812982810501496288588718232218048882601 82
7461644879029172841840002936746970665260086282843883088133563358 02
4351057763528593351544438010102449942174781896553188470873781552 23
6440714542829548321311895375408182160748659797776227910230823364 84
3617233660291719339926167882868980057891191156961286113730404222 99
6244445645228811797471536635791461504943812179699911719553392915 46
7985888569082819110314718381129967865651453059679813190800422182 70
9005693044807483008345642515023609363752556383193517427034362926 84
0234776413899039043362351851350263930095966444898776041743786038 17
2342060790714371194447539522843551677888570909340590984262800755 50
0248725830650557511259353896315171826065846001289326829742161791 30
8116878212721039217579698337007055600479265997432364952544755986 23
4844740409617147566288275325091737591546032508096011443270411987 31
5969680079689360407597750180374094171469981885046628982630503406 28
1730282319799125530918362807799251133065557772589580549721937547 68
5450346607218411557053096747424723286992072949541768648905189668 75
0773621842979151157585159066981543346997356951876553230061572819 95
7408798433268786548387703704838867969634471044881036662552958628 34
3438480462678122147642516601976422702036294508798790923068997762 62
2023363411771182015399050173071493996115548403715228268577998385 10
9384004528263675761260563984391352940873945574277648499241414685 82
4291385791775623295402016824786676002102151382666411013004217800 62
3443217919523686177696138805006592509070252900155749948752601372 31
9426962837691739012328002602992780683106302734901011003140670779 00
4579276982793136849451630895091829048302965001908928336498837214 39
6180793208742328768068649099204449507359860528957211699519040408 33
8984083563306643854128890071475438665670708501846953790032571643 62

715713573472251059295865110984068456897156582545572563335559457657
774761802015683785236403149785380983156625318580942578510581390461
546524807271983290957729580553008835764393546571457913592767466432
544838454558273091398616717779959434994550317477143659796683456454
234578234953022033793923089622734428667174667986556825373251453774
300922372120275316938566597761078235980188630750756040836771274187
145896698345702753848703603042584280212778831071351132772777499204
648303734048642790225836760077390083656159122196628426903636660298
543235363179945147033963949613868716717763056546091885655184434451
689033462458468291241431753586574989124759556089604029215539397744
642887727951622306124647793088265423574801071780915277401654871046
826553570309898131083104309486675394151163167665828140370086686554
764383397704275712504474922142296908062278760854440485881399571274
756130190263751507387831188514410053710314183163474336751174923205
317682583915034235450586022630586870277924322969161754595344045744
739971171211920778991581218062470944155069472735140123455020462906
778337817621419189014690880707981810067348593967972669348769652383
220191082087313696579981377606214334560839130799199491618842615176
620115163301336524026865060392172540343455286751808258010462905820
836468110735183372975196145612252537135677118878425199402354396224
247751737334535338915072628823213219610084406315154799859952158888
471159978375100106259724395444290564783724282711276886130872971766
745038778447060504981792632630112179328577963021341729058450693842
312785744709828199036893333232252456587848649909717503202216728521
499882775465830655901595843516185552054897826736135796279574933052
201119161084208023699613890043993283506634518164076838998792241323
064158867250047986219148727609138365553456717578454745567604129133
224460955148312535361128714521074304363554789821369772009279301372
617048908280393909998355740828980056130326328048784070258801908538
773031881871273074613664205091087496124190176913449970774575283633
978323156110356482124709035953681610393841375688337715782793829413
546239162705760560227177983532110818251344199026772861049687035060
733720893553086400814265991650872235972694624860483666589113039585
075104744947269939264526460552266518924976453080721310935209623157
608488311382603647916682468008414223588777410461155693227078879326
874361283795757685381840746778209846776273672446911189165465543048
479710421523977928920676389663589638356641805894421474539622623175
326557972526814663117697801299371109824534052292709330039962951371
443831951350573178805666396104212257787252801325283848330829972881
825074988518314717684205642585248475129554534338676312935464407773
405000721996838014052269594709199118955188405370077231658195210530
473114914491375858791465623887194647984526528480268964713172715150
104012602307121222879224688811363287433466723782055811179420272164
792256537042244877632969701292769131500425202259810800999798855902
356890432902314785387387240209474483853941778367943233256130938177
205017343097962453249510339055541937311556781096005736046904087935
062129874882405284974393964694658467774362370280141430030440166179
011657976026979051136930909194130040439925056649562424683802034050
894802900026376220057864055215622740155388028003468955917543127621
861314760525568998950949893238347287908253998423463975791200470117
076564797800856626474611921493201815268567633485843782147331176775
382064248945809658200413472695716237038372077935659762005227802251
822529632003253692765319844596583810375507928342527858259174564350
062608434416311297019553754748518566666109082130176889791760811867
452945298815710766128602140319019653862395629151313915405878496630
720194218580207054805464477547695567872089601597179073617241406114
197727650252901385992813531379709256036120684983888215192251813217
998093335978213175107048380602194223577108994591747051824708603819

5757880028161556161166585331628472637285890244233722087246293327O2
8353174928410044347263041799008694169287372227838080288266378O1392
053292867729280423656591256451489454928932008400609684183178390593
4902376205000224339124261918283291801084770695741558673641192801 28
3496458206833115754626233916641813906198852245734368306773983610 10
4642316464133135532352273752664453382030040955103219288976104028 78
8257165434018178388741015541294894921097507774609559771524786912 88
1124482928425719746882048856549095615768512861059352678026561439 38
3358592178867356600596530098536546206425434637910629888573898318 35
4369679219264775780379760991519977631569730191138816967770383136 17
4316445378545700731936052197001517354100766869601305437275881607 04
9987789365017422246617438193269192862429301061984254163460485330 61
3122444410053811904217052950210203949284993280229187520880003182 40
8337953638642237831826693545467637857036064039922133069977838159 19
5259555588878191552733115500131708794901667727284263034494974713 56
5876728143942654920526300619080005910944956218545217579084841829 84
6693841949558812074700106037683563441033205450016151657240720125 29
8604958894707972183425970164384759848658280980869054903677261462 02
1539863629416377179304762721831365968096850029180311410797043113 81
1864184914158697584986602245464927651310287275862938670400213000 59
5178163586440778748117806522568506530713507342458944602683462083 45
8031339214535422338754448630386070872785027777775086776299202224 02
7107432459134004028928720902658654473562108425271922286631314180 11
2202868765811959272712835132421508816450191208996690219737367720 18
1554670989399273542199116273165262450694992002848523663471619210 13
5317944601819327396072124887398157503934618170208223027956393354 31
6765552788502935163273459472657951040114997344823774206587573034 63
6025051615613927268982066048321085542322084072024003091375158254 17
4604210574559615339198458900273971574375380224264155677787593079 34
8042453601445500804634412405440897265939966330079979725921292231 09
4194707838420418307596625539432445609635895414225661367379692854 23
7137647495263375569771626021992267349139427236091784676196587205 75
9703367639965915756363993425058788943766830142891641757385033888 10
0786002186250388008817542820476784272595671960484060571210079656 16
4926916996939208557744994249775621141413332432379515093640966413 4
0808447528614157971242508505925805081064620512457221688482019793 44
1153229915524820485989751301007559884796958676495248802794232312 41
9807388735906666496491511396292448871057045643419978174371093169 21
6647620690940566563479122208766735316201439579444576216638684660 16
5500533947931580877471076476445478396109992723489002851457979744 34
4660440511176045586177008433876053148008853673570211565036104548 79
9284037532175914820188299399708652690645538159173954184083082629 69
4214229603619265688038545999145315531953051939183455018588454934 95
5788237465098560821298424007951804176372673129537115995329871379 48
0968186645546885144362583503666244085255859306244147002018821220 46
4219259172345933989619257901631775292386555197656249237162846568 53
8934472706908824411028132584191077575505481596675431195699439784 15
1633240688940704392660811215618619025303220713906467697732683681 50
6611237692800248968355757137231128842582768928782310956781189966 96
9774094893487241466149739727949412661076369402958236283034824223 71
7633199718432399903981284939398586827244646054071699259408451818 35
7188910943512641768469147790922528378375323956019474534909055101 64
2338078115996634482620714158723813542032404931757575337079350969 46
1348285274651377146834205626236321971729619991708666383043815049 98
8726067172676572483899667394934781864059973119900529660035329941 39
3264852632809300822108367705019712870766990024781300851305272966 84
4060610164378230719136307049422049383419600953509993987135158792 52
1973942806151356564313408161568884901747824857836606800403926759 96

290863093790311150672767194187688246283075188795068973905489798893
999883626631762238054216550097343843607589214242046806810224873073
877809478772352739016455743067898417558609780598011596558666081808
783531930027125973791335895789733400876344311886148697683788112151
087712667757231018332511139198516665079680964485325566384175831166
94938859216141667456755538237860442445571263339667721462244674158
690129562054565276810473636826097898649630056827907376919863156012
916142569306478100698919702022653867416260304963399712736676795742
895556631401488118461544582007593167883566826708991945569858024090
677654274445079856845354905475878108274277202197966003820209978659
519699449293354316949164917055441294482092967609251479903225889004
953954995722993018062179262112407110162209578552704888605381928423
608529570140657674221348313326026342177054373095357010890780730221
354982636285288782655869156856346625947313258519565913846892446244
583440227704967066534993872354752090977064881709000110639125571874
068247047136722570921712228672111917253220469145969221561229752437
455506882056173695494066627332526041370446290865446151044256007632
917948614510692258879443748157789125088591113417223303156749738192
086397220651352015828008698246876537375323344666978377328101114526
195995886665010821688159759495666029035275833214937286435874599676
476525820860555244733912117129797672981403798909728650697649203220
992792404020662929795608333348370973437110383136407411648476005069
852015674472277835899960842557884272473530611705160202186456818014
842377128587661659119901186881409516094024580682619905112961121275
457411927534638229399475349910748595614107959401047161296588915916
567992554444225077969298705769705847914304011825454535611172427337
139999943267212771932319339130006890262678523004204477598136728474
379012867170965176478255946009076012677038666595545097404684858912
713323990972933798358653508097267094853161645453079087157352995507
516924250275201254820633988339034478284894862532638437039404450543
436312024049568194850386290285693371915547792962898845325057659768
207643446294689814524433420558044994658582375053659570536224403818
429935935441506813507092057744497999051667690538020962176636560683
578158732037923102676052862595077654529057952721042041385246156860
576562821874755389025205785080074069337294298773746305792569937750
402685661586616804076154221619388979463853633831125958244187970971
954952240747959539519422976858251390076954836547899338635688061829
056793407651975802467421791025033221696437760044128207799049032330
812317611237997257214692833121847175212958011916642273935144376698
375199845306457873664077738069965291870312319459500416451412022582
697246981461488184628904987272836192381272041977916155713134479968
757570339354019325461289360256544031228921782203409543443883693546
040895445802479018084762970341979623021602945161124769165018600598
116417274382667307289529784092440165695776572555572957613024253354
790950676198191970142415166593574460395967361853255106100792443466
532944181807012147646030124862963997533347247459834339008685160467
240225216136263343752004066323425499308421418588260982094361574324
084564710825443101883090772625857025112104655164462007203915374647
393215292063379797098517074773038060536283898151119695460644201711
929566885311883280626433431701717020517026485281318412516343924730
717133554950605158671361101058050469783588061150722926127576939521
408030298283970431417265709132950829112534317694308075468655132922
242764990417404748134107636819495739774643796865183044465668398318
484194824417605986382138378235313730452285949831010176224943940539
018649427132324272489432022720850526670401611065492980272688629950
320140783550068178326612442947337934708704036933947444883640146301
430766548886919995190654063116647678194049730100375198570541672527
647023085919922739984234149334998390978640343907692242729337668926

6049349441694715697155470599042174219258825753425929999565986426768
451410612384687880654457917717504027762823606330079437584074366948
131901830157091267666207989331700172020539549068640945149774097741
094373452109428596847172702340645067100714287458635586867823699633
907994488074376088353368203121137324451571040418642925879449637775
145772351175866088174938782675387764130377951906050406476302680647
426906879414474482693519539380970178496731946452891438922238632801
012183431411809807504797024389919357272570527060547047281474647446
208222454074714169406520696951676001055917701364897132278420170033
566432055511462217933132322217119327373477715778865837696990791171
131728353740193571986318244470476154481845770252344124845509681281
166649709060432274718336680981167836515700468018768170956889324184
407362310602566274757479697637472090635484029491734727487308120195
052709637583607462545479352954234171272681981339902641902576337361
165697385508744130241104699836432221001267728682180949890762368689
263384417518856262832129659941213751796989052092475199878946684512
057837358450431489084456881613840158803969872920098540862969471322
598632313171273219428914135494323359122937242309660154616499698557
962763275554577984454403223040904934659346663308857369596023285750
180268502120007127142076555657726407983020729194806512936021776113
609391135939353081217736284318944173962135545360500246138787960676
040805316930025093441825713421613614440119152289530653007779053972
003396628941794659641777983559253422287774656400034393526477351783
515933055719947159812125038017559547577745951520713908433610011537
904901507890705670881844574114508830512299700209969611309712189372
853308359428809904927007467960128096971829283941281989605213233610
705214431760149950199589535897183369078283138634236857956796563419
293049769815209974528878312145973684607567476636060039687917435421
385034895326295820544748769241330366118328689112778317546029127912
955676007418733225542908244759673043008045896634533781987536994863
350537722445159010541656658870698989013753888024327585151411858454
353652987491572718865356408268327225110147009098986271677224152877
689862267703698396995978281655794088825371837645374022181884118744
813382879471964454937570020723469625336015922182028081797260491282
924207267129800242376002246485008798898857231588422146946147491027
891554652123059424861027260471269813241493814990176735748960941182
680504771730131645894682345409075051861661015410701795541759759828
042293862715551077779967459122466163847477146011178964858677219186
104417530731906039973098127182191067244244194814711527834303920653
681221424655022693020656758812764754343855734742632815492770562660
066546711848765207267335654731669662177069833645835826830207766337
778647489587312552194785990526293246984363824685738723284277789839
925737597904038285297787397684663809624175477591483096429915528145
165803728244231957520927726582693230597524612450564355755914053401
429767508244334746624398583437614879389964144402514113002468869371
952157830448693443840734559086690946448138235353204219253479168899
801439178623237601755214594654274459179747606361665240186206188847
558648738058308937960029471475549016794959042815618428725158529398
298363206691979956738947880019958798034828312599253297599105020735
073626602542431051328629403495541763991094763294485429044481026891
525958952145732012266399103321680006863504862007357034858961061790
277660718167706817936631804538237919125956198438885760951802894321 5
796521205657611093989915496884031377549393540856953449908009012703
840172626180182046673795994682954369719423257922064747097589525107
002037741719426389346496757154272504046938718835727756344487694459
508498638877616835505884970028685726928054212917958581319142283803
871372827552868306454333148688092151697237876013755279811045966988
291777962410970709137037883930450645012459886785895788637091048216

5298115205833227808177991560826384334655419760315048884191986084840626490039958781693294270619622974531271365326944415146362569734275241608734402697978790021463626962620120377533883677549691572082415463924241350575749432317953795546323852419930894060511341098518780558840927355911671616701871181553505823660985691939227000646822883589944865752267148004631656752194201966183070345216392823182511277834283289541424721726008101478758030212294751534403712723321670865724341810804779578414426518997788601140202712329482376233826892096411116301103221754850809433535043407762834159300300053391341804464235262400380739510951370111585095347324822374380350893528935216587780976003257121283541953122550820412698760354189007713651108604718194108088431110742536391713898813597531932334651579864775046845758698939196311882411441543035704000826401267779538411066650964079049875221717226415649043495962670656328990457837601136851326246834602134845575646260777352188360216622168327326752466009077868093484338791981564661208248486780506442969584602102930453724633487602599622427009937073587107459968463323761050293787408079067362688314322240026342541834946497494337876425107862940494355970889509680133762402481909558113491329791361379976702061469804350149070673315063787624020662390702718327904802851482956061154740695997256194929668302102119305025062268263880896540629845561979338912841975881135820072574356168576772366593657751853637407687010082486727325827055947358759499152718354765991563039137857167298544040275171738826587384991774630988127769334111333640702276667861050716885045092417768179812507691095090914411583370303122408506723054581245437271259392013793712989504976889641046583485074819454011857702359172469012966511482150074342299282812227997873756699200712962845547283485924965768203078846795064702194730980149497744309949779104146628500906670090421960298663311030110011132782301805889845558966393460875372851907436002284230389621517161956418065627000999956013489692855739326265725163640020407998471412336038886746834087295761469762659715075739705145216740388083854201531984940935620834941808448216518439071864548579354119886526224032719177493852757822503822693597054005494545632486688166937021367054984886527552679637592542953115273943389962168015529068835137032902484582581507127636005483568596542941065170419630389669909871302275853459041651175097486133027113604353170371718416809873141819585031564870772149478854628003926277518456650430912603414221842304210133140285691502890354177509096542281408332982473259563282470188681318906977341224009824572047781021244257867941962179708245494715165738807912130559425579829365910185929521458891989736410574890894887746130638684259775642325268634634396779838391211928481559046325726844298069038018489373878662677601466755693021431752909926805769995789731762891660092351933832885941822434444837337458570622675049768273613929212565903885590939178962936286792195698567220771145167687115170363840099018030189287795668529739177054160961453069937591596227833917112798101298430027748909358748945398117353381576846139508418563804583298672849362869287801275472398663892413528204505780353885364847097327544925680094275596516029103457751245135941932152689509014544595241696113698064708110231533338827666229870284100724886605287603754043021857842964223163531335034068040278444147520082689003786354784156536368956731168839504335456317801016615510364384488614982713956079572913905790086466129824415228134778644226453349015863717448862610877742837337586277208196830696383180588110789389572837677830118699970089433656062457189838150176746551248089349447700083734530619482002243872523604954757117394662913618252446057626009488669025658132931135067443779323202503802054350185299498077810525998530448875507249312550651003885719082485478389932660286033739356873644557467569660119191601438807752987664394513570

947607144709888932776605307411631153013911049232821931105880973670
474323440589088285640026797594353464274210784149061540929624083387
910815657899094988157126902366200432802152895896157752220606214579
882840491823383657351254312693680379872686847552369200777721381179
649240036159023457700349411534068335573824873913135391914758158527
625413375899842036188795513807317346224477123585367279053008355143
691747085161009147544822406092245575761039860966356788289455003336
043337208465567251648946232727869309895094558630983011437878258832
122990671329181939765220257245584008140241309321334209506896941907
787020261535758021821051232908135283195091572599255500671987968751
463023457131529536331288669612988751046150859356338391507026224045
056795116886946051109466276723760723750528845553323504747748998015
828804575300504609169021596452383038262921063032258517321567528089
135848835485487124126532742471657522015793560433819846488377660552
702655267847083560102435686088326611788097703136061377909360911308
723407720961810239015785329203547127196910567479470441464331213143
956096751662611289444050366388193402864204850380728609879198298048
731334990048455219406573465415553780146623057839211851143279665124
261860447837066569424651096974621110662557267176417196320000606794
615444473830095878493631232523528518998571980916000681419191861683
890151812480464347190128400070704117380054024841599367102849240755
930396348724030137535199115751180444162615222008808978968333324522
000440429731261225161765569424603020753595893240208528924924352707
396565138857291831649476344881044603214390876483265516729876219997
368370945854939343383325884620594015729844642978627786282332906904
492327659329244991240461338339690152475856010196827612372034305510
897923175286777387820132668450988071802682039220280484921574342425
680467306971771218734560857152035670621700838936982753619171973710
794073999060368395206127922854971386002256544673985627696756447769
925630094957092701311919298249557757637508594236914490683476345460
439443713186795630258838268179289757907386757743819735208131268068
528419443653155109713356812574828346979017890143182775261808833136
399736028295990100005197243770152558648191061236176764114583236934
795506473752503406099278972307195082778497001196031316247555100872
885217381291856087677478561960638935124092507858062866821553712362
464896932592034892191306713471710997703373628959597835095325235982
712896491987110448156130108291858127392922110179269486428196832862
469292108464389599692881655076958228987337238615783294284880756219
323095740630838089146283641381169292290832336756904067876535761639
617542666459380243601974719954034836508568871288552924293518679946
556844513208663020748995316987888798390898954565467592320605819226
177883766122253354733863709677295930239911805566228092649500449877
527733462521733263893894949146540382124321807361584536114046021555
259753667202239198810502846810737704377232931215975362275051572387
645294363483879135289887879058215501111042335845183102276113343358
047897141497715251577898482989361644918289793177903264672287494186
754532691836408798282666191059531425286630926707017324059507062273
866705792873388271849518797606853228061480881864659328799427797461
245295409526712496904410461310739091921123969406835184469699304716
866174240505192229767529852966848673483681162576635255457522440318
439224623325561652251410423592327320188833636089013605047263374962
058237061848468952998652674663630219587161369367867248353561099403
738139969890044051538895903910328279457281511397587762747445318429
305366136379516981727460520885464692320417591143500135039507534848
961569249509002075560557543841702901460781818699249239391194382411
002570518213882300980354585878116400455303112771792666147437748373
662374602020735384034823096876778936230561678938067317856631371635
387047158740172890527249125208271689304373982296588377632265870582

768134735329947863858277438165477936098561315677934180002014758042
455937737830360395631349135763401350303484073992757865953439127551
602075308652365385274503788859712486671650039877419265374145011160
495071001864930153582757306955302684228758483403210477930534852209
549079257356397702757373204550799101581843679809773130351644989780
684770092412465890171794998639015234524231446407331462397045474526
050430187421299438212570644915073546929709320638029037759118818739
015791038279468492628606493557705792753569998447487845448455800506
346031019432771827220312508097750299519197688024658963981141533713
506843610011310996298251092340076886268173814285820414110607895701
149506894308627965260288795353976116845807304352996562712209219685
525228849169734490752782340903793436643175688240831929497835431473
1449399148444944463428965717965533285040094675939963594990733864266
562187481072632478724304062904946792025384859153980266086302820683
710681925863675616167488300314934301281052995998880618862997236896
416520456806077951010091774657308145469192581327312967302559205871
656588042033913153974415917287194875701426222147192789110660275076
128944273224291366994665927065725104193631023859817549079869943892
438890089393463412138281362194718079811145030002043390157920439312
553995192226090889997125630923302714291250144039818705004202596087
808708135868664901772444736952194467034906502238409693051825939968
039421038583216016400769477891924212148954359374400999379643728561
303628943116743708946744737971676182086415931683561842400484542707
621856066439597880214216431665190096072817460641376846555288918618
196034882585207484555661908969318905511599162690872569882176388463
745955064737773914158066740766500977834149348421618440383883109376
015393889363106315487134597252904837036883415016860751585799025411
531953560707703814971227446960968940953052600980817492700921933267
421388744897485958260981627811239347933827705619740666378971366211
011150620641783273090943864210443410015684879462446967599935247049
308499270573111248239759233598986452827704154827762908516503796081
505783509823027587421577959779004592060888004354874347352982814703
676657845392604783416704594176917489468082537728362160668568691135
194523833890891891110912798514587414076502852590672091111527992591
421284355439757589985220717590994624144692846326862634021582660249
829211586948010765766605491619087786452758667194236834434314341938
123350021289777131425000529222497167310777100171685118882298892084
729467521062242455347160799120832204726268215968866450816735096164
393399244775114623696703082302094264625367491347034074245876652408
826191033625198046411371161227393497964475670145458128842701067719
626329369178482286279120561849828090900732388615464457885782858409
709604774411265916188951776629166252716872171876251651363170897961
764648430969865502038327499036901395661677245334777359428410507910
768933523879355498187846781230812595819765132635425639402346170289
036070816642417750144015178987133940719540680368401437775382302327
416865127331446717927706754152593737093421319759704093148149199488
987228678226746965193156630529145957136183974955247480194339279493
656351149799084354265713102019714434595201177875945803750787462518
049950522139898147845950331786257848999775100918367587992192282605
503802850781001785441580731247007138124481319901891828791517297480
631535418402724973198667605030469892140012207784918654167062889461
437398736216971466574033954035465704207132586866333627928321215614
881054507326446439898380024170684921991297480094285081669435649295
783434412365261698482303194094863341021660698828462310983387014189
280782073748320543074954164289632481395094558993370449182618664265
415081900582707235884189828099801915103517706388164396642793470437
736480269578536810367986653193903768776582660850368718103572836664
336505771722786667287930908099722192218881367130934805010525726415

7381340641178162104806787143023891668115663107287605369457537784 78
0650585029952691170323330371671960112352344407475268128928355868 28
6840263257160569745001944449517018066181081906441054552466219974 60
5510837665828858129814451526749038022695678115007030523761609761 60
7516474358393341040779805577229347759913433136721597866105507342 27
8371167761831994859302758572613970586584709868667953396094629188 67
8055717113687861007855007438818571064126920509669914928942274974 25
4510850292688489395447482286306749939427340324868374491455647358 30
3787886059847569183700454233012866275857927095106789690533359734 29
3614200328824671488045835314413863079762659740489308711076885123 23
0786079342451220171545580184169216407608957713287564519943138023 27
2075005128755637620339753300605391520811588010542944317855589339 82
4635645831046924158286611788490100463414076094998214465414603928 37
5102473505894407349196495403702722453457220124463687003138483398 42
3091832402490157951865933785992829470159857959196859838685981944 90
5441298097484199553689636996354717206181813585525926232995399169 37
5917092428613664218558467667720623054441488582625370532082454374 48
2290302780270657510380017108817832818651459865583258719554645852 53
4197577697821772923612071333641240281634970014373150088552712917 58
9196082897388980202176082104877545001333613191713197620856414914 81
3796406630406540354290848751446093045428797888157247969800565660 79
9594388364820283160338946679044511365530731423327605787108207926 76
0439535354664225367818502682922884743863930395837400973858701426 51
0863446204705175847605499045727257503150850585856819746842929041 70
6716614133188504384698079735601777104811768366410779396794362026 84
8191177314824089976925551288263145278012643813913756963948911084 64
7998499767790629954544951573178700804071248028333711170264272301 54
4239136020661853406307113082815207497537193146840097106225037195 92
1638658242822894083649272628245596051552523505912078414670760567 58
7367336189411174276167915553017199436756847928532673226578045593 29
7864425666944433892545689917122537729840428963254728255533679890 35
0772231031642222559368662240293289707900774962130957134962928964 92
9387875975644766633100100120853804913657780486947710046538421970 87
5553324956543022798404918623196790625317699314735845280277782058 86
7692232477965323935598599179926338256860793129715306595539487832 77
7388807136981497464050662517514314106466975480788825062108036930 30
1495236024766871701778304594493982135466681201891555895109323779 10
6639743217171528610129007333518011331114135668468007910399622453 15
0596207162070402855157026143358103007802778165023775172009678562 40
1690788151274926741016063023195786733309667419533263179154869008 77
2125173072357898092522530225632265419023399141038030993435384580 27
0680334442716519277258234253690592492756444995993189337302024156 13
3921728688211168862565852709987290601656571088073894875836169521 70
6209563268246090399618378897872018226870237853568344181001214934 61
7230676752863599011280889100896473779245979568825007398502380775 09
5912981555306692489535737276413238566846781778140576387723487604 03
2512946764713594366594134553106314069585626346336897310651638074 35
5343126100690967453765014405198118349235318871940799399909553892 89
5779875047727780327084660936154885596579969702595623280284617474 41
6482632048724128298949478102988228377461856185823233466718586883 49
5818421919438832220412925662182136162779449004102238014024216582 36
6043639132312295443465694982722206790823288070241513735241623122 74
7757303256124704268544338532247012797778599783518199543021487594 77
8160761885270838202084834997471275528202579694699665538193959379 82
8961377844300795301854003696616611576286812079579716153560662027 35
7626724712099348262911458725856610030202616546006848143871460837 27
9792596145993239211017039733769873495439047451665419547377441161 88
0916700728524973472353480092459473691441023228343634384103720771 00

1346205794664067075309824085550357688699700784814367551040154533652214918883832021327917374952250859104094126462615872664616191769631733141663374449384885148595135867901870079581736475850407096563444530063108651340154568645460985779376822846423033101732799271214469555313966505481727640197265790621953881325350963250947445989891087859016969225819860487325161631487225332086811525038778390309210963973140870146326277487361999251603690351640181322863841015778913834548208695394911416541921224410372588235373528329662254040539599551254188046955347016927965818084221691146779495770903181471995224200489058855937464416153490934682109527381906924934012585401621298388823606711299047278538251093221267600863567887299111060647443854063130702691579329114716835748930860734176203484242255797432510010038643688160552466827732801481669787349633209963417237792378830351660548716717928740011191447262456712470024976224582240273977070270235032377124169131491308448027264009944972595720923593023069927300052249073651419777811827203052590605053664793101848708283976243597654102454719021296462440721878685429130719911560221343598109261278099244929883532142115168804430524223133517203668759109206121817157215013230491503852431276016026780710277905987836302849099513323332565542428323312697082604828410911646293553079701347159992856426889889700767442334648965004511482489448843811905203162023956125155080114293455938402258904452354916067705752641775197360904402044833678818915689702778936604499831675503334609974345390667968123798331363984458622049182698598018506280836505817585632828672397021647037926115754368783456640465906078885859361572607337647947362839418949283576050483364494011349865491208210048132550683756281970256869699549187621976397204502790044667563951193761315600645448648552507497994208500289544449953357450468366227668720824831641359948030706016118223091561752595284900289952934287376173510267424188159371599489096979222577214401390912722461788838743608051967515303147911414335732073658590493042773379844712919544464543044009597518309741823376186337811529128015178663600901647697454495895732314679554993893375139495643626014549592646737347216021885313265446860088537207722134527510310595262530711102355378856916499591169220838887707805173543839856786701509637808868647575766982532354044245428400882687477770328538261997625425819929342059121797780827787051185845230897298563876865112750727634100359941466012227948957495592036099460378048483855259599108171236282744204017849802110317627877887503036302263616097666758010603955547997874569981579733423399742444758845313933453664591755258134755046344267161094890817996895922670464402169176805100590718447352631235416442486477743878776517385347897501402520406932991135325561481360435329683129289912953561529040275913176773412777046365308522132575486307933547882996383406999371515422494380882406473326312335046138821594795169175925450984809791108923311377895396640746083457300976511706075241436288346609180038490635692685329640055165359978579130606640474557190848662504146276335720442508766033207641200276837147202583957757254830817635228170657759415327083266255391096897305850456225936898498975622702158265265280620025184416489819196909558212078989726717646133800839566487722019320463671881723954704930209279866104118469570486847004963864125953067376666038942176189387542375224018745815972284425229079773722925510180886739908398854921449138635625388637891615918884240512998193651713692591695779199884949414977115194315755826307059948575863534749639756855970386267805400720089745025270519397969812529688311916459045209756305283373094860238329627213225690073767533911168294719812770574262437522137582503200873637532046450005738917934659235577083622041452850139079464067246673601827537985447814076921256085694481054166195675264750745239025451705310940662636682474575734607040652757535777433

2010239133411381357750332256114390097609946952139817702841461088413608565918393299393135808195270706927092760772171777909876385463446024051690499497747577482873009339789406414736945719850482990513484286707099150933044579663919535589147801094434509827017367724097904948059288384657526908214068409367522488842466125605269509780101260577282287359937984997704573176117586941984674742904864012319967446222686363326007641107029348897236012621498459684160318742453158435205489185904535694196446063337988493153116954758361115749766774070315448057897817050457319225881549431143902579345049989550037270423618264568041589970013697709364618431829666069073135476364512034680880448544639479881054680984967013179549428668138827658444650585179771236814267458547557138229072663460316438137501465429194535993436082062827907253188657517973424574661225027443019092242962776936653158716809444242786249840749466556352680450276843578211362734069435616425153792322466645823710793214590444611109221070397604565101012869760593556579799723039393868396179918986917991593869470863242416010161030988737854395677314829723489659476714272134128400437621066020055056620233395195755864512830241771428237157769328767978452275710423728172468445461622447270366618640546724925014467120456547835726921447053879805427443650665491900369785230070372006141837257113091116810217228672125895948574600435329503311469579656490062446226953912511252868037826375208346201091939205299406735316501758378263276410048994464890719508214784102083666996441555489973118544459531232788198843519364669075619174436387489862636276503027206860925188097236088479380162529503922552102831859119520952160308797092230631824304905136125178526678309896484076261871121193856452332588015635845663256815365974140063516653852783302799332761818731642928434366351615663255280877405476696700018814831299264949756061744994556048405651692066062944190747116474057556195518345387406404646634465233320351037784476758856666090172875209822447115645045567243110919573466626779195035111191248491406455543525772549656639267852219176238547538197108319832284839469222949537374931725775542580964794985891026863594535761355146603751391496845122967455478424717793060749999248715039173711331059841824004577425759178667121950517428961196738988890457931260778363161297825694113684507888434449786640449589578177977537633175038686569214328456590763877035085454922881774592134644790364096719378848001565990852627617509773940164374064232153788341300502620171319759124864587923006850025338135489151319984710933979884365446048272891549710760373174451260971717062154915230935580784562839217995093664990440960915699421493871124291466312054691322386063352687404641869764975134600318428982574751202584459831039820140609484687076916183830862387891061468241972832005261503851106819905835176956323656969414236261015215538172503693919882029271368544401062943672645120333442448082952850778650223588668479872923363345267582654613647644880992776331655021300744945298954339617526611749016912130058109554244912267385285122343836959839780483975246451012058826742830639996089076557344363448014904882983571898164096451011928985398760882296922643542082445684123687523325897783852438454227592056760926079584672793866397640133375298174103800839713669875017925188890050961627253029063851224481562947348667180792167574395023354187971463703413595070688796031015016464474223923286729237172565384290147065906886729406948425427159052053409339014321081313854582597043485809314855063394187054375482019170226882317510901329413617187700580911334579616422030125980220431073829668649070375044538684428440879094580713838962095449207599615536655713068440469527129948783097134507882757248448998973497039622465110498777004179371263198665504248264504271322916123093246164135330391676894514835856927021660319065689993035272966942540932985850471428540838671088927344

1087363457002691119243249637729822940094402075202466206644738391720442575483401453940803546273409990964069072075622907374684131198586578798855914252147080351784967358936933535007544672324613125258268704637563439646390594790703928961259764866705690718158460299360428566416523782711376077456210903179808657173199934312817969129429620455695201243315446083595765650783244672112585007760996890714299062146372250183703199851692200508139102053789839156229925006468735679795406627829502247459266561768688629321162565605008454294559032917372009820858817353746878318206447022686127649760906343394156649026426219449599972627879887420686537748400124027120252747334436166813022720475458702704640986434675736414944556040180469025649085325167271670951279005239342170274303288614132330961696475560201838621599787236096212275704210996873700071225799429518696300412954188779628724093278461798048647907699890577733886055838249114228316374869287853814814314622428398496233785577350860511010509261293230994924741892675131618818620753257403868480696490469827999122161138665663820326019135968402515649247906443983330031807895236961651840561410338434799376178182100474351909070654806403205691171664322099215471240461694247104315222205104885366382704720835222072281792307724378621462986066830039443184031897119593875880719811504839775086249284520537660993570351138469597842959544064857515050620849712281233606395414804523183037590392304193129358047025322396391151279375936015140870535146062989951940745755354886861982269324695538210219472021248849044263655395305394353300405061335996832016669879477207952586691433189909211865226058496088149626836546723498404814381094319857403683774663709365806373392945879466445168261148333459808948132301423449736300081770030290154167401795744361620184220760535776542316284564276440937556897155378728695987224574072558628891627542274001393924890937205554561607842415395618839990558247974029707414788143572707914922104355774546093490057376815968281968019771590645796605754942541814453299247981996657119645518856556568121513349098046580376847618266013737175683727413061704644380829243916537132963826165307231060682333889999510255307327441209426994137920110104663208749715410587445826115995906877240942869787594626942988054778607764580052294075703084063851604360593125556585533123116554638655410300726993447731181690786628011955322480995617127881556393519012560771128846947322636357783025965642326973847446967479381719183498441201028423519219594794118886452077960231343063217174354069248862375881350795013019542125685389606693125427932944450460414399751105930683075898666312089709178673814431062673285729135247335737334139964981622560564197417879844156021330123029600421489114784857526438625181429619136898382227494155863957874082378090383414087929764451188880233720098864012236174176430506370381076927834118901729401329462385639308531532244222768818571728893885168650075904844157097366365393941138141433007084179831172343974321289826930882817908454608352276168839236706701819377906387518688982678985926122487707255370774680909173812195568154246781758249863590845775282210873370947100534470431626453265098754187048260408504943289449671151155640450375992218315315062189417680797400402678059163735949230580218910561624590130191307342309220118774890541763475234787205095750830124580097608944902014228321517081786382971517875410232779377854072683639518037227273990724613281166726202385362958044768744894558935561294166787711514445952150728011245289783898892439805792611339511716337272476322035613413766549360910760775428863941537509112835509538910175699273481058020524474988606569414068805981571455349610211640412992071191573822396496879006157717959575116755908481929690435593444902893696486190086611848364084454709229880820186964350102416589280672893461892128839980588675472338226628746748982760072139691790819941807236451

382989430173553032251147891184679935694376925654535114088246264417
878175405852046275209119455171507153223229003178378639299726457950
413622430738874742958842038653796300887828497491015367140448727060
522398327465443452935652807696047722150302406032996082014428740664
630902436955822017514819021276959194854806500251596627667211562658
270387072145811474469794369850676576882350350632790855260275245784
521393118971219595602227780105217056312396344461127002125867235737
090090246740694925766696530479737142762657053595744879087619929979
754915470956745686626669331781602694992456378613345040128648268256
454678144257343138486006682679767270827808689640327625941678840571
459411480462916488128520010261056198452785431676734301941800287392
809461519481854686631099079515044881336501254612214135427912283913
03694726258978002733168003031221980792227233930233396902493238136
301781213601131368310388677339001225252410376288392001146874739783
019681516234484584417084711540563067122150252400600956684502099654
423577855478800658445306335458651974851727110468692370821037423834
451621446359164268326469767485119161178393419514216263434572806939
369671644034523111798133136747255810302330033564709193131184154932
715418721453955008962151995577648095322472817056846283525646275430
576200001721499028964513843833117116585841776451061858250821047245
469890855260571543347364077660598021844622302303576492869835354772
286691167255092926423495359112977808670676400914176047251101842295
428946972427193139578251117713736466128861099385961544636685556640
632424096551152712448740813863395840329068301663750515937889447003
244679444205006232380567807586140516179491567587848547537980361332
045886720131374684222777393383010159278738266403520793857372733187
872211600697886849105688767373546820717934420516918691207339060230
403595314402484827552498849668639056151812913549133306891980509583
195474524347688558773831041434453993397826437905600793257790326877
238933597040892906379862359132688276912048235322685331113094927661
454578911147071816782987954873977966493933404999580445111442637878
055006181201942856580115116049659751470936084824478407151016568819
151547630853708991777495003154677919940554302384555684329587122807
033930365508052035902690222574326941773378330207785088164599774998
435514703041899310927886362855595498666452151460832243270293986535
471171461120978644646443256180023520004864169280901251955587967777
071201415854032429272796513998214262542785238361824897440083764657
199183395660336509497078523288974588149334773099486397383182019324
468791919227598192870591900590754067357185234811868346434778505415
782822449079858408700586120528447163358777233043808270913739688950
568455535232618221110237312713688142058398385474704900053609386576
177773048783078559721753881861727200525683687300867217691544126287
754950323922211648722178615226209112425923774670550161255823546154
420874458421496477602559572740291847164531588852588278842868558894
9650842703942989935442747557848884092534243675964612654381092025562
998205154148019374700480357966774587410088413181187258238578544848
881668277133032050914804990270633866946909935124879227100509277461
414952914626105176485990692992381759902441618794970235657180951442
585499576517929621056744600221413367375480798603596959468569833797
726728528759250604441846435778240362377667029872832370604527442555
068151809555888683589147533045701169217308190413682196197924446042
649934384845273237461911371108244643350169480155025328418462873349
226613456894413900247066335547078814160548567966865643266981303178
362164646588208300503644548129228849644616410125023757682821894551
184580595732090939462064867750938024379128960180082794047481742206
332791471284209513701056194327176292868579090949321805556897906628
628915473754867319869373846641958561889977082799001692464942519034
737770398863014920111835283723279199650777155816340617619698407222

318678270123540349943842916855650515174383773539203225611599297568
796557485637139984984188981872386344774773551501353507919108180826
989536012524782547043214097784693232943801472551258437608609981460
219969863154847357629208099670223123077999976689261493709481313117
612672502902025112501769538583175793324823747587160195989309689954
294571523802778922356850487641824139102326914916557444484512460830
514578741750738717674417355110130764553789788752222185205861330107
591272012841581609901291829118566671573929980929179914916100046603
332922577608675656663596534181854225605988431844272181094231810906
310605967733278403950596066977210277736141182720643429853844246587
728471851788363375281932542583005499614614837350414191861619862910
670638791195176205055641054814853078236437201653999652095042389041
167497643602902434195676224468514208945656803232777781828040235317
172716161384745264342561703004038807168888842147579572813241630693
977190486932101774849343952208897797746064132160659123542873066349
8564951384299151119375415682688046403440740031916487524228128990849
604910887524818976629544394637536219830608530266297677622972823708
841064030679839570455079864255624132956970690312606937272270497385
849063548119466535336602643153554561276200224543650140928707010384
502494229968246989481931106380584896383496684231546895857394178100
478027431024343617063937322667141404764505532068525452777271337995
989719129335109533521837623781448282123898331839226954036294419444
779393386294782085653916027686547422160219745416250347948657330874
869636214605079665721155856826471256401983236872218016273702740854
612331531487465319393626134387278498409826789986196912202669754590
120334748717152720342378485320199773941089399183239935343608383194
483504071701605001971940795569291694412482684602905546024805566374
925676902358565496305630549909473833868200225327275101476538201571
896891764386176038466914712705020901016679314353889817992613894958
205684315254271733398458496778421955422849693775382141987539836280
415138532709515070677831761849268674924518788782565238807875593398
741899239410646608428415951768002918996744604562347684174628436149
052409961460913299078250776717299487379930049706095219029159187881
565502948692499482638863968238495608685005799920812591698095762500
632522742977572235324464631299191602952782838780863743794848781600
798669184494495203389091181996840014360193709330547221904717861619
952110929112791700197667202021639669184222413495352640541503434784
937300948107500099230370915388201550820033012007604036740047502823
812172353310546983710100965755488116614281741971422411114653964940
881068713531679967489742793722635135810389988254516055367251021364
169290032107312234300723995569142252464301262735666817822859016903
399525588647085175428439793423274925339989258403923207983599325215
743584252303743666138993863200080064574750880709379984627470966570
809436929936107002734538156848014398180022649796165498392424721495
385516649061338869947944876407062566016055171789113105157898124840
674415404386343218080496035776369336965075024967546596535171500859
975076400045595426370119626833504239694093247325407321746536577121
897863354556824170391037818242656724415781843849453825620349781174
947104658950823214082047820539992217083096379247191435705268927378
829630172045984163967659793992468451202167315575940610850110840150
149395848132431432648317063835229338983573286296250064539653232340
901663455349761453977754354551018002272987816661057242312430623503
991266927255939838704468224405690217527208905973140317194993937576
065170443081784358468902322640906702558256315652710399198787449960
056696531169420178903331930791287640450024529260777573554483085149
912160462604079663570042929414152107851793951248929311310872340368
754933321199716941558224225323452699165148427080749649824320910870
913027192207360528239889033377648244024821643674489283893271787246

301295213777584065676650342254844795273438929626352170692482957223
372372605212148675590124375106886361686206848107532525519080870082
393756679930005256400410568687321345774201100430212747964046267720
796028868075453328446116396367029616763610612095640915903922675977
256127708233691017979324027600947790504939059499035509762328552456
920149233803895551145369453798964243907753154386610796172549357971
644803446126662353804145557367642625144590571925802222930640330494
317739911077459948051848434169030124710528400114530117015926417603
100466879843400676366135754159381073949023384595997856649006331001
925807617965927489021730881865451249156100845649219173398418493640
078924253400528851274097826072818449936233443967778341643032861707
465557447095887106612285979843832898882778608994982593444570625520
846669336207364561329951753464990966070993431256359749029656718468
035188787644371927343228496757534874380605868393873208710712341196
033089306023521935023796475301514159372862118229525906701857585590
486981033613106195370441077208602330006694355982298997200389420507
124130963301247398988986501613446041636976412991855139856413348024
401090382042098050981881637076560253542288520642504748958680899179
466861171932503324823024105980558476638045521378932305723502009715
574760259377207677608746814821345225316302087888239853556684084620
188776333889382394005969382347555811966044053660170851554314092863
357092159448116017532965834133347177302711059709051781158901708660
299016051247945070243012323067026217970114151068200226813999750725
832130356166794912610054201286453229800672689000948209707585410219
884885295459601974730636132842969855385226523816130889665914509124
886813125953536296057660319750429504118843939724705360578947986283
171400396848076421190941427568120273245423319593111952395056290622
611009964398948381646448745866830754857785328740819937572748521974
137180942967777411722239364135603321190933440755678783811304519984
514862898000608483869420621852719280187780424866808029951289703473
294463170946003859512545338683557968905846517230067044888968406108
630406121351552038742139284496202225754658582086698640604986554258
859081455309948434938427338421786450513985427397429095857008561462
561834952700228141732536765397946912752974701317006383541596544634
244968352635059485344744721078056107810829649426478810025979318775
639239043291785327634203752297565752743408295084547947015245260899
313885783123911751269225566757288513340439769625403931174933713994
495293568010603796944595685975249877267348079073267618245233552121
621496802344929254288655145733756557659455570923953342814246290317
278154039983415564198377180189821124760855955518999506207300714034
520815503329814975070244267726436033873753973148431374070926654492
295204231990073459463931199653505680733298148658411091994439462723
284536771128484736224606331360285910596352371938716345986963644390
685405322319315241354693248757673046338170302944798352260205181494
445850496120326909233752716235513352623432072194300935881503393598
974493352695787457278314039670396910017073414932531022063263016925
237018012024422688492909819555117195612083815501448583657166510269
086648717323819014860992469913154608200199270504730568876141893298
108310235264828108102485450220875722128344134379484999727920258354
341720442598469327409141782143949280179974565987369828742826826748
442121371546823275112853416523703165307043258283372112371376096959
399375495362232222197465961933252907404248760251381952426973910175
637197534300447961782504311533150675825627353434762525391425152757
047878437678852418719663462419927008025761083927497622636549001865
320645499515580290839851327262732196728478302538522190479278689389
538780368699318846603104363352437327154699898811186443670114028426
202615047388235899747281493343257065474637022451887289061255030273
791902640396577417606898976983456646470520471635921448307099584306

4717275076337180207145974456525141885050371637738189029696852844092581931744100555760898502923271016008982572238173945436985296547694901873840464656437307131959011407613174282203883313602970852614512349073071476245340502454237636666855757401206040598869556301144154431416969860740322078860031327905539178696741635552402507676530856322427378471497460377840646093468129918719028927597630701598408877817451926901476910300302349794585110001808866062162868011109151161040983273088089954337551187183173786558776487358854490366879074169182538313306362338205820154885449827883821742437580549238159729640619631058215167091903263187309338138501130913327709303425112210972155056104913870504262198052602476116075059710379436647715293534917186125066116367383304995648787793656979112931958782777740601075333724327900097324072560703888008711373096596344570960411750894447911916217455169709648447620461741281545361284226015513015895258628069570639244435478023905168613385498619266567622760358234985569192248906901164598660961567955415492157581283540920253931708073781465078832035266513457070655368569928112426567084480177864614974045492118431227621845224410884715075701908834950224375698850494542410572662460945832095962572872030994776540107398558069966198019534500506514501054924018861089134173060759238439461246569861605609094541772907364009391321956768364333299619997965424348026569406836986706175874131676505060271358825744337072164588195226133970545205234412809231730650519899545028585383522873787286982917275807824209826106060901509252110908989964389297862943014111400676287749920781723794746209168998389618948630773060274910267038839433524742434212367121770246101160240611185716870508244049162389434350470250813649155155104327250747941024737478192265205933551362553018121964249924882129926017740801037198842125474472160296950027742685077521758669179938013625842241739856076699165432757061230452867280707631894705895440618842131571380033984874086809414461845854230344951448521053991248932455486659305335584578277144237743385339208241277632165967538326650643063880695569156202622259469414290079987698344209146999897956832667090414139806863332515652569687878992257432796139643702654314463933379900081985753079788176133743609483928302233803279732038653646242498055114022469226478931592944918040382983649034888638697564414855608560537177228737148228236864278113657203947496906937239915610036828075141178473782562212775995916775814038532986888513655232313938431742258535628070191544007763016347647781261324380248421865669855274007641051190109545289838256348407045580809052214769722042873822020644511165580202158137220466347663335175617990500897780885600932081454176443903235241939731547218920920202474270405857913543792600976807636298756614782644338926121213456594456801042227616524183764018673453391488079001363603528432174780401683146726188067936493046865873646311483282698049202278762554540178509177497728294675692935451666098641948145836444789096038304582853698956080665666190360310045304720024226393881572068674690061929873082248490016816348921255433754447580388736158658859248597558742783859992954170991722511534025422229692234366177781929653313496747757220978430193818445059850750805649483189679220583434147890510257617490997582001234724410285079412318437601471421378295110218735899391708168680559881335469913794537831377114135491971243465810931127833266217592227589369934770498435251921073517573702005457345130587313221438462087602775184053489371323766290711205526949053003888228042048082108519287610767728145489279440322723628412479431926441924307968137038294820058697420150132353198720519920353877314215882211485974318238790989199325393415037876899596958043272517776898661258893954420139171306418862951066526896062414520844803403474113314880043138647317158446815754836531670512601746640760728095967213272942245361042667928094697735833

638349822811476691695969557327702827912099792608638170176542101511
158110926832874859506462623629925924969437818222916923432548536160
415251420636925214774598094198892681477644390537611191746302607417
041449224194980017062386681694660798924751697185000942874444662410
058638035586306506360957270979734930709648890760630190792334617019
745665624871288498673826785462689451209462290548275423302517321328
278531651758693405411184571510483463283200810115252541311936795456
126121610319742783210387954825391743140987706525700603767196838304
786929100326748344206684066735150885860916629765722779969260038682
733496418758332118080916861851713459115685089314940448199610725023
378967798991887258268670537757435124650813798628134835066431324662
709245236546983517407042651369882414330883552631945475425324845884
093993784631867338133661031005811464551518773050141308156660180611
322683529639711462401049831484646043952006163735425846982605212545
385915053646201416593061524137743303724644103975985001568921027909
378678603185176724046959915723405290038167607242477016978152148615
194746270546142211256912722538159050203958305146858500360242005490
945502682618509587542621097399132209502954895828917423298134315406
925757058801573654535178927415271289413143182694769025888547865991
968988359990438854227484694731187519748877121501915919088858132637
699812159080896918233505907971487461333680397063500369555394225907
345369332638969616238425410479462948379374638132461240825306902691
465021517196552425678847127229752667920280384129661575021846811088
693939925268794395032672870087581886104930085975019692809520482375
713894543884424162175662637351803364327740173412594274558202675440
278812140928688041203000227063180825931867664814904472579944670459
423828111487861177124712994023435319347638977894844625604174547802
052955308150254298015709039238214721457480550269684443809603801644
372619530044039908184265874879532636017477343963474133302927558182
000846488609818329170786212437034594042815016041477058185644132223
188779392163988961273699240022516053512829372365573731931938983417
538439708309035853330857183693113650370081905654504329842209938149
004544540044861822140550605287168313414262789644169533398029687951
753666784755096725673907734718169339975900118989111396246520616071
885649119266426940160695906161044378014986669982843324652576088257
101089919591111808350303650797428123070939519840254801694462620592
363635107199014815677440001231307254102560560159316840532816997339
070715372088090132654154084084869464851337622748284991612747470532
225505791833719782998021737591424344714866343808459910139255494465
966742373011912156910484733069805081712972731380662922967849316570
700310830556788979123298130375103174678340112081353091466073367511
876218722324789683703827950123954449539675885373844664134720247001
588520176131215481437213347926567224469179562586330030699458362891
038126489523388807638438188092118073979276831412308688094691717655
267197134112902715814675294427625213295015430115336903892213841013
378832753935920209051942093938979412893807659530870273550773042219
114300432566846240722890340217115127316890533946785187382278485158
224704841277392682805651726037644584400682846673735448259249691621
423903388931811701138913150192228541073818145229259218514857525247
618384807758382986666755676288831008601526358935863571274217772895
154458312934709800847178289672734129037076071597089783899342792625
573818895631940507275208732599945654560858685535826313370849340641
393491374917907721822853116009498270366792789235878843160849183895
336236157657683342228959270239391538681195815299606645208188618438
969720018935678548949422165123610171847376046060382961644273311730
402586998521537216477536320660720612329293239624078004742806780812
454299279509350514397602119291130378021703950829509906994439391195
500340721574148017759229971932827163039713393800349267913341650891

139464247966132094725089819572375049113312916698427371148958662864
933613397030362471630128321007084152026276899630681896952666694405
167511329378690500341200428417394295414458444754124677185087103019
497637306464566186349406566159555902220388135713617682347784631098
854748031416075183130544034281127035071959901420305881492321488412
935694452964317031319035779377391901656912577178069851218011520363
784718232894953444655146267846820263039666301990692261062324086257
493667440265813971924801331606041280430940301178183953384569734777
875549650522671989203980646508809876595990402683545829084048874359
012102485707190569558518229964816324570157037483350716256177878402
602480795436431427740975204629600770595232159378392656058476318316
453946086912913902970752932457528311220631653077945599709358801910
179547846822202981379496733900870993483523659252153174780914929635
957680364164531574198408294970424039023534026592213525985308033243
178585774060569003951749662478311461547074710152410927099019069460
555923968305614807726537399849961888020452613695722308907368225836
972534673293043490796231583862612634442408631410349974036550869216
050046280979394259573707752242127755962792858417731369309036459436
384493982339291854895536764735608789899719778070386620927463185198
508519268526245382587024957380501099381632387082022856447402189035
037020515868245711255202315308780901619437053871768164482939449118
658976812285822828630588986102960528325443860452415988790437047737
737136850213539382265394902342171088978371005174981759702068682570
272597123999047773133208906742112120082183986777870565629424693820
042378134913066630287587520925647732731674636966474625706120034671
564090347896314818682134598061272968256545576749859197286737975381
067421738580194869393292329785455610079000547253305167081854955082
957331645303896672805738782805825883386743956721320161223642719023
999031850697809484729803770517200091305626967205284316649649046311
031340090378152174924340671446624526247884447970326708092047966021
525362297779841303529182491667754733386109757717520892570062709539
841927672468102127146446516361829038678557363550700118367241542895
404774834328434837475643045274450680844294328800326353481326604760
172142269400349628563970257256283718828008954760238666306549747045
349843766403859894645814480531950919925945149823361365390441231674
071296632618704241988407865603468894409807356511171908841621313370
383284752715801402333740874605509019733708360472009020165095766376
037863721883200386390086318700252115943278393284792647056206906139
403648830945520239437276001155644876784475408356160399848851377292
303432353009793967833698300912777997949717046285314100435349333822
674849658177523531271960159061728284621371401030533439202703451301
949107034461745657717921913241437364969396904896573282575669132764
531083445687159449900509202240475799421485141392454572532607827164
713056995813723489622724101513581463393598573917624057344627157841
431895806876744880080349010473159581907241464172911598289697025937
777675006732038336759992089814111198985757705456900880667351054703
721329348905545549720535301055732469661053806609950070275475226267
638316527252791548331453619391671955103025151941717812391244827611
1453221886677717673417406452378993015037104211023222388477693731425
534798388888374132460169484945229905107108955879321620563220851565
300740795055924944597435103491904411337915663666177246177234250577
135160442663034312685087965410397347392745290514055124103029836258
933623583426786553204778075390909094601404380676438291147830296465
182153861892014007114945518626929913247375729922061152524782916654
575695663832511478672525609757827406443804607071542461773873376807
193067971913031072597471709514887374746950349152024257187438661942
079828728831057102815793640271463453279847349413902420822973866014
373548560908029571346922653311826406796525443498999697808629347038

5536157001037969986461806802893285729725290142829019704050111709396040179940077279073005957406453592391666388114459764187426920093782970522564055698299485145116253966586742236308393508148778211469714515626421839723245197256393926186481618297743853241064349252541686264352270431372380466259855686036939297507794006992109272687025326458806166692255729635224420485867181204509342716663189051926245014908460068805223509444346582740225829051295030497996140166077255644874614627097868897325672101929230098245476543800864374001097572366609241372318680077447626862945263917248970267674567927348695426329629330779938306069517425895653753303319825137466974625871617196767115785959129389464190051959423116255426558903604042611724998909306405095319996461071997051693828158842491614923639600111384532591716540276495476617295659031279164951736029421362818726459267767827689602966497224763374234588532554323573191763216539724350146857623916565043387680021015694435823608634845735010253174638070912058156818796838583945104236795876705668608026594829523255942029210268875291154369222894717898363306284089773039313699219114714816289438323424291014432554651237764299212082763929737715940641397405209230530964078416316554355424023706082178182299215828215654017676697661208991448060059529906543762363612026305988951007723575565165921971451678367435512908451113629555953087586708377800191996181655683100455702282789191613024036183516412231627090454293979674128235084330945220216062668426891971808149654830769221468092724377218327397092955067524792981311566988231593310969899391225434479357745606611269046429656407405419288226478547979797445592299821353002931553127176172218631970898223531161069406848815755289481620820918166724813128908104623769907013229353284450081408941518931109879654072146182757480558580243538161513918772004445850657984792025456944114779663992297905320277130234997864403442182496163201891811804326478311151594681114816472645477617634978713086688756952976260303166684121463430262440794686978285987418395031713942900135590877225577053738582054889531696018068632325879151070588932716859422071560763890785976077655084303731907717669314552391351862236311427116085445804084750002479987582300587088265491462207872672680636374537598067416479448481497389238754728459343875279286766443272564795561569831372462510454288850073348951302504367500924192903435436010856692082942618503883972921380359209785263348133849959272530132582108608715627994119122426533013518546830147588361727164882181498350287788557539659788906106832228618619529827640257722566057247446559340325286581601438651853736161141630755729703799944665114114054079427147537781111425513397283496115287533038864432816081165190097196055850403199345652798222234280729918171305432277487592302825294802655057174086199252370629681498124204263776859881953959968475068012031703913507600700194920848368879638514240583538606896803775442070642716519419088448177490953805258104482473913499622829643783561309374571147615093589594579265351844458244073484489100939557560229105606244845612560043821227900342790703931871075238085638921136403935835401058207371156598072563030772823585173136193707794908570998474013366850020841298191122359596968222596454588321433935711948347789268345889740076030693945402135727476634284866657596679093779764676816301584881677064603897065832759236308140929955039458378138514377201135323628926420377834841213595082140727120895337331687881000034208405761803890377556602679235794264582504634285826405824664704136419947470546611833543879107633145242000537808999550347417398247970896323065778806615087882093271595756544842616883205894028796721171980537283624065611890799913802883209434331124691268141432182067023539066525496563617615132401567956891035488079558258253280000374072431650591530590694165524402644222655346570827097143842841856265032262749319629589024754165

5761282409353540627014400709114820954833364938657662856625027302l5
4425979845382948191301499938168390326408029823488774147168249587844
8181800555206691015613702532736823984640258918801203376500920647772
9115868497705912814253936463325614938138098819347295892191223730299
5843415750510217738760027425700671307213271558502718326316567322977
4165569938789693238288866660475346398736332850561625487738543568833
0057262497407546851550544779206649515963229258022932661722962213900
7725474952264621797546086820993904542065712223201937656293829780888
6180306195284931320849673872332603947486973079385678500759409394788
6742549882024204154706671982406807377080366075125464173710459356955
0619561033855527322098109391227546654430715285653966082482186099200
1307482570769885348946915431971656972247661616176670651988734448966
6245862862515222538429015608740899543421769517541033533634037347500
3819645696162086050486414145849222445318556939210460917094993512300
9706812433674499298196274387393132097040166953757317336392406620677
3366066435460951047803390531981705875771238273780252473499031335000
4611778877727476072034257314815970711634540909184231751982744277633
7794025829492137246161424412299249358946143400880938914467003203466
5218983727289742397437971531983072961242850269656158846639448405566
7776686058195053148337097686851718630667649597890678887068315052511
0880215627001700423292565257755357147488071703303840646594213132222
5602881837518818002778199301674099864410627199825274556959680616422
3014905837129420328352608681346582068661120881999425608719239598655
7559906884794479895728471897115760112663523321187199746658400358022
1813404365355789510224096323064467036239649691027401415384026186044
0025210407010782659915044971893946376538974233959444780941259644677
9388105954017706171034931790601028584817942869277680251606346981866
4876158623370152516023637181787999034379595511508651454025879726422
3200572504444194331712013746825419070853107215208512693984662801777
1110264244563807915882495667434928755342215336739800701841459689066
4069363816415346937335804134862168236281248551962820737251711644711
0048433926771290470954498217712459973537949895925018192667009919233
1981513968720392407813173328822740618348993689159625882779434181255
9782237468233565569661617070377394245553860213043349364007531953399
8491086996333561330849820046220523794212611273864697734352984061411
2029335747698542837985073142302960860064583902032668329710664748599
2802807062228941198468523711846288178252337801817573627386563385766
5251145897691425173865797681334553312596108921679675992162004777777
3660173969815700518930556320934768057520823924709307505648653540144
7096925863324475352400235795142080886099352369049792716495297330733
1217627022775828058433099277819938043921726811176593651677463485866
8115239136038172399380436191370870417832458368707326879275915124211
3279306924936806725671640937958115437410084474318079847981845622955
3378315920943705859879306743149584212809177146937159988393383659677
6333285508452144871734987298280228722459721110033706788519570863644
6932674715906123201811286192207037816689825406153183076538439839566
6907198048513952994033311865280881232170777351327009709343772864500
6905524832018864054459121311179044127994901780460651193462138351822
0079194171186947790208647877508811872244776343972876005334911972355
7654068682019368086771886415436808009906851236046326960994085099033
9694836217157071869815680859943192755078361763106352286244358297577
7723971617124439000785272578744254553882651665801545049441516401699
2449890426834573456261734020571401179382531553966917865085328616022
2779776182844821286729462937149110911635104493201078007237074496344
9256912189049313573617672737075794898819870814803294560802701424577
4027992891569507497718776325901218558321168332456383246354264136633
0474420695339068746180487426957308252892854977557044655307253726533
5449091655058544905009080736081330077728805917621134078127022071577

7217991846919996476476550010097766017279646966552244526699337699312900316835211790528327287495447512981340250629138109549668572838779529050442889661515542282376017449137351386273975389837428783645708577787917772282941837862509262813945141402838181071249937085703496006797685633696864767208107940134332689922920321079715285432230936878389824978469977558977758416212889666118309718939561805589888734788223858629836061482819706388537663870236997190568879142001500589327815766795541265615324077751183701666268023336345078784136697950895864028584925040484933796171180328045570796932170830887117625919959435644139714952826220987117939305641225493818743814308084727553083891726934629489967863754936115462433363099267699468701922308814839034814606660954452470388376120831651420100763183375893493999620082480099860462830624324904927573357191805826053249355127411073586030225305769820499460021459863975785058321391016158208938102536640432838562215605048187456596545074877137045502581458868787094158414236369582539050044102606727943451061502477228062235096633157361251426679434140746652063534546583922261146323557839399370970262019162213473885624539830201655471462084762972652574642687233863623153135535568166360519035718952446642375866198041144802521990130259589349990701834644312706805990043256138711210450689055750679076762563050384262622513729065225654942654827321349984841605395004718249856560184731449074269196457452658113570265107162387733468833725899778643672591741155701655292484206315218737915952464483195251598063394603742186735024198039034291728820585693526786658158201195876069825239649292348914679443084786574974508366962329607901893079624458748437251749229859571678125574842331673035806137323872079009336336925742457891953867586676113412582471603070894316874964912571672763444303055435879439672798391605502135148333240544829591240121878313403045929441621292750499845016709464849534409152471837782557600293979425014893421463386758834589638702611272977948184530344423147131244078498214846735862732653628625501039736030179463212553543423298346504287829926979525076211766041627496983635949996032434957912103000462192014621172228858441330174290915199745617412214254815101274882630094697483512300721702238025163626542457316682915474442181002777612760729789236825861162066670221065842569816638217984120387841026448773556619962919187799243489762359181312079342126285808524547143180977676372136458404335992767255515876687292681898646664577371815671372712732706917446076837023027879242438214038304398781254700621379655600744129064710835313042028929121521463452256753566839681362781899954496762854591729513324623126862712073070316867408660159570991663158646522388745623449645159907497920994590343139214940679848302722545724305143530454907855046857565598503141863084834865010575124492875671828991276457246072592552964338464547294520764118443817902834258464092984568121756169389359659757404292955715291507682970780202397891696925219956916743579510728110135844878034761204586517986663278274801506364902275231920574521535572880248195865656936663054699706295114422061255504568691480327448602817268281027424886402616018934181365408817027519036327982203827038208983512455779035361653446984428513345483864352548108312849983289418172916120839071390684868789213810103679650443525120422214656143647220149894200214383442012409701466236343858272692961086252555251189212907148360456679559516865330531054510197832165741762682855934691871492472425479123271529093087674353283875056316259536391996859258022570941304541646785723973762668711162282093474137383953097453856228395401248478081748766221827151570135695466014514527686148821945134110598019590863768978510290474547665743821518113451025024651282130788257311518251357320827342206955041620563142444929775785418104799619444293639466973981359366911184515777799264350643544477890786688566763655567510133302

```
03578359795955444897859498954246647154327706708272651894378379 4806
40334221433772404786786940630662072056502773700258523743934557 9494
37175759482223948482130909053923116986640964837350683077249445 0468
79290633705387963710117044090375203852640296257030044175089847 8007
78547400690983159410928873587189533947358288473512024777514415 2864
14333015237602025716546639313515169580288664731538340423443705 7963
76486698042917498972943309837151215686192965419767908754359006 5885
19119491014260755969465368844561880990145071492835593653328658 7807
34465634881032988679671646781357384388603935675481267316383463 2608
15222677433610342562799044580710243729086055639419844097513553 4819
36898944385856295365499862588604857134920887479532609109770303 4650
12940402286028361334223505478683117531048043788706828828150004 0827
04666900724460766081328348616471638169678446051551761653711887 6351
52359278589755531581273539168302801968872202551866090543478414 5591
63466458713173467524042320513784665145484852108274337280013486 7245
06825679412532619761659887652396688873925240799849352814127096 6542
05069769479109091969184310175731322507064339087907860867329003 0639
83535165159800074053082689602417037023267069764470297602604698 1576
13952922096431184121990812443297453496971403552504286138984205 9873
55762655435347212310996418075573943049847583589778675340827775 2559
45346907202949290138613691171938131736016464766254974355119237 2319
03375664039955424477839442983518287742464123279166224872611661 5311
95565153183793037448307105649190863769246430392533328182321026 5162
98438247988940816153152669918783582054204757574239190790661089 06172
63336352753588367285253235666999568627018308121674052801800025 53689
92933693867881167440777299165427880446784135620093629755456915 1807
67133129637553148165799090729310413796284759941779072489099883 9946
58129887050988367268841726245600654681144806371742950845879829 3125
33822895706426355589519574792100474878009906747134908177116597 0278
74004848558461844362188045597553613978187711001600120973806585 2060
22746739843219801950690953316230458982917616258601136021828935 3059
46736287128555704204874035807380175224160105364492072700313587 3627
44654707779352664844640806718320237279420143447234741680498214 3532
19066185429925469027839023946936756585504715201141750008863744 3752
80986335535666305314474278010855994616123990295628653163830851 7479
79431177026166211075066725911367956573126107906874252713210208 9342
04306864426562190889801026788167758633391987936068177968001520 738
64581118643322230027606609792372849188165221926276820901885478 0389
44356032042433072568734606173702324526804366175896199744461169 1103
04860590553199705636008633935746768254932730261029297265221999 7013
78474566833692781960326841205387250396773387410094302331065949 8597
57562894408874945023244710451411575928385431904365609979441778 6945
65059086737279405018103589133007802251836704712947858393258945 2033
73711540965251726143245821365109492864963727906756677570290788 1082
45219873727940381999502492852736340743617223491460131337418826 1577
75394499817582444937381706204950516722942428537471667761788064 4347
56742240965920803803416278472569426829022925212523848585337347 9136
71592469499736083501009084159991613780484158077661793091915947 1885
69099610232560063679650977588295435738186298518032859284770413 7243
66489514614505019206944691005545175316280653305226400767770893 3108
98674759236311424921196473798385954255778544792305750680638612 6902
09013250630793951922213386091859506512594966211156752477031726 1323
63270363423717204669236175272964371717948451046238560425822273 8205
74669416399792178115941355964646929848306709201425779742380093 5295
30764213118796303250033849846428603634072498312855593980962748 6824
43195781859038887550090259136755043758914720260583621377666420 0909
```

744594199622771925912129739618715920208473155346980822917945574110
692956227707464682922506407698844047590191734774146649892635236134
717021650665605904732803649682439836851481673729696986157231072880
503086554205465345998321799681376938521879386471374152993484829918
808957757606697549607425734899720499944592474776550655881309885779
153221253482542661842900833581533004255332405321421248360436128192
217295783844480015460029895050118238964630978560709107880102649379
376565094718793225833884460889554615294626640019608389113091285689
074952441099295591850870862987749246293509843054163189206518901022
108368738507686044955836700884497199414711807644132023195029043987
298197405881795755592494324694154799405009578634649107893595827727
866007415601127758927156974669185672088046158595689739292346460865
182597348098762780327357831228242397149180793499521896489149874891
195446601846485979393343279816952173481047300746483125306807551970
638079106679558987664530004506852433458445014194380760573215972428
933294095357769028928132730950373344137444842404965267264912307457
602800339029746726007190696517893056846085704862419219218955295012
064993829790452218907115449969937914434089777511702614082584014441
535739125752687821120477956764332887539697262447318790329525014752
686425937456143548799640235550255624128656418887114956390547794276
858725041127991197852527863555532605490775416372818787942166756748
578561416230433638240765037880156019880957723804879880877686818853
155071552135675458248621074536528904229917221564124329654859604047
603401089607930001970188160340187066876734930116806762537583410194
493959959751799294529013819672487642943530349403840454890206908114
517035801938191590053992538549904281164432095981042972560098939829
781428018158679033616012883408918242656076965727547631996722453307
756635651498892403328017852909671591215592207966059200516647151130
840157471985733155950814931327443860967772896845628669479813650313
566094452938685876216472384194726675264827978036461664616546009384
320096386651058793835840874963614197063437324407440617596395040543
023084204531168926186905477455123081429286713145478724936722627140
194805807208956072954026603573000165918462286944297073535927977913
514154572363668056135103373594160579869350944593076459253643501294
918340746568221068024329544721198860420889704487725978522293551441
435958666171084057619129648024968957296336190810647342929158012492
334159507279086087473472977792831022117036007855457695093136478690
591301928975081368206937476624409797390608581957036947956217339092
242356878719544888707655404175386489494700125053265954906591158579
312704816593456876477106138345165728635656730814481072241362520297
715123011521636643617555415377731353126073673845116106084151358374
964999144671831238478172661278322910119023056934267889747688453059
278879053490310507761425542996293875484175196399791206714877105669
967322253891393223401564458501503835897166317796965033760872633416
256651521685707737530402247944039875456930997611847595036302112888
839234495926700379042225710280651298054546955321149537582766497186
706631970791692260507908921887407617766347269293430000285444517296
016471890156412069943099861693668518983340105486629594899465690353
605541570293708695036832258132391740011335789122838643818662142763
911201676285091701580132394079716586787519933592260677409731015117
422689023963220013016501117008964085660915964199602020603998595167
599336164608725161053738306083013854701146917863353802341074177249
771296949823893347460978146663308890623941931970797684886220394489
665218553085537196766750963598805177974726179303269128318267486205
780926525652903428019088270590140546637470013833025889361601715015
488868935910569440449721720211392456484749888583660011930309334050
424819094808467898760038276692181719086769660182978203559920718977
804292361836630667945726051889605382347287593282301195158655518017

931224335914732375240378690825360216462948132048845739870513672463
824650599873114603762253497782210301014542987511382244821367352673
721070466677797424225083858464887294909600521861477477151996602465
522606962127062085416878723951599782686120792232886495599471294392
000996760846261445296688181911180944889919558814713799314815293295
825160760107116624951556593720289303451396577612021582500179271658
211474939898252164131398331692159116787863114903503708046729113 46
756645736776031670447118722869777749372049841155253422836893646994
865992816389029333329596705023331063186454715946198921174696044074
793011211416649749227696638793413605543628013565218859169191601265
017034734921985779121559965545078845902800241979283614688616696872
940673265794485514121029331647678050432030238929162094969940946268
112688477619419298887283020453254835559564561049750752610524425580
938627342063589277682844228129581464734736707362255972829437263774
877683992863763234539366344508464032220274973415024875765991 02151
954483914148945282238326814839805199707655926889831544715769511831
555106187300676856804057123078324335686278130316986843408552081541
485255677208828951940358785837202454478168634608411970360599469204
205022389505099905474622524732812866755075605926657023819679854436
973843030634755135301014223131859665983550172901226635606839627244
308404652362865284232381423499086766091580811529985673188270001310
938215761913296593145797811998234263059141198338941256260215 21474
556185978394081691455551300017513102083825563173616215459035129106
180015379921299481140928264215227003187999595833637241432647124378
051975244525862986609139765363120503485519687014261642737394425538
704104093401178690284831732444669643839274132175880980004949886150
245568923213699722603951315999095278370145480127595279256570668760
339430121291197850593657439413065417846820219003381050360714952969
682719340824995408242161639655390093100714463887620313491340775627
556205877748079843945811949518820071320525940334421340012436887461
101510266689010672516105842324526485513982924004357219566830 73657
863463628471394771876051423987077753537119885446765729346358469884
781033914667847854708731515042908742459239461326108929195037101182
549231842072104379420062672244936264350959550337583817195105443116
873279605675329829161312575435682524564650081228052263681461159753
211991706603643597448082885621932267393686560625429382249006199560
775333065246484430727348720887976729269681479748532637460821151712
272174344612137262433632401184329188986371123475830738974105916818
188166895595371823995831091589558651551079391105153715928239197272
385189345950241777905515151572649757087242876794409731453020409590
769173875009613264837074559534153513313449000387528031013378564419
114742350224523620088655342053548595620977763485917378780621225544
022592527384830776517999637382300909619759380174752578307961563233
626646373083895738467111670927506441574763282421096818667021420776
326837552607761110898894496467327753439014910896163618414435140276
458122289605060381554653157323103591573592275891134925690093560714
797768870073195410228342717487574907091871630476238872340969630253
407824746509725002722414526033508279170509524408937573333123198203
021541635078677826550932171378171231371611421231812440806330981536
074376395026542557472387777479516037076025486348948281530335202194
134646696375143271528080291002816293441826410827591952495181736937
113651514537697574630355039688155770938983487154988401323876 91533
308860839615203879265983426272431774927686269635413106846562448434
931165089667848446934710340534822954844042494454802901500871209116
791765860652787248125797753474788031668900351087458568174549707049
735995711339834554368894821610053715261453005639912424453996258031
328022857815556753370517961433593548312607199002585111086675429079

991703537006064368388657603432842134674936328479813459950952445941
366688588636535801656439672455889752138057636159021484215833508687
176912138457600443756081874548473053787916068543093840810194972061
059938135377308743093608025437461836043691487411272220989011476728
779478953951733778941126562046748007712938053458407655616163671403
281364506738962178520907892224643916798604380401984876059535757297
848080536465417964743416320801881522629972791753618419010572539102
352610066612857938612848287211511443312174816440400561836018672863
279325396928232426014000725989950970512646811985138070288116929747
036513882781618018114314687279332331454315102504802737697359069296
971888893454531535369515189875968892467578877943475069709594838918
709199985678213907843263703165798784080761347005954231533063135629
197234763111237012637437169883645699391802040236017065484741044827
168499151197376191570800687543188967229491535191956193124787701048
836490034307122021693271644873789074869716889055669789349557482685
994538815934237990106692455380866035693093474851627199700083726662
594609163691191866834087603981605345718730448837878445994564106619
464928279029871448513829662277069771018679726274836234505524986843
346217582535199489358389264000821604257858150101486886919441391356
686968831445986211992334972258493374105532462372231784115404225791
978377626057249768611808885686579798004500743655996168491050849723
073534559981156167551316684195733447513292296442913651579966325538
347945076610328968486987628172465341810383001694345217588085496074
784900756730397047497994124351261842137150277561668273690261688150
889213493507321826932280660518231576305416072303671389874837793340
501584198071058315310913451714395671880125030598869506311654406196
180647080736123767536839502282439875286051051135181419197379569469
363868127453165281063503834682835738440551422934800799366821080449
360686216460067663448303192249589315595404581694972413680574963656
793307919636715256980718618747311974596214344478745387556767923021
361485972863033894182374504989176974007142884239766806283172901190
857403250338545222354033759894400897932960374120546035438418200763
258809362869789359558085094975650679953503345837068005723967268132
946214075401312828636882307453773754966448767066237058674528560526
287684371031208597830707742988942333196659933706724709689525249854
458209814394921207939343655680256945592260893704379680883059217354
990280818723942350083166725862989891886521707048580918439451741645
600902259738411457762210305768869092600196199756364983572315537116
480078041903407349958308441455122942817760215210493581318239662767
871573714998284140803688197142273883020874501573985852397251066895
699623496283549272734508268912027147525704270506111845946471828532
054542723345159408698624119906327074618266795601170127525835086473
884920460278571285023478467533903131878629664955207064550768958438
391867679066785694775621300377608024518082734525214320551606331504
036994154860613067595336597168002359216089478140468185331471060954
683369162184806558707134105519361745103710159921613619950970865013
778053389759398836693787395482278968333613816287002510939802307692
164016669599177393122483908264479128099857806405324340913718621885
323049102890113716108308680874867238115859742181565370929674465518
492928750040651580719202828052992244416273543223825649525174246715
774826896121618525639989365694450558351032818566413199762669743911
116778094871793696573690376143192238347665546373088851777088449683
238058186610490890214787876907311571261412345364963900842699447080
255146246808750232039897736546071330432841705373441390389323484250
318168830269138738845884794203557989165117728792068933863168270043
214700842467578529416604696403753841191237643274386841834063376908
656334246919941284466004865121778043276898551840227751809879011069
676458190953231321128789090149768694698126335988541954556717571267

667883715576312670276152597776992561643721030108499313035437189899
24700939575282429872969224107111180096726415730726186239271371578 2
806114143002017111426482584889272072257212203277130099829499920651
648922455188366142159595891282375248360621720444959024857568099691
558623443816516714631633100487392293226221943195365465767781209844
862542039608301127767452831340676229436884135422093949607182598326
001355753099690969163734966559745037380554178792938203007569843076
695439031187270674422084002598679309241436629052273054873320374993
181703899256416167449649356926652153481507710571777303188284522175
363855090902876005207644455852172346692659704934706045532756296067
906066323102672442059559496173835522058814667667226152539099092237
347001406561397500633569448750968771520848323518979421232259292010
069507200894275409808572680945059064154821843092352059880849315619
983713486308631608177530993431356826119391131319755311787891831559
922775024846159670664664052848809211928532569954957327013366289102
018529597151020987318184639442800526951909043300223556760197787053
090664264844723116541768542221191674862350821405552416336285619372
915602656303748519633798312493712512584668544944179398939503613056
358538146534974294520242828047303931963919665686795097812119450371
518494839553461857076075329697620604212644505057272373623975657440
000518850643825547281839696475595398026300097329759096766811250192
035086291396430856380268780542422691206708466695667793808428879759
066333385191831658073331288641077969980277388121632164618197229799
382327922503439232071557065563693152921882935546190236507169076916
658534114162027868814520633343518244458692779598046627970127434881
999983671416159300403854909347712321623085392496688136772265723665
048007428664506672319728135654420431444220544279556928924816510679
063605431422762298205106039468390735987427441902527429805800573784
246772140507586893275782389649330295393167543655826368293342278667
996908620188089559616889819483366568308504888361764603121668763086
594919836752609718937985086429615427801315738842262690972075493012
383476933259946850644885035844843865983493006017943549795468471188
058153183483885467009000362390165675090985197438260891762970517516
264463210468224004535486063995436349987617932954392450932753221167
185125536171072025658333543526968008511489632677184139489710157968
223712323777998170453134977953440975537822404146878310311873204302
877139841266742843083009963756515199425640823532499590528093660801
770815480297746804698730184428172248913336690764257349831495301549
179718603868488641641366820315278415073016038287609047855070467970
510297237624004973267965404437574346149263092329939531021385733403
946546431380393284754601668289457039852028989705619905005856633168
102542479612249799416192380808171869561768335559308203432917111861
194066142459302341685892832540228112237514487838380437533386005245
983771521980857484740911596560510126102135739087758744852230707278
675102693405952584004438769166088899837692971157675464446866868225
821631593841533402184543020044556787861653538779006847964816115461
477425676643466678616571432139560580510685249293020348631118769790
675737306130865804980539962498308851629744832342091870932486556631
685998882180763426336180380330937080685655211630835704265987849396
277425742722126865260875537703432427972131624718656218150212721001
533814352764044674384081792139852471765606453271666305344360658788
502002162008322243397547438846569080848229761095989093615129181432
469419017754297201682602926069362867759394413039980700485624722707
461638170802726093244910407161694311272169324596134669925072649358
332736922363720775270567953185986989393297451923406580320289778734
716023174722746080557162944886163769004988028768178344620062203271
019135123357703649008084555442557682671091481559673655385825943822
195135801563771197167936702062224568634854690598778034658974565844

7852408819268830922777054604946355615841409745355423947767342753O5
0083936054265338583429240886791409368144232858790092230529152799 91
5905009065192474414170910047708499889030338563394194410486439219 02
0225662877398462669712962868737572216188171278212356334904715499 47
0758868040594632498061324505338954523862725524564400813036863468 72
6841379219379578507749890278243158382732350331096708993301570664 19
5240164048025986195829466611465708789699312666194868191195168899 78
5713826088972016502211515000045916759183141379528429240162630759 06
9281025915047690687227211554583699847244222110127830084214948985 42
7598928757962681408284246202734481156377615885856666062870759798 45
3898588853973591506784666774407355889621176490263887730463122881 50
0824148640352512607007505904268551545873081994483614251750096919 88
1214717769429055846364755781593888066239542018937490840322751020 63
4892328309341028237894088989531725707278146698392546761505090113 38
5627347482282653535901008952817868923851305483370801216375706186 87
6378595480214881006720711402705172446818076076012994222575783785 15
2623729804437548974460375910029399148776753477242411230998381469 11
8795725444744960420094875863210496756226171098065703754579778452 87
5550670681333011940370283684631830050668075306247064752243618574 38
2697783983354212993579342251352034923550310322632422449618848671 97
7535580316521471061995841040622119083596690789796338081213639892 84
3731074315823093529694423351893330134370824326438532789908261497 65
0024662233601347971746464208079836954651332945377557662272524462 05
0785169967201989999340101333507207580771040382655836481700018825 20
4873862694727977686819841244971301436744461773836037845058867731 04
1552138029551148294138196811165301623559891014775948075941177157 01
1650869218541147100498530766154450326362434342050527856128683711 78
8698624228453711227804753731921404895699108618357580954983844456 60
1308474652765120152251640460086388254089210102461583536189885561 56
7954555943415393774502910066121558706401665298168145491504870910 45
3636023369626790074204524510787476711108581603883350490730198454 59
6575431151627225013288264132732720045864750400359753884115085871 23
6676733053671651766723592347410822055662073897145896736124428601 31
8448099009966194185512659140312448268215050509682117223862123115 26
5230071316586542736092478521373501526308736450420970868697527750 65
1953873468375231671703179386470783338125470305674216067595718124 48
1724154900677955395033949743440651101402668832339813840729952577 94
2686050980385710038847224848237875870249233921727160672323783759 66
8280655877905336621109097334341997978443348526532435072253360398 71
9460987064301678895409084338318327380095549056808509279132189616 19
9663626200962269637110459230585985793321394571812184970469239746 84
7119409031628654826727816023346641245867553153722069865707588845 61
5920039276376761595539143811410641071280366418273848570213166476 67
5524075009491137683189196875945945767797550505435913958847686279 20
4416073899438660597048755736032076189399290784732570121893863512 43
4504025611153110615981604106293472125903381033962210769101359206 41
8442727572563624499218841929692845048865571680814766789660936346 42
7193755563009580265716674060696704507005597645239753093566926721 34
7565632231052170979726788201175673384420258585856309958277223767 01
2426195014021412415170170625748239199375731539805651844747814978 85
0715687141423536244332730212268108547082779756822570093257014058 83
6963664043602801865735583944918479033626350155432400879444552885 84
1494511564094270922406588405815702746990628262912354038024579975 74
9327018239144762628671972800674151064615784260870892100884337577 73
9685600881081369285756508018435930996339224874822734697948078406 47
7677577435081064813113854120266818014621696063486386935182283330 21
3466133693279168595030799246911478332513082076691015178579716958 66
0185792729967194005523669049880576522883405403829572329495666610 61

8163109789226399407301157002457628374773576308183798161638119079736031587212198313819620344976981620642398507522832773373258332437288216059788610987355191377855881403729865083817511632667454759408345296967092628169980844889010443639929417133550491721853044413612755372740438019661670623338297380240490629825860951393502749589875052807206731837864730248913057905481562736693420315336593480354522123759323198928884374803732410786208605622462175566914066496560325627015246939470098514711600994089128351947568274832967227217668299349444534067907365525417174886583901039319287413336870559291380027727314775486977554119840138896045288554164615529596730625328830411855501188829841586911577081853736377506071335054326871353825913285097958561423027436039576496067859801089379556543087594553873213235007603007730107917896408379918870861963208679051158891374126204838541157848822039592359433270452459141147350780545504033581903384706481014248689197256381168631933216497629814849539646083874849543969458515257951809116266545236733517450163608333529739655892210921156911978316729184425792575755004030749046664227090664322428513245440807605030997258302179025792182169082377943883480865654516580322492664139624733960511524759583935636607443829936677311897124381434507144263490668336746267965144875760421649004657804566810897623735246630448651394648231966040726712639274053714806002028814119479141742109645063130559424100563987780307683154549550715730058201479251595904602466115178393678560161253240627524204371192506137964850891981909587770580992490842085600103886023943155706409262296585461940599098696476507408909037102041073773228330001943441313189898291146076879347947563792607660871483258647930931942606503765031220789605973721194264580743339322946456217152992869877572374421745243510593701522448697613048297775612559901751454759543095729786727400721774104428762419527057513081889666990390251341804618791396391751999610688039579457814086994355792939886140071141724989460512023152862732692324098027034403935721351903458402887798823381422660989331849667478892669887427451477269584954658077358949663204319684227293905402342069936593465517594644019356968088757365135655273782755845600317812578547257973901689044629670212624861217876626477548370653350285918705939390177804647175942432362408204797958379349852045596799025405159404945477441760839577973686737690585564791827948871367856297647036197192772736875817422061934212158392214716939705250724783165836869092120660602977814422914515406119505865265141288187110649187969794316047996512884740365408399967083236314679272132449362698570740704713058434826329318845440510586619403755873250257315665275392902152362207415301446575930722750888326706370582148843196156531041890179125548457874634053818750561404423146119784513097056545369126825579444878042588295007696823218986262381111072368744992142469150404040031332186682305915435954967189013559031469691373622407761443103122648603764791939267717493540753416257102558871122830098045539403337048732823588397650909521672656474725802054809063989279095949756542290618460679476258129147809703755742924808981654174485509672708892033514269360692215766563468441714251418841300734634211770913388497281568269755648308409133263367172477250081903833257398187374366036429341681541608528746458725565350762115073088506880345696823291535406069272424136126383496243025222734822076674328244625195343816866329833335123189264153753902689802092306902469188086616534259713703199646563655178418522520774003775501336093586141637044909219989129808172359620295384773165945159325457512762182658826965023083274877952126416176015483903845869845831937117209368199083288932591601683152378984175095542145657354244770307986890738854236551194035529997686151218503691185811806196552576296458247439549463884952305229390431920834700408595906247758692673900383856751959635718838147734088

191367110130507853555897601972413186887351769388896092097081199608
63932376114367610703567567519545098566772609283078303338494789630
261029049827785167734965663017924045814188890168611037149218707553
685442128423002943618462997844709902389209087028258677599793290024
068740412895878180015512623850669835207610152581029222069185058987
978076103175274405860231492711148538125250221206590865901782025878
010422474264403050814934008893553699421554124279402428833016355600
845480611425197360007946836767439289136803754522585250356433749230
406118813478986495017912039521392725893518850322747972830455537783
064856392215254818172332080667252766596431620541805944807093733762
738519177931869947302459081165317084647784897935244335720380614698
700923270065387351237811893555880738276143138710477321330658524292
176952009865221558322707624047867472018538357834377022350425081424
571284375657147968931036341808937329972201918567752838733601339441
772638156220284901596044742284106914681577796601935784853607566769
164334614029548215017627807940265327540169883435434195316982597257
270323767232710438850214575511607810784903672734137568505475128333
182816818068792348394235790283046532570909969893392931956859422151
042753161377858913302623839957249246256520923809821631002200993851
783878629128475464749973808460988491571783874044619813744839068734
059128423831399226835506173095377600773344155197113447780113636712
930495399900198370576056147210774583344123575225879819732015437084
932129176882040450744949109305178697056711770114196561695487469569
955457946649024598805818205226782805544006305517162010917064549665
772809123128273037117934488881927575250994256805720457156003088351
254835453182167003120209888175665602481564333985612103352180312220
387245461764927719760756163989992555884482471253975444199575287553
381607523828907495794340847840981905049954722349176780899897355542
816911986602910505481900466341371555736993081687879278573666964628
266282678449837678112704991616800588086998350764297274029251889063
949221831873692325603991587304511774483342679125168538532935334055
740695466163939922312566237332891308244660515960756818641377290495
515788532889906154123437813616994804639083110947354161918944252795
610239155036306202464858209675195205668630960889827424160266486843
101853579201093414899591329401297008097920933872852450683677063522
719375612107055299577005685216547395630934014599507090684943999526
109950370114911485835658403569443924401813758729506682050712955420
991850876507111812723830525509427097018083673324604796439163711962
481671287816880866722863275435721997602795855021249960429342072378
556610335213428835403247208840753622747707672265703221614598530848
070143271133232795589627033533113301913893098742633572074810144260
604122194998739520982043140940011739601500116374649373933374250093
596798354959808168174942641161758900297445379024645100115732568115
366055049218229071820849066730683734741354087686468803628105346366
063639637050840060322594442368068407010904147914080743724325375420
452945492320548854094472777330867728957284483519930624062333601489
465701029537276931923980079137424612898806209404251071821687003541
827178246935885289693683871233950818071126520323160694213943504416
422118045865972847019874705877049174523614062166471826842276504309
872213025329208062441013565190192429768319418422479532304887222761
999981305934343540963408734149400983611379929010404902165198001696
534510509320118652889500134985548157976486919975355400199623921830
371557049566111407490698906146880316274565043092929685649204939142
663256004909546724624506038670277906597782558864298724579515518278
895492937913618643354949560747960629939433289895607101850074129740
279027598329853445366547373825443050649218755849054725366313745370
776589299887545318170758033901446976126120801219236484960131914537
587384208870327736310454441031752042168170202492424685433938481832

3972011733672714375914035732497421907662839518726209487736422890355
5550709956806448138539121394944076998176571221767587769774137476933
0080385309241470259267309724342514738979433308220709198444296349366
8273455599927565430849214500589594985838897219490804800211031010777
4694575030279867204560296682902433004901958656561523385066010860855
2470512592510723689039144260448041910688569171156055467655775413133
3784673435728191355792152125244163426728793514579872623606847687944
2449245432959375932256803824124308040441517032330354680593025545988
0840181419388391309913137803951658668856405344250459768630684647033
8529304228125371288812406383719196825131550640458658212202703344522
5150024555697185204494271266175570977907652201631409924345624965822
3463274199966965919096303150772162295973794133044906912354662899977
6787063964427543970530720101567866765146256209664985206977071028333
1992535522210179071542554910668909890157143522523208824935483264055
8254433228993388181433246077620211927635355605540181246640118064499
0748656792493045753030540635899858103643050669178836044633760072522
1059307210192292241895322382915890934128222875051098014631623957367
1434576541180542227401565044111311050586337680869378330384195969455
3861337328924716025322293697313224937997292800599267556724797579099
5349634141700203866341961453441828590549528053409997763087934339977
5978910568604133901260650786125608232043804545448631332510663723911
0133243023185466526509293911805432574169027595407190841762886773522
9998642546058514480703245585088002374921985388998257635690469402033
6938827446681840139984177397803802254291492591957492773178379574500
1072916189699932883137541980767264918001306438990549637448406914588
2846426124204961678749190028707996979188534126248108795055420743522
6441794719404034479651091027244817919032055597758773842727381310588
1436032811962348249687706680871902988723417289527936418706406948466
3980108956431535233422900314798101668431369479196147206097308580133
6150705516651333914433244858694690120492477325571823058188574716999
1463603187793301384759759861120961707162675773157297613346857048144
0979691548600125124206029878855353376478465112312928998520040610544
0065834250345163468563030940509789836252773934123544691012936261700
1989971395671039397745310096305490105448365702167199187220346357566
3638244111617093788893854939355612500904793637171542240806103438111
8860330575561248673326845606941752793440949702599774350146701995022
7107914478321097845715562188832741071097653063416812979334593467422
7567072441346943145162167047337673582685317196054281712858870830155
9316048841492190324363058050330721966018280900940432717917990576999
3235443881050324067491860691578406289873447376709234225782244945433
4828081265677173212580402386928936112556530820450653066340561490100
3696865856206381088416211250724374687218924209263026533476485100644
8824018753110775238799051914751301701155512593650950277663865604755
9932677726955347806327049303948934897959809117789256537443265439377
4227850627165326171004913012764765858878130048084071184414269029066
2542006789764961699662037240749990183839249623080167971334236069977
5708749062665937334634933117472389156734441286767762850073286742899
3474298435416914069489814464185413445247285102226600079613809607522
7010407727596892661516744436606657917119518927091206931157006078466
1310486009590279729514654677233831975300392998202306775086147937833
1034092325166793058858094449717802012406075320584269045332099732799
3580656207789144551244404825526930353303513359014814445164701717400
9678054134220952991809060291260715683392766168926744561155320928000
0933552341934762481168750783337505214486412300469359127245516840944
9343564359202084008663972887452644764168122243197900574037675204111
3145935690829486365028866513866718709840191265208719382146104962911
7716056112413262298472918197350192326469347606735917920473460195022
1468502042227254990605003905271739830882393469613295460582355961688

8596144385517732556825720040864066715726142874215865629365346667650305399437264337771175524863334654686617471029474257074711452408406935745933058106647910587257708703941215958349720801434732021667320029592177831146547941567632358090159344983934360311394701960236806436471015526548330332290324948488740174871625554178432345983583131736856741194821648828321983039293782089006668641656356329990025891242536746598742757842445313505681163336650379813616103342876913997790939565375874699178205295126606543587480249531054620790828692382531734870934885092202989974921677075930466511581133383047832465845377999596422451105520528225985513579954331407804687382883091817168865047464734200601615944581759276487831751006154057153340802777001733934869159725448358499570311690890502347900418269611277438910111368249836511243522173294127706038130263418165235751483500779868261068935781083578681115816638025428639454882447431521714465318821226560337168643885527949083722967271505859983902007370435204519621300668261863897112457539798316748358028660902437533659703795530174286017098228525434662822605029782281922967974950706846947014111471827123771794543954247545582317637072002093952480305502486152919425838074644561247566303293621119406438535126173363837578519909303377895635070998487264756328815771858778297353705484562184061665163805211633553595615713655488304023083904849905346402275363505322131262857984748871208797423919712980651571562251453573762296496995785161894725860193048018878841407706427789821115503893404172990784288779139603190909475642774628234645049618558957186727089305050991750825906016230356085410026150659958294094188223171117668561034310940901519556035941976295271519144654657011462735647603416640733553010784066121706880487767658296034459262386475855747734122855909945512619726150335698046742946544652410747998946799784648927454814462927046102427724945172854272025170751372587973508902883565123730751402162131170264048251331975042822098951384552813626884177326700882525431724357988989275269871603988463330764027410207254286075391463205633419005178016954816417949317348878122444725186119410088351313755549049418167286424417218802638816562753985733360041105959943360044510938252578802766481442579095548425763256667686186591270514838980441597550202022308442316481714578201023087613689400621715918636966475668011505893950691794861793881106913573911192911947645716384243985067676092701560138762547387755513082161491786331107567699693263983636019984305639886793035036311014621259261823243292023050487397355510388061839630338392022445021877806341801390292508001654765599060390880691771852440750963515195819308548534943637526931428347260128632155695589347590375217333956986053558181334040468345871203940744923635469708013539670296892056415327057617850743694104216200281385974099445803948437171223780859161062547291289418501433733201139419237769927284987921679570485720848262117895374509959016057319145103301592195047799861639973513634301812707663619625642182961355714741419682519778451292399518094802761577905150529962456467685941080031965524777784431018487536837769304812085949347514957536351908366451038348117838304020087249543294359801839909611614425208081024615483437721590074746546970789568255917810215356444060139689315984451593321201982737877807460527984806318853393592553264056804758713927361712743904944420640017604659600972674199501118019442199470307638680820189152106960803373114792754504691807086633068304717712769938884349752036150838640309236770796659624074665303205885579543535898594777542084658544662131174173213638193761117452671984537710736595659498165968875953527256553052258677787436196995545270088885043127590941433023642951983092817046363671057700408235562634578787478523448239984694378073980038821035519714677936743948439795042261555530639372957759761213908282947761609069866159952443474072082548727474163790

5412032043763264976757883944911594852617550814823643520144900684490375525495045287112775902440268289660239913812266687287169439142423356907167219748529854906502866938531390027800622281054659491949657677340871738526222585319584765741013650016883548356236992354401223596936006051229704848086706559828336254616249888405808056838747680592416721489925466769707042797594707443992401921713587689294557714824440483700282760938444366726557959205333286363821183436202774646087176456018236920499752142614111949509141365939939598884968732539054561689863096296277455693159627111291389068753371428581683265582291531673412889027734335549344788683553410612823002184662365260252030829905573599629412128403615848769828447672166506050843093323577916341259867252410741162855560887417648349820714209069639040582853918262162289982686959759493805904885753681523517451496466142696587956201997664381005061504180068707658470453477147005963307233577907943767064211961192058242544441864130889629668960333915001324327960992277835339589184662575993194526690242146365986846158650593407148400860403033855263822463815891581183633596643738185621040582013281656985403167355638163019680564587348039675160571644904016838278201603100326068032668396046855898129134031175368012912557689000970360499259145265139775772983468530585536936351824757233378044007504755143509075612721952284629606722106216074612377151537118688504003714786281788426461390580536475028946907239289094722636256621257205691977369329031393413587569782287912428335072502728595632347802504078961201978921641323874369299169139774347271497800996496729789539148727048958122750145899044623890586964294927230354129335323876189211564588764429713638978164132213843945580346265579131440291412501168851998922870799882033327458850878739620195842849169998809625666397846140216095059729972870961243304576253129268156432918037383948191514649529198853619766896498777534700409893333797271594905193918030312440938121636064272059749937430095796162204706746117408573410974428749024072224071920084911858181518124276338523114088091933869905247375517969791533483698607788473417923759000206964547789804654420961655824545657572601098292794621201603586459098001214611081297486526766493775485550163800936391440387470440680741730711149120395595564763786368725212586641996518155272682610249104716189727921996372881405772954371894830012920612558250088095864823435031158427250447144179924088583160443635426313119988381503447473273977326572582918374248682532213362019148473697626755507600478474750713026331527914424648458310542617927325595978995021636498056801672170239863642215138491367894696651895996369818952892920910915814558041583029638779178693541218300409986888887076505606757845234883714489299580313972269250026344239337293778361219989460046080519291815736507140605213243665711748651865109586655317669933181738303448325237239280960676905236851464558272384358920906669573835462780112429104142056474580713944479048166588098158783472998391031027522874694740469677382116151097247127560918182160321327115448287990220915809954467179102398577577600759370662369931528510617800162228001306895034828243805988974280780978633732375367387515639962500202688917156087205681980381321592713346498607978324698826325052172467732321585052767727690807395180206332392022289351307434265978605937025106926387895048939556321921166611355155598132690575754094401663689426009267552040653336553951459594430336472986972522461302873983497304830196186945556575297910677872775472113472308106665122026618370236590083531181275297824104741768120054732854088244838854668374142336505912599422868792294835077262714575470462006165094003489129260399554319578326832004035426871828068254965253831583532577307988741429846387393058843241116758545328754899971955023003383521326423565271107017507937488068307856033254146019433209677063749357415395330037478839909900702

146296598041526455897799394876475410724850931927603294897917174136
213784198103506849616403938713561098187853350649482250675345626451
525297740329892753756169181748537555073371637048051131082092768493
599453069558121008228531454181705533962376276768523646265893677373
342803558785781280821115743061979155371243564354768881163180868339
377582789315224641995493001697844790900079766476198783361464566192
197575452830238998411280198621038498830157743708738410828080144737
287666819032370967428941970934024336445816131807477228213377537599
246894948856887259048714181460237646959950801386604347059435174986
009052318312201394591848890753040173686996125439466721399672314030
349362286270110183021106675111156974413093694485088430863920946963
800556700634047876561037082409804867884265850559964776275293345172
179481954550738493811330423859464446390168372344019907188086077474
584650233245520572489711651503735461248395335503707166335469558335
922089003314811093105035625241575155460739324444620243895162945071
839767616987097469732773185008363285906286338132577347176797086008
286365784771014243655708737137294057536068519961990142326153519121
878183240382660104099322768038702518282689905013928749433754762826
805592644380644635852915698379751024085994057155596201690611806063
853047946278101163688371115018556420832409881625698054524196110805
010759134257423116274388612649920868926439355212150847906167359649
534179203357299319229870094573119991169784226885366510539372307341
483362776594610820275072013548479905377197752110208021488139107284
4348389583374523960791312644461657388531821170465993665343126495903
472419700891057207310514031003142001607836834277549263847812555726
811479079790178690706587063474951441625253213465913541611593773542
711274878442640103209138695354514175104568359401016226775468370908
677917638329951341468046889569352868045362009755798588010754417592
852429641027544394174983197584543691671545375831879858306467153427
646260166170736520150241250941328917174724357727936423052842049153
843136718688623786700688669902695498242234826535568866776437975758
217353681724178526139621292352814651019033040202959808631994332812
220298985891741331294125482553096868723311629218467821310026202656
856968633389860311490682515184065358262028492036911080130045106582
8997688939862230200298730202666823959834333721483435941141868009441
024239480597129516215285958031825836245884073891924717130756271362
697428833359520054337402297168977565143850023979631220832296886854
415180768757504850991986416003851929064901878184328260738036579415
375088922473330912890232978391570165470989902590963377562583277115
219769901272065427673634314435963386698378990691427314298771210280
981354038990518196590257528717110177255359810918897180596906653462
252559961087106029038506826103736595190365980945903875680234895812
098378184566328475101226255811761539113972787869656636476038783309
584586952129741360212303926230727583162017153270980917602947021388
975447440476453541813844023239519271050083654112614498747762957664
613152927304082624646701708792176731621559023521033971585954705802
422838270279714940186022288724774495150192048406390897784706393683
763842470276918437140113263995349055391609284364993786270814923084
851585691045365720342141118382724192599609844030715132883908461395
367071412105272205061025340510194029407497595745271749295390793858
606386322716975883091315775480834273084500345820943756785117623829
181332285007239565267328818090238219283414941449565542842602213790
588610200418833919731786325472260696786349814689795481129245649195
627574858991085116766023520108670357206241041911139896508056310177
625446789940282116489206299309939504162691936328525056590712236826
429134597500011438126624463961940292261249313966460082178386024222
634029098826070714131013402251822925181145074532496117982780980909
040598668887394654345337415292835273206845203742286706180187577441

930845756845900830486689521818505462058364007276520648231602447922
945765035027161024023604827609189292591418654431079730615857216897
581301459977941667168583567014562797481377628779120199707733760091
548850548543734919107244488782685079767274247498877503716950996456
850662105235981331559735770965590640499957013762197929214384231902
193401513373371463885699756025752609691992041679698230878351338934
097212741361796713331802161065533514784012271805000560589962544108
742917710596386148887121653420274202194001089823491632143341096645
523645641574425476162806149948622628197947120995332656928835757076
874231482565476213966576158701886088308735206342138180550809538710
626433109792183401239101558732344978992864043400856643324403552063
429457083508674597822201907204349182098165274154755619205328716377
066988391265389325883009078593309732527980300713903254611166790612
622091484958642463137460474292851212258409058847153194384311331074
768044632952910144117885336084147241830788228795538892654286664484
346740126017527830053237795047173946198949841265861788389973276677
309259772363725112409369357153099344533436315957211000477806131956
256649419026610029205275667024981564837479664097209386142874282180
671772944466864229698980601045005527182047419353303659476484286197
418817359912109181105178317173557233620487679773497979516425829722
861089343501579983963113356714420777512245221594458881235393183178
984277679077619574751252027257634592410599926915418595094605377094
715366442336816034537749447820380314799452485419024158225473078010
510922138304388873009741595897624392851682724173540249533525649788
361744765198146214873797373350201389963174984048031417473311253576
810877282054402753015794992122482281883158599032176421808576117958
983050763104579394151675401359916459608896611203563607240992607138
768703535308360231371618275879494370788026235451349994710057516165
840831401814160964148485556955730484032393220524854208409177214991
579667050539409497091309426035844241073566596751505941297650572681
495317756547067231503130463608454835845721446246720883776265194604
923072910857551718087040119262985996743739966703984299785629244915
783679456050193823228919978420229143846192877103398117953279196400
870648499992736416101929828283644198702283182353696013372952696400
314320550427157165630034780171924642065185460756811038794804264588
691923654859303362606440276948220974068354234243978019485317192026
063360302189849987739570514319242794157428371466917177565362215383
803955612588336253255619898881383941315190594078361441569787973390
220266643667605661260341772385273381717007465432876226735779917344
206401459575985605811985204360990748786201063309505039894971353174
758183494361183335852575639212464655851461773314300998747082934936
630501465316745749214912742258220888494609209423211433462825171607
831824274822368063119758762681072277963874119144812076079613539844
998783245877808558470791403580403227933215701389593658177353967847
577538591986059077025714985199792918862071755406650441436740619597
569024610752451363496607249358249381528623686592641392363275844595
423516530266033702306645558408623065624456971108791978300610297648
846110574242652954741764866252078704004909017904671035984964700603
486476171102949367265149700987270328479905999347892818513060236900
749309573793718138695168213954681295914649862341491832620755026387
682489509567486763202646934551755102928182498391196467909182393524
187155525228632683189420876997759678736117498348588993008982463118
544784224101131019114582133065280581124123005358964903636926524369
193640694048651607563283689485719246133771989589253365265257048202
672064769802209837141510874808272712145526565400494632261371175565
225578557854386204843972745128112469893039538513275572087385861363
328451549809991216221760819422983295375288430849748152659895095960
317076754986645374137630467832607288385165158982819059836624424098

412397675433819956413887733902556191040434070925405873312271951500
439073325700740229108927106398570264233945072301662562178032650525
080887920390398302390563040930830181301726145707308395001842861952
901257381244218064366115969970222769336793770489676516002294892551
841716903012990721201296501333506270071422766354974111199921981966
469870956664006653242100394714517812910000178032454064536894501473
949749005669062242571460680569254946226479467048866362893504625320
978470128681090305962783791319601090907816037257598889091566804943
193195890596973623783181042943725339610072872574632977674802262448
251157855302750058601415419087537221131528876724434954889393712681
182357650797573755918622609547587939006855053792263520713017519988
485814137391208239095529104948088632077345265344956069737731565388
547835754306823098580903306345184634352421193590099177251932732912
298929823998480331430713420889867686491831766482764551648509783183
127571966685940965467399168666738031142877256054767215666764458975
682178499580369793880035091827535854837351023803509660322552556599
141555444173691944962156924331126508124794987752339716009896404320
451632415661243250145503431660567536064435401981471072977478011550
232305077658642923557297979550551397602321950701458779264414739212
118715575931178810856734946743677579086970048686007610485539674009
396682669252994853769134670998340658310623221364207499710367664880
906366581828908867836544765605239961168746643503885454965793933667
829994221239057546757896113200214638887514277042848516141037908536
267285432992826190091240042693001842308974194723371882770765364599
634437675073059724489094684373350253686017508317203951523600178790
732272888524363703330044440927812905934536866314147010465934188347
468928262998823630130601376692698821779885172124541457337848823038
246719166595110517463243127903156087414886070815548311021325401335
686854055883431018870889387613937325023408807965938201480483031644
811231762015402434502589721776700525987685752911079948876170334681
232019932311321928743418466125998701817465611791461186892683702520
165299119898887494882924206169649654308944234634175306462620663204
127052479046522225947485262988218016651037739152095692571767605139
151290790833063089131384670767807136082989918994490539984327494024
388971060176275164865432435041746821740477205357907297881903006476
217956560515937853174699754367850429962280685938360583506521637181
437581203594638980135385789008753863779994425275139716428576455853
88150959986542599611121263525218353737540893838299407147671947955
656533381033560920916513587960431756452149002108737452194070166079
074211714638920928718476016090249231911042267151029060178956746423
834095198359114240864264571107074853007624980220673638377984459884
147751507162293219203102605005515090769789431943783482112231317197
696873083287468383293986801931916537026638200348246498888280099530
802191763804197594627304342370504981686266314633138199244995135040
933685213264862216626143045638015541670299756701810799145983714301
340032034976529521643857783420248049746048135655627876700141167645
327657091594698785747109517077561758971954701469140528987623863446
660752169184051529203706434167143445810148812459041088366769369630
161221404303079623341879278070741455430961219509880330732327122514
307467437929490847000111815787217604725628436874440299990349072352
336477956148260727543047507338357941695208541185814142116336633188
436139304608640443812030500873747407430351981258795565121015437961
854018176835163955314297889210979335064421892206382792601708085966
151340923101445509598050049709333418260346282226613652457862436893
382874818080831166321408860189627933379691796702389260039510884923
222262487914699524694482213222071622818763375411744071764408256359
777491004984411315866456552169347946993853458952764802986158402264
0999994210004334206449394164465158608227497279056804659105802319981

4041816664689710703815899178259905244379416476766531363703816495568807841719706669088818711189296355409708944935083808672087408738589167828057846463873013356329005608175565705186898351828853855818941876184643188554188353220558655149196084013505109130429643867372670176920946256840482169559422438162836317605490729939838290187707137864821959627958273728438493021076517011141209712718951367781133634522511943256406092909203989203031142869311029961628971574165135312265097656638725415021881894576960633826540252017462748433137865936683535892728894413722271223237303189976271218756359030552405933440680406716588549910892233951031852280400316307779313938878812426373994576617350578045486470971336561226910545268032335170946578223513263471197754156648001216476189153839445438270741357110988027382524358192945270638724302898388786237397269948101909956476339872677974381882407864696372061345750204043865140481454084863722948089187495333684538332918569261160013609052698074850778808097199220790549384644912998116044510512482015768134230369758459793135250764991726718978359204624413558353968020439011298808208487927059939845208151455527716045554509166391086146598101094364855299583415894050113221759189182274078858545057370754171980793576571347642256640078552027123596498418147809185247540517829859835871945090092645620322145679360032009803658914036592480297059704238934014178494089834058894208281375410845327194765940157849180879884127867128834697304445346330011340784244697467610052163252314696074617972352275188891136610847282504473338769880899788249617457143265389593198919380945373562006977956600732920737598787739533401224262824638117604665529549327760151654443398797796575964213036484953802973362973405409536566027156662095624204018972541002690308873068859675832363484860800313674933788046988108179243487055585861260443351113415506834721028038863079884248647959934426910709807053082895065139289872456094740899115049915932660761263981350418642126839879243828106390190244271673507646240245768175241297734377047211534086168041782949967650685806251274752995065595324988186611187221699214720955606547552197614550491099906975684236752153392973559712252757150876656596645027191717820529388510936944721032791299729978949595372179654148220468484710797133152924225658106596490768857512128315157570089156883907751592339497055571554396120342875806175188670398308678334081013481683943703392193419742431633468771675540102879059518554697024410748369099885315922357683605018587567855736374585771484106340133489759087774905833455397705795352135901682664773827250855655781354887635988320027857706316422404683951616571696563311771164541224971808621652553084508026356189132604359629200964032384354637212951594753702934135578205609103465031482793614106566034544208285371600231136681319091964102873049208500417437038337446281046462094277696378558093427578759878418333403996601935420267148826128194886255395043815153360888198352817494735425296130520588989474529789819276536230214649271640863202923565929941917524547761440843060223793185676064830394341621875362704147497613963842986391528708311459385176684853692245247913397018567966189810070204722123318045419230799439221508991833972212946648542669182478057987878265388133877917479992986271645433393042460911284741410076110542008971258536672836314860898634346456934102417486756764886499932016760769139511745616303273744980446090780906403046763494443155886989737215023060224087689628089967772008295400972862196936979990856286378189206873431243425191257166586084885331322342618432605583673517357559462474494240918913520207424891718440223182667020736467686101862473648492758014735888129615711645307777309918790610298886287149302046792275251671037080716394391237431679286682193444622476572604070545998596828789594818122960996644984189543550512697462222284055821601781563848932415629429410235472447440652982753

956508523080398810417675310953945082956686670098059680397238783071
088873099167083990986667030216146571722478408522623333842572081681
007339653460321498432069726639309186514925480137010383870547849580
569239080907147014680319441188291677410010867607146367034609701658
774793861986557251491603212619971997380349016484226754491259673931
239799007483105538506866183048290644335568139253044901755675497722
458655370131148854521455752765003400128947427422375583403216774265
860294150285405959573417873490709801590858265302204657806921368634
418238335855058044069078904876946952301682422689530301950384904574
094772378584130809424481263867625452617907185667849491594475752589
043298597155625391687066405003386911470252752877463230763947736622
050212431711197669755407073331126759558114307664350837766138393741
882119872814024301959257723399249774565359917373704823455256901746
838618160590685025236871722925582045471781431991858074949168211910
106141017546675307620289154632134291872260156914532339244678353609
292392595631799247736426558854142993028945714297643673232226292360
240155503056432028370518644027032070094133089307407897145934113546
630626365872857188977005569179639209408954049496757766916683128261
519805386857951638874569339612697366987222044985742652078573393450
055218249597364838727810394612054451563797961203029165947657469934
154327101407474577289265442299660080219143075163201211471223362886
891100314198269762081161023720046209913211643260706919886802864097
226678090238074035935421449915746197968355714813677142010284368270
041034431879942143613811977053870570251577675008745353928774720196
545049062159447237705651061967599990856948777593914911594201505099
136774196405319122353927497551027522621259329031592920206322743156
316398835598947694912780282598450835836799862035335202068546055921
678655283576498156695323158588572387298888221915594480378709089164
856729907213738605360437121439616910385695176160284757070741220885
574454803861554929996011109008952930561509283466502880398315529188
908659028176649338550360211301004261404612185620272908635851705705
207750060330829518090619335033657336926887231145986400466223734847
362980287798810214710192458549374877745311596289792540550178074749
196477840674655279039319556581389669254392861168127028607801649247
175794769004071383841871022921733518989407640808971431883089221639
365968753798701420400378491301275010036189355286464804238014072668
778949947024252513956832936672012672774688760322848694287301349973
554634498410829039902461431124852884825552468148762739942714989089
896406588465382777488201549894005594865085108465819786193302486083
380072550353705752672616262712089574838570781071679039632140611479
857589273165206651387414183990141524080694271641531248414657507367
162101437285661506728048482094590121411539705704846221539045505320
545140864908348169336750662852070850447616870476424706292519842182
340567119317597738507121384356616120054129148709109996813318550345
675525027394805609455333324261650049742736992368959557120323458164
445061839809446368120108418926213314665672159947081981768665914883
268231854601655417288345341670449309166374846568976763423120189832
643839103418758413624196745799464920222197983459305656369275684935
977767109310304141130731253956424863850145550075794360426654494747
022596898510266337438301815326070463610412035069829100774024752336
575842434925980678196106766125498936694745793203834801189180462399
344020486054740053972919887064890835327384625425978152377016539340
906639616141813699362622724220637338198430677526480387417719061345
607086951288294213418894326141155983741984309650618079924824859955
747397586597917835001625124791176820566112456878979546722894411612
072462218215036111871960386759404634081534052093195489945280136392
392045582070502328159177110790863859943266252683370835162218627906
963513461000189272878972239673342112248855253794962334805017456457

1416968863601005387174928821497469289625347403249065911079477469955
5016629027142984650883917957439011915442316633387279050548931573377
1400843033387711793984550288105152253878558588527678672465468225266
0139414212638002515110525362020285088336811671179131453518274582699
0793621433828736367147855025406183150742638171351310767393576500655
1872257966213558484525199814004650496644293694462643253534227048100
8735843865153165747836934943817561843938910192099339207935917302355
1336134333617409378894332436367662102057520640498600339476261177300
6597900717338435086119046672830919191405487618249035409603611171755
8738428295310712978874130067815729007187202852534737368305268388200
8851900652888992067114141756148218048590301612699363022004245730366
5450630834445212718140481106462655021833491808728134317000593894544
6477780717800755411594479566368752313028096856384976646741642397944
0380978024006822393043975148776185510146807492444313049368424027977
9663806970107218594446946675695263158838285262613400278056513954166
4726797847201873928734317431956342714686128687031868026805130778333
1133364970514243458619433993760383134891953616522198571734006026266
8164233315262753256152699866044674282100016307871335675641760570611
0365397244034349964075523914459700042488278070090182478520476973066
0681827286895011123040202596546463916882653440624513894380086858266
3099263707383047836303898086010994899412575125614015344638442370877
4909562441301959987563891046520966754587766008659039521526930724944
7593463765524999573981368704682383578222135022751562771743922399555
4134549014307806588887145132813370761485025768523236382933147428055
9668809646209984224762074394269002794291723758974789327985624247299
6590853215947205332369490434027966266307402731316432230471242896577
8160810904602256804488197247067993494893743915075505173557882736744
6630113365128062806763873894435107340477854284494581032402153026888
9267092892734321622288665308079172552536648253192224860467190401188
8149796691897238390489921449906378342247258297448757138716393766033
8353195822125838995005317567009552936485078884042900036232460798511
0809447041187766965698527002242365421484082307424965912899096508888
5363087254327321514159891816287567811307051625685105581512671359344
4832178026783508960472580054261710332895188363891032447371674832055
9178733650962829745596943462409255652816656642813369025930758740444
0023467313737677792486726102625840368808169386094183043542160512322
8994311377533910651173174257919038774427555774666030406620099040633
0426051492029870431846013273895090998152703064336944690410044571200
2235451171011328756403959370242331710298393490082072739036495979677
3246070117441657434325499611780691764675964746879791515572781516244
7306058334526364851289816778469808818991132100393955511186968360233
2676578194608392777588773560940755982917754280861145433013950045522
4655124291004911372885966068671895355711890373330064908975683351655
0049482437502013368515728499636967464259149536037394115496098234433
1435109320221809709359780329549759598895081104350136062164200304055
4253525182009155876233217544217588085941929940166160003634391015344
0094039861381614185296591895827468622176004007540224052349144874111
5414450603504256362329696036597208236492559421476520771374574795122
2002325330757727354406667254606385566002002468570446003727540392322
9608743253281392448927596263699974608198030761215869443681254346477
6005823451709865886875789643460227054800708379004133051417219265944
1576156879115019134029748585051714860817315609739898187117889639977
5438593851481271228565920278693528607609610014500468628214330810022
8800342379908031603885040608297629418230827838086035227249810236777
0590604646347730952402490251187179864243391902530458957320390858500
7871952255017770376521626642185281981740507340026663725152809340522
0811671011269698677937225985693349519432693201259024230765182777133
5271884472532778020551144835864447823011547118441835229325114932577

2698861749122603284020727778843300201824351288952626434850401801 17
6692189400301384623039255957312898153724381695307731589478556460 25
4890123359844526030584211078366417704984380422727756181463614970 82
2052978940468419642105195952976344279449380087623752745873654043 68
6032392568120396815397806203184411751734063549646449468864312900 56
5992397103980260552719134441217649315767012502328215868291339917 09
4347218601990614994727041937223244811365777364784334202259996962 79
8552988234835813451982181425675924349886313315764355498522016187 47
0094484862457290141545591894888707730437495867207924838385743401 09
8250062896166079971094418369987478443956767929238886241602443690 27
1546527600224939349036905471674482965770830739242100152832723379 60
9356923990338824465601298007919176430314202194237399396437444250 88
1398720311047330446839944062988196979371975773532541936499970332 98
0309505730194490517681341165244535932990515291198614709570353745 26
5578742451856888960135130446546702707588099460903301835695366013 27
9171879444954101560343692286480222247044767586960903220968422563 61
3405634836829717434394913450350154562712113070691281968263867332 21
3184044441497703738450944461754830545368993606820580388987724741 19
5238929242163746784562498542798503144932995331585543002766715402 62
9626516695809146078810174714306991744199865847329040165535665857 62
6308050241495588477533489852364672238934163656532479436451005902 52
2586321364641258499846796161843552340352324721110521226636091573 60
2713021329448208976614103780709193655802622181784957122075851190 42
2878000874592867736276332300969043780313708952520766671757271829 98
6143936555118371669223725419466798082166668111039566043933750372 80
7554514848068166043674678943264045371156658637505315120812713275 49
2053068222000525692985014308858791838338588827226166775683455460 04
2038732166503756308540835999973834420318792535151098838338539003 29
0965874054873988529729683799722936601292312307160205509733930936 05
0345903955144350530779986167924716144327074762450851301978973869 92
7099332578952464554750676366826464527152555225433388053548362739 62
6239252966766458754894673447577273356013838273729005393896656592 23
0598571048482774398049720583821115538200989209661369468931771991 11
4747170373374826981059627061291313996060882187721485255788982496 05
7151197409955071399286692015456583834310142603080858688493271922 98
4158950926435718314092471047051845128758699884109287359028743120 39
3437627985164110324412262926311001109691495544503094533576921409 80
3315676548064212577277675625253662101808506368182957928716083982 34
0214720353625982063645520085231280580032671686683448151104637370 48
4997348399072102721190358008843242221164334445080022597795281797 17
2269973237438645179469844576480639489491833438525180428786932632 75
2902447890475937940428598452749922277972100023891121548938382391 38
2872989931731194761739061150447827928769110237647550252257173219 48
1814737063013088417889819598162999541083390244410692706737595956 99
7119535930938496110286574076506367694490893018558649870372897272 34
3345722492789153260922324770228772629642491769808030278236217239 37
9885400503625715548875361008901145686498282437678150512482820550 49
2067614725271465218966300496885795997677522593974060305110289858 03
9626218819712821705192632230895174681586477249400663476252399854 17
3196026161036924195715977601971694902399328727439746588043656593 64
9688016852863977515522475999764941859502680405006409698435113073 79
7110441197918005746465493078021521252981008731406046947356590646 89
2418148391263600007362471055648198258938088745764536277429937681 35
8765419179735722961270008929684713696493683678963525182303891310 39
9263375859652579616496449908909552435508658902553027859907755325 90
1273060023553112413722883395464048657778331615768298615178650924 13
7474237208870130880543952259278853023943092165956490984077060959 42
6129628247967788111335332629528747975409878835566787900429195451 57

674414867840448236392233509566007275479391401697107231858244127989
233882002377940639757536572516250133516367264435915977475061192571
301623009093734510047452761801638070967737009437680596671422941358
960082475538324597480393206079604490501769207058512367261984589568
309379680625434025095746216595188797550577965491955049492867123325
133755673871605735638002894299024885121880124056867923618924755604
824874955328263873146464164205988538514774334331725912973171197400
042649872224381061421103274992413637133754743240629667251815657913
864370256202430396479048900504429852624465756623621882085409494236
850573272737762283655293864213194617852606260499906254796884745853
044130593739472779307753507819355762734410692155894072757362859694
496638890921585132706101710614979762053857085281209575276329498576
677719475935215242167687786817343705567423740243650963517997153302
057143111464013586402829024515173261076716920225250063376243107416
178747624311018029013318097223112382400446652702557913433386482338
478240836415091426303214665547366175962561696659433120665985127670
461450435565056763231927238034514025354212809618536406586065956865
009005429840500460935485306206267704765845643230355579621397040128
414507155132958915455166928658278389403391529922388233290253888572
605849243307420504807749658189661060918105854541979324802037965568
280399926145969205463805877136490314877440480911274281654824191745
721110244974231615616924754790847307516632660981952379567646387678
825343150882208179566747714706801635105964756831889832497120460920
855699713375741446504693478302243271003842147687932214248571356564
628340103242412826327654208160894480701691549541907889908583899738
707067015416665338419583507169714519341920374457438205104077772973
273608393241637456285892241337653863674955049543056637708434508365
177004646646381532867444822629049601846860503688344077608448239700
256776213235721377269139239309592523794220566769837043926078903482
673734754528332857659917761012569555350192620551799398021571031241
431145302306985898701030358942128852315150644414206528495349362202
442156032850944544546287414074018450857333734350776305942612250192
525532512991863421476582140383079795273873761052730263924182242641
542150906460098831844152564307260014686146011619491302403669382475
017141894225920208067077454915759538454237813886087021786642478602
868245538257060700785282733222651056334456649087436158229522645069
096083169561726052652534915020704138021903400570178831183123741998
178687238825101059747512023490654168401573350143178373352481938619
828717997108611704819560792586428195619770249670042110009538004738
803920047245467873090629279686005426820228388866840290831335207688
650527791865629012892131240315114784046500075712617797115876960036
259178899584553203528776418478397863166507073750966908836131673914
766831068048300176113605941255839026184975476669621728534035859219
034523767151164313372600671055941435933213580593431965154632317833
809081857823319571680232256364543546573965389158512696172683566529
545299336653616507398029873401838864612441636517466666989389248273
782645426314272038650117553097076155873345431026760891681516242126
487058077506359278820073571778056908881607984334565970610092424036
098417826254172021527883071915797667428851450587738133761448400083
912643956891713569322761335281604797325611648002436478133941949391
998144463450338977304830790172218978761141526758491378276713640481
452224170097638024592754166726985901420341115880451518379364707694
489921651958233263828168333632551302342635169444008445773426489193
207412771550956432261038689103857009585219216284841848988273268655
470423667527507529843122908730541983950440894202141667808219680982
797670774928984971242388093354144951082942562973278266923004101161
806478685421633930127455892232424786749160761576954116883021345421
715965846090848019719649487228542292491332269577189910652192682352

097342852936279886092116791707629485847496149978359834308720070047
710218568974412617231091035586226249946839024978024823106107738908
043031729059847704522430321003304957569659557590980897187735513274
829633988645718778469106403556448961252735144868231053002778188431
067681436348836868815197935919480586451837858659731027120780587817
682834764220458041748546527255792593212754220935506709152174607418
634501047954448472804322875904278532798925864532242985233863325720
785494344100713049181600750957198178380956000287475827557145959121
423798241034420119904298000834846679847791736676339167559812330736
044998178330002714620794715396260742401905177826968287930733427372
635545596820513214757796885165521578563821506100375744210687869817
590879723105471878597945093416353173097134275573684804654936846085
893279519387805483535183845795512788897107538526481259181979522714
467314889783066814412948090438764754172032883679315394873192784282
061408378211112385518592573720264234464661698520633845340600855266
871699988254685318368450116433542242467663197456134600849630856057
453735903033205858460474211719831580072893001356115756207174231489
330479644746806496381293164292352358113902966994946800145068838572
950498800317429475562367674376499424361295901887816363422319493407
258497317389718473874274935509850647269696844126520678050219420428
761073628889385885038732456855643881657884628098866182032035782303
338009930591300723334132345096025973746052004357099860029814550957
846283200151357359254602735159675644163653011226471278640324482400
773799691764665060238733966563567934039835656807221965404885119322
488205427980912971100770045002277546120661716691559139809765659822
716963173713238023308189464381281348664524959954457359960273403749
531981034137354585996149549836091761262853953078738457075946329303
714882251930381717511543835002670899582654526381103725254887743926
013540602522145491981699579873716453513255099052087967799440782253
080775816995602711127758544868440276052939451428880029095380284854
110122615778414915814077499984149629224019889130831785966691538822
900994694745024784490257136735697263979283040328606345468198590148
086774140892108904010576575031104192216149418743145878476136714773
918305353143832266954538329922394045613360601782141188650929220792
949664091216003590511538805649216270544641912365189082065327758919
973892229390120026823222236977367233003938217236746530526507439140
683094747321260320884009899014802678019948268585535148065705391400
576934547136732038757724513069759606056795390037265846113845113230
645833725058053167934472599430552175008531778636339819472177438498
394166462144855051887706616890278874741977750727859461678481964887
923839242970123021952643848769171169294191367645398975302213189442
746898644511952336113580869952565738499513227234485893231138679783
119517843877135064823078704829980344715507014188205310414266822948
160081609502468235978893323946769501559475750223592602042472263849
410031136704409745365861030801205930892752761072852639425752928436
218637764253542781899306480066569636727516169718199072260193757116
892594797447612487628882179865013674750750063832347988396497740048
841235756668657161421583110847360913934500027320051307981281570222
561690655268330308366563814134700708194221664848221041593434919082
040564085952240388003780734926165030023171799931482592911800377474
465950156593998138623869286906265238206123362367459640720983507701
108299079028069034109175096357314561823190444770495486618716069228
030350137359522412331696418348799080748080408689982217275513161958
780967752165398983096203489409368385653942119612308102110347105174
241643465517192077927713852950602675186424396926553672334478410068
145595114903678283881757053538003894600276907056312702323014141306
631680174679733509725414626095995788159410727806596654228530160830
980948279808777995415133063418519778

230301266392253999559413949621100419546078252067442508032881805033
938921875652444516995541376477841671637307558479723386593926352240
182260803169276708468269071288406191974911765628699969084970730823
375647797687484667530526919298507928036681821437679607305087380808
301446429759825417007864397304961083418619696619596322018403591635
634118435818598205141363191530912517440662404939092451358851907627
068893662709905594646893766800692046828363046250164021027437917854
480248512861821612512114570003573467406925367903689095025923989154
817162254182524520806003906004061554058929077320687309580061749971
920364712097884192446667092044497498748240886590526693588948775257
516401354367423792014530722023535768345446812068659513932726355927
699659957377744110379091071568358658465622085862107139549354539122
567328062952751900754940904896394388806425455707262211593631243949
164597256491018425754082200472288884663451280304483190178400740116
764773956154364713952355819997693590108417752197336203083262576165
968411936614585331142075321195292766971704206705185984249976283460
412316390812279089005602391472762547230446561373891934829119845493
060944629450961591153675525286261059127121220414468417749781863050
111297400394111935081890835733329055114407430444467585330390819867
745858706466753105873320444866438195473708480984019014571108015111
144466295074606523305173459452577257589307863700719576792849542202
391372656825993183849635737174554050387357805408322354286682509834
074246191721241065928405281116620092328296030172136384928510477358
529839208709892631698435885742206374457995610541443705248822335802
675674609925440227768400935931817775078576733453207311853083797369
573820246047450096045240556006415683554046864181064155915986925744
890303471460863686842071415295195399688863994416298501262198265478
995063129214796056471849993133924449529728833783355225306656081139
111557599979071382892418373574090519324118083275321057583443407862
876642948811335953007811514259578279640928378127631674688525323298
028567924732045320938542101580714740180947946116048627767867343775
751143759233304925499457206276842336439469327017336108444018756535
693160788031270156774329211095460374669864630589643299619579908391
638851073583655397358685803947562940402286352096347217039450470385
257108531336244754542001052596712178357874633359416592323562570393
312801881979934876980850885387379015678885924959933804104507095668
197806890979130475312701446911990817138057938235367271579787439956
478915490640769381923678366723218190582136399034973143981196742174
048660691965065868831513483401876813467904264395573859006548375807
152818128951074144096045017043965485359053827804348135830772445160
037860973737431472179402649530772942955247321642858586419313390462
255573142876790225334478786885637977093220704754382447137072108172
807262161922034516766385698542146002937106613178446743494946034274
590970779402571198873753139912381326000956320636823628583078987415
322744621275917935463121492158563100688909580778060593728283740660
451733814756940668968790744643728903240457174689316227991526076700
874957946365529810800605632053593234614913221150818691711550065566
655477454978755929060742276192490131286777580134210840162883087292
122615776509522101508044663744032978226504795848394929088091378349
110527018915866659781539522433630203819430779722100749295291901417
577525169929771479350013718996448891152064736296676121821839308489
926024600418991546699738521967567293096434216988980634192953311166
015202689067552639251081017259294741159705724670208362379144576573
076310550469479661341506294987476166418457078238555743704747405720
187095339272312325000336576544182150162660235171847267215331210750
964015851018981377491426545299866692087088903694910230493046303417
508983514679902569728765115044510267583560834962773334541439538796
196861122862718377702626499995437897566186384522424473949249215054

851012216707555240510210387330028459361318458442786733823142617697
356364270842120283188436738192834713195087173122191012031672114110
939589992288467480174165676099378781968770763447597018787011536350
704268062034322219624818967910905627992687206315734435950789785292
306967195110433305566783849538409612527795838910548796848486208679
717493008452144359425346200112410842665667586897808277627684013469
829419295802033057400474913978971059122642210407325578913140477467
095216337310954671071478824347469732253620897184341401689515209329
372895796179900974531322807631818289943318969568953047237039953890
583965748355015081947010033649460754156809390948275449981181003115
143112437162060285082116771605290150303839981778749861963500489080
522089690682794915503815722397466511442040712132800560653624460196
857385732581380945079434740660360543591168103854745541390100521085
682696417436459269757301112314276156916406438293041441912580970015
014762604508430299473977704434060255848315518370986210437182444909
324499909412396968072735574990974754392902557984797093482190328085
059102331850565958856934103697521787966167710423049423523510863007
281287132147932780402066461426230078561408403259834892557120851189
853822385136209728791951877465064186101050110001523921401988115501
033319067153914966127363813534906201898801186062648881416943529275
130201207444850693949715656963700528104436457965400855804416248425
718544837208664333866575252285810948289217257839158191476913646032
684476202255833788430706626820136562567060429166096739937396333725
598175402369018835353007990159396724928774572310017813388850629426
776845236106426208547207080605367376268476687684621043656625525457
715582096848955125604270948386990045370602363886713679104249114919
963014756467260027940693936292085268041593916556942831013701721500
246134125553880321201748024661994057160259811420538497330990958586
477131121900577851682135465676925436958683955395922697911981510567
862427873863559696351596525780100887775161394859476530289336591762
402297065783698536071100495347567572284079338746963969820527548854
138638091280465567957867380247796245580749357238874918172010300891
988993237953392756249295143063917541756523620565537533747840354751
434991801696242127730575175317271408992841799710543799766469304839
985765697038891618026889482866498396473822403052368385787917654987
361628471601522751105553564227093034129063412140503747065387611044
057631277677687955828396936068797492992473055757014507128648776037
216713666399647951681218150895635932214508085348626452441380423193
763653355274835333215583412888866477801396224946024358430223059175
741552754477847166515158060159683143469938602241167033961033143444
142152378121270529004152968328358142745720548076341739976854032114
278702709946582145669614204935860051783203074959984999453677596390
154433298372959877021587984045304241723688539565431132491280016688
614321335901814598815345115649693087226879981544016379036258474494
027676223140583830246323278355589704912287637551609935228638759482
647092345489660404395528296934963273296194539263412540443583064912
727969941442577153786602121596283848008077648600684421195128428111
186065633816275879668504679093930302438194147134504446109962381417
080458893859796343824476120094314750139145110290353458464233986653
377503403288751178445621701907008268753712348942548452679529059672
899114162168717207252789541303662531312161687184002908491401088247
419290331003958533280903056898161959584146403500881838354477661617
640834335657628291603652785505334292017344423999912982156065639233
096831232606113498474590475348175724793522899893500943495075396373
482891154711017298440790711638488229884179218542831749857560164435
622264612259464028308647766387359459884245047099086787716750091393
003821175198111842564994499619250193938047253373994593337731252524
630640434299251006362772644042522129335363983888712558650282148393

519537829121923251329550479427077479817573069098139817583642674915
675638034024163500899745884664455951052637730388753348734402177 2
585481657032600335620490417735579097347598439475995845429765463674
121075351507013851212617101709438816386818003253445607801138931545
723258763168759141418393365682229624660091462055145978337911564647
926663543627823302548582197820709974731091603511064700974874000731
522287664739629127786218446835550020204307191420072846279018318639
787025702772268782391036972445486411058889166911105922029444932943
627035413309880526880087934617095630484602882766011907089407300282
006643598669430991288386695237929866628178898427269704888604473767
609420261537717791790967751278719747104408091559906791907723417208
080859904286004545456751422771384737823411005311824430632388715284
408626875660506972347847736219620237658441103372159043811894698293
130692861159856453139893139948999833404400924228379125175552174621
891287605139468988472677187466504785270664362574831916908491537125
880541454036326747869539649103724005746130220293199503101987750602
880237975002552157499644642453349885915909369543958084528045004936
639830563782254105626241683217301132374663650818321551390498019391
996251482034852336035202979892243773111150091658570103260035364444
751774246989158935734705658751497625632680396958169694903975994610
639763432305422721308762466857346704606223493784199198380130993928
023652274191986054264249711792282050370537587427136667271485530946
080779629080935838546546834984036355521684570343035006341023502853
487766353047125068844087232667590565579334784591133212607890192869
809935963677578312895726970428837993551303926951240589199844906046
319277629905646039476875652776188987807508202115485364253791970754
729071126344281360599281191735709921525555198027605603718090518902
071857735055523271391396250159427253930237186445017661783595005367
424528353346296600400846807272853318083527248634331602064968738739
216160955927770747209186383619128575571939484457227933909841306594
059996512638479997333289827244713523630011731945879729854695574966
414860678319364121215726453407658070668960253185401478248747972806
312019166738072237763920872324754210132174021931705246883119566130
365670703052191237861779392569076272238477050523927062222837494238
143061034403779823821088774143963139015107082031275456607954643371
353459928062871969469725559248762340560859976025423380535602919869
909560761373682770704428667046412247405699674920985983836128293650
677449802452216780957009937928110107393230867893546477556514877507
479466500875692695049132556126428060059883949951551625764082779816
057275574439612018147497800451321782129786374375109974767337631313
444066932216989790648141522459605796036374929385390580458098260355
681952893952216695741564220430366437229914696760438644194213013675
900169324226934913049246702707782481845523113461103453489273315060
001230285383342303638247155025551368745632166936656044414642455569
818231927411945082796887046941767029660195074502498516529806186805
463813475251438433278991996092710858122008935766222569799359869922
149925464717682101276519959597824700501422174754586194296039239459
092882841814687748419136141898738281264835534324101696493465526295
345563461708335109501680694022867505677634457147413217775167306207
782187706492244447520828000983425570457784919191688417677178688630
332126895491976457394075370098837140048702542926032963877928754377
069560437339990100294852638150032628997285511301036985819326744885
052228421918054554082277475276074653898905064374798169834717774907
610376006282890619457639678129928802002759672944986154770652047321
954189029670858378060569502688599152022861683177931813811133700846
648282316429401940350166748929939240870575647942513199958612783309
735265384335938416752475309684246977819186243437711155992528282731
329513697878214074254516312686452327578082174391542146889435909773

1815658022057964044194212253701479918927885379033777432873409551l7
4137835201919791527965001393868848556937474821612927167295727856 38
4738632469385840529246749040224134389518832380107931460183429162 16
3319657370015979427390045000638416513145176559085970026470032213 02
2198522497413915779529879290963497289851176018113744692209425310 31
3138344961355993181788354416471450387855471665976982467247974403 11
6606061989122504156909044764662457128363820616674275647027759689 74
6278418105147670135804259038575306203657293784016491669482713592 85
6927354306769178867000492202732316264040702550279562093496216227 33
8619486811060844935895601787085883133844172887638909315374072400 07
2802532562764284026486565019686979744304259225849580474179227925 34
0055252474495023408392656172390930942300609366303234802021086788 68
0896591816847927368330143271469568445704936542127385236419762748 94
1760376029752016153593894487622023573913546834272594628295090576 51
4319420959551607261274135359833191841235784196421342887256687389 70
8438311410465856003768822032463086565154107992964690465777065237 95
0534596024614940206156054484306437872994525822626360919700634234 56
9581210810188042948513682867398521325345198519868065279201617538 96
5618411825224252968934634983238786265738322488214671822123921614 52
1633252756700170428939905246548258778512412518561257886894555316 65
4975464304753503190355902321438128581792753398401246082389071705 46
0583596058677199021834652830571868277510762506653709452988830211 96
2730293185889270847570148568998529665057338471038620599638943209 41
3359577964476992214153786551124648537943925407362192752468482382 84
9973125718645765551508695824151349798157017437827336637993430650 90
6064980929838630333539425021822566381273209743546622445887643499 40
7355388635877067206336811113229422983654052688215612702459628857 23
5482642183145461433191254583311812559791473648401291468622198673 75
8189771951882327852080933278280528503438813801952845546505139324 69
0269115602676843585443935076285667261266508394535898309320803700 10
7893243658291550801322381298871464809135644029247125244100245252 54
4508023246157822063586871671105569328543801624683461967492375522 77
5131051001267760576438799157199485970651760213891464063173502233 84
6434583948354350279819027287973032028508468840198759498703781461 79
6686462875466703998963042483342254904924467013293924725832362315 31
1997123989446217658842719338254666216103821400699023027742644385 71
4175745879439789795948158049729059777726218748279191542139015671 04
0424987960383839873080715504253039320113817262336691434188476626 75
5032586344926729416355440616416058126006897850489024654095367384 48
5080441994812315226437778358928010770528723579813191764225440790 26
2977522329943162440568228240489795858620420959030167530770098412 55
0414395173705772057555508175512601790181200735133417723724762208 12
0008604407951239514265989643403764245060829599666156088903857106 84
6402914127173765715134887944642689107694108953101190999299956309 30
9050352227772332629147014017864451463531187383784955438825008569 27
3087839474528749201768864473117831041101991600631498818929990610 15
2778168708421621381839557079184051198067597769599875313775772688 78
9108864591654468983133474235479298051910921514683071632385535103 87
2718754467670829529749053459537652593192516594514793368506381679 73
4786636883270789543959667729832709668006279053959998294577731682 38
3260738801806541025146172162886788358706619093677297966422255933 69
0824586710321214530157614065638488320462046551157310033106271776 36
6327253551051140113729479742423417996595373489421421400236584408 11
3388319761752550589009245453137756058842247628652387606272469903 02
1267047078094512414716294955702704018998666632017984230055070084 40
7533279625699917718765426525703312549513970864944719145272944883 05
0946018415295562514740409525798009901463383797769021293940853102 48
8561567350606338634923684489507528233401007520258283062071137190 59

426781552141092186057054209610307132937255536822579473558746256777
651645331092982287602837922593025131851658133770605209210865756174
301233428908469922349735151163142174525426713978924805002517223209
082124574110776116353591686046523764118520831045560051390958949873
097070872311142547023121673320381085480920178739148793448883726854
568921487783039001654774176228126058072835541533136900793139630006
376970200762535050726123344151011142807093681940223698999130824742
465401270194011322299993204833287467135538349457963583689928862329
043972258449381710772590580394971625950663691604242881282548386971
596653055474254354559734332016501747169426140864138038046659532238
806099596893049398139891441778108044017768041263118730703803284078
136515237865950551008740358384973781723210016623052721994787990743
605742314099283345866153030265910880284894388262719286059268854625
261181150655431439186047386383201495201419924016510173976740922604
325484294565925858177689977165202674986419890749336425882430300822
991408842303703349200032109476423574937082515388359612855402857151
199968412130951329760106062238446785330430360528332459477151752110
913218469296890135992039906751746663771754089316263526915922316675
852838151330957335182944234019485759992887571589611373525007335299
446864517727781072935550662001116627864068458347421220153546184274
562778139563100350380090185222039972627590546827269914375360065865
512634531653422399403325698761990327001829322904538021646980531553
098829533761896730953445713037712859925458180227261374655690582259
578692098980461167400939173233575445142418155942790416484050121752
751116222484137648793952894876891106208346787576323688199506508172
349368185004920139539693115045084063183316979565001151633008378271
107497728604641519331149777186200581721183571765889164635570184488
733065674121671104599185285061221968011073225482951877407666997960
230384720072533276005946786952679051431952573547714111157306283794
871723879901011073719703379511138790244228576611951347093824055168
672986987094588552809896555090500583947977681636213599589645466936
774116795236559330196254317145982816376377348304158535288710628200
928673451317867057905586242287769770380335867189664400760452105077
801090263740143632780046286289324312169848956969268126996557009611
629781048808333226401158444986578869198915511649877595008201165471
079495476162725359744314069895014347915521487018052440688805318244
505486151055750824583348306015305152714103401346158717620493273768
228117936382237726367695089960600576457607434908380867249533034011
936473642216403187735017426283830918160337130530819470054814566633
422929439437912961361179742997959789822201838204339375151390081879
567578084988196711699577981480046861111020299855976962841938868761
232745152462773308044657336954636549384040081977760970663913237654
253918686820356685427661932684390288591996788147248350231950588774
756415910641899124069125309416312561954109543530881464234340833160
970495044930981167353983129373553934118732008867086710676292802662
313136660983836430756156824337100324761286608742139189356752130595
062633620498264655008206650187746333184048109653726939935499250846
093222363891818790058724923861078321577979026003556222664391725444
460628932945945429583100156730055075437247426211846516371207702459
968277475890212707746082328108777465643762205089221176286259492333
732230679917615024643599135638162060740858439742513315938986338310
272411438507532080538973380115912508795623407291394530386270706817
801468194772402893961722164417584863020451648879583761092985067605
371677640104122787817955001823319726057461761188377946845473203989
183811701977866220808018101648347143140329254503142495220082111433
074466401362422531925987509157512173913243296534940120953928653470
846315882150495516801442870649484831563843727263048169479579203556
684457786382972288953534411852061006954504177044547449259708669886

360993447006199388647273449927912722231658528362329253648259342107
355249952854844231273220467471078064243669958423852863743227324420
182834397340003224185901923803059005872229289610551499388306141350
064936910473902129154397749453605108064872080131190490223110707230
770624283391952893722091148778390879044959631522298968270822053048
965601639594558607553522222159573834959609286492041366112049876816
520941632691258940484528222903607027727550910423476071510260847037
204995330735661652016080315883563879622431208900709419217345047787
877409407146870679225942590522751818094928229533182148904042084393
337728589025366508426327725814394860195937648754924471152085966166
588308595533616071705852042479775057905952120494899134627373339351
797353749095540180502086242529471556100879915414706965354572999224
070932580384255389746776351480895187698836463589425494284220731203
645100502716078039833613170002276335732205805047209990128777689353
375985741664585200763921687804857367539294950338409822939797065831
425555392829591922969806877722796639729390777908217851732476108735
564189670849418232302926913249449134037576977880000852120689948851
950118704243081970477677656477051666007382064988485717104832272345
711925918065271167048969229098580751536275170955052842903922436500
482488074481318574364656698445218053666467548379873567916422013296
190351708641479733715775410615161742404449579958031556111579103087
313472099035301894999465821929921964771056882282986141014201946390
542328584438171240836332265624325123838594776356730120676441085014
753981446342859310494968693638264004641625964695149031961110485447
759191706584392706760240031145212717647083332009417568873875947770
632409980920684630534774332419452200217630004662282023808277804197
794933893918898522440855068666909872615099934327559421951361489460
327548540028247463818557430386722484814571204128940220014152688477
096246122211499922887643919191089940007645004267363603359564464427
081897852741770774513395840957604462114327655989257121246407049760
606889475217788884675365773130888483170413084708302811779259466701
208771841286594199018778750963200281102375514363561230486554615329
882829990461745177485814776012313343417313877109055770936706573655
020317579004306722930314450241991977428096762212425199286327402583
704007529728174354804106393450637326750684346881838874833235411216
634188042412330340349096757794165377908412586879828861032352788573
321553381519883058804585315346904313089809636940664181370415485931
496667115981308994408254571535523006525082284961728723967465082519
004532455823574868772006674794971216360282085235430278386536117112
453214864879424132133170085231543372774607680663766996188951228804
910891117659551573649847388606952471668475237514464152133654892467
276122585393614841651438581869173841675434827813176631429116937855
646181716609663402912720536530254447638306533550451146415224708651
212131290099900196815169592152430391022949696439063552199065139432
163036534539747151573501445915609700314795373825072228643267911802
228545445051006686838264972907481325848087102088749505142696429373
925813677184169065452156108761573780205352795800446849136136917468
253717280353678435036189012457777583386467700487187551541811503714
129454911427269687720886195290311000652148060479389430426121125047
463622256753934768192222192006351687668258215068279880160735706110
805557861686704947486404202700061440097794418761478549764582395624
980544495512570910640270832390814460092511777876520638039371357117
644763292216214126564837394710745132290507372055423326208635230121
119230099328216475364369237906325033568253135543303478962915330449
231153809199575553294498705280190335116740752763665598147220612180
438573003072978792173568500012562331806742598872401099689698138523
973061919559283369486119032394925359441583659581613839121854119515
199265507043722245110633671266896256727586677388238790791336450938

651172201396285944786544296218326678451700202781884192400936490366
272357443728744856331087287895845848235250820156274220792392203392
045082819462261529184460706197582285213387796963236786401331304109
955645374774064577757684903513791673253218265004401500646241636404
631178277966053575667603716137442026691617218914299163923048497382
542894221998545478689482567054577120830606966401517547011398438289
931933635228885729811548286913596032428511636219222076679819006388
404842715260865907155370497185933522605711810415045793473539632763
998872325606368960841031544136421487826119285418384995743044276868
385145914918918742400661902831447985922644596334799531028630278018
311500893000765762808870776888556671136106186168996249963879937029
113619500621550959100266394298058423177896496506627565297834415149
733882552363364465203622013216280321350049361959750702691727832370
138371576432302888101329633287393824573874624509689508223833084417
619240847605102724686019144743039151080377748192387105291127959055
174988229390755127440803641693282921255378008849192870285467542546
669735739705365362454007222398956201306760481133915634972776056714
496409064045114809482486851179621640442806897195762975356223618168
885002728569433652880013184412121411238983851952785119481467901665
284068838218695868306612959039774599056148703612289809841138200615
859142471286229860041718906453010082032794088580385760890512269876
008642460648269485048618629651722184875183556528814663127523768706
746675269172441672973545695673316677184928439431385995773850485061
097313805782920944994446323943060687595811900386026190492109839871
969933647463311406629451114715205569480402798735824309185973826397
713404114160166237752693577223614775634790555275216648241460998148
628132876631187524107417432987436275385045777742542057576627393156
984043856772914383783590182351736877088048034374286323665907452288
539522835778681347219537660500846861989626330050330936040997822291
481514752577183795281384891568049192181238360412271358296116497247
108026125459205952486511422783391156497546662744867185218756181629
471196471380668777153608541786941838614660748536539552580901696623
778000065583681884719769824445873229844530886990299337887795265719
728089915979394193436752271866343782907936824440320624639601866990
497231903150243625040813055353383065316109237895273339143697925936
907286974042623404247587033791700221492583435241015718645398347845
451758922412361367352913626017121554410849303321644230075969711058
854695869571172632037985137192940144871195015371587916332125383079
389694412746892273986101183720851428693197150286469098732848172073
873815201591163794512301010196666203644541295629190355481051912534
387131600152412478550452245480417085800974416436084037596380188386
074895352662695035328164809681679448801761593992935630643145711148
351667475654627759421672537822961337952004829042288165999567050760
734870429085908499684909529491046326851763652246317013487998937688
779842092948512962785230159883015336126834299177661463925494770519
302050031055605493677633916328395389557886997769714313544610132496
189019170570120182066702116577665414605136853434511733028437410975
267518355759247185151889091689894865760416453321241702808114846759
077301327254794609415509728678967187961801220443350296879621964404
832788637996040983882536293823039583969837394961017123582184217743
974270364691125810751594526635546467514367886879782290229559947715
764306712652597185561511035747661042096417841247683015840339793601
121187811200823174503714075700409271083743540108919934594983756706
127409717699213954110952101250839813654956204515024366843113398973
858736113065124745242321542571509170983114140086026489053937071277
441244066907683167085424057300361178690524323205442682356865003270
303065015077480473870024026729241448002051530677327019111454898739
634929248920628971290478304492685380028314875358105997056148380692

```
5576053071821618693945992778164452536969658122450093564589944321 91
7279168676398557892539969660988248722705869024920017849027121486 35
3955328059468288469933578566896852991438034105283369383898081065 41
6312507494946094474088864690836521657106852902937901140010171041 87
5820439261982433726156111356858417307628652063100312749714469978 19
1038819926090166461797540691029725658474690450719524494658335276 4
1746399517886169056732659316334124585451782580824490071885017851 42
8871766720831159955592926726211782561190445950693489617572283250 71
1475204412767765750508689367098033666867867986680958545163564504 56
7000982821304671244237580255335849496783455027631075616185676110 24
2006229086221786801124345915647756613627310796173252346814090700 11
0500979458634572441902662005773671790461232744208537976097262686 87
7009464227258685007163645957236063816338474943499752065431904882 68
7582535051569107427134586841794569558271770980275281686202031319 54
4359749164686549228763080466621431318534173986503522645190258054 51
7242379319713354798944313018430240118980856828428763561151135925 45
0517590066090929317534197237037316626763104552677057284108266195 395
3967680235004676392322381988953904099269167859156689219764620537 13
8695769799990888413176891511374346270237557613560235953212929513 39
3306880410662258095597530152275907114307261209980406112049595447 02
5290224582981032604603666107907846145624771807212209453782243796 08
9208478369881533998578438358476233111145529449931635895654517074 34
9410086456375682365245225528902797171999867299638162137834713253 88
2980766128714625534783529714630139379788432298529584543951967680 38
6477081199962158170809443498980383205707113582707983347809856610 300
8092483633401066437851717050080672856057256658249006303816659250 276
0359401420724325335032907153406437209910495544172192961728518931 87
8766754091358771099753068394228329617084806583434971118140092278 25
3026159348139475517360355840894266447493309584619986206812924842 99
9006904953095601991673592700342277058077772579429891924835075000 26
2535753826874832363422767248087114413930325764451626363014157737 29
9135855264761831061547505505435003978879153453277021596044566357 03
0677066100192017932140171479697167384697333397070560585989228309 25
3129526494279536183676079287994017708601760847530393479112478861 23
9694532982336275032741764624321782050586312100328081025353090522 81
1213357690673482789377192908366864035028279947062486247688670440 20
8595385347241370469282593722752895964155974991677587268700961437 9
3390912193869911363019731897109456037301611109766244244001817806 5
0555724623398592568655386116826127043340700951800886897139894921 31
9480765456160954465122643149669349697436169839616874112409269250 87
9164951012251867524836356160571234863846892796456667649848464767 16
5046561266990865485403705281050282325415823196482458286149790041 80
3457596958657165789359912026924047544686256265670714416277114320 70
5726232045705864254864853864287183259235882721005017819259103218 62
1025254290610641964932197384822924672145088027677363100251061465 89
8752818456725920500790060992633179350293026339149754789980559159 83
8740722820121116031847446073130926422360572014068318740741436847 35
6693028138596844963678163554669045752531854826599116179188647506 99
2213268388078880217815079875262709591652828076767314368740762605 54
0277158332846667905622524415031604568648941811259999795035307072 83
9954188004062183769040528604637822068355374436554856947783615062 63
5989936347870279090309974627721842411001764821590127056711820876 68
7822757646769942854113054242846979677129365563719081124347524991 88
9410442389988765581490981631338283443986788305614220699486564370 56
3456816951020971434238126537052902311489174162697598468906754938 15
1368823125531785534937461150504580356678194431847685134829172679 53
```

544989847223360804023621521263789857002732047970983507338475588088
526560046011136366410695357973449086862143285777692977138838668754
917368355359148530578245719109983029831395137570525256209580954017
897695413946151720261764966079521063305486458118903323277535560804
209288079548131044308314254117564693796449370088051788439064650598
699529934562288497813679005684246906689823480376722839141414639383
441970505255527456615243070311689399586409521846800689011361913009
089342682782883757056395195330125180182350049293106972725805703196
643197756434141864919570951944115202257960157942174332998712495398
481643215884016823180156768220588903344340576906238372620605419470
830269886808831940015177925067757175174593722384717722050820930704
159311736220200038813060788840091117739664188836733320446529646445
934419768596428126244512562577886323153831909565428679230834512402
761688835965251028829254701745885087785467432335413143581398900523
422703880060771431783425266802996652515958052673968256629757854112
732459999634827193710570217727679088300584907363364013164799368378
780942754761608277906353980263547708948992177734451897291008461649
056912644584004920708308526064556605541887941017689160277283372571
529263391248090560002823379201775264068935118044977919973237802038
054845153464214411215740926117175317752534252312656527895654799495
249996613418668561137172657535761612467563936363465852902198835935
831392192491393418642454135934428166038405794303405858305951612584
120866417970404500557090151031427979014579958567197456136453537244
757325971762416221665609815477651079243328459730350221418019104377
848724061746812837199614628391664253480309667240241178483790511869
883383917902679307649564913279665781977169564574759333133134262607
748971367197005879051641105756086803903926865826348706345405515763
139861676381077414451225941285507544942159529485739898630568471553
514877119332279431038600662876069707269223883921101042205418231418
783870028474888838905667506331222092051480787061361084283744060089
044614667973715826272029111684229324748247891789685877780597760941
818644316340028850264536445513550671213401188690785557499410205012
020584369359438338431421187984966957966712318296941911718158049435
257952406018375850997934371130880264021542881644344306720286303061
244985371567180909678367412752020111345413499839171117253538517021
424306732100031441372887105544078958247023764904752320309705960620
761202742331730176569032003677492694227330322757762751700794150691
302352338229522938042374299195531100137570087357404896049301491001
310514828563869984292941736475578552941533379493920244023171942716
029023127159436936461304778015704697510260615433560235322727132552
378164940552536518894649839034517885744396354358013434976027147384
385511984781089286682294577257535978429545434990952690776186980501
260973242575667396516641860943350384149618387370350938070380101695
366304616092407294362211337355372256317992452086818271670641961004
506900017835172681539217865847481240698829943944692847539212047696
704008917516980044735013401137800552105630498825434932067996417341
838113208226066190871983360217148256562393710727708004426030257864
375469141406467379988133306274980434048844433937285851420929071406
931327851505346968127345232046363566630091702633597632388614244380
1882404910085101582522932565556727930099661715167571103702279090057
724322645193485395815336762018043079066346938595228276348528073739
266954153406812865943469956911804724376608938315621924386564103131
340589115080721932867391688323814944776071992081035475388423453896
732654849684408063510671575237120307503288768536916612388601773535
404009108803958927512100254971669370797871866429220140145588245623
424144670313230350128103244201632163057653771387099052725968494087
829811861525888492527218603289522182402628298323270081763455612997
145774658378547242967461824664384902978653007763159379196442547839

4882826806550176331623401014632709472597201882333538813353025456533
9046348310517300849704261537367640620330137906478738737121464525555
3365835582825312986908539600263668907255056827141000417352289848821
7175999402680746491418887030638147115329646789559318086512230266336
9972047113174786349052776694142734227232795808700025982805258013378
5387832003118087215098462322707431627761529412804042731738766997769
5548191538084277357093281373760561766937072880612119558068900815999
3982648764512003321785648698432090637602562999928889730761247741222
8383269616110751648915228250644546268306417227180338343173765819771
2463951447878320009351333318655222338955660251647081019002244674777
9398750108774616269889409502813107485697512863709006577191414377702
9675485623143832515950385251731366442655028598105764183707048240660
7320787117705529545309698183519729294115418251958353083363474955999
7898763199425104174380877385642307717332540519763611239063521989449
1743905255002477559239394461077761413186765509240689222302864431771
5623756205532535947588834188411031832605661608570780124121329727749
1660000489927474140215834370124815741912988770947116933111041130446
4645731987871069570113548766016847239555580887290897174691220369225
1189724680591711257457394391145651806106080563786530895784773539111
8878095224396978001845823644395448244656556278922902372298460832555
4705494068221878803473178991834160540268599674872180081320778855333
8243052788952528970977080260850788175268441974747503008944242700227
7303247293819695799127666762690253597622952462332687883138948400339
3681704468721851013957132476754082232304378228175049812122184923881
1060720044101737240292002257194762803149945154783344703033464531663
7313152749162692772871965807579765624902962412134273947494949960558
0458288719222182437360162808616446829421784486643308194165490980550
3506193935373441844498848185595049650263222645086225208709839417995
1613729261563166641163790862599661958483269538206406102682517040449
4898838579192421686509829170475839529326011944310572999700948820000
6462825064142980885784611984385093174349933158754056846184430872448
1690382849694454914912112838991744269803554425667205923759401508552
8758412056238186705431189016681809717891902212293518874279092195551
5518088868903134477084577771454928357845296172487465733320431666606
4130222407809409924086148619661646179157317812411352085815169918224
5541054412567621643344107017351203236836922470239475223198646809446
6576700844147762711278182037067394773027252712992031143845135201999
4634708981058146681732870787756102442048074753084204104430163487226
3326788345044502448423109177551673670760528410517521452293493248002
8426483884846900209944528626464184203472216570956864347798111036662
2042605284032034121534186240396136792653976305723917678082394197338
7937396993118579045446878731500279916476825885174078440005612703442
8031312415940062560080603168967960775267805585158444773757320409886
8661508956832617959871934719108242562218826890023341053971891760336
3056471342188593599166100404311956899866854709529630760786863475118
0887668213990046769273709484748663262578526322996526490290475572665
5642628171067361227793268188511621382424146385141980061848256020221
6207964774601224999669672286852450602851380061764826341859670837663
6160177178787584787211352425712748345276492317626462574367092266221
1307733555205683386054307054158740244929003575611165555716998579331
3100068193328538001828777472325091411581985057695450951287072005776
5226634271771499575351994237585201083275572559101341983066117809220
8403270159630241973591496606810901929538788649629120915479131840992
7623462313114441025278015853644351302631195924384614550783343687113
2109051148727123095875779712220718360713602361416279336302762006661
5130143175584243644725271284482860833476749411206799900184731931990
4696130141786043225526710083095029661516123391400723248127406943337
4848131945857018441948519546090713962540695926556536231923829498557

221286126450946391949541107269221906175681772129328239509816329423
697312472408434620676415165837242952236930174326841387410209413223
159043112309008559178089809863981147242343125977273072587496545079
884608503649403556360642136024636725029758258821423970906963894751
585219601005670875761743422200688184018678289640797134211987989424
200542623226391091608083282217206238321815660095637661311507035253
943137043847640671257073659863704705747299557705633292492870667671
578426397484164818987464420627326291809186345695140821112621118307
784231880550483902301823855961986897258663753836854851880890027567
239148796757475871447704496390596664763884055513983208511051808694
673344214696438893651987429294500796357933677630658354791344094374
984874917811052595293494608869603961792375636352705682866323356938
754782849604914955943558112337629627949110896272845630669590312923
738949873906464548234526530112459709369166368198429401975703961105
018093963707677695746134167365949186840715979940977492129514475364
355705104049071822680477534689219219223966559889264013833854256494
287750824045655818033979875280750093213251659556264896843264720950
845726942676196203246524253611380812855410809861388993231752761000
593682748189193057268792705270668165094738441124135225224621640589
669773776626694722306047925937658904054510890872719669296026156460
569223470830776597249422251734490049588103258711734985129334074828
896282286845140658705958220885463566222379692684577270800624286247
083910001271322746693291077595784116055523253942755096006076083705
334480806961357479866100345694290504874288654158520571824749343029
266450201290152285085761374552109727391108825404901954679022537325
594370109330222334353367924791554865089056103150920105329770033114
909933191441582540393767103856151258970841315151528321798116250944
078384463599269824851477998262383671542281850696667162662017616097
056709486112509359420925767250273704083583389316097505678303544284
000039700202864233335323800308367275769471670632072715632881451354
026654528053705616337565756556156045683973582112723349302665713737
615780888148416954606951892450897761458277305644711560367234013737
512391133422213509952010356177643077090804473048268999177976468760
034480364441486413463468999507845551020302988863338483281810726992
000889828571936841389153981116763523701359960477679432735219462494
183398303417727528719732165352397478366615988300018701354800725499
677948156412225073198207773749493693405159261512147252409133124328
535226609509917886242062147076181444365168205906693702697284844303
506025219140497755126145044657256971231595797642958217968313207204
976676286570471311714659716899414141941558552792132916553410803586
453942360439763461695335289846339014437097710317188526335297860098
669308669843526393418436970318857439062865471068519080023824792265
970669579691292282779776008111989619170518765770471548040762342014
690147470123007236720063747941465248848800218697254454637056860047
232674220196980822142277847213930550996393066658835120573420953623
270683351905374323509642416928024349246375291319682400703838920994
682079708205085530265060841729064678943292489042266623714939148718
520453336050928192722002667835450900672192934483571874004864525843
619500945520255338530150193608275455081483677629431734666870183989
663273687066717388978381705851435561662657530589349283799568837156
619051174693401985358752506727461577175427929766541124306616885792
146630482653762362917863634478732060481168564451331963377597452108
914206426210773371687162905791090473783763999340317610132958656601
786861508413202599439184688026600919412070156736705275210446025424
647662225537968562211299822221366194969278051234613589388009378700
644588895530093096780802205671222911732449621946663360850150959491
680911944318831887557272880726049204842257269502347772736256681742
643079240727324305549238831405486394592952167346120593473310812267

074435854430639051354861245846923527729555959508163391240344880846
155748316511028056596912604738220096242987861895952287301938329285
962799349844728509583416182154386610869136544064259089115896981298
974427147086063734408895081120792563243439121604867098037269298223
248558249957089431108637654840373752138369775403725350930868402408
318659218947543425465681993319202869736416876380780559427264909405
431860868835870623993038093248937760639588088169278821723284010080
077874468552849300953561681336987821881319879609157078006065875120
413681055150138991407216054540732098424457112407869027529556371764
996922732097345339032749384224697177560429121963794004392913939936
963834312381057271231601654623818608034169377923236080648416685167
008845800707990539901913898692886788685012546791682529572979509077
814007758372919595259230778985290095374969314464885604201830724836
681645348889006164184872131401761979206738425388528296023984285540
130893392381411757012080830155418887191011712203543960412588136888
048929394096629476679405622656481939225363716863010600798228698905
371847071955248636144245298398605497226673813992712323269791352678
194750815424751582595707182151747793330838053854225259358687900112
017697150694846872323977569602190530277291344179895332845717225695
951393984500808185505028461731209346332389767439668678411629825366
441222235054206323638997861301160460642764252472119953879776525470
989913875733370958754446068818103330791592335169400268050996900920
168136950287589393771494933112157241590212362251549726987858042362
441274878998655931459382697569314305549817950653144186683273288195
130275199567217538237057152252291788997389839063017399172994785964
732882451480573157662397274681272069283546859972049158200654932142
637378536537776577631054256491563772800189810994441267947276921150
956072802362828488060198203017705573603550343134769074127602842407
027856245018676049368092179666630506285791925690321609215503829815
738436504956833388199142037563207628943768460247661039435202294481
010140411684096352222244652669840429640253001700640703723317193522
076178313500357425684523102015448618474112946240496328898364055154
538023000657624314766841533398052677981987237595528463455943508759
753081225407831152856459138266985406198907598592026853727923008414
753034616218457484881555487518028075008701148602056630051107952626
218165099970462460938200305624610355311040342287433668786969896589
571460526360133947402955027742886004823589976160326074985704712218
455866713227141006978846958171262714993858982858592146253686919607
865356133568450075766467433310863247115800710250863570422004275510
279692222982886795051603903278422738873811183032977329682416042683
236925334343948056151302774756556422435386312834139392655972966202
638496945337587293946902596287388740148807094633806597996983165111
929088025119256028581730499108412164179968432523640204120266603390
613564414013138932212028730629445326131983133356541252058211952929
321494053648823003371378130699337526267525734272054718259851934397
122847549742322825404076626173085591797748712629887002266741047470
611468698028702735148198879330690780405185216982872231913175583775
553832930641934332767058711857276687145649647500467923706677199070
691387000871163039442974822989518150941074191583828498300089051563
374997092344581268411890557203901380937449267263259914733455221666
514058384741593179377470138831092920729725748072689274863625450102
261803654579949694183630518520334858306138860891537475768145068904
830504743231041756725444567867754056535324624426384501125401588113
376287922791445769993245490207100571938902433231581806774444726672
317664560768234838627921390923872430415110888337404826020756447675
776852313457857843464984582933624074648014159794645214350928554441
465662367260070571074429471480899305462524615053954667294574547752
230988593834922732118140121819937289727478363913024222954228322658

1272993978869758174293364400546233397984792366191852240226254562O1
0126296227425623817530051776328637553954276860419576758487868293 56
5801648475164681085067253073869350186544318606782117480706710238 60
6132897325712447823979443239268514685587071759326786933587685471 60
3448961677611716341299667336450589792110754601830123633360691144 96
4188387934121842194935378749966523797515391763059159646103471521 21
4656427472391853965021316325911230816528350294868195657135887476 77
2396290191693199167768645873058755288747597090159188858413402314 94
4535163715820461193929538650063090196878114872520024632500585955 09
7326566975940880924885276626744424667263984945494096333588544944 38
5507082778660432637669558899094233921334532437458692369553584084 41
5785410486788230887659149925858776134937893933817239566126732645 86
0588609983313023881770669293348340480489448144118284346563752808 16
6560294729887698489519112897279950597630327730517769376782997599 25
9573447528148628394441893629920990024135806002423326855203253436 46
4935897752706903435988090388776483528114172898522061576657718974 59
9693126904994274595857748900715017710280050510218508746333748028 18
2672386637611059367212151178910066446038280924572444314173858083 14
4173658768637249757501724180505564815645888269442413625697379292 25
5945902050613210392317227946862868956199674192340073901316879381 80
4182128317285099359198047059989085315255060611129029607455276541 60
5554323462610167088128515203185163523305468450163097876868862516 09
5539218201938430432208578808474078482365115168524579205376362858 30
0472488949906232202771501038935424792067272180390323180854549352 30
0215703224048303575168346141950451837704613129450220640492325433 72
0823309566895789820800186133500506875378551738982296086457926134 60
1229336427894129347237377241183471056719947498813255663024174855 11
2544613530731382508017759590020575525688293535410332940582476334 59
5489119148002630594112285629020991982970892267520245118222001125 57
1579240733650574612758838238123948024110404490718897939017921349 17
7985750287517112124497071036628890526745050625093926019965399546 70
7668561456593004672173104967569904556248663389377247350889687245 53
0867838193979741498390808700712484440614848824896131026973307385 91
2498790374187062600105142158390408876123703653713520292948787650 54
8885182853428248410038398553662313376457670923704477054434480282 49
0886232209658664498591943363119205831620545310144578482233739950 95
5681727341450850356502805930648292718529747212853238817532400077 62
5654889901114846834623218046070717582378163621157379393336563514 36
1265578824300183870597868274534862241033127098248694442254632051 82
4297733063193782880524736277279010236575158387770445736380232431 01
0591330252239746032544228425304763924993687412259412525344274571 91
4357904261985598032355410755517179602225731007940379296322417785 53
6177805088049496315873832128675554297068865951555521682850849181 84
6715119760879072356978603646204109197206493004123150188837770458 31
1397629187009238052681820978751665089521199378270494551399204447 98
9433788484231222487627259892997895482574664348575579264603758622 42
3085401606220231239583793967906186082020738486233385006386037167 95
3946412827981719113119614782167000830808950785445813266954818166 38
6256950925231648219178221346241417591335437979028341423778353888 92
0595668461979810523192825766529383288091196687610481858896454424 40
2205427489691120693335345523517307201395279545216123690563455727 02
5608582660648538391808817916070760661386419533907534631042316314 34
6145514954683921525457176523017627907134670298964119348104686248 73
1091290588286930561548550109865716994317948320400204615028922428 32
5398720403509193836454205680657981934923777973992361643392328441 22
2912416131023681238412309400859555943921238902610148002411843673 25
7218566928685211711743895773556713694403655341882663032196737122 04
7784613967242423934382065575710146521083904110580254990574309270 93

6597181213253729453276129255716033811599327295120079560078112053311
4636112722208931150147192517953524282097046383536281323733050395 79
921425714309960203390688005783518739818893141181303060737189155369
873116976049855114076377510951304991139839324182677506786129309334
341944600471092978714189848380110311027418843783292048283906220114
592454197652212689145317872121451331267798784556044561595952497545
298575352221546817148984145111384250814105501308548962342436284979
104194400095354198478294098804365041833757195053081693362546548668
506765948602108440320888369791785745623588814599483392712832581756
647814893076301831884503175187702543381512172174738086474183691780
511854271392830592551520369615442655792743340951740879029284689484
767512818289936936963800520966258096309522447841141623347063886751
542015041317535385000813287716280810470018834689655555443257656803
765673502026726529968266884467810665749563509998596178894324430751
583105497717634532380639058204773181162089074001240149200801923869
544920213679302425802464651769831056714850197856958739975556787502
966173286707949082756613216383025793652727117235764937197729881838
765016004696019807626071729733871958649870990996872471749476111410
147825901880118245361021522042204981976181635300339885999787260560
375797598680307331475224756400757151879220164485890554090220069215
710067763592498572399552763201444121684915435778005526595484999851
247978090199909088142554531420111741169391548331482057382804145436
271804646866262913735823496648287522089699583629003659621294068548
508879007970609715361504930307097144793566401490311205530808240950
244384198758241647086058648990739406875441311017445035194648723317
674626024900661157888610971626885032390425642166579301971423307771
445355387862843251433602125018990945261445400526852137717787667494
322391925935590651440122799532365738785963366718867982100511224848
175402924750136695005047596708441801263734588010662253040018506698
181097190490881302291872876366011259816340730258132566262078794293
937730883405816982294048034393246806755200085304321405383703681196
744973642664329903378153525502252468254277644827260490649082697721
388698375592442072377285780670194840754825024590313667177787679458
280971200747091410334539792304070212470478959724163063167939042624
636533153824680278462999849295582970677703673617809127448651096131
947837554214734726097785221422069774417333930237588915451744621841
465888174063321925106639986263693688001561290539774891786922752271
866000006486886069438433416956897619104793155040737906994805414239
314034277212056417610191846519831622755248470937887500888830317863
573072829187673035632713538749271862784783688027045784857087073472
818436550765235117062567559404561475108174628886513889489019616918
735866440178911396503312482862821277323414956625703814366703949649
642201742696525412503138667154925779242582471839304062211931552939
524729565961088349107731184650661085378223722765072330072986433681
676406634827126596611335519405462150242795988260339343777851368966
589207774770380912306198797675448538884934886151790229895133551513
178169447938984480551016044753872934602081056423999956531329438181
181794916820664342298614174888862468891091040157838357890464703385
062422545091526178581720960154959041901980817249863332365323996203
529983358128818444003123166844128209215710365003177932767165548592
678876429119443885218233896509449510829929260775654351813998833350
031659441874901573825151534911730252921091190759492242574830715970
710339463947729017711117954838753245430821919571097116313655851113
361677992674500225456746172702619265822809693016765263536797856218
150440685524250206327743120789245928073083160954493228199057876042
271412546989922037225580941931329073979529846907496688497302828612
768342445094025419733427838637133216298271886802877048859039816542
665131221746650688390343880540662876132415147364980113225683524539

644591778808774654570209538890575598696204337257885828876643040148
602881347856677752231677008528156703135170869936872283959797761427
043044338753674046103409626598140079595373380376608206680710192988
098346461125352172626474614809062450843560918326623328614765717887
367070432644964237558311181086135320630452731355013389325846980396
507589459952787098686773661665652729409662709536189923808343523250
645354065363667008123808431421291608489392606475750424360773370076
978010486226866973272061313087712428838079513682325960493546269875
478506976087090621394446709870504353997170682855777324556183385967
258415295843880954100363797690748326392232269676310863039981067968
923416082594660541196578250833791005176430719600669142267780803108
635894954912666019682168984872798099736518826787773105328505919123
036083903834063911136575293847387327396475869511903909612921446578
009656278230854852576498319237213841985818804914914081220298366647
625638953591530954244210238114009422010543587336021765607515378419
898361830584080950957923288723131448256881159002930870419488419522
251557714253601969600071163474474393500568456344376900335741760282
554910888521532392506087844859788167278966902631720010672064720740
459424890050807628233972035138346041011685589515018945459228325869
99099358318483888333495905712543219713999285566983682627054269275
987881498938895553277521957161988467584092669237122724294525243982
523836417638668895023936487670293181515076725859767848492337458449
430892319353106512504708445945982293233904494552069195194753050359
746278833569846132022212993897490693428402335529626356027699332292
725089430202063972785105589058443007897205048804412923489474672886
783891502622888529128742952750435565020962942247367934640352551269
544793314931432012374843865246657866338104602907702516740675225470
354471781686148529224587986189617232446589528197151406141012192732
756948471047837285769460924518169168799535580404984124110491975743
929251100959314280976592191588701463865514029775960129535847007686
116829226443748883090358961861126606849828180729560094573218650739
506343957012535482591503536895771466916509576445043362651251199168
204088534882183992149037468832063892195839677180721260732788561951
313557657524341345366570848659341598443546453769453590903140796550
810660494682247214518383466501317890674110392803618900144192600451
772699029465191226253027545038060324885188360479364632249905482580
495776019740854482383090288704159731204703163934836548926547230251
529080407727077303618518251961201662424935513390875866910423295025
219622274262425667159298289304043119006795704120100840947826597883
650327603103028484313256421105347720758350314603861753293827376171
032952138127566993973744418533716325063558390500476440504318465550
507304089903892699362886204694026958443150631088978643382529879170
065955281987833755417779176288761977750252490672963806218479450140
143711027157594365404088338258179644194308333085998477598891768522
529027457842168969003684371389240369032563217458039652881882758186
777509035040778567728215280374417828553924639303017935575994696195
281418099816035856227245541275974536963753619557098053523451326657
464468262355483975934275684583454305809159838250894738928769210297
688742998711895415173204358065191585613271735168111490983541922118
283470365728867448815599802621633472873434300014617603878659001368
802558127766026346001449208170959073372666103607362423085988438525
246934735966099379697569178349256036933896156460246531209080086702
727847741561036000878975336766394492456229509234066383358361325146
393239122021141047583736381538827391201590659474884818049489836365
636223485421468944007752508002307778637642480862819102818203471183
174373034933442617797543695377194812821564298546505610964355938031
147766430355133888829485169813786387513074991074046317672875953236
553329126594764048735628441175079713904740055133239389619555128569

7859802047769760052520606805483520547158124294736280121908831151208
8169368170922796178050408945578359913093476322808015149969889135669
6881361110514023419878417059507765640482463118885901480833776111555
2376819383063571431940964257422671435498184739540779481350877889544
8854413001331746125100043073325401075314242536243267779801060578344
0073046225673594886885619126692356012329843557726500006474319751477
0222670528280388950057002152053908057026851688179096653597758126366
8885914769419797482970011325857658785726696799680032089677189952200
5029203490718021401691020056286547729600869263802729111469401471199
5506772843968772487327158127480428597810302450513289974410757541533
5707520610369102909431370692300027584895321251197846884642301068044
4903732891922605837738861309121071177058775287031874653045525558155
4038878565241732495736977488760767011950492894183245918218070770066
2249502878998405996609728435314033200749819370748032083424556361866
3165997415001581892543723584147565843571193494334859756354649191755
2511745608308191804386335764683071924141075004094886850106059961855
0142045861653689695511475873960660607619517162625250236781435059299
9927432365421787159533803175923627889878294913269018960179615887366
9958353631530305030483258619209352221459420820741303977987383790900
6406212477970343951141630488008217868194136392839249637892044245677
1039999528975670486179028806273423845473978447281935512811607338122
6327917421992832097218939696111281497697228426437027540750347640799
0134533313313245649630288115713553811281549952388263090680098257044
0325222482141895457311947105049339274555935132042065621536892949366
6468640905631095853659861276550296528504908502547745982156692951277
3711332174559075315718029099432588340538699481640996723253122460833
2108993175248992344381194820664316769432057280142533520526218782877
2148908350656108741927216443745740883270167599430945650145995388322
5564824040661128333229346944738229814758202131797535505554577624222
9632551222563613964468549978940344397493681610165919412356501732777
0121225749665266463117307115734836669975131418259115846143281085788
7581342173761329838207675195559755419571723966422267645474652002111
9862782287820240364525990263546177059646470411832300096579549024877
1371179156318995621081675428352688809117989183270015100894309335022
2655098804172681489088122912870829521097664154447618330981136912788
9774771229802021332127465898526346719266245553883192771449991408344
1010595248725690306547673218555781410028384420588904146821096690544
3375552065329134232041114944410077245985564152890121622584263525511
1470785955532136098809328950696448376187763252594271087013146790766
7502763259873257667911904342826270514752453649423116904215703592266
9758532102311719445897478681723215611444092844987448122559723161677
9444150344586844820617812142689172348256874778766278361683677432499
4087732449489886910631126003804788658181342462107208455447364215188
4728768745937138298428035092082752117689938459491096246243754536777
4918274654184673474592704974484254733962575419899408081139888096177
8870114520143244990958695292621402193397300316065173591893933235877
5413795465408213880912747306543545173566449093275849006172638897644
5842184591345904519770084034522599909618879193398402889543235627900
6082493689415463236116775294038268346235551942863309956512636968000
1156488804892946266193646523184340988345860273058541333874462705455
3538350203975715425221285252128218301302993326617904122269238706144
6828426457480684458555758248668872135025417309371260417969124276488
1319974611402653413800502024718139556939770266513648400947926201455
8975913818166904817723165938055052706907683977461845530991260231233
0083999798410760478293851415988787247984223909143764543073187654511
8909532650231094774263686363967956510279954330455019629951028984144
2909911558001888557617770337346744546784876147552509669944506590333
7393015003131608383205997298445703580164953993575687340656022199211

218156704559208658030544608103653688805197213057760336977912821309
760536858063007951517605647629964106247398349695899949168518709749
894440934598359352326346812880259885425319651316359589443145420068
157243560539801859680943714942865566944149003491115569797346153042
368660689450470004538919216435945629122204204541554833978183611551
289833126210250769674369298551683203785418677422376337169514555308
472609142939192564006809487739878753639043132845210957787024572168
036765425369755669337691689372159682642757537449497418005416994427
085677468627943345741278193459750892923701449925344551435339662061
684616286946318834116381687326356609668442661816850878358302201726
827279515949196298894654714150300669941787908569445027324080377784
271503413853735560505077429615383765820055942220959407277510193188
046442455891294859364538378440501595920916918099209322085122672924
749205144015172216109792122102691572302365693498551243092306603059
365779850296871735291334499724162964734825673764078783302942775073
652195965175395117328425384809993466669701185413116405189495265549
500814393148266488144464640209407832353934236123495389862481501646
262872514068441540323241030381292120284342758340771587145838104201
688625456195295922502893750379438292604020974002976591306686065952
755327510698794454143399655516194986920940659152382011727678666162
834438312481666252038836576254126699845464566305626956300524145350
816449079591479909647782002448130287670724944687100703971599113759
347014971086244076651521471989330630186021305048086070345183800627
956418712285362423280665412324259297091097700292972121994744426228
543308684127337911626984752085482300415690572101220265546980356715
481577352519046914043093788933407978357663892407945831053809339861
714613321315002679579725818962290576615119916240999193263215059982
468159612035086196162185140955383507737097381655129651352026318952
939243562395145390317544223633130657390191841231458942990560684292
537598977918245736986947330423936923373521115413358476203818142692
458622068160517057737223332996119298888705213003969668000446336718
096923708853050360875843204027557567729670050070934456292198755900
985174161171010498958797084469521957848116947199891507108449626352
546703160579177421169382207722093235260057182342362393439411167924
584091526061686413002559143056811111779708277736151832307889385667
509092809708369331327427004104019029461443725910813483549170741047
323029756221693280169277049193289319141114908869724389042049221875
825979970675643926559694021381142671289816729574280407646858336987
035423399064120619089258734901166405703082400764912261285010187293
510024604618222568315323826198069982118384010719482289989607372010
907570340147326678500305625838998049807198497734231901917472465983
722720742108557695432505903407033405048224226143087628088834201672
994184495616288695892134723418576797210819805461815839733317831479
781392885064825825088189657616971791871415017060915450039966398970
448413092125469123200475844245375100418446477104934773844112579849
619665499434168902643712951268056230282085270878043999881177877526
438418231405761652466193118860690405132423239531733139514493709568
694609307469314164276161660931859705889566352596023775307483043131
652545728120657912367284982185753474555387547682602700226624748154
671053178253911427371720745827165096276400991584750433634318265463
544026404059732843711650722540326513665539498189050993479379819858
069782186550218132703931536004981536976329865055365877436341521795
877561245185803483099483370886025489091525828237798366834873955709
870662763298057251921879145360285571773767137829961577960518685217
746247279774458945612549743742831904815350809536033451762018622246
012604624880226814489030208699540534068141543851849396599038459111
745869040957358146683360303234564462806343052444122209949711134702
414560239693118152077552892874878936396189283729487007933111713325

796976022839831774557754586129931105181072396948765794282037558844
620777071732341338904151955540464755763270276533801079265904501991
399911148631955713222124599327298591184973501322417377527672498332
161573711800569092997008018124471868966578772680054555115368197971
988268480789452275424334870367231884210352035048530872411544593847
549658620092222075697993203380369371970118620686785419495255563324
660911586550421706176765066648772023067335212871229572864628593292
686770613076925551413724934001927652248539432700595619641090703916
208440328327989866193987592464676893911495031828083479399860466583
725069502132569217564902388765615240185217012211621274685894817898
502864744778728805223523568228520359372244127993663796742824483964
37806808494923017209468877742518660795932453717290802613994109697
676546634094312714343688065892069923889663399237781474789350280943
736602759003646241613009187349859596342804784736956735049651242784
358854222294503380011326200397158461145519604154209120235447053382
014780387410007225248623183888193780192165821037441670975857353741
134083939552285787470682184294374504489182475143887812334555863450
776262702177165763086242091747050040170866401275592307039259902570
961549547425743327576518018968833828549557132288485916402907228197
474390843291625499233603130937725911624471648741422681576199443246
160572956060077755727121477555028219570885987610308616526997434567
736849345330753107855095203683421538202686763679904808755129976825
548332690005219503130028482569368881011500900708334010090541605439
705010448801241231425172792669780942466246160895311361541680530976
880079062255312749586495569879991888536255300611324583354828575063
694882255737304037192527978009324019657545394260194974997779469639
167367418736987987825059437117506136845125583580071465597991832278
671542835371934195490622248935956224872350015965515958203602782874
174520513574548409743275382575552195680734777891272429525285475377
416310543712273922030540663165394607929542801194972285986886262095
970577136576745769464229858567404085499316146892335485678633144181
922122136886299706540317111527979213893436282996378841327782939509
892054955684786747301183738455056131478157054163011814605181258318
152660993266856564474948642723611100639902015319341288259832107369
494952916086270297793904223636251591408247034324703681924639827518
952691022795031493373089983779927924543941160471591197331541232099
717813372288860153630328005321283493922821942798595545541667925851
085320640320984885062781566162148812846676727041620168984368806948
599100745257530198237645384205604722679798456326015055493416189255
332635667717529430341119018787056822355471201598295028936095633683
611856083769270231506933402659423041956204596724407701136473169496
910613049728321764084695335392064815005835018255851030854903488038
337481831944218813095847742203769522647144417245993959341190705441
636307972141768559382864112094716562019410130765693954697559964008
297600535418866178823111020172715573022550595290335013740258692854
277197466984463603029814118345183219329346621191049720611973683629
567033419427791676238341546392166558972067100211039085968668390528
173719652781392134501547568786291318332843345475807220124754674876
828981892346880324971215786221858465238181791603387622054450261053
527730169177366478088241739088445258913852404189170539301360562050
253228909091314659975223046546496264872705050427985635524999568943
548465629053352838905240747682823469442512422052432146049691151599
502745119211568291361987775744299750819945714978774047543664667121
836718639985938647758480497379574310313556106922648893323794188621
034303009967129575625060330359032217667494155356337239116889032366
927392379605559478222318350257576956904849957835534199270800453710
290967308048719319218734905095783279092933409790112305095355177878
797425730259126615147330971950212836644394579639594272143484791826

563859652532019504389724159269468392524242186038072871266166423738
352176839344656894225000557581315184030850597256194696235696507258
485093481378292837221706822897942641654257844542009284748645428513
828372778381335135819408279535792283988973991137735931487315643412
685577389382827974403739403858089054758537646920265681816610003762
245923078253690283197605974266134558262895200074717519866139348452
285860670989229139860073767216427450218418990687512821051640714206
606389587802832431977581088443726138355462961246061281033813110128
147483064925001565512390649263760563155724150594446447578971934930
991026680957081484238104884185792550051367684291351141125175793902
226258740088453641633871277575302581962372271590742555475734011936
308352925466276945714811338665484639021230369169058049540678417310
559465918598303503065831399068316976483876101199519366253613888976
226616508466733759478466304203938446589038464883472822845237953170
699411613641081944696996724440746928392364130567933923015291910836
075357808954407226578423150840588341954782356879973662184218680496
876430753139516367036626375443913518542939738639303504732241669528
654384395492271047001209217380103835760953115694497464875956857723
939594612549508301794218645124976069095855328481413039828332195744
156994123083932663795175897709125491779731184593992615345221399614
109834910618405773674148244441335724652915031005080446257502537452
754598551539294860423302145828071311737531913940893517121551804301
704622055447973766966747893173096271481780432052415373985016954090
511688306812531486809043952323243760231622525043883668986857066165
306618190456852747466558716177265851650734155065945175613667842590
715951852649232661198941992769783302883777941111750144741042290808
902366083391940652111393237267613597885389234282889008977305473363
126803325171091298392614849700054268616029942960963848864440600491
029455039665291702342363466065042222960210987858800694421569857705
366984484108686731050696302960906193423160663874899001882894951256
155911024044628205315937709684265648034603378173148140538450449907
592035509064459099090914452597256714953028272645215273966122182604
134614750102864922445726576575452903240547143706012344312177520657
776455271900115395334250541807539121915059837985261573370516229544
119703078887431739989145794825349987158969437877343737675161566395
464762435208186531597510366689707775832838650575235805017140232362
041820853877746798302950844233833110374580653641907944749706284770
654767948296218866925906821760067313916066581607858328425138624683
306260336679546791249223032388929568772894761215153639603094062765
311976690109113804874054937787515860827573236354566858067490627165
972159902992186708613896895137370683173156800919554827792046505577
775066888521186692976521103907786318443369590672352028399996432396
387686732036137916466867950311217912679120494226863196952264941526
031838460165370450925925788004244059443494676228555085452556602069
422687732189463339027671535820222547033122347985668270282524598801
234683953776355174689122536788123818919954637844127033241873737633
256130422332711844450749742422378266197046104011122653275889557238
498505763648049409248040111162770871555279884079036125727883591241
446081033368567697834958256973338399561692398900085029353534299965
740696377950214085190300644954777473548411684055102877611086419856
726622678722878593933583970287883595451263588076265414634051480829
780026991158114186054762951288199430838665320484267405555510253322
746134221993103619477720495243388211785032250462292214245695555003
313775842857102650520168844871279318563741260727741141786989397154
226727632286584861696775818739529467092943452537335065005696013460
731802577679099155134503484158398467526505737423974714748125400935
781953545973458470765007447097325493931035952440878024276669846308
426444638673638016286511939259851334195630392655957116711230449799

232117360684897591755826316223902262248984622865793572796249103764
038231040804819749428592702463212739006905074988773173218854689364
243894209649285664424617526423270727279330815571558866484163195316
141173690908132019027389528425154996722430348902376328054372916139
822725299083690889249738852299592377545012678088732611954616362090
049010456572723812186073402918544779953528995921194551880521382956
261774080412733037942090367807531125676008042604950740619056487808
050234373558916155389927465633076200800996912907610063205373231269
372796200739054334374622102589957213978891909703175501973559378692
404636111602720633833840903223989418916722494065846038688359912725
214200892792743098661635079572837905143855138729527112983667896161
918139486407368579422616671178599051403823472914009009792249130249
978704003805414564064290663790392252304492171609589052028178161599
011704358289134091358894393049509659960511332429448250983651074985
148901512823058472152580251850119996729092301953415910466349751480
976575854195444193866030102393289408190947927848078304524045296572
175086034722585941757724710712442707798690720995580682225197899864
793298473283077934323740885248180241259936076280749955223104632199
106829980811820415770202403786723523630415869096428133036466253394
949402426868625765918335222413541020048878505699747168524067286575
194342570625734736675473650312557208374721707773173242611280307759
065469239502290675828206127673498471063519764466442716720938461560
725568203791375209490395388168627203084219274933011968906502185542
429917425792226204508851936642892877228775513009477364630006424109
929900045932466773531374440548668487587771578864754288251325710249
958355230509904068164634131457314484939386983313477742735215011666
976795032349208702667063334267712152648808795365929937351899242067
225119480731326592334357720796452977775486743842476892616068173391
692812463591354946096450111565885729253824469117197557285107865529
845427871658302341211115530007466352555048245234541048573187791003
476233058840725783349844254988058458762713484532692040225683831642
322237097645471405091236413440636195922050000387149001957833598078
100859888605597284847911653207087459343563080218716211148958962680
089733082142060670637691930990581223716105016338135993918359318713
030449261801897108928204261003161499659858596679590094337472123334
438951788213921316896137345600884721183405537041739088655022155389
774248059789541723435365861490158428369474900604308895256061113875
543858496272691509108623975548059013623804035826260053073574512487
107741426347751250977397730939072528233632100264802882297270641095
201052883807867694620371563957604766114500580804771764272878001313
127741324430272340885129896856038315246574743679823704601279075780
608924227128322264403079900615323141020797123800533820530512191173
870930198385367908173470015597347513283321602546122502724867125834
953157390056206935329540235971715394692464427438802759614864941292
475277337413495071487803353778663631185623061534867577670632549018
682958003825878848517645563087087772192083183889862253677915514040
364912819332723464641041042088110931260983961840185584637023543594
672485749153090804859418312609672994066748441944008425983217548033
459861740020043137850828618329975681776571031196315818659950490672
379791787367219075156406534377644763062170576698567087492270750280
876724620422535389447414241343631101664366396998808785733504534672
454066921810426881156695438451339196056976913074521339412192950876
911121752555502502270789147173800685423650303237374867787025583890
598936305021008716646978571180516617315670294795858844262719841035
509462151000546726532666861744293511621047567390241977309661472422
087045241117074333885178666262283897595052031288720189523544821739
478219424439975899983500607804123879219306567932572487287019768589
246523250669611473973008800477104433865437226884395682500885716481

3094684461270956543139557547580507935142675631381936217024229731873
8481227768318957407048462335383621659586843308579628537616031367643
7478472565866092667662925760874527312462223550441586597063699892763
8170434994116812797928212969226927665070866724480088023309789282033
5593082888597853534119785021182140046842505467402549771417333366893
5230491683144437629773482720505996184279601382438264090054050050543
3899562203257694031141072966938554123861845341651357163376862041543
8822631196037539535157965115615791687520081674536224127084386082273
1549504444160687673507152786736164990684079102050438446012308262193
4961869244003083142930447840925631186320777512643059419959491771703
6413089068677746385439177938197576164468111066389323583618409159533
2116359788090633295173261028171014866694864396113101717553654033223
7890444701001976312123410764636245830977326893259327741919571499
244985596469761730467291526992474055576981593496630773754704071040
347974975517710849312135392429329973675722029345975758802576403917
756905121552802314521029313049965333937302320092050540968566150405
868034163793425219738612936589718569331253741457848278270086059892
165403956081731874297587191910693275712179952087320826981863598460
067276433876482068156113679122840973794403556138714059739036867993
047423692350310653421466641916361401970239342325752694299027469339
644081593015791879515442905334626141049155315688450125585550009133
220611127010184435006952174617306595986416881093816304249760877061
545783954493791871917977821405022579049672212207781602380149238129
400854632371404052972776933521421226846185978211744358524205910970
289419846246899952324223981655590466771322876361960183848743194653
729812296335274062864396104175916247182063541974356857130071675436
810628538358587361141488327923310460061344514130864700024719564721
679855282367690019636214043564985333197688806488862002046177902558
022709496834234610834925724753544521339268873693931289850485958822
328147510381188809460451439780369235292336510900341393458467850412
291741350494370619605866619482665643182166566296456063733475093289
553432517497273791362242708239356455824432730660077315547130178084
016931960752234418399227001189768898484463505526607269164237837900
804794161768433438322845853768413811825116775638388925839402012061
356744691967075752780470693445818276915779568602324958841160289598
378405115255979783881841029014784762345089670289667288889647657977
823069979881927088351349330445898170864681797111283818200204419749
911772154103420516542702703199984663491469520761598650684885220316
328732259038150648355010008451778437545074361450592219424024187262
824903563412652643119265503040632025753660531509186269423040093331
024829860919247004411577693505738700428590486697364230705586127356
402054048267764388090325802788508769099480925732901733117165305467
839238783985992084494944282354551111075567141794156706197119864199
564089819746965038359856000153776319786594268470653207291301834658
782449250781987830112350426129913080412937786711714417436494170413
095998427749615238523119521635415716204185542617257732897542748964
252455836900805206971989783405327952496283264156934156139985728673
098742262140288518128600190846032317501333078074831236164178261380
511779337144704148121189959190980223746787772812890453035799593400
567204305644044935478026963464639719156600092636864217347411761939
064145402317939063173828518903652398629007099830986252224892343712
606098581030409576388510924389509763364947748584167476644141210442
699677685198498165067537953954532870805499052982680916273410272402
610841956946273759163057030693604930495517602916771452567323503367
130957078176961089025569013133837451158173426087208091976896237615
824723279969676265949176968903500018108711473857434983640990927933
694547181562903452870089331778646260018484583502750939465657435197
966246939627896713327530010336216705802806020327174553177354932757

1281289722301694317565952958213137736407650325824120958394227661748987572818484763028751860746198159530914517767537614228781538324691582039685564713187068248641469435543418642408986534022652979350425310530745564744585987765188270858920942199651867033066055402432358530574124988971883964658269498141403272968040098567409447220294441441026819291341109421874151328287331079823292514506610782792101218010311197042776907694303544975283057095089336353333185109690238906980629357163430388150748514989827901710659364412707476112985186817773137047234454037456002862191679132213657827070240795099679141803348219625586266951974361124884659465827287656449897715944442118234927551749896827448384642155445225433577710157111531264690883868010392137927188857961098424544017603589273600925798619743410246093628989695597260191902173807009755802375380835506211199233147409088468143519903350329776225541026224766502446985717135357265288218568611239302212235302190516277356974128634983540839032773548105080711638965572944766845792174112094484019965561435530689830861208494869864517106673707691815725446046682028205264852335869924999080595519278288145869413682298976929469666575230382603431048858076055117083009197101198492536480728361569767818774221507110373995369276615245244965350910034528895977702974277885415339785881066071568949262130827794926549436210734569678785506873855611333520651100095167223844443533158667179835359535764511966809574527400042434015440049062666137962957470652740757837146094002332655677207837079450102526980479349759953631214724888120659995044732454052956949161135437651275923571260142803889143997132062841954681968858841752929226688644262143406338432354490358718369905053470947584495815394054529883914651863181509397362332140545096908945353116235023162645424287888032188619172536257980921796925106976631553486672128902553534276632117995418894408023111712410789106391179138011169084156147104326412032435201946687819777327163070488510951900436345084713867267715378928165562125093199330846173552270091856241962610481528464045526818176983236033294487179905087448562440525846670570782029673843869936935465436456444723004453622737526653145299219622309881176456806767139785437916584732095046944304384883707718650184325692701151713494961736980782426940804064500922506823933795683717612153905708238585482910045715628540523094477092336799211584887188615244229459047803961052354775294518432918217764704012674190255625784771039687550336529962214488179352640586781333262159209134904418941231255215399597795265706825746240764954866113924814670065722771960249573450805840870221307879945435072556036021889510992483703313007661853085253912740769203896980996769175607014847575779142527138022094159387748849404964683120257215335558064888819994902449124874438702696481904561785671518215321421458688965726342557795756265270062929784596450617489642530002109224798180888946251675732735002967714705032799875798996291279287466075781964794847523920352226455940631262832484175397548174570106570926022593172320874093274914009797818697026014374214786317938531308155711671801618419885007706082881144649675351462171955213852392511041984108164140482204424941782795380173574309636944364950635187482039605091070892098443141678406446191093677136150577214300475164292784627606125879326495558644718659029848182201602100499771983618037782118959565168922539341826350103713632115778121460237093669106321911883916952705363199942535844908602398083142987243632625841069153661791501171003458273988450230019002557747743121433421560910214256300472929521680512822156479879131483612303346110277520338297969847648751075308620962846476786353120230686050987180875128226550528198916999445054582528742745970634022960335685388694979938282801471099860087059568484121519647334347663376274351356005241363537190114791202992225315331886602515377068331015488909995369901717369429

447066677048279322448234182065674258791467811151897477490725584891
554664700433292220398950649452770755329322994262674332988281428255
689657332667865756193371959390806642919147503111328446751487396357
728793429897564133604265814305092134813679852888292572515952463686
670526471898396196359849211341569531986380455814847907178090786952
927279184045229430102942836711083950634842506382085558653923276545
286227266488341850748741393854930741763027955503102908136770694302
897012025317701849418209149792382963165602229836198034820405795231
938132665460972135883930448521662872143525751137236845059292982495
611474226829218305794265334692259325226372031701919998447675715410
489691608200556092938804385615393938861080003889314155142519880728
134675709393315430052569037837144515997302344291450569986414675950
303181271527278942502383466726331733374558809943544395003677567031
091909407161141154055734088483428335359931921443710600685936602646
993465720093603162344426382151424428391715961465813174247317051563
253482379314749449200697954801646821898843327591528070953988212683
989364231810654890448048927684892185471067697886135033352449811386
163739573102680251642313394115498106267049750201361285327167945064
131000846851005211213639958390314022619108072899098163070206354131
115422666078695487177382021410547401402403263196456393009621855171
291432652442745944144182756021445515344045400287432495777058449408
098403302725818096317965249173507014948466841572546592899494762363
700598048903965763138240276942366626226901514789471169049802549490
252587822206853726045733035973090775835393170308887085423495312230
318022928795990640501773733442130627431431286152209051808992390909
028791205122311868460241332786097500246750791712605774045752925643
648232591599931664450989019146148028600254823438719690337398705360
037631100238503088551562739426231573907145932473869850297213477822
607116809960060440749909341853400572171993409130820882341230507612
352696212454550842224014986166215731602997904014966994917274623782
673017894094249596068843773894743154058947327147016961985825091282
157140530857846619186132280610365034200390130814037928612843022537
881128448946883053710330312357004346231659076876308980839541591685
205458809476237119278899074678575366992814235247044117166525289100
360537755973558843542542374651769418514470731452547687692899700595
461349680397382329362389980198620565056246066813102252036805483248
433496956896531003852375466758785679940094642537266615054675709129
876236192670083598762678555030286306687993922650993773988460839066
820820662301246129973037801157482964498260524705900201388562441463
341058145336313282560532052005929264808303132120350787766295846454
418916953734242813903516292914225048390362614442557358107486834892
518539656531498196305571241999503513238219511869672381514583393490
828597559919669721704534304327316193571896762686397897886844388611
904180944185825869579602634563037552477583111543114762035938698507
377670742765108248192897681013385969978614342443000676843942075955
495740760932501678239929600457403577583331065860411555508146908508
483995958616766251290531530322439401172444887403452240718053522187
971473853132168896260285312534875858556725137078186863521169633110
572031722370604678119508611426666560265806290848488172315565972646
242491374667624461437195284569352215618440020898130159548600299025
188585073573071529323123181318499178936373414539913411022035565410
510107724359860556317482778472401379834746309724538260700785102526
381660274367109349768677960974264539232419633798976824844220980191
330548596452868142462908735370534116434769696472966752583007869309
307984984271168790440833818632677597338032526824224332968073950641
806715656027142682112303123429485516536532152694576106468247007076
793291110119601654687799208741506218692435255860566081435007054636
572825128990898652988276265682300743770361058062226645479965700376

2714425715772581268682546629468723995640650972832407761438918770424976762342214513091793687746062916851839024680313643989741696135882918597365538906457751308119345519829181491284576515229964072629833896418739380246322470736392768595129132896252267569031289898208892471349570142944686822655595752774582282842997280977738321273253051416992465522506661465591357598655474894260157123808779428472791143722367111530382747753341424240717948860202834057759385860474399509433265113648775432422147266313648590577719435372785810437183379009517981796311350895996055705684217532144079895592318480852487808367550068345948393424783285656352476418949336492249297708858162423150204913980435904498100431493233010594490247471847639893163168444347404750568117237464392161343183812685470940210927957187993693138600003846851436845821166800218282012999174809263989098956653940582958886002827448026999169801064240492426581075921272469063099245607421661169418389720402845531707331523151114205678509496575612039007683156747627210704573566171878402962624872115917692632706359138767846553619998598318230451455400969742685037750120083213320695886019730512187085418438806108838143347134325666897926277024434199218076863100164857338404082407585399136557908117839085420629330681229472933559716393679462033539152709063720694673423381513834269471410243982243883086676898962441571506447479056693233180852464295629231016005111864095688006805225939654913797813563666278658482540460687315167516856587130530521158705592738375347868908081484472246840335277000011912546712330388861562966960158721813302472824787916219784911643328606722244635288310532085836045805147849852094422354984713141131881735244076916983817007803170683363615105313355153309584662365539260080212583362096679555444629622348692244319084746391935174960159592862044537991279244395476191279923041584432891273052169124081319234088661680918543382424029454461017088275160881042747219249209453946970268602852630794031070690991309220431159645042981910857994426090015245142428334158154882276758200364152510502790358004805342809230236998208941459463316935938990700155598350644690822444986197170443076286932014459515648487770125948501151405397979633930100438405319067907436471299584718332138871109099823566722126380548683874189401010754001378810183931591488087478658787950015155396440761625775081863582179310117261440466688848182194560440513792488319715457124384193438967247551444236658936471851822607188363875070459294519811236411780972307434095521941405244642200902221666865483560810185144317155508745203070668135820388435215498794496039494729606547080639824562739470639744064051378929533572858668999008599086906703943434870800817607140504325690320088153694716707609996780837875260810732992479498173332139531838778328235916737012583124289064735474215088782551498414142350130167267508217911100255797251742760073937319214210392603297081076981905898803891618138257991444343221052915690578788474582111038266054989466937643057282009457407529253361163657509360063673498502843887265817107259941078493030813011758648611583290660573274270603069996948240058608640332505107457077136203520688649462344119056316806989240695412565563981942471888922035224322609723175488853172826677391037572371010673933766380898151584267604685203620367240789149018792735561807661755878181538307145722038817729718759389566296149750567853450813459765928283718236719243140097410543729784451016257543958762457903820890293493150148104836451353888928030438603690164265892316220721896665193559162749795504800925551595190461860679188081872269702979622020888002487787177912581021178942507276131979543109624664019772097232261002686374553001861908859825656562652793660854078228115251551182617048217569561541627851396377824799523943593124697524369059218677942638333073373920923189034739655757396649098205261877727084616955873614559295219812689331644333

823973142384726159453088525408871886577640223851051087973101722522
845299769476173758249952632471411817301602018331119181122281350885
698210048181611461676048518736999561147171048969514528496967581258
345361297803477323132965359652239063357421420204990479779497140368
721532807064357987712128372358671861232848101428938668857037620723
484479675929144219538642201210820779887655110250311529371693291996
515388780425162560257463240850422884499776238946926963152865729374
134301693600760353293697064178277877377930650105697394561162192403
366764030907835414551383164348894499792375578158750144552064869347
130864983300738980880568943460652073487595248873814528563311886966
371772606539290129962451213621618212497585510924608606703292781986
026525232632282648357227323918383492582021275938940571530411273628
188361027150253648154993700996249826124488262917986728249764948743
752377218823270232860787867414464676075600182094890673465740757676
455255636422430212091679637261321178552432544516726617845496108737
903746066329417692646345850239275544630030638667795115643109766170
095008053674662921490319228931546134479522051756730507822406654121
643097747251304495228849925423816543796406991093037267686443698771
596745583878817823699939072913629511356585921262470605123799207098
445306806751021923597625803820917959940362293224160002144948306949
888479840257115758866426014882617247760922755278249318006124546804
432703694942805199693247405676562139868967945410457780679381898678
743896031549308087544850870841396937769738770431774286581696401871
131875555139837434149480436738506910996892834084554865883150782980
444429217813519681652065459628859248994721733329206073700725483852
165986589889077098835465950445851468112519578727298313561434878739
357789016506310758644069444839738465088854412407993571718927238760
433926754142118240462413909054293870612823904674491829046176385817
767365973869331068507357006883922614400496752244109439386794743104
730175735221430687079113899275198337431708032830179968893744273125
215821356317063512194580243208618521125215636094841086274928276882
562501686289940598158930419958816428678871076201109560759741287230
522131712605071600536828028137772342999917730050094327364174874089
319317228940480334599855226410892982215449118147136348851808329524
371156096051075765109787038763128124395958783094617349039834758336
946605791545220589591440569186560964276508524589570587748288120413
261239285894873523560338104314000357289123785627432502504636500743
890095572740636949446188365286660543726152454172205829830850965936
482841958696169115725932419827358324585383144016706816148734750861
264875198978077618791749682700117124818918466138987978076114957261
378239841534622457347391337669061778806054634749248021501000162411
212171394543562120000272927378809068638911983351608116287091044323
730701597837680528428190952153900899546814560480934772723899921077
127088311999408311819022041478882923964542865097988111642859821695
566288129031070650000932023736562567548443741799311021817623100802
014046166684899134498942412244970191755576492854239923972482065041
525370392288105886341191972034439414870165759984553384786876567773
477091766714680382367313401639828407880205349546832959001441780461
553940129223593044699854458941497443909752401223342354965425154758
972141848937914350277894140168852816498143955298295540112830729059
554776122500088200251227256136937374376926594900873746044344756874
791717024790073562716781833766636490104058900490891903746456201786
773831536991028400082287598197485352472502014372421047928487967599
705577863311114044746980788275213095399080803117091873922137847363
226332007664951635051082589788722053445147150516363923455862358747
744662242736212811092579582876119166254153684657318540677262662818
074645612365270570261399929161653055198046526503055454849917940375
541108398913905394966914995624130865765744020383965166355787306178

9061420797246175671478853580693617001984457984350911655102002273651
1984534847982496446187446258304767464826173612333863217678883125042
9127792009266884842381818548089727394461806922746549046732109474943
7459117309631426559931051181446498491646573488929909562360569180744
5378234301662743162359500345076371867998693071862950698331108755675
6876752095740314348590022881123782362422610194674169308424929581886
2290971159753012490415058393440528022350651030862184459727403529397
2769896469538546962372842851718870062273433716976454998828682355308
2327643503763520442330312191859473589456042668354496126899092401309
8998337870135124523948795384596903934247060924693398335944514283381
1668768390601454197079224731086282168592765472336421218078738429971
2932575872522741969211008889948349564227696402311427539124474432411
9589510468682513841571172266308178034083469444691605476793293889421
0433966208647272271340585034694769837848111659256157715352284042761
4824972916255731478640882004014719734509654777030128475568141016321
8618137324409859068562663716058890707199676569693695577718697000831
4782679846572398312806248566411958355946686463368241014706634969051
4555589265162962210076841661897345442324855875315765411575235082441
1977440508940990094515586829666106709670902421885672635130220769461
1647419610124835004883243990996858554186876677309613636285574990531
1672834279055520874941700667820958305569962494777334336350713831661
5009160994458603070199120636209472616281628154305055797300197875511
3378835228335930191701502437749238293956379358962954953801061735071
0050621153794116136924540177933110673136807906291585771153435290631
4174027337465251218836939159355205715254803914101411607607349325511
2865322420066828708349329470271123823044819108063670170555516816601
5161708525775389709427072966869302260064896574146620726150470861371
3723724645325437825575900925675384226193084201930141705544579737511
9753004704168611858973324224553893793995888972573965585786621204211
1377058501004153632473380634849308781705566061533411288607376743431
2071404068751768453010249189447882289246709247645453578114727268341
1198125157937479385901365363192228537725907459494891650089063531031
7329346048208127547665544803346897509941733772273008008835138661211
6396087695080332774463275202112383366389075701736586883407143249571
3763761318902317957201193318346840757130035560035891019144267179481
4864097507034891571557880121672194813174243874698484019368355064251
7538885953635406457845952580263489405368485245661207135202821836091
1210728244860357098485986214991107205603824591948598298235436647471
7244318744362593852443193498859769508476998303011442779166402353621
4406948893643366651912063300227069643142891417815651576241366067941
0864427739315087645327820000514311441693845021360245385952735824121
8082284051480072499505950421581980220321191170380602272622853152771
8225079828160184848044638845423818778217104534761659376260729708881
4217699804406003609507163059379235337276032567908429663771490318441
6980759242293061592887578809375455664416098881032273324326116095521
1520558655728808412282000087549230838283980249303701852920622387701
9877042781012562268286458258207489374506573468058957357127024469931
3040752354544863848261179497749065229880663969154916194567573417171
4146656667761558913022851724937498914231544042036008376023193268911
0997554626585144244130691699988162808907485969048306877241500910921
4822607221195366278356268888066691714551472040654698672446134183921
7546666394924222757872605386194266203793909264926951308081431676591
2825048764721048635839380560930913730692084838813775627306414915511
0911084412526884282244779976582804516708878961001559623254578416941
6031392298780545287215559674980408504622708262598609921560665677601
5919647866196535011861033873012068186269889831755538563493334962031
6254588905835397049964181414344002208060299886141346858423913934011
5356423247214253014285912056576385693562776247087717263782078595311

814331466842886144057787948439418544145539011896337566375370590242
78787829869814914979048998218102052906879742490994284322732392927 3
792293589493756346044711741346181187637755675531713533286944678866
3368525299779133888406252053557672745226875909425026988026230290 29
5919800718727154390507570920489474278808112161753705708177786065 72
3273944368967597196132409349773380717748506768066110002497094831 77
5850489613168171047157601328115997979669711796489374936580182829 31
4688532667068635647384591938163006141247385388455900458292731183 04
5319492375073949535971393532734157355851621085639294721898095939 34
1482083584956933469183118947980144332181463352839107766288844960 86
8696378265107375503636164492166918087904910333994848244220747450 87
3791935474569615644102072323320090426503949670459479467217232231 41
0461977817923227968911516033387085969994751284280501000750793666 68
6448833626725037759025211026258813348489287313666404959347028020 62
9670055707734062202975577334989184277808485032949241500065621022 68
7299216940843023786907112148745940890504767609155597377014065431 15
1364199391015322169319775060536264632456293786010408510259722532 51
7309265096592347969499224833117681165948060880008261892370405949 80
7704001739674582189242954895071687713310010397851533534531471068 59
5709445060537335919536586171963149700601821601511678164458777993 72
3274548437021671969832403521589516853551392478205591282796153491 66
3015145805178884114809718670698427226473253962785688562186013575 51
4802584119125786169815402760912705074195114039656379289828828522 74
0860145039535211265389538838677939951729586292709478412739115243 31
1292594640007261346492499726818109451514403360630052871288117634 55
7474400496852423343398859029913064236650173092311725493223569364 62
7082647365396147019361465648808236638568712743118146280242967084 16
1021875899860964969235031298244682022862410158118338086958732157 76
0182237896180157677998926335274840895731040846106853771869639844 13
1858461150414828730502311806695986341793389531746981770668663525 11
7787844575853111495225289209150428157492245559138471133042715891 35
5341114234956673240438530735724622868469222840837937344847060291 69
3601399304095065459619003081838025272825630822093726975275298952 07
6633889581100393467050195502721525407078422203158690015995130826 38
4841974877768499169239221965372316654475744076410100996506171262 79
5901780988192588847792708101654593733253528412802007575104825911 65
2513757834010089518476852491018622117355534863696984157401995560 28
6512422361874058340908447687897154212595303559132707207606150897 38
1979948118563835674506257294695134369167891826306650795243115582 63
6437199760377444620187910161354244770062736476565491962676164446 80
7721909229290808662281129598849247811486715342571553676031195245 47
5615652369677038537047688660469802138524803056117638206875750675 81
3641286287801377651406190726700233097845877669182283339165129078 70
7608669375171168917416276908095517572796980520168210271626213606 97
0604160915617887053054072097976849302663763896866273605011398898 83
6733591351396031547428897471385416969392931830868002123289632959 93
8127165372211852951450167108432074694204902097667007422827466722 21
5683386341302328609110460240156123049845591409523921046097565436 48
3444615085503749970595533666022134626048399601227327364191069494 39
9224652457000523913622733338328497275573933564959431552309012332 30
5634341523510569628228677882109308461215686611444387076095828406 71
5187534980897143310274396702320728683010530558547406112071090359 35
2224531897377489287212239388744316548020903900810810885266922772 46
1931438252909725863112461577955027598220706166870804876950054241 98
7556204669927466398863934848684014223352872821444039547842289174 54
7658271945439737217167460006085368620665973430515242833272893912 51
0779922817171405917223602073852789264208037379292786435578021158 35
7573583590602073781354710814495049045918321175530154501983683585 98

699232679936322436043562460202847050065834538669263343147898299146
785381491643329373377064728561197775471780210572065624167806204924
960506810145055444000836915853863991964055830272863321210271592547
804919890670890668715121943494416990158181216296916452965667288822
617346469987438060666365012549193529951563426706148368629787919482
858285181278413770269402216755806828356762152712510027225321755011
753916761857082441000569786355201545717750960983903500128251287302
913885175974609715463747851581629121900284214937284094101651557061
686206462220736689554939314543518226625017737147979968920612065325
275418413914476113922152134614069286419355821654479670253694488544
417123943334998602980270985027141815954167802543245054515169222688
322276807058416857108824894008108059824363880693049401400360540588
251472745588258232852976555436600609761418817454395068351899430644
076770973415827497543346074110326888197363251029598689127139183273
239406546776520570126856021583738546587562512867371973052008354520
571151156379671524228543756123193671768567009006373542503094551019
185119622995140325974379209354374209118431551168349851325491586543
819283995573831259453672482506711473896296729908788858488825997010
742272525040354818049628522570520823634851226938315628067283671474
350559839279732606684295072635138275104197468897676725913690173065
123657317195324310128695610725805283363158900958266984173539638487
201652004906490640354985449237229427418378411033080777386940393450
466333220017422240536339407527505982935749108698818541052273129910
222333976612533246907300802700490258911978660954614122133412138919
626388266617865561463442108132633077176078663806363424319091832541
943227473241152377048775613809279604835764996953687485113088070624
761273257503766591078316587857685506619883979458302690860270196411
220225736605864073929143877225989074073598764473315527068466191670
819909421086085140332806017878514301499679947363423662222918206903
244530152501557857601522884736715182349449265482885717976992631635
275384557655764406775448906682489966134559521800978142208672688630
564291540138296534685734899671972420171760414562999130251414447524
884878859521922268437236453296433880788511069933976961277826916254
630973235354514622641376521392975068099247765973472612690939787221
392807455856470999815894296685155627040336605876230534031098345932
290012698322692050220158143430280800022365801546328825529047068250
736300630781189568719809407671585126103344019382962718808600861169
707239670394318126130974247111717901985743012399075403547165062880
512649200956055134533362029263066498091540875817634021299600161949
111034937515765588752482721423767972642564269773681988908821722699
265553049872479047981000650468434265519305954864635159658341932560
1995394272542463731715151763524395140380742444238577247656596152456
746699316286028264855040685912246340769663976942701366938829185607
675820086694383375631459329417145519966697728221814706209062034976
317120864660306056756149331091673596869262998033651598521300888024
046181683318608779296650027792213476011617481352000602598951502189
632641538513117752107146410707257793497182252726790059933701865961
579327800661769111831676147157964648741069522453761145688792311508
863036238407176919599890035658075472701071991664477592277306588961
119394275860246657291646477829595177925217284078607443295113156581
166361862904473631555156558233734102054109705539810551185877748472
553177016945619773274000762746629160155781498938499154800670015880
2872713964778855533405015257888467196480205246724244493955186437255
844099960063063002898185781127353194003444827534004296065595089225
351860155422289176429463530972839057155251922006718225204483456957
283024858158777835437195126859654267081696079823466167925926073561
893989559028954229820069011350119992783370576175407125834805827806
812389428561931111141325049331642605280233039814169006798898037376

032099516438489058699369606830710123179615266924530464923746322846
279908242334798330374034450178644803988127559225902046536608469102
137948423688814526296968662135664767020142672532056443503131171444
137713514673671697265452265465106144038202743516102254601111621957
755376909012981481368832862481603668992773908339405147143384874769
201164261948192396449463200446384746884791115170448439193867653031
100824238704981524520405573962058183162486945032953509198580564589
890874425683122925434507473734151952742364764180281995487317377212
901252421446754042945855402423906471702257004464248759363876636706
774796202442768094377854825766512843776900931420986660710187029338
593310437732853034371688951848025477991273331396336672506976240044
439998428715482735400213622800363878357808619303281309994905965891
889375075383442692557033208903758324628467949947720161618492448067
072606642394323219232071760037252313600260079381178885240250457731
492535024973994254405139909972427789185118923895556724908833225321
079886270815640003225278031510976686622833467773834941746122589454
209800029093296907437726013869091027914062598515250597766818440 10
781670669340007514934828540555614304755391105331437574642294862097
446790844758764683631789277308598851113550957947449542186298667749
669615947444409273113200669786113808590545317626494590167819697149
861399492269722338452705143809389513504644375512254861117089139668
089366777973099438488086193319091043578607208496730738259379239635
993284751004072727938626271670447540757192025039341919725451894831
172790246140496689551790799869102537648909648459816709017139351206
782839579961226311973314913377818343384193185236753866290190046334
332853283434182492107191609276730801323536947264848927644297987068
112565462806117260460733219176304741215064030201789320579568760510
277525053043612227096046758453127386616521424194086834083758914009
511413392954577009473174811688536409418352861099710341672355817860
282349820203149986794017404171914028393621051948060481901824518008
170137104219745921279840402426896300533553685494164008639217745676
953445865088328629821658460164507800003598985212901239590070420266
074498878506271760776222550606390745319477188925099058100936729891
954099576633538658378098044793537799187712142977461976409472721214
023532655177723616341966074376391538660194501776914006240684127316
295860806350676293775125293436759607342719967513520158008737395483
897343990123825656829078591144258828521366169201402990041314621368
063235265086541121808474998758441118362909790891983411875376649604
809362648932910439059772563295581388776744695461815797870419159755
833500037728672460735185350885495464202930971585636949785764048374
150555809918840209343333512819551455518573334888164916769442778240
555433697731192014372254154192745059760137984144373599420287605255
571893780411489261257983036183801077110050042392392644156922779005
702794740136494229184793369253543248404878023177744518417795835582
575476184254957539587854945834308480441737087984926741952893230314
895899160068542287957892948159000687353733333386381390842099487 25
511726171087294408886844785081163455852692141540299672098869371588
623222033148558174268263595068936234481342247378693946092325660075
472125674141034218490131189639676547329167424718993424330280290926
985075229490797094430092386728774393625511131362876159197383241349
167226826122826312779381175080740895894397190025426412664947980176
442016454158813176018972659624614413913192067850352463830657764016
522973204708920114691713372287863037038453134194264414249664984474
404861773851352937310809985947281511173650719139881269307482690614
039286422766278494329558828593837214847507077835511989622491195588
237045064582005610170205324844490215022945617655618592145743990095
548229413751544136132915043046914179941224609338165136262790282788
421381220775894240388406229433172798925941836682936792596042241845

941770653019548643948170335524102874704473117150703477508343237333
116325876727636834685844486562539187239460827324713500448957086803
150325038676401735315079400345572855037001845602769961506156829141
611706104616174082484626703351891525518824821272600725957656788991
256787020149786679084710663107487646730989091471979879259859062573
364973498235031260983098734686162739358057907354908246830497284097
732381167082491516373468087051052191917620541698826254760544581771
117993776778696542169925785577204263442443042074495489703390434507
206119007697363517401952656322139282583120528240037466954590928045
259687984608140870719534254761388363353511911214414314850552012358
138062649231353833876758091889237975855157320365883176242411691675
238145885920751640352366843726791759063705392197981126597708113947
351671962999970520901709075898569163890664270423570074450277512010
490394814832945744380974626035105789819540763987060787581774072491
184506978842994138342060812428390148814872599854181480292949227878
324356105549156410917488770670678201198591095890983868839511718380
134914825499274914269855259517765361262421572662448896096148297970
308420210516027967147856159406461363824775890201102519923421532100
601752302574212237542107495918728675189552155329945322689425188409
422826757744222275528207615607277103947182566802471066067738312063
031466284744338620474325956850568928716265329083278784399650716724
220613829453291660046380872563059524153288120937009922989600698139
627968627956763519874182401856293198492262333643189930901704881995
258827338807953265885144939381241154327320589164578642294526841175
188081840509569046913813443077848902114879712116283977344305484614
980793562435496714129473332666422483050043644545470274917232078399
565086801876173270331906565795475395206929252015307064350471306881
289032053854556398799210109566729828730479466100543163584623448744
155540713381432344131178842419601903702868696242276246502400420813
713504640159934720532755679503533906712721617790603021623997804185
763348100544838870317307162552564799599998693531968130101562970978
711673069649402749166572674943432081323146138869255334949294118316
387788990325940109341115727429801331814578281687913514243955787342
059156145877368988080791707114551154762661682081777574724842787971
298154823852036895916524054373052466728731303019258295249876393209
857312091610561357220176392716995986861088676061338436496169518654
848604616848482407438381180741734222448394789399827801473422230578
654102177292648209140948503501322415155999901630714781485270516144
322582547801434401095336602393626424931385229405475364168364670415
743005583729847040181455710029696234698505997788557369980218223035
492383187976298941569772123638440889178927527752847144776218920574
254531510374799777068623624218990630309628221177321970823034774545
506023858591140389896916662207787683260123961741999762365506363266
016990661168908868774133378091951614977054921417118191101495434786
938206209808278789573132789906002086339112784715368430438149815097
030477088688163597419253413412219139628745781099342483271410917827
631765420963125071366926365882135751199875401157902802850780669833
384183382667394553683196565717031946293364109272667274244992747322
913800983574450913407993085683604846778665354210586680052115426486
749723953793642156653587208185541259819454742751611841693662556324
193591585695088905353141218336623998780221150424566001502364691081
599741920254437873610226712941228298888053367943950329404804961677
110728788103161467730371502183528902414648175430954905944887541042
501680406999981967193798208277334648558158591077617882849750546856
791399040113845624360403574402461912376944022007604214335733872603
925372466408966491471465473007219529273741767961356523306780426820
002423074121866748669462805878878738299523278050107066101385402880
119138557309113805727558936819403093807188637937582154443516265599

120308784820523937493518955971581551828048148078313105350968235671
612355096316152866585785901952871775464250641298494510573035332433
489097997209457291700958784083221404405014741143817095657712526715
779817097676384786420648761367939457844238586035649664463140131048
667056134627690174928322900432711208192295641589481528265584221926
189025305138159118034231088514912266539179448174339043227005068742
888199670619606885006733283536146804985960814028791196311274825466
404370384782884007981579134452321016686737411212944968134510122379
842940219479469166481503124318739691196021567121142279430682010408
767568093738982054684214785601427768820188071717414127493674678175
132277109046730015309467773069223290953495694491601169046818182723
477816197512572785153556986162922029188474530269830156638749177021
947605094174866841197276604440854832975049890782580615390200301035
218027179209950817839121233970070027832906193713368218336961540826
520392716151802279152864076831503299740609280483105062551572262871
313276818247801169154937862483224017238370727160886419294211817185
646748118569400870529961131410594582938703305286297918826493247420
179551244232947629034883495272292830804012226372276110275203800120
937520885624064531125037264015399643712337079037439512032028535025
474827798093030202196632509329094488190574510298521728306996224219
547101651939329769370654576333432433256433136391221083529135557700
812650539793164681494513412075121883505473968595553878091947374656
627903186816171364161521554077453543804147984545840634474745085680
280862324126969399311229640560327310927938491691879333596148535170
018149698261648003440278228139858790148628521286746175384850348068
386520168074767440211476655696438739675796644295886409577559154192
615071966537341081706497482220419135035223932036927792390736955880
577997552601903081435508492475981857797980298126412519269808310756
574659469351128562797590578003419323476001369611447290131137293265
188773146721410741275221010515155865713493912768855730064565566635
935253545094573789688358002770721080754685197902156776635596085899
524492722049775299815458625359295568858655219086203488574294435488
340176616830553266024583599445433095297362056428294745396641017593
878078757904014319567264450256538964052007148706853706562711746676
157191810642280464382686780641781701710145579987859492981028674877
471679017435503993169683528592116481487861286289116375992768471088
743661617762393098294982340641378280711217412378342224144069984863
288239240656377438980846317043398141901704177045856467859934941137
671018510482883458475911298599113261806311665209771093260254577766
404781139798120273962790521780796565933483031963863726360548172617
544026268435726451474111436197474885328135254323132104065537475356
091405133576448451265031599499398475912338676258998862826742421410
656317028268420274277535478527849806255477967309562135010751357010
814376712097361065693389811287700643950868226352419579899875244531
513268435771252695511656842606249795300564134236794032686943202212
771552845229455906013166300233297861842729369705425640895722473147
960842279960643121155722898884134069015706079169855397062706949869
226131550595458162406654276265360989882469228424022170510920884522
641938004050647235141065446293973629500626870691857435034689078702
526688990310590307332020997707019556267080078421417500402487764369
382704966754069144895634000929852354991296996046540283212995128817
182931733802589343360888639561881453054936332102246702371234907974
068125687248833528018208796868376748932865951563500158437345427148
615342497125226151780864718350199049932178199155353873785623455087
143139050384328696513876903290534015238428243963913256867292722487
084779696809273656042151690402300750173661949935854471440415221410
647497242161523037246612553017965334543540889800869016307189158808
455522198431157422312945196703758626058776263336684850752752847903

442501653764916331792832073572043631496293326217198412041496939002
157898758405506883631318978280327068182062011470970782464776027629
635132451352251922427860447660178455463586895641834408259553254334
088710161510703674682452922046780848531852956030260393369987912529
602307327858469371627037491448388916337500526216973323321524007087
580984856462897791809848253427212024812725655515050305700418119895
186092167878092709372414804711203209275216382196930053667750846835
893865445281522353475575590763802378521519460182724568236395490568
125932747289545698934471141809813153649597485154106854609786330324
864298777018635531367450811076763860473346402957688211528898135664
493094931043589036451413175524147809925350591481309531471226234135
406460905980393007295409692136945644985787813148498347106185885802
583353800866348220745875475776920674100675717787021480249068099354
034049780869747523182136878886719206942034418621529900468668535749 7
787101475284582152153509827098635277035756293849313931604238871689
907398239561898872218842061190277094299032275736687186079770707721
559232641813601697172777407028841345717732062530298816172640649801
780192696415503872932862487451156694400901469103714665895280769075
063099165801904028249123963456798392695655715947613669438739333006
837383081812309420441592959517187192492679792971295029491581185269
446544888160644890910857473849722526625613598337391783194959915065
439983793983509005174338788171829551618447325706942293753652551534
711785761849774779733167716071499421452638170475227272955705001733
744013560297812168718886130729572008682704728150994493655761353006 8
382030072487238918604555823405676318762623625890434079602395529144
081868873503916372993471628157658628534654447671897796640094342024
901643410848630536408494091288771199650698045788071379779515912042
538025709198604559673886019016344148290099729713922827786387126308
017669213704934976904380819565618801297909146507544068453180516940
496248454952518633632422222614586995009297904562688659703930983969
560235643889686329923323765908114248603580354516978206769488924866
383306879176594263820092637789031658270502911378572975097400493867
535805163232169847363385841973520487633945539464273928852497451674
899046514594738849778743657589470771779435627074325722855361014929
296756502658510060032181461536129285910693432148786863743429770205
982545109580541744556250811648819563443233555509154070228734506176
634898004928111484860336673588052242980276245065806416616460933096
583227741201687004618647087354607594600235537343636685846300082989
115932174654321735117553157555101863096588560274473288174361764536
559262461764387774037997688608018414576447643035712983995556915655
942311745306594836250206036438221735440965535395090457436938651043
129342716658105214647736285604104271523729397812487106059859320178
075773843670656311350685930588860836202347780649879758531784016729
059787657028138758026032333379883203038968539991452029129125226423
489661976339718268106023709597596629809185348190125040315899625204
717076766399868353153196608687529125423115375034755005153674068684
699567677330577510792350490345778778263396473876429056401644333168
224565090395700668568009825182733058190424322611289485184918822142
539686131003371372243018683955964417346708417832040075715124168083
755413148247924004524308125367729689704440679643179742681593592031
358215146396789238533146916848019237856136657063609422132962567182
221408537658070683461685834963756556481521327880020825169618079848
404748675428648124718923245727848880995178492002381321495055976860 9
780439227213656679143255838729396288555753189851339047123780845594
071844832836115336157802570583643859337129234780510580916071579237
173588327126164560656794503480990799720508422730547419077811064940
216016666629509459324696808278858738268960848774456118379844865730
454320536892684034914234508815351016785757066687495637606663072936

3649798409105284008454623326178181497976141218187286126865346071166509551354778323062741181148207171646652654270991484788077768928234579548611067150494736473997364806652995373677999340235327496480103446000856397697363373222947146973027764094077539628839012582466293969389877015862089379918551693308463815996539591339262924500564406760974231690307802715597007444183278386392005915041926664728752789795492770341508263915478969268833081660479564209112379312512452382628913239114259259248872353135341403716733799306171199648037407664440361082778150937198926678995883750525547609294200184307444389649349681425354244228754826346725993997879597972547224411728760077126088409395048119215967488739555862671065490302132402247707926524977694495520510805641048220680217292763561522377385106360209720313789483890876087730444433910703713871331637490928215492129660943559957654250506597023923980013397192543988353358193260423553346407090728580486521415339035222970604712201304941234553577895471248630004705562889455044608622266485238473107331722303856418653118021793512078836789316324319258064485005114528227697470288129755672304193896966911516840342521912666860561300384520538933691121008120502524108795220346236601390629409586806381048615670349189528899594434218075363312957022412607656628378577631058413324970080210963951349160864205194055137980373826514725989990212475135972827648704803024095769246243692551113922353178694829284218555724374736182657795600351890158768759814426657626582583777353798801168581116118854587199032823772576597479255550151703522520432959456689504597798593133546030580462871210509920026539199902203280298551349905589529620350811851911623933176841545106106551624788219806941469531402163854294846509930575901842547725876857641474091708005076586416337693581466078187224450583794243757628708545403350110537092671021601688974251901726647710911877340196587613192382440167786694473160364332359105304639269254864734057622116648426993833030504817439731193500536761645050844763047325637642166613981817216715311128910245585162073197007003112540505208238290893128757564218754167861569179700970093805014298466685212001591511327205923213373624510092718572734941352894812323115992346158969097896744541306276268725633046823353137159651300040615332005626421384322314827035473586350919884465338356840048416846538351475298726685210475900910516731592462648535707081943035235987550492977333075317220355734702365170793159327874445498164459324739383779436527800310927753543734929701120308885081138511036298562059488346961563623208283108425028737613641284672645036795749821634469459924402320386636095796527312504891201235999628480875170027135590882128244592123659726362362619317174993060278006727038520443869442023962659430717338754484396493573940165446942543891831593959675009932984755318320197095868111474034114643077490787323473238318431697758006951047596253478039290531227897202831710307704415204096202753606616877509538749135648654899352851081375466230230104416440607874337993886594343197397276280988725535964218368862525286842920940766935310174676061436150402241061006575183857818459430973816665274228223595232656315600436346060661799295434268127824698023110783192217548828248443489421559050962496809551681614178408105806817300900263152721796074723457974475343900826623840807048876766201256697542263247684144360299612706320364247672556623958413633466963420183396378254225447430632805351464492080284011693507171925134344917591634464815473816005896456760840579801659025574897671187722539527000178383461807683357425061963779397290718664165775655492239895116050443618102059416850541876584715902962594030767718693860546243793895291773829741484639269221118535479059909509729976074738729626472760521045951128274356312709605950237557318061954525987653198881915837078060946073010461531407967225257577860927309190246919298845173987163150768578

663518649379762973806603165031986181720651187867335919765239567443
188879533652290886520080140499811495657664501357148699739221946031
665890119202261370639549215000080968080493651561790444139936547321
194227076271680662326799317221812574576091524551670509765492798757
928496616737619368534354686042600792782105050293510602699110772925
833223313894239808716540504631465861786721994997496972905979157918
464803703518738864382027060980493400455678609307653826192652631811
202186385925165692586594832744831643461459403696172358059717958882
905838152369788533168230133145229299915405923022740585503740628535
904597657859645738065216002631591774288812480183076664637707719985
469471432460415430871067788218769070796941313678460577018382839283
094791609157762283512933081599452697606840265942339288587110544086
830636638581020473632094496534988776275786269905353915532791188119
263351069193127339766674091486139745614525452756883805182285266087
134963283884183684848013626458289540073065079156074102889083454659
625380869625526263711592359482638454560872583686037619817067263374
481287637268299887772294454040770678994016438125002755420169830230
695451162998313431071889909862541016002935524415486259137615974787
091851534025688881301989218844566111649106326888324234483096288804
965797427103408223736673828255772507677153051860616483063355980193
407109897163098840874672591044598887595960530329248899363852119394
909682837108645713523456015804386429710353846683059689879680835873
497857626785565888383649516272354520708779533467658672049161720879
813149141698913756646454569742166633880288709311596552908909685832
466209423687259552095876586763964525810627609539552914917651817376
729189876677984251192168075525816004692672892837696502864920879878
222442107140464673074851974371397605307432234515525321212358708516
162852145380083686124629515480394533296837736424862964570243581892
316862264994992186349832468121494673751199481950450744965970432717
604013383552223608153400047959819368522309258814575459795669694756
238949572473252484866070654288256287673592883976141961905913290839
946916384100532188918694325657206677652323824731643807976960444572
969446502834306166522169870802617575705124164111092073577262039704
116888594037610584331302931444829065955684296487296377161321950732
199716414417025654689461012703082459723841828360403116603489153716
076232863966616561856000946715549151974673084232558676741097334029
846169675642107632231536789799885806831989228308597633750929464903
879107437077400846349362362400830084950073558164966916759777865808
111823047707424696436047327935182038471988961170359008300455685125
280509551066769960237387823537663727822677405205106153201899838061
149198595287500266294554227352605814894880997940795238178862244330
133236455432574103883704232398092141614963275539566361768675243817
655662510133743046480820755285156491167182834541304723879598488899
915627591908215219594535894398739198788544787855883930195317034712
402500720728681966631889154092375629824773736358962930373027486492
513691978890676358246153690757238118890003868340893039793751993065
381722873667753851141716182146406300539934079367210950941233283505
714265283194967469485021225058627404548110939587405372888096652279
949131350411485737581899491522734135204022017717426975610324053900
259385589578491549406875910851090044566987790296358999578580439959
472228433554403913845515754590510122367709490042907251632725064389
114149403143929338160492141148298696151260756811930048851604289256
533437306862399621812008375911431730894419899802933772305065225027
098497205959635360606930155405423580935622219990176155133694756828
973901009351898868910230562033456067478159556373737243150513104638
843684616602221058076605501633844395133927539050471981112677893784
252742930717142873760554379041535781461948559847060404010163365311
893068369659397595008458513327284730880048487740393171839649232121

2575915598639683100503344056052789887661147243089207390677171334489
99590499556528668704313897455638641950652562633820072560532502544
979125893728660693665274756954585549379365494669059562648221660110
907222716643362714785994645999926749049549615126423085297640404369
503078388756766522322785359375567721700544176152275789006884922246
472581006854831676168705370471402932937942957597129456134524552754
565682494397143313858049509737206075394125741562910110232605185216
108762961134662379674361123425177993400596014944329479641646003108
837766887059200488620180196337697614505829217689137668547554193811
607470643646183550950427836763844727462071613819711917704444879751
377889228995884738200829650704622312728062105126991039445893607890
442906612891216488673293277124505955764999531645688888539374049657
657168809130392423485693764450199912028784002735463631080280488390
398644628663159407840102917796877741898286222270285329191455035549
524356674461195336689703928030763361342278481300805902452322986453
653475937924700977123725148559789622335055037140823738855989996357
257681528249857323029102096633655298097518691642928076192749832296
521944816960437154884759085527235864404802017581425754005293438794
619643196734902934702696186973283056021266285835941429141764327043
883997140379848629650744072265264163463428982919154069458223840053
228719781301203428465115000214159693875605989584674337883215104458
173349102931408492619625443010694755863267361339601315493600270288
226537550169131948172167727277488797907130864591251768962270234348
267173744476254036044361238342663685290979347302622177434409361004
734383259470556179624247014795775993839612828218670404659473671346
740038028868906734350560654196291543982323319166341577275777262556
671272875677647403587825186324014293512309926524186105365262390689
805767959009378267212512205511131583478239251417189326668486967410
493386288058933141258364873085596852364870957352273551564173160005
704356833751285864867987776268789119701741989262975037390169668114
553105639638913349194784911260028872720224362955411330210328883125
217903860915341167857762338801385636434712302531331275834921496268
168434618056550643768648443216916009932979358869713263459480476580
167302876236263754046417737117123337555290761684576098412031481490
671265447881308749669265249507283763395824831279554241699844491415
609082123420144663561151439878692836764403819999607361303565876406
833411029087823685230451771621814804943262467842034037569121810020
485713346838603164091890493318702825651133422596513951836285179232
653400316253031177685830439058553031434700094995404289931062006909
384298598494625764243642747550200929598219970537138567540242399582
249361468818357839052925627662578147628254905215311884516726792585
106299641121890474290326898290300195391955649073481812466843389938
765229124423119814574662009378080796511082080920250037221765646622
654628516780697561651229846904028763819653602313563613649766389022
197923617233885491819809573522970142320454913947600203098311826513
470831957908274217797322911001498110420929199727079391310541688430
564766806828814326393122924847528035155632827952732656083410881616
979610239630665231004370268230915339990110185178408534796664576963
995643862325907256630756039470551358975851270259376353252345454607
115787656777517132314071984930870727417259903834799083775222662385
016189000136966533102252957386519369099362589633379104117758605187
819207087776560999410980515551760524338381498578844158021483003773 8
072942220576114221873419120173809741916039089694570812869196186877
182344133397780597593991704085257402459527953589551683671046122414
148488235070420989494640533461029814818149838496287485469500407432
484301004237023770269359497780909390095551642812541683795122263408
103402400601731856228367117879128635057651221052346487547089228654
757979919866349134336745731780800010159228032458041560620405881497

3369054688383056831118856426927446668256282605693182711497110790802
2221674273725205608523980970519287617281829491707968108495634209 22
1568005222657659050270810105964689600419159413971344320797487520 06
1970362143653107681949231466574683330194256177258029656287105746 35
6679361964293350904175915476056437228482315205448832642676308711 14
7460636034732834323009419042086748123219633559808929813901374321 72
3190294403380213835037846658247849282371602845709018509399863087 68
9746361213922287446437282223068981442710808767398474519868597356 56
8324758502379022904387433865650163543092049497513946517120423996 38
0485152404382714004998736609221595167943665520971624671902878497 23
4306879414622093306540351514653335343817621214097499529081334366 88
7421960854630056294187185719897965490389226099400645813457698989 02
9375252603159479352051728738371667007215479619563757407012855926 07
5633358043611785695703271510860973326600211008827123199163759340 99
7123032026138109889964222097317552741425536341306159729484372048 56
7305363345356618321960256972367743766404198553908458665477313344 24
3061721260086297605296720785932256229235584626284633318929283198 36
1000259218711370399715055774932048759783197671362863201844282336 53
9347163637945712771588409841768777055114469465240422088538202824 9
8929639508467046570193475974601082109002237981389393889173661995 87
0235322219629414991396048429927934116586704877857111337265349285 66
5368928875089626084058604973081180779650060100681097962304559548 01
1897685661967624238931275652416559831945661471675822057205150733 18
7438649959207729217154115270702515737429327406030388997018176392 49
2844496144989211996008741455920119711061917813560083117939437002 18
5678808012611811579946414717303547906767039162644803691523001638 09
7509549864785771530193320758707672807382416272997985657219816684 44
5193115121472153946260624154747884492531474522234289814443935668 96
5208172835201849104468501236353466594439101771286059078923203698 17
7814414065765795314169342756627442756479249572256177112244150820 59
0572608481471404592395307959706042717245927521655060051371539677 72
4263182593431649599940848813489629443980192805044699030743329586 96
4202347799440608555298026016876274594816524700132047509569931582 51
0565956554511246812167410441892014971291705911320464869299521893 60
7872571989543326870276421120797111258063437179070285365686818813 06
4931529035864912313662571902811608044992533173093318861973891372 11
8396348879203809214817739751512155506071421237847824951464949328 58
5000899517323133417944919571954937381022516204335585096404429995 06
5494821817491829820980285016135764697993067913222478498512958741 98
9762340204826428706202051130484543207456436305468298589979035884 05
5646100674589972300286489589524145330379221860767572196030001998 40
5346104236967394846598198903322644713641778288583186156410899810 63
3325669588014908754891185529444754877707033254281654048701145290 2
5916253519801238741401043603630920528139960818578217505919920444 07
1679901533844586401542054227660394950985253171464765665886681458 84
2246276815471774897706020161939694773855297795179206393425938196 35
5238038842483958103927567056400517745841545364779201707342682078 95
3784241931871811251340019135490752230188536642456151886403026504 15
2062258752697464483059606000866480846739758746940310044305071100 80
3285756185260033706833217834100697307370364032129825039545915664 51
6251801635854889250188649041767130862347416451200097805267165914 09
4586669529719432662613627554666276397479883132420766002470825655 51
6863465415732273037984633497435417605339118055495848517100306504 71
4657091740008220220333420842716210255069982951669623227920520679 01
2499910597901723864217585369064213618772371091338814995600185227 36
2965360920637316839784737149841162314047954571631028508309649294 65
6142890777360309568914137573724220084319536767372075167234021174 32
7264670777570720566446538170861043049130199330474798596351648879 64

```
4650760182121520533492208085191762661708361357233342510069683104178
2079718606502797325776115716507240273651199086137670389886650327557
7438942275815661730769721836436801942195847681141757576578022594122
9369376285483761501137120944777267883907263765061893274494741092640
5869319895905855996960097204635671095586425942225071342281083161078
7854562083865526862249687755895674284009651707897439983645219402878
9699296768855225099245481131679811960958449994512830174395658645542
5349246733192769929221149864428842742821896234377707149143857760805
8084856427303717135376424530679378694579057523350764388152181065660
7927075157252883991851571052600561883391085362212756884261536867998
1807360170875673642170133324263530619346354543601726038855255677458
0621314638205488997794379948659252807324771277015335667243051287455
1113052270769226215106526147981396130120548259553984982903822165854
0002787182817945275934575981606268256693535910919702531758789585078
6425123816902286844088555046233861768093743871255003062677791144604
2717502369048260534968220034680627979397528237235197310708566623247
3255481566912018466156539344860475403574057353264973565944918990736
1608117631335249185747240294914221910553466942302866373906308379579
5265229165823026099765074091873340013305234310103037778507875206351
6583462778448353683665590270558349479612983505612394339024757396930
5052295130811046709132498820483153789422613223556634309811418309866
8476810282571550286827483833975719258734740115366467168262937015526
8224421277110523909179693192391277379771768801542246883496201400997
3227575932939177240864634893283646444435387618113834143988235343530
6237178360377270922206790149131574946123524864980368060944848857198
9384119196847152483689960814722241875431733533374236949008176264368
9316367885345454285713963603275099228957125803241463056342872931869
9711759456583631036168351573519241152917458568654839747092069981588
9999713360367051251783221658704694156520627129418830367286169732775
9547489832700933761709103805515938607797518316479113151091832801275
2519365150488607939884858609930811934938012778967091084784084709431
5489455770550455036182181154602650233359866262119075457284333340654
6559236526779679009724022559037666277015717874530106783684597462424
1194146092702551816535744964080370763592182048070317078004950305152
7919804684148029262375914410938821175845422300258710509897434053801
9608096706001729446131594353931902155249863917703060325109395966038
2062356444137941788427652406438997872152898548739082541948112684974
0034138058770293316002349752331437832506834683239029486296128917710
7044987706230858455583007253858193699956274947316552089561794462764
7768827751115761470499019482284323868027347074673862814752675333720
1210107164668619616006337713521378211388572121554773972169330440194
7166534830268285098055310036760417985335910839912135600946042118254
8283826080594511633337459999330985400909567553128225040676460073412
6635440624826166056357691252799813016159259426864869950047247753327
7064999384644411392955896914652204299081224390628600046503573812695
2170225639216821773367320209158675045004788981687036460961518460048
5574143988172609738447212746441954501983355932317688295578306458020
8982952763154907355005465411111371947630436261732978590284651319161
4666551676635064119334575866713781810984156465929623657690836271607
2233814788508550638863177490787234919198767989674636254547126044095
4168197799220710427640251548433196477390558104961000164705989515785
2943991917985197806089395678647197363890098524223400054422376311640
3151864279380217952656842997814288383213895982439395887701557990783
9448920670917065520349676999860541559021057651477157873786751371254
7304466033499423963787779627117683623689624459677644019969786930278
9570435167443150980228986501287745403934073972426716050025587854988
```

0910016817387489835845628935275170791170549000543621962170642940 43
2780627987378667673022285201837041592135242242759628375037299734 95
9143125112923968531901297535611629672308486174323176389298817540 24
7039152280625468479103097962829343042133940228841293104759404346 08
3566834323249561364754257986254455449889635167136444593793573500 70
2773176734884517488709966825081043899155677099848874017882990749 48
4423316788301806059737151889964295032419913988064778214020010411 17
7747896883955510807421116480422750798779310315115110843383177288 72
5255853668013231927523396907869301592580852419159088376804536260 89
7508342110444191117285563214646123720291167406146603573964319013 326
7351138318086854427530611568220064205077627624316309076339574680 27
3152917799081012535494361259147198875238666399374852539797888793 07
7692813208745702729612199390812546255462541090083430520403871083 83
8572264217675630290493017692951152885790854789541342729679084551 52
6624977107434221537656995492169311900356755887971969593608944405 60
2798532282974592300572929022501918690499605151963466587384576628 61
6558370926229549052558715098878019153598544171672135730700635697 46
2366450699943859586530458169557668141518863751672958285519470256 81
4867521612134585393262425217446952550700769270083280535053695163 83
7024826205634521190864360945508786374555688416514747777446606868 027
3209052745681753951571320375462170698262614847590710692505568871 84
0363000530513868109575388748063346329994876955374348108245413109 81
0837369070751045263814615713736203505637412061154369839564311367 31
8509717496343405832290723583401618290608716587101601304215919171 39
0236458970590273481568107228986719530257968376456398971876922517 59
3315586797334077373304321675565391075575423891616070212271737592 07
0056307136843747821213528898979866821776283257253334518323039274 76
1865403919208796565258928608193070403573964208098932108943220085 19
9416761171752735397888202661874456228202205315283142784830338686 02
7996517517975581988333102562543823041601894233917038633783579210 32
0377866821806189086326486741966200834537726721380300483534966960 10
6622413864272529253000537291773706116234865438736033357315122713 93
0047525770309217990269105683369868147007004668071319009006387690 68
9420354186765107497339382475859863862891901184985160567627206356 81
8364125792244982802899653618617776686778141029039884734762717902 34
8638353671988418153776428435790683635879056700585812134278486017 34
2992731149852582942638130658497932171960271888398888136721030252 93
7373068728428425267681849503279329574707045375230320864088918820 46
9202578114374706774210439314645278658963807040853074482407805394 31
4796823543620540986524254461309609568972992532000469372276519264 52
5234710438680616284415026327290612571927257767631402242018562351 48
9059030613122440819438963471259810672223080736248740388234464280 48
3917599711890693049486869311881573358946333731378306463075822060 36
0727221651203940831736077127229108945530997277130413106141567730 24
8755030303311974593678235696920692900868406551784355069909796130 12
0859134208252365383197216400257843865315526851804559506527621829 78
0729270016262380753984531787493214571767442842240498063048733634 55
9557141921655599069316011685456804757856944582581465254105690942 13
0415186078742436405050757001169784515992851436363314191985622039 28
3636376980736964248023175052955013733589796035987444259036369071 72
4627520840312123803089261318802320710301404611955903967347832214 72
7621039428519154515034699239286860608789482720401315517854889242 11
8587503260120766227587948661078061994316694602312466700366406945 69
8803378941916927909305638007712556961113855111068230718626350878 13
0165915966571995616639269524013281937122686738399710231302371860 61
4424028167500027852370132974280057314123377107673052630029188543 21
8495203772625172519665489858630275201985805552865567017412424781 39
8441147945614036133723592910024028800169542825276370017260558174 08

445343080511456901070920068537510749800562299567939370360942165585
240126826086201398966399798182668381464268876294549868698695601835
872133246870517519561716040850360702192659349072702510994757252219
108424455952078308514342748979583140906113813687321865624780519973
309894011004757071818985229378443814143454127508270984979196457929
208023550364363535096012517177168056554998278836687203057953323354
892273581439095605122292942545110596156659899801588064005422943187
694927076222111028476180826159644660270430972905492918095775775902
696247824342719684252106673708953912879269571039131701552419895665
937962888409428690519523491907549396833743385108678868311297484077
425614288802420254564707508574033953987674644706472412244050841574
598773169274280657938451080829334713697457317170780121504655607730
879875787050244201825130662513284579379669342674659176754473212872
979925532293956541582868358625639296227016169581436104796463370168
169038370025573649440139581902290259043029179330141319851960060539
395930151180348550630214863817390059278659377962839746005016600245
619242505593516523938993857858329225917116476018331586739589226917
986771992642677072280445165745545012821713074850073677934454702487
148837188476688243781859855683230039182925072221247233954381450812
495920572738582163867174121455444072000774625667799993033885814383
952246841860609946505511749493126247475454114900899298880244751171
439414717156204843166161483490190460011909296255685162877604368512
092217653725203066326102792604571211234638430897691005760760382050
626948945183133681297570084946503627830445034242988558033635619845
445054185239483989082514808667971595308723718732952461752619649890
592054696908404522519746654776340655367050839612952694377982971982
255074008724675796073755929885119227004014089922309976925072908243
725293025365545849629334370195169448316009981695382175397508939318
308818349025619452689772640110604134908045313145010713937697105463
476654293873327884965077889115704433899875968620677669411702353257
219697006335598012767963217354057017373873456002788461555755391888
881901579378055441731521247110485252795976660872618979299145615755
209797040480867560544694283122745402563321911571044554296315225230
436082636308442210335683371003474828646197343120322024724439322933
802978839273166096657341966481397117329057631860775941914189828747
832911366843302535292524964792110196464906521782428021658444801194
148375608706264682217052788555866609397308492117248898807055295004
138866907636839943008188779348037755411804546951933743693074015004
386915629027469361458814570456637297627949440616093119931117418045
204492835456146997128768235017514453738928383768007204168069639536
492505786930809325864323795839791850836678526870939433960987834815
131423664526254152492755877990653256163320812718635364405049101813
148648797280648360849666502489207356975362171904757205540792696638
443542621309943524325188309713530823407873141549480966574879196207
042981321762437810817966000362780596168645858331102483433125102893
526638577653971473510052211816165672635135384136775558921388335613
754616690150611753776496372976412757297961854600653058815433746646
375024676618736828601359389979661048870373212998988077189303455828
424798632586508329716478813687836934043158699441584056073105170080
740906242322983421483645937540666898879902452967750380630886424623
540006792050169402576684226733377623470073850861041947110699435804
534455704891685726842546490009371256247610593669638899731278465862
443799144139951569466810839263252231819117286400745587634104562885
751255056808152522939279259781486174754526947763804476995955050607
030405723074802347057423446724103122965349505065170116543132428521
975922325039634918024654316346612918022256977140890212339328788604
173941013526311520369111453920038754109001217400800370764068065824
627805087557204105425815704573154793095847220829190461794537539554

705589553490462381008166373194550235848101992227192912016177520244
466860590096640142655724768436533186703522065580145891365214214884
279565586627059338874918786393912310949856121262994129219570550982
159041459138611252665621879456917858641408418466291812312771701856
076429841403475924859795364139295700295399600044765241741180636090
891070329935760123567450289489667243683113234827356381370078481809
220454448786971363944071406838108537502379067925491990743545391118
754416978797744588070612794679102610597267850687549686191026642898
726604155400035593706209614687774802119559012974434756190369015032
298765074421165940749484642116358360774214267964398310275681555461
210571679153107221777930254573228745372929891949546444430214743494
433991526199764617560500446876141445197137848176211789772414355467
354670242507347836422189788430240648952846314388163435075296533334
782074398744784424394834378621580005295941201695844997595662195314
594638517065744940644541377088385322747539546226747217816410785971
506263948291174373316912308779475584016245243467316076527923038336
108403393227859230437069614233618515120201630037106473392360159409
348761413931578014737552099930571439690936141780868692008127299950
126894063381545942618042524870705529369512012093385006182670089611
255740262928428939779819953658533467689013525133165447848621138975
793953376384770437896000543746315267922612655403500132944795933203
899504403691234100895651264183332718963511651306511767120225793729
061014842352467437854740469612582211063998326045158125475467792932
216010039689183516686733683039313629853299887287731336514009920077
181159495852996478186606788956873041297968193338686403654299825024
897608389872787996832247994861290621538119527811750653500768127034
638069985321345239607040850382203113837312467354408540035498055988
976284821825502984175192421381995295183553440312578431076669819823
628904985956993976147201950407415341828849716367955572998115769289
902945365175441526532860972531124706097743100642810215723199143928
724718284093996741383269759137019206039345242446281820941620536688
358917458615199461028929758611633262539363485791650895497475561088
704308265783353395487206043619313816874211841752981800450246240132
138892154135406316330238216156546453399121918866588028283036730994
712897808165487889720625876819014748657643264745543586479660505441
931400783305815766575393391766014969017251101351930327641254379081
724668999981078707432988286063210542872923068461896542162578575560
161255234030058019732943125553442148865206998097004301429834507905
380923445824367943874916281483401529428782991908462113223908762350
246378918770122675476308791945324149114109125348773470452902228567
697375702167027235152036832281449865303019336247358246400226530178
178623061318267347574556271918313859370386942322406078341585617375
014810320379510019132622268591620758399992841425836075502370367514
373472500610845652123178206902693232717071701807175007667107024383
008821349562114209666627925762947535365612231196303487297992396129
561001441176843099144359806556684733183771111489825166860528824315
829668157736742930175053096196635158767553864128836864640168032901
020983641453901361820123106000007757966076771445323744903666453819
033035659640537748486377056891952143606796432870265114198205871409
962188495412759055289662717437163787015463118234995808051672638789
869011697057433252523306688114102309063716096539338291754247405722
813182485286562201408429483589030543317686693886272529901374301298
828533204149259647248708428870868121562155659055520118766992099534
928858695129349256205885299759459814735055255033151457349813024963
566600571562129412882016229998481452915802727452943367134613398954
992519726142954671341106550874868735678990505261841864946700362615
455651785900747434683022033530621263319828205481038832943772784801
543529854234069099151220711408191653284216286828263663561083432356

6621845834965842435114082527134184467043885460564089153311183112391
1186053987811676276761370365842848180731392005624904716232823299108
806606066470626403542859190079697347301887058565429921291410650831
050249211811525610063742292432939047324285859043691099780873687016
127156576086252725630413794618685327159089484682802764387819688303
469013986309935348904399396141313859646288438544854517861469894836
359302502333888613866057882534938204297542053481966053943726434779
791355298709044097516714256549173418657402833105637868993037656181
566235182047554994194349715215489121425206470792904376212845403635
654004264438858799154465265045884415022083481899808252376263783493
919299087741863311950233355350795095501985044294646003792077032647
231653837167797632255104615083447057278649843104069195521190290898
190955066437540036659891571296690373826058688622094315856762141694
627700344614655883709614541838367816532646717988704751624200276984
105681049934797417474275556623834482187239492559872480817902886979
178082113078266738822717569953681581006834944177014110353141107098
279679604574215573467737293131835742900988172510707001027056816105
909256197738725262954967064382697487631527099633231538978021419584
628370235855228029775802140619125039390009549720689692293515487099
579621681865172941430023651007141027555894312623499945262174251834
073149518226654136707112054359504770529840551641440823160400941485
932276718335610410319523348484607952364661069986963176588502819331
709092775438097502969129282902871827186867656056560103883625974768
993319181508684635102020444319141590772364683025539168088913774267
233213994712884977597953977347922967893621930992511200663011566173
906575736837676365937189211422368499120214755719722305574100572545
257245385556505686460537112268226795019296310394584417455806521223
889346737778117487711085358563651048040070235138414083943449149587
336317033745247442076903104658940280706520404901026101806307144095
089011836528291001042631126121723016073039142782998260548259374871
970789455908633421705653769115599133716964152529125865507192748345
937113075626822331441930750599400673536365037293550076798042151214
351972532560562264394541411316747298778368714099675896563070199695
608246280145049119912407121857480537069396403892123464697871225506
696069651615068130060629410740080470757013091617350773347556487725
473691225215098135033192993383343821078855438332361873569071608054
558098436700574350850753199409765965336872104349332228061883499200
482787381125275030492088881748464283190165396006304665029156208905
322947319996678910429991774534128768910309099767188148030932716269
812365720604331596496493420535930974995546353415998438238620494250
693932014266637836894812021997614179860830589838293900673951455175
735499971707538924803152941090118514926140875944737211593932892637
050695832991810086208404102864899234632603456423704248242570639091
293808017046596536307241449281837553304794862335063366363758865610
589066033531629111765979002365301217285753662018901016498159777247
290540226707862683387773011170094318514035776219454816762064375319
687841485184258934481405295839963849702539597621263597859456691106
370601332279533419105303795404259783041376675167497687874652996491
783423364270007454754819494713598668069156666458532914903082320598
902812058781268157674309307210176135822631899928879732309320101492
321263732671517964955489689247766118431545671617574939384016165229
078440894231508766870546652757932388055491266616937775989539255610
804069381182248000513508093720466860200390550091411653944819959417
321871903409718825590726295842837197700858179418507010239247599882
896135737787564358854963425611467807833405187109513125759999318051
909219022665615695039282619479016017023122433057544312606544646250
086866227480438667441944201539426038115578275400004040207121819013
157464010934273357483361014694036854512564432034707528448389317545

617646315722092878102799120290218922382824703505463383094194477974
691308829245720502922062498555235510565416430457629886417680620174
113480892342272883474543201198072660689569258822932702454477534721
765528390806174300254282815982876747135983139248677545318468446083
804815081566354194625658132963595505948290763301068156449665178803
283777234426495734762093975759557930638671004777439340064983405507
236218119894844821271727778513899568490447627008613126978157757229
546476033592735563430185152565958292013820915022620088003174972853
899821503906535593312828283530229104248499101040960080812922737134
515814582959625143817175466341676306580012467619302739397496828271
609649437231135575629078101961242402981117679826186714048395466852
385580727594056093297312405555373044799293256493279811483183320213
731115623240409254441936217129357321551955582693070362086939103095
626257928849446571817529163361050844013855636792071157188857988513
496298042756138550082816695303908698962080290303553800625563214036
681779081802116484387794827851293781711519531292060253499397876175
464080018854911265094773779403380813851658217736547421223193282082
698080401490534839550396438927820292472373482716964374678135415623
079293493072403367516992521889224056696146996814738788518603142897
635379762432426981910159665618186293922048809589153523367722568736
438466816976741773574492402773244271852172458249037944402883067384
456400185365607465417560537108254681792569364696441802072207679501
529746750838413523113561625499529176351416883845818879384276920770
036330816674413405717150430764455055708620196218750902138849321558
849314636118516681921933331068710415721922258451362322199002670838
022234873215757971191139682680384884040281459269592328395964188662
679614930515982037118628310945019769133557938815895114153272504224
953588864505295251885697664767754064198964612563278225970170233375
585208862221826002853592814463086109070674171612612300225306229432
694397803268357300881624868449638061833812906317206669825392733974
004947585695873513934547695113481873226417526311905776885921980237
320935229881724959823218020514164654233174602677104795738569517467
260280709681525043733589820550474008030133017558152271695309675197
201612009205662308775428710696458634713742806675167831937351325652
214838331736723081198165342239802624743765589476756921634368776691
564947998944908953335482608637982325394916672689941674998347704699
021464089968375824950582908145331422006226370265889085675892630506
217725045902749909993279197623786666529191863955876879356638777647
427669516078960839316235252927832503641558467802461815988051429269
144069896524719481933963231368546341865090928413827172521695383620
063230092109962062494250608111814867512981608654863784916838914202
440746125373499118074444680045657807234762101130684460779794221320
441751848161601019084311857783736923028533939927561111606255009383
801593115111359078521625604853869143238122459042997729469643222737
151895258029733660453560070753438041266967058679143693280921830411
392517937860772590433010536938605645312282575394317372233585221168
154304436358497427720836342278796178301536250280185857848442597198
671328342485127694810821482898998745431722097792403608326198732536
158595601419384136517625882323166497136618714988209130428155101622
439116045249633842565407862054039684759841372950931581487773712401
871797783804789899494365429776732570157053812637852227469724678742
413007936423284978184783841870950009202723276546498176971856311594
683012099715472735317355702526409742948625381481400785942093756263
839468673716324465006694756705315994726878112561704600640744455807
429019997012621053694428071409221661518213079348698972837001195293
081073666728548798578714822353168796747873575266193854236240007139
113056755503388529014237718541648922941556716384588614111063333831
204110852764582840261025555845472259375961872346364309939638012344

489255652989827202990036784391510418687495824429546262126155525198
674509444652902219649632955400007038521056321967658248422650733125
362054626026868452266096888043838047437262323316166601591279368819
959405025719999329176733931027100125953609469437966385968083266431
931649658496339772919441451837316675736885364518202302381482637706
530113911289136913462491327912603253534591991632345277581424766602
795479540704330509573058571051219829120944316533594324084681380748
875387297085375441682806609884935066699637289794431656792687636706
605922664955035210430834357140335183877561742096308666225048152511
378485882570025040515838618361645076359197566456471215061989852062
746107207788534090089741333788845290560643246783723784423811624539
607897311433337060960525973019965093743954562466866281243275277881
785764509786865491389233961453938720160995472773168875997332167711
844199589484861426103891518757536353139008447216715931361056590552
306882270163900604646542371934043098508250773501548519931747183573
730449150694975724800790842693598291438309313898554875494232274494
916279219117441681762258515329230906270288626273271727137367472885
363862123221521565981401434617442086412238248701842176211379848001
289184611502913407235104009968281635515588496259347022842452965644
631458122087796414813974052131898287854284269657822434892186212453
402142291873824879831283655208388110223504587132896511975297239395
600114252964021960676967957581479359799931418498120411115428221651
323925590709874816323371019161139791981311334362875608519136823562
637758111952015928301098024561701102225736721118075378393997056197
834785899801039586427329468431331010946879646342978777226821944480
569992455368546016753353994086181176225929427764715341240000276901
027411761923992248717212932198828213214581558330810327676656821576
223286102357888866495575706551976714230950420576201061600927036420
023404509720835648577181668241511926944850681518629351905611712803
659267821369850750877498220731933486197900725897758266414280631975
955986314537097065477664768007258785006309940108789455470972063803
894836930369700269745829254188935682769767592328677671016980350973
276936027288312103987040472950733573175722327139128868230896977588
125791454937934298535944730061655931505590245069290180294939653193
727641307597943503018619518284940068279455659277338106214901644988
342847501530408357214322458926520002752148468861352026832020123565
045190191187232355916703723297903459787550694692772157114718237996
680746390722945122990853465326174679733821683940916461117621210756
826473382614614878022120885461094160724950146164718017557452315757
256491655201696462797061834737046196119470719316611275377707519894
464868916112464067799340622219650686591370531036233918759281965741
610783982987951386477074064514224493029252407623686643359498661139
330968200431501561171744028457058929342504889972302803590243885579
715131545883284619046631488813005446165010619163392539632499566891
885581207683296137502319540263309630469405124798684956587276452876
970991565736177473391905312486844946258722691209550207072170716218
796791877607055804810151922950743263378200279183115536826437678875
799119811679688739631778145299544256657730927567143291248470230227
864752245335402514079094918254625352910143935228966648242984559934
255755917775857582423523389737474844633400472593135729262448398487
770176548131880669706150228893096106568820300579282477684565057591
640181294558696880326458117051128812605060822201102948137886762347
888324825282503946688656047914724349593624085753393149412855950658
025762800089063568814923209519216400318809729991980254670328632185
674487704766797400805244494123019257706168607933337726166795237231
022560304560734945720635603131707037596272146490194250879542596683
656734967847796401786277500941708392596517921137188850269605808592
871546564185389115112448280957513693327438297878402591292425270152

380183942827764230778659980071499001127186267256977974935585858827
620784419210115012275557417797638627058527065459889378332964951877
011526441421644875208632942410854193186111409682762851290143784802
343912480472466682815277274311548964625567080291229410470366544127
961945872451600591100008959934764826857346824604969511368019113143
213023072466341637342509019213619905879348610301168491367031251593
211223143289163231551486390389204907304675379060333848146223790476
33637202231768335411432973331141893942473793198755133365951923692
060556418153629274571724953820445747470974338111998252069390559257
390707774360691544834954645439455506517513046593883516308482474634
109905199496236797103589927135620109785056162499523189050215581468
446772463615546978316832482756963135717558314707897091728778337180
485198954598438285966997768692505943828099531163809644381799776035
011308707394485192851625490589031108723329631488255920742740143440
238814712545595907001193665470967389125872702735685273077751939688
620387064305373419963678594085215789772443560955383209737122234993
636234092989901253196033994721429578747514768554321732167127462276
803323300056382327072275452949421725751941251053916721864335859445
349268769220823873314300392613546630057296367331556490979598048992
472669386456437462022496833800005055789826856676967114280187672621
778655766491577003524611009327946825636771615396243792771294838137
972344729096852205312331820157895844795748404966542625020395674682
354733532589667464821188622077302441641396400574395899344512407081
002310766672834298600575549363747498649085556304880457349808974578
492631977514473595857773563077254678529823332546870200957197489619
002324974468772535045331727309242308890578830620727285549856746790
484861180492665365738111300318254729987787422632245052354172183013
256341795439649838679382945641196752277218079707950556444508380435
789200441015991008710562086545753586198813375442552127302894241653
075803033080796360397960666424281579324486052872495607487409036181
364062430201765226239558683682892096274924609118894291902212698768
197461064344788994633549049367584304851434998064609544967328877300
152215440295681234534489469325923497985578607921934790424873864420
679228419251327300496390538838157937479116299593373471044258657372
191835913423118924681215100564175537835673127527720339420845773309
322939337741474629120414336423758453227800104181991754841646907988
966638034903140420857975127670234369730901782041202312016332370681
609809619376238353166428146780856607220894937814058508265825612064
156690803913301450378737470086191634207868965841313273363314363382
372598692478567010819887206149431011600932643020534519436686730988
893658736185274628304684865086589316628441742815813439912058343184
793314382513612576865309377574773719660808241387978909568631924278
782136534145351715120124156321455772612571711542375752304356111855
891966314442308693667051199138153403226210621594397427120765465231
765198966424475262047151909698917445511843743312560411206000481062
834177449518999061022134126445340065348576158006336404668827392202
261921447571115941454757056524353886708217499556288908901677082397
310205194838871835498343288088860711036176903323107813796305572738
981129127703868279932165904053146896325986391942915207644121837405
335668958199426520915206072234787011150784945992637942582738100456
093734037384700526043240047651510339744262915897859421619027654612
437100731415331339560670120992357055893555586437332466239368273381
376660988561386081756085525751881822982365620593039848026846892564
831572720381963427502449053813871227283653813817411890381862937066
879655274018351601106777215442748763186693851665268919096693241241
457652517547713861679070746876905028630836414931896559562354278624
551587599337404868888059363509476404640422669023739434693813198094
553983059637952785004028188017151896873158310682541473547504832093

766879887868201624977207965462296599869709286344427118784043263484
658241672441603790048629063352273962632643689695218637458554773792
770810832099800656037854978617928168238018443737773965967582913220
601255392869706131183075749736498210147313999513780119583630465784
586218819441497849370098402756006854980263357350276903501334915999
410634061547078733290603707231161240341870550788379000898176947025
974081263663402332052347594946286477202796252113686448377842127754
708906075102553014546480725459627611374316793083227144449518251553
202530688993058531948318061909762818016677230361216606781369517176
487597906417672078274900447456671143903026184811709882218889166496
393868513193469112598949862477341922210392931856537346282447189895
787586796112815110996593701003783460366990836605499539314209994234
926019517200560034985940409635399105472773946979904135787022632069
202545498416572677427946396129743913685217948503406180772850987428
122769011413681640284675288754276648347172854512389859157160621106
210386115041453249787913012138068893780887857411356940236010861172
747490768634586796259736100199117029869639675360563303585985059024
044857052314430822798558580421066760697846685856139920532524870355
545853701010773500886495196354119145399547557065526277584357657458
461258415631074749536770190450884604517896103563009644983256798030
526371100903483368327380092585578396397697887574550409776166609902
795429188589308917950986812311563053892116814233795813108294191301
853876649838432666048909688018607869899694639519523554122354444951
091490427932659316891653845246476121029773238049491026972063197314
457687223018886454723103520336088032734518925146042837827235737381
379904451396461458772415780099182945276911489256449554457820811258
549746299122723264649039750796423060026194526098123860389417285256
976447427429289378164410225978278080809381188489828665645075046990
355036823640457028786192640078460831062566896721051510787599806260
533102100122358089908786452552773927454483894942460977309768103288
181048377558490535754369854782487209796239602856463370367224447256
026531392813243226027749446017801180064353804656177241828844153793
279733031656426254964457524785225151403332921802994363668920045028
087930145836265592745303693208581992368582405824492867970470048929
341036743249680787167805287155715269795387317616139356132593003098
518745852607460428071453029533444248363527863091514581116770338434
981090347138086879895128909270471036033367710778140834844624686061
472549883654767143507897165014452769938600227922887312461611888686
514548757124587583194866819607135129780973428900934829960916137217
184080568891284832030737804399029801197767445952608724501787884827
582203141607966468453384013730036339352239132617464228397146920127
293410803224014862978907413563620435519583015124060878235799054599
370559833996396427254288844432193508373960444126803498854986780142
412013984799469474267251345750432841611528318934336257825555762486
044698920810829515812130807472484883173797144065755237092962046872
292297505739043255293584811980266329093403989497358092902735650265
209686282787669265416618779365146499963351891859198281123717705808
512908891479895022969802277536978183264365803065946080924008017689
072325841441297192824247203800486590762483298432666125302685103349
902657657857996330572857815804481506534147291034011865107527575914
621385957555798465331746524212479703562965764849716996877845984143
281364150626588032373537267205100203918720865488940491633392384480
571756388725093012313790697303446402836948914532187479689036890800
919107696487522679319688397308313632855164428485454389551192351626
705524166101161919395623212154044745884493177603326458648332699995
327613115608198673031798777096885473206973611106968735230086661325
732823554513288927073584038158089593409540047766863373882209899947
758887252513928947102576115811305813730792569508911106036337471430

048180745447071235856967018761630440248592810294124481653304300197
6781251848873242914654653747653084078562990904537378476391634106 97
1349483164149431772592573598987741410425852565064699225753338667 02
2937999299024833844979636165826017703760240428543525146892938266 77
3788401005040778149801065156552974765023025304818482902235166349 07
0894498768111961215106508070884528940298303191343694788607197230 91
0879065454559290442696210241265089620800237754863792190058221375 41
7994513677375502934421394783438454088249683005596980722742714752 34
6186384496330037201105848884442628228471835669510578364180709087 118
1197634134679230482799919294233444343374526571185195827581724295 56
9753655476535585715371587886731558237317912035819433685902461168 95
4935845484381021820980564566711522781111528663148797912241046715 03
4541226359174023105072675781565169079497535456954661023435063517 89
2628200738767157841844853233126474816964104500932952639391072551 40
2638097234507421452663467912487992195042495063983505756316700242 22
0978888450142354933264477085420732956420064799904567282882730897 36
3424016355981512716558570876026319347603574797113673228442544954 61
4124103144112136532959073184466267811106274019900800574085133602 17
1132919101914817238581103597632336215944590686068858174582721066 36
0783247211055398822853111623083077224932071876031428355497239999 09
5438674791190412064095816350306921536539525593982910836444057789 47
6865590642695907855588927801481153129605282973963783052239656879 79
3291341582956231550105619750057478825843506838948027201316800544 92
4176554134155367229678186722629752193572967621597457292998278457 69
9958185701247041065275523470931676021088746201894983099905626803 54
7323919174388035285239451968559022629912340556236681684202614065 94
6016614268981636489632267056714545276155208403199775521811222283 06
9464028275458309078800952553826700117480894400858244223448409014 43
9309950760458749929609291944867872842446552942603550401536630485 72
7845750678903342063754856518026058646545350492315463660672149559 79
2319961283892566068624538219662137909561418094819626802348373704 86
4453909857960411713107012433147227706943816242616077917473589306 04
0322161173190236290108124146346823909101474784534812647369393780 34
5086690201178540922691890721139084273626400840225609527953662226 87
8036310749929518963349372478078424620773854564629746985678187794 64
1332775595949591985874191668447830186688758259850633580953047305 92
6279587882662813566957418566351836629677963353661625690006588345 28
4789326123079425333212093431309861700139402245159398630153300275 88
5744826155520116321655830540110902479913174431860947888944247191 76
5658573938336152938916463157877752069260989922377842721076226754 71
3629677265283382604580315488184291834579056205585231384674868809 87
4757418299514360895275711489696984659133055157182490172640634694 73
8316224845702956882134783218600502197579493279575371401946919871 03
3919215034601174895493500576483118480038321070455100031972994606 26
6908170328465232638024224858174035422985108136931116248203781568 24
0267054026506092762957413003945906744527919799664729933275003238 78
5344552182030969527725411833131949298374542996743450834945692079 45
5833089572194166974255446825338646561066514161947402732330689180 55
4887144239701482488141302433322116028228928803159132754604063931 44
7565045102470784782700310083062398337903505920853878236743848746 90
7159107166138352709755851584349132103501222558659285742960510769 14
6892529022359382791271100717798787378979020601040537927126554260 27
8572353850665444666703866631450870991655715371206920784426287258 03
2345585653143785432590390181683860053275496579257260690379957598 88
1347306888807474475471119322401485057132580064528148510649450621 78
7971736653675812418556178181865092565915089678588385373460069351 49
7669402008541424119586157738199026180199575558106225483616404106 20
7630901758560745738847326450713338575654604173253371130280137894 07

938579364339953362780923121083970023302836469423386202991033137697
450725192819304481060536148898127237275534536451517984386997375729
723447961754122638543250152317808397255726878502256871216813534253
902834781019191542034324259346091331136425107319399433703843238861
375880568271561648549365380237850903934833622482273182074099684532
966420066268037268782026486705782985119284503022158150530356417568
937754210631387943008169086192587428698754675509234944739615670759
250191683691129303774804955199097039823363826364891350584303996481
957236211574077257682336990702374463935429270205346044803831023144
481145913795384749239157294312780741204406080309758729669731071819
844106693340826049698415157716592955194865581648675779423393689882
775900357894212761604704734211672187920488769423319638405449947511
159325479617623938498538240196477081852094864855924228773249668730
030102462610446676908525456097605252767542609722175804231532157673
532907534815364111375640334493764477315701074417762358231865170035
472053759404317824599133598339181781909632989815139125754319138983
372544052815081545703102289680299577227508331211659770422199826896
583246941224511283294989872970025288692782008856127159949775135621
524144621201185726015252469722909151404640753192199281734280327618
599645702580211560174620906358907518617575300004249196720092148567
640159697615970405736942590356827057621726980826125845805961670618
866332840263385648286426103859307490073261464768345904157879793049
982050590432130023886393302978738736196275533218595801266221632584
664077546476579363380854496495709655491946816120511556943910807968
135393846059750067179506310256122479527199604657086253843127219194
520031050931912369479545856122379295846744832208038385192663153238
284507062223554163557520160484585957877279643566407928977315177892
543246016374195165332485486621259981179724635762805617849167583923
257722366843923139046362506364023028317230013785538397844059603568
332684279926654616067211095960638834242950430023363651087339459142
466082468786791422410972599551213534391932339520885700159038044698
266311069545853638464299547406804067960963340089659647612335011815
471822156520259380056259062150272901222426040414726158403427816260
545987338572456371477792160474827443344111296731237676119862978669
863080241795004730990548680786839290099752578360568423252734512493
884646426117437845901765446954096515947087299765071127626661175786
960190328974286263834806460258351836519591472871025416090341710762
667758150465169462544957993828996178666609857273572606855066958690
375723054995572090626217139470396850395236312944870874152476422506
065216697079552830412810868604973922953659243154172599393270748607
956674145938706841232750041669086025761487588798762359367347546293
045968347057818243392374739992499318213776303837529903851510492138
626855948622828980290986040984011665073222899953224056223484778426
908827773333002520957071638789137572836111316150828240586774806128
378099765881224500975070984791439925240141622405328598517840602677
533819228267849527886672456893337594516073195686216856063512035024
630992837418507807604204773843053254838763592412557531636452293163
511786522282328964448319102692474163633999280535309366592617986442
495494884617481328995681373139483095949958112473555488373871125219
033700515468040236778326154424065669062240436357919958919161873198
530482800619742223209883669364708401812321417476276732239473306004
051726285935485411882461399122545993604628969714134165203093502573
559361261145139647646649021062754457374977144715508058882686031359
661575978888082513408417512408423142188759570263961666676842178850
151166502959559786184159605479201785548116465418583113141209127828
459690444808181998063143890380522074970999644592680426847344541557
810334493205950156320196305397621418073990862708480643032178002476
090143977156423120072263543493273799157315518591100652472774851997

1019847797665568944919671648616867079037571706648356280803259648 67
6734045842056865018193702426952536481695581459090936590780768681 24
3863993425655353304650567850655486555712821183817396599836335767 80
3088710405729720638481947048233307935220906084398628018386708952 97
9494559033980397505682344935367837444146988538880452810081360625 58
3295193112119347517762845206651922225273866969263002566560571379 87
4677472263219110395446393846121845585775692692112744696565407157 14
1418197949229614464039021523936521713197016823791016253905630796 28
6769037036699987201010551972758839049026661939716483481149742391 17
3870422714295049803918440920353535056464826470908831627172704391 41
2142384229216009271291236006701029524904826889528581360849432035 38
0413569645159309243382773010698290740036378191072142201091906924 18
7216027755580459326490152150594142335313528627788269126850570087 70
9441767082111178033916132310778845476958923562860626769063681154 80
8619448865059856349824207852248210273557171168286043742793001905 32
4214732698076035933663485592468191202394714809212332841860500625 85
3791085553950069351432572141821734241696582891687104773831105970 50
9981349409693995533517245346454725301945250021970423672563394199 25
9591390300437260389765339723331018927319980366786966546139807538 00
1500749940589639656960444463410488891018772540175813648299270189 89
3187435147571951190164326245651420062310747654521955306220940907 62
2656396770318223285959360902816252306279768529106713880771274641 90
2570560244612378307890264854860064900878587772245828110243449387 06
6147744535679373207145334080832496103686003164871160455763852964 00
0928899056590388078720153816868605784536026239537615843658764131 56
8954201845166804253112509061280575860518512612612637270196042362 19
0166991290755289148425500020316639433680320405711411604237579803 58
5659563124749946956984951358676171716148613421187649219985740236 04
5258155314008760929919647446288133829073216882269131573555149018 42
1727816778521303836603763561290076854453156388109058718069408177 81
9078957451433595938390351399592322158154787478672620334227303779 52
5481013433488701126988252706945729704429254738586395894031625241 81
7680103388373892597828563795133490722566439821360408060769512299 05
4794220774558697799330344439044199973576079750280203525292863656 22
7166375301043481541454332706533916509959467358711349333821669894 85
6705573807822002173120939153007826526128684514242907265999057095 82
5486043035452329996515557814617689528577805366548948592631729111 70
6262038297980160841215931881886962902828715797871793688490402576 69
1969478911970166423079447116300479691660296336654116567141292665 83
8641676558425834662650669041699510798199041563897096165783606780 34
5803858875490439836681107946259228094843989003473574576572212780 20
5076636124247453027283277919753687094602692110264128505204647715 11
3195909759784752009540677372174118439959013507272930599636253552 75
1836512584260472280813050170163645829887952963874735239442289840 41
2742307669265753891912937927022735871589067800740485921648396309 08
3923403988400951287322298306185307149444124552897445431895856118 74
0001809527520962851371172568457262195438787859256273722400118928 59
2109735917744530909913760185710513365526899609798279669130166471 36
4566970732370814846534938788898100994832982220454610020172043612 75
1203153811658299101511869430491144759374415119921482776988466723 90
9198092150851582445610520088718546069873013725536346329956445546 38
7264452326955782438168955311089653134069842041218638500690537990 29
0112965560297304964605482196018497714995871601601863218792857765 55
1482609868891466417867435548639885767216407980993078464470041589 25
2981212008077546940444869022853477093950868213234073387381521176 40
4447604834555293052999589302071650213184557608516378241629071597 94
0866179526322650908706250000978529459880341211082557760720141887 72
7490710128389363243734475532766109946298202924784572795959958669 06

0460001018255384867456565827575071585872968677167511148726521220658930514702981699114593575970624052382042720167609089719364403104714270189011229197278328160211355975632554869999224338850451985828262910381822612265599259159708291978623319316688106297525410684117108625987030714408608388908161734018394521786761691021784000705721511533181834639810904855059841908065379840393196765261825490144962826381313686830190537277629022140822825320503157581449110521496934008005917184288674742328188920822109870751009609422271796061186875231086513054879407303247558551585727129568516671150265857537215249702073566554287480481883816894380929471939249707834269119816210471308309570279144044887529446522288091642693221208914373532634347018941418654987580854438978375427611160482194498573399194641634510588275964150749708686870653330876746855170863672200413355069089822703363808724832477362384276712729982790004723750336569135964850589487117971773589537523517270453298808976870603717168938131149261179907638681757227782503037994810530997141332106791117693908249785759501734734327486335668431549974255543428798138728885884082866555063031169230342624006519246182085129405138410943833830994337323561184083415610952547445426678744153945274380854781574817180554292301725770825421551455231168981598415763033104102486785934451395633720568858890690571190839996979952133448395228759228397786569316970545027552498603759381380065895257056548715399259424999717317167976251830780718006517305152956338263279321271806269594806341649691021116023646432358904772434776651725043701882621158437644226666204751278252351887021789802726728027711822773152103035872642082452898843316831579166649925682161144990342466951532463913570478076852689899848932052533721012467448559451168698251650863150655902335060894613325964758574047430716451021988964666857650930833004568187275724168076705921604355468100929255939564895332950279715672189202732570815062770907173871031323842496009919676665726212488713499205697235869332407381117705573234609021579847223452138277157958034722054025896644153905341213744700508903387153834939078365114580792027210147906297989923573034032499697624060788973218431088244930826619080262204999011285974929556277217464611468993929401059494209733817594382878025044409968753401903886017717012459122767688467571523696552122005772424503653973769690285178582720108433598339845445681784062574904319170877438241040318671414204172036811429895036772565460710501286018318843305902670413591446899968847178334704082914681241547430930099815384258505632760473908768904927932249240953499190341621154460821389836454362734525542137157891521320603765643461287733464232652794907883819238644475577059500911944414225760474872733464246079592462981704641534606513308409571476487155212860865784707352955176812758232095338163731442904741798402689359511383623361903652219368694895392929861056065435057970271551124260864308592728205732038245286337536004053715977663220991349122262298215524644134152945655157701519189869240729862580527069848312895480796254353197417128584257661140282009534969180216778750906409638893891048450466408657503729405221041128000954731966004650043944216848594220901445242927222558490593663824402773328362645030305335399309698777034309071233257624941496016107924287316685263884527512670603005707641095261429896648818120396063873408498555009417321987796675327499620118697725690414469020624776565535065664237591469173330727489154340583008070722148098316774819302173684537002122864915199448086439186071365067385266280290156868007386584826956762542105298641165933869248253833787875213492229698895497703342047861740980716210184415161772214819110043733371169367430877326697308599010371973977949610284291618684127575699139864921142478781435310883070128710377476645242406304328370837731525611944730557552379109846177353129064424104470894516690488069509146073182688

9449278788849309395000099507022903534353921332558947652503280710528
5424124294687830663108279951403992648538194334618029560143112432 85
6484696531717017391253878974666097145394227727410114423938795895 98
7891054566410426814789116268572803599678303987097866634444047449 50
2378053749408916979173853720974707345273979460572492759082492782 58
3350682569083780835456936366817395591500548911712294589342501939 70
2089639872042336081310929952781885040277128738574435470581971449 05
7130415919250755715118568712451386170846137621994813881555082938 84
8375691452590235639700631112601221180043703847770706721578829144 72
5047038571195085880934755063748382935317775380885589411741926329 37
4954300085072224839222875439442262626959819111896956305252790993462
9461536093616354944787917503777137415907062317596724558368532599 84
2155881031625624442765549902532750176313629431277960119164305097 16
9595321129920452717744965463360265153656582884193638793377535522 10
0075233062499389170886030551349824542033286014988225189244497897 13
6543887876073258396869412398388082043346266117220437998133074235 13
6784990845864816666286201110167877285493227258973179629008389380 93
7836886224309281603626918073213564653715350504886916477877918584 27
7379081886131475435737043839641610866845447786051856988364354553 94
1467448836225690758229765668051777774848742973152174071722240899 62
5202713446380289384331452516983638073117992146783653334217478880 59
7728426160203584308289244514390795487419205994670310937677692734 60
0115726354786533037870508825586261691695475273604262765242628038 24
7711129035653109206137550104153516350029477360280304265156068704 45
0345658653273748883138871363601280833913126850405697305826236750 60
6618539761570417421742759409404777662958560993046444536969357131 23
5331390184473101670285366894180350236163261932678725773121497249 82
4508730303420476258522565871384417192798648134969900336823663592 58
8206010751421305993540511823982213935958424212886801556949601316 34
2658839229035170296385493143120268575172092434167716759536738545 95
8915630415154340888500416067053346654082813070083289776148824969 62
8924016042114161510361797779321029713476265799794021546997803877 84
7940159881608521421353530414979434853189195283011575006555852642 36
1877164423608307897345825052329324364026437592459180056329087230 50
7629703648435508696762133108287701771634937764001574077061929099 77
3118327157053720920536540297077678672665327793308599658001092217 36
2389041358427951933508882214543651911343401434280942893214788848 30
7387257704974253324646609483535166578176707446537836480284709692 61
0131864502931229616599437355582029288202344507282771381373531087 38
6815666846805841655395240631511573679215491126324775012652980708 68
6532078718046128679242880775557065292782594194300758842780120959 10
1663775041401431445651609392042139955072749878724457109413555504 50
1572289709470592871547857842375495555306882771627860681824647647 19
9972980036733287720747522653591039754964088642547652414313788619 06
6227139203374830355538284344476445982436340653278136319578083438 99
1840207295633122742404063291136976226856540001062389860478166862 97
7778403127948999170739672306752216295096528789631503782846767916 10
9674558488735934754910866919617224603794332653671753266796427575 94
3996049976680661204001653302850494997286070427542509372077385863 70
0415441026059524493707585003637841381860779567606680646172342950 07
5239776514594329489671900183945085350711525082628454534527375779 69
1224833371923427615820308014628017675628250240714602509716056309 31
7672459307604868824879005384715805207507448203052649668981999402 51
5794942321159027841043254258353371777888992395174636657432613728 51
8110052927573466418481851815699443404088180376875351974066363047 83
3728440558181929943124928206995745614238266530509813446643009698 83
5798899933364824964722667678660948382182006917644779951541006483 14
9509234023132985550207601297659765482514322142772658066657557824 52

114351183573372377304924371425957029585515871156388807799567099240
416783945078541847459790898158041308296754681520346603969878439383
081839237477162789771382844434051340951168427734092176907252476310
892244466478911687943251322200736515345623118550138742152335445030
893885398610146110690748910956635966294815046854675622928941510892
372943193195614918231825611290602583642878172194929175345388235279
936285889636367951806699435539473796067883863943299218278556841255
867799549795461330287862146465157139916591402845873487027052610698
170625680635866012816449797246668164161969879886773684747096351963
496757677241171938898911618410167572490652812301639681693150030825
201489745797388900152682402377798309724004631085064997410591209501
570775841414891805283246730618351409517491370788512597534824769265
004236854623584360159707296182804430916802637005785921511372201216
585722336541374444765941395496439553132516160965801809920877908352
579037577267506223225185883060756932318956337473318071536686998849
863869143703937913796902175096258692842571691290542002081554697777
269088469155248117449993657072604850439508091894328530447493989630
060318518772745821052465577410812254858746139841024552315469728605
615990049197301338745304316023246449926512501704259895981825565238
875877954291090967219088355357772498686136615280495876215441732619
304117924969971423648039456363099307208351692249539620200838815119
183724445227526366889209929576677095667383518896619596160537535008
602323364828721267279457182592717871773248430958282735739819410794
665642841537352097892288900210373172027586642901183835024010382622
694185545174623600553905336844479903780231493500910433515559836118
650126049569602591345769365876222655770632075180259102970974492951
788854202119297169126631041420914010786425238613208134763454729775
317440856732210322546073930167741895602027299203162479753768627807
845971052132685726453736242255319250951861718760134511243376299053
555461959175254804303890441737617913169627434487853115501952536997
807793447126384248899343581917195672961221652053462230855341045461
753516028530353170601408812136373334586374744900712868341362130746
643149919626458766238324794568554952649366465017373025269911908734
889383808220490313999050562754439889044634722325658585987911886688
740806970103202682039916459653939827631397675758675630661191248528
924856994955452747582595838059266980566909315279118773020597897063
137870893388322070950897673353008555615294578493640663912452296012
669596009626249236235435006717356575093246211009787638785940003781
112255481862865919130265466121607498035325602344356367631241181589
646973856150829519318006571541263062289942986318094470882999697782
360083731932759312453730293080319708391679211238220377593869128205
704012577244486157978289703237209824314199521913569339907013764865
723794090189731026773146477049154312463353149231164982846119122320
443297987988654550488550281722412719641296214255244081433833184835
548531648915655594728454941595183299317885179785723333498219716745
220939822794703894830938700688809500950017601865107568261901821225
987911067357657410237188662724699351075758553148758506068892653011
018387189835211172154353512759382643296902223394938045976378558090
731716349568750327089865704509163882052480794235222753568708256026
031828129257727003799185301263523799010619425957035219797869460379
340909076816903937424032942224485649062429240690413555579781762809
939784678087508737889272173505415721686106252435312971752870170021
713892652686261966868712382220018081998105567112872178866928665140
868573073142030260294175800614754339699614454195780173471307453251
846650248739186631226591260156602363786266520161741609131567212837
043023831858011836035956376114402196341988517773587153802798083923
962306959289445028812707711326597922053836475249006386505384673526
547127960139270574253357239928439256682119007592076122827272386085

6213827653499339217228831328929444455418559118523325131830035127913792520760388229329076831775728434767105684327997447620079687854596090230370601547443724261146739763761410250891819342787823041883115567958045412431192103441351490269095501799996042072322609942749361962125944584701579942673840826916807034200373342817358824220480345776191805538441867061092786475446871109042765649096133678966932061865099048116796598605503404920596174158403183736624449878891035047061650009254994233945662165624604863627523675719584621270971010358678373762859455190356948078418442046116427432686078748084405425187122732222002621434798954295282674932403815009818480465700784161918386349257477692646056917675531836754822789203318027266531093127116436793381962280095954133047870684275861578398159667863531221264910741628340363758489867323878266137690359301362324296156031166345795033480696041468095999851416733156416636610638135933370291055809518610025965969335853813370266720930385742574216786429063642546277737124516142500896386538595275801322289186537906079328441153123957194433305971116746266490238943266717961130794582310441191900797838817152230006700944002400638759226943622851083989082522875583396750453543274241265645394801066480187933702647796786435630154195928502562439369802444070041489810128503847612557665321967998949975116516655256803543642604731499806941576711495717908706191447997252271479529327963073535876112075829068056459270752877176117312662945676036633571335348362257492316090884997339500082390802270834018442186023971562268946975901121116417635281961788002013550898606998035550395507696017523557173491367658050366348098917662374727779443889209867951693893615953250815761042649807718788583191666025875455855802071249602035690143602411606765094417511639955251176046355458354558683733327378353855866576517556532384665889863983862957934979865807839120288373221654180551015045183910468920950564429261871307271889759719852246213142951936737845472512841913917280843195020814872144868180912262141950796248583678725120084959052492536635255753971301282522666319312674727117087401687401981820530095690121079949369324046386341005226062833597847775099361974110216099153341241745632227291428984531546044679324631658508205990084443044529235683561305958572769849765100357637380948890437898149713389441121553404782853834102515862734522092981378958015125267959050168838110797793737852314075453642383267753725911397231685879268790411956752555832558943262474631695959323793280773972152341316510233269555100425671347816568789443259010203076129931870611713111472446847380987616613298215895237336732356716715456141755516238807971200015234531119945417833872460867591965315696494597543435262414717377027351623521869084588169433264954360963069032786367827217343378723421220127791453073615284429176459375754527665511736166249377625834123266947038661801099526416141446943686665541214653557251088231326044430205947829570646964208405066397206393173650735131730038804452622596036548486365969426951483721919405374886648224695513800141661753441310943976696304892594972320831753099626143078452993318016508452080323635826442101627431013661298558705422918469185853580002596570936106888670740836870849076125799471641309963888597728060572543836777759459494879039592655876319211032276505838730439987043541540772170815337122816972534708480460678481530339827425354606736133106255364807823517193731976382923197606879318639973939709329235846525925254878475606695873672602507496468659320534760333026702258789399715593846707346382221087165431159871108323635901506917046254335142205615002339931636212269316141645163467224870089085755978428672090870503505953911028556125649913517596449387846853627188016450215023465660857544006212932808424563547806671370456568519259335922474643444968138939640957288030077415667409023826142450163971489926715058806214047363887717765209161252

774301134751954522037490896163122104904353465180190009099352151964
047145886477356021465122479417805900423518207667965078580026385108
261666788485589507491586451266193098383058348262969071317067310717
197280807768484805796587544413799294491070474718297280178725901703
403330009230392538061041675484669889573135068038686174263992443690
005077832346982406924270331223442533816869554568542413174368857672
121852339245514519543662928877490400439455946655074084270251388154
225801277993624948276125530109575941070155752457017401978850976999
525956172086894340915972589634928359294917641877073511887557335239
097533861390461174419754910858237894535948817340978863945061700922
735583569004058562272378064911621799257526358767717337825450819281
108102159023883118495295970302890454635523927760376697180464550093
663893952712937566183649877213557432275835211796176974028937456777
117102096019708609988891974822781834064514963240191341985954666751
863043821782298053647680859641348784882765133590607031616600807385
645023674086326510479565555523905693241365906176731915774394061383
800816228694214783660581227966013786881036422393449289901558277560
476721452887526965184984097572531141269697999683583131116362301667
967637406820847352207648198751988229863052801822887374008463358398
398351191797700578244819958671237440728854255425882067330386593512
348849979702623134280932584612061873144905739334295261855568315864
723465082335631116899039298074623730185896175127462011024135025301
650473598739129966877316578879331468114620930068822230887206158330
968583647938117175872322118804407563604562665101608344367723134148
461871266939435580944729922205809540034174771169249485722497611316
668715094906013042427878611700218095472391317944418416770245763014
022975018319380448844816047770140408137418939545475965527353961460
351911339301223133299133292565079896523080905985857406951069192032
793347339726614955417056166160815429521787924208501892615890842770
899908154102051635179645981575455968806942601800130355785547027159
876006807331451816194078367221223851733177317836585699996221593848
758839224899291106871277741693137472569565133430063065227379245510
562669218808078118325867313696011209077146657944366288330014408158
630986317264190633304404450805822811281548891619832293273181879995
885127378387293850969905006909581505599686237771294231761972940408
139418136027240514820820737951363148433542279393342776536861035254
077258399965486187460681108544159937826344218383938448584852903530
456971510991250442313825249252954008960027765387386635741563882743
141102359953392227466142808950302357630184738996956968785796476148
133852746260001728400766103533599700110742958861790934485688238614
022120262810098784194778556695767060208297297284932172835947885074
785626883541396045205032733900115976899759234882378960037047435094
401262181010948157151330500526967347505159579302414192467718837799
078970967419856206206033657762606620039347514589512123138896768052
158583214858756210049398274337792910008563459608478727443346055618
482163033872291055643309346721926478665631468981442003818721109343
897389863038172129579092991127430767197772915783767485462892852180
820396714378507933637369500772766426675585419995885697258889417188
547324570412654538727929383555423041284137013213116316861676495031
820781233528078670360575316926111114131927428779044645590745310830
304595611994778892976495070646397168145146294531242943635554886863
612488265612400644093270462720991938024993538960597443351284906593
630428301040581746061232043944596786199437588182107887055290972403
150885180446976720704932193264273274749474657352706314008460022706
069559676968769935816122080876142890824382822508271626545101507650
711225487767831271048985812589031480801153234822354857562501636134
324445755489708401852562487855841161559062915706400186193826787191
714542297842701318556353007592339174371504225236871430802869738972

306594087472615583200288560564305436754730126975992391214093078205
163473056839443576608050549539129145864564189519842126675570326140
401652646471819168255617805000436626398681263260515677037375763228
255723722403373265634399261010727774913476271761697800242024174542
196335423683421089982050983996930900966833517291556051800329123750
279741383363465570545278348537476157707297860282642316989566162153
641506119169118695850763008877398413314433235221610864807537627562
795357326192768075059179197538220805055360859214370642558820407949
945680532099845216195290348747172915878804337898027199175755284124
951645538973669036679774585106049237316474933485138913107670478168
931509280056525080740033602625587974658733895886504554910594418711
510789894764277239141320085902731348230514711471086256844244305561
264573131797594669083041340349698418952641280813039237953542339551
451643685832971767270338799660705027538088446666132495208470595623
603513288763569283104042351423073689830225761893982210451471164975
086495793133102305164007027404187229255253125550507519626309014190
428815837860801872268853303342603241887419947430948709809007796896
221521278204036387184986911556892852678851436920811198966991991759
394422276598585296073161102727719303922875037352767460313649872860
148590878010890276964810178419250513768363944327798589783499670751
064591608079978149867462129594299294951034556123952851899664838931
513416634256253872290420785700310050576672387824994229304331876293
310759921633410348818530789457862130438446990225971510953784248396
404519561395264994091054193480278333814105054975038632521344166525
325783462410543137242051343656100709750264749750601879329897004952
635108038488001221708113442311592330182506552329000805329609505296
747617827764990338046492756424607844006224775102298409044645760882
840084383965375725163309086936595011316680590317606539941304678318
604500629809546411793222760643945450974640311900040461013636375665
251476339220564085394881156566515641449954699979896155170851923896
417350486164401960282283702310531954944557157779195675885975303666
098822024968864962402373769741490896227826267171647090545458964342
513581072155099312787001810947933780019428811697138455978130343759
117449830503972720050883851002048645276691759729131715166904145869
909482996397885788471241582151819151311936465926550224699522520658
612371086170777529724800962855738111726435043977239915913533372794
371214939748639792624792457463092688060161268332810801373076067896
388530352476247957729623303632060797531311700321563157739611414172
670968457919889678233174980250090409276983988948694658406197088371
187171626789505980379928186879083596767443867394110895371969861829
767384589543924411217443260728143441568333778396580093324162653119
758863863145759699162822606077903337395378068615499543343966625340
413723933605837613571366314849602284656753473188333959769406024258
503338228269671602514882648376703139366150304655694403590997958808
653064775272076181214153941068185531517358800563179789508106998207
123263571467145311627582525008062009835302998598765345615877265590
577677705235068007347211604498064883912344314969945662968838109923
179375961515198326501205987814416179328900586332095639044967327409
677561565792169512569575734306501117727944676997548463963676474095
197874698574050025666304304969303782864673088907406762172081629100
092708410880219803664690320066048982952654419736165080870899913997
268065256227964180494645415644876701280058394443003877713557078046
564329913218706063220815142750622404635739633230334171292053079551
861594221891341743934642698600396304005080020428704157295937353099
577166776152516245240929006876484094452448708296372347946634083467
678892429045159840508607169534168927276857026100718961752877525160
511457579234875828968827250058296434832572501948870491673293274144
146938616110082120730148945094220915611353196601506009515300421518

796800500925670277461697526917366335884789531048751627925415229157
364741848801293707600826420065741850241704070543171728758494534967
559692560581068000917355323392465539765805611506266857145888623136
877825027075077938929852212898376757339444061238960194625480149686
695371667569202794500414657284567068530994311959103987237024927090
104353255259805011571212263284707450745903405964385528208729191184
983955166804404872154753233912561994593028105975250334168546567651
849453998885243277578350372083477741274638187405458639292544711505
554322799818208681879698647010465613411868005396513134672323812494
414047414596471311007233355202812338522140507238615369316608946059
307567586266790750537016110407034090926282674887750285975237510238
545267796205530602752777436781940577953384076593719123390416122993
896587754050420933165780695965341258929276900210583534723405610651
455542932009170745043947019956698366277022470228830426650690455121
943837056846708382357301181632285434001843049497985826217684156199
179199351241530949158010079374774040392763688826938414993758057175
171344755815931032745774187576371187757132246892272242493377771139
575584843469314320561935228175997645633844635236679326941663652938
292994731554160262278104340459712825822426701976096925423356800253
834894656311249517014689940046400911880740870773299643030944043581
834084141758018478995026247389569075478192665221993496740541728819
110503325279002158545943175734588732769586397741338302654225157488
127285818892732849776969110852593856521723918404258258231447031064
760464814502022210286533308656374402259588047132186945014436681753
853073158920051906575480158234491548443177708176712520461196493945
018862567637414537686456006014215126129242464596730642846488510497
611191884672049866454759999268017756643379003400568470375447562878
249348984087140077023629650417075010454030069683112353172934030263
172213170861762029604344548209543486763695249394153847667538095773
551214637499080503829564670902052304673985564355823807120013405179
535817759266117929746014869213202630600393179956484944444731611937
253694206234756374504782675939732127033728057813431266211173872224
928063336398345193036803892593096889952092520352785719809923805762
361228496065232769709707647903913942314021333686903948086876847433
080122688699462034708237163097247047250281060331416470144741205421
382403081283471910093086202697490915360722527512865977495195070144
683595703426614602530281533848272776449790077688980744583010805807
625802826525398467121849904439425891880218806297599563142816384851
120947134995242272909662562131057200278602521302716524357302013219
950531711204193338562432181159685353143642809886601095854368526010
852934463784118853718262721650745414154290924125763428168346424803
581833399866073577309409498606570661584407016735064684551083448304
103407143306886135064816123133500844233624141744252203847162068581
577800344074422408997737952507722722425221632527079828648342393603
199360077015781454854997327914957152420477718325986255747117217600
047591868613465766800747913882388825260595036961456375550948364552
494331849375795834470825651120297713054890598588936049041984366155
680280639101693150794123984426141463145272074906342167466656220820
733874054410275552773264257266626032543414164518064646201359107463
690481409139488173491501909058878658865756080546331911539579519922
691510175261135535365480449153805235243092095683913392366418602184
865740565313865858918038882901004954410539504281908521709568970985
222660491497703442563415201133543595601620804833457056785828475182
886943264572847094155070663900420218474284148150729321142555253848
768239840596403694675585587065077805288811843705437076685394020436
679087947275769976742717439082411422515170231955326014929205324852
331644303361410581348081211878445401680049841863719537750791225098
168839594398437434905009276907430497219732166826907868189429886554

3260393479960279152866631674245204993576832197598296140906096002770
5007541161182341365951954364768265974353872503433557560760309426645
9371768443525658456189413304362658549333964488136678141899403537810
2518636180986143109380468608423894176571709198375302735294605318210
7748498067641007278068935394877856208076607646288643497578138491670
5496948013336164585535923421874443904872822023274827900043809743720
2240905566579827925407920182719176407315686878899086982344333242980
4617134807794157926078943786937879321819276238320885621982562620530
7061570533650998666043733527800430297853858257772582081434930689500
9974690284212321480543625214410992658451320869835695037934121927870
7015483766846258848514803532821005762259531238439549984559771836610
7746969487713373602949024320140089369543524642846703906282961292530
3317560905458015241533626970463341560947714703878331140804553272020
6698516916550545808852623472270091856838115291325160755751473298310
0481745116901185447389050027079662813573733289152194735131715071420
1181962239506403606625079376610114109097571987519506279076719920840
1561838312623278705367794958720934808531033700370796769814433398650
3194730055395503613737169035404412274418482508972554341132914140990
2101050279406078134345274545748910397870395925576771973032662920580
5002184124305611014711726658858875858110980136224271917836015056300
0845061260958035114622186897039265600676775227127811508691824093120
6398323889514330730920806181836705332722219967122138243924941338450
0308553742913951006061214064015277299204721624746906019968753616120
9309594435319670213870262242747134252951983464115021525852171907330
4352876050896948985966187372464714844575400426321116913066108000750
9019927685277231229433845375373445561927073184207700352518881985100
0009105886970246361413394637364036291676485024313959222610891431240
5843108024918533766365473795428101980063946754916567388220937206790
5502245397495279360432187604167371252941868904167875605071581918460
2839749951776189847012014172849225316599764249139615534630455967370
0036698271392447461722405377563884525060573831172206330995224613820
7515438426248418305454616142397679580757579289295535823158379105990
8810001363558358025381930496087484840623244213019673128572797569630
8089158911415106268293671325339044322044393512256271342583571937580
0755554709952805865092748914856061501490586722186301814539552715430
3774411574843014604542104723710659093745894556018507470655512504960
2079763495262962858574191061198684337435959902767513512428421627870
3827040736179018226421161905654523559821346500984434684749893425510
9419061256853947121550938357783997339853597992080440914014013019690
2058848162416577920743850616592988429542875926765325764612786581360
5386930230643249514872291568341948933977325772383110186072859921380
2743995531670717977869463102412096562992515636907070979765746223020
2481118369933795400372890400355281383879166964514630501744667830260
7733915658485131337332213455591201694281994463558691199010467025720
4886303914313189269027234278807655956714355081008523328736761888330
1433062584028544613817909164915113898688610204244109694930399461880
1564346922592382271542373255618657637319111383935082984473757876300
9088819066974875034626160773620105614764919585888952617573029866000
0284492088330986935638966693573658315432198051146302918030353282390
1251226514579604511291362048141607426348368904872534774146049792890
6866547180431109637020693661800381564926460176322823546752577251000
6348108332460496397458189485625071592798514006882345658766432861690
6499447028761727860740162787937600313403053653720016336106731197350
4021657427455266137724641467970163423221094839273520539921618466840
4316578051485787487389956117356157422927107997893783041174634233170
2312368706298879939563796932343814093077303166738558758336589487920
1922929917029253219531310631375169956489555627920773263344399560690
9134012345566186600272386440912957768174567455620426969663979149240

854631761555583478849112031329808109382020016670821426195383939135
1949433245587415772583694811634921404847335467048525276266990959144
4485709083160423866343355234799524193321743127082642757150153738114
4470464896147792343239188365976041732760691839647606786632267492914
9332316113187767391913271315644913056937058551533950582292262979363
6928009889012737440110729913075848391948372516387525152681209356150
5068966128156527850437743856737065968657129040745040213967864098050
0162871632426642267337613821529562365220402118843091692449620167030
9837724022900775191199017338872565494516702488423144667330169795640
9313895385861239811166830825720223337246985737787251767301674688520
7011564277582005939357098122586901258892772753477512459695452503890
8261166802128775738056368563156444219945818740281065680175318556450
6529558228861695528627420028196403061439105900321537979539693021850
1942326880794685279140725877194846904117641691522747211068243909650
8349368174072439125672601413920553750443877850971869061283089542140
4509045453485238152261213609136327962561871364143164942213935544220
0600533827345153079867230668801356293013165017655537704716300915060
2479212373919370575413872603778440942173025911250492386154938190070
0397322698270844593309383716314806112834117948631308461995943078960
8496411168708433793344057007952647802553242998827021223958907157260
2154491883119891179649225568725795187376437265210419618862359708070
6370825191601974822344820994433323650040151033080334509873420821270
9214120042048018050107979856172321647350440136981148554105881197260
0873953942549086287378390374680988320817221479683074313026938154360
3684537845761557520199479117741233670859357176920959284028880000620
9172087162737977415351295805029709944241913807628723085063578557020
2002901343270927772987375157616624748404739285155086316421530282080
3526501557563119590836823073403043927151810500275265003370868949840
2881323568496500724939884740105694734338056373384023824360725388730
3091113738840764500037734478470910018648045541171100256140540878360
9928869527413926193790851385229297895810628398059044992413872737630
9857194829128448347659740140414325981885024539106705917683246226940
8397361157181489852877065023792132178926953611637930446467710253990
1656844314443202029811685936616659255206559795684826916762997773400
3173737803087482081178487672545868373342463345241994141078015369210
2415987783399746699739542951868182009064969761036782152809895298760
0699571035690960283710085997898989463348720957080217923366574870710
4677736736097246399221575321940236988042560150000758404117573195740
9841674033303526039480973788565390288665909901358403196480373293890
8604594203986896616222754894365507600023458141070896150939469264520
7739423511469401112771914913692543785853948352726485755216020872040
8124916910185271799518375607328442667718476795407111621801535398790
1824774981618583564645228030863239977138499283592092705553078665150
5645276895916218692034701564555734028766926384132577036016059645960
9040322551231020295599709891641809071291457489862443029770711389410
4628364848487157678567794878143125124329355024768726846894693387890
3096861937217245242168739271859503264117183198135708927075601079290
9185145627502866219243697984178114140454031960916424784392143902780
3386837264171155494396304194058880675238187742910855178800207881170
6791477877311363880277285669694011827275547502000935927404948376910
9641741747437643099358828114902415856717211865451819540327446308500
8490018672136527178874236275133685438258435726097657633985935364870
9062020368888102701585005808302800529052500592040995400955993382810
5605515780805692775037640593242285382169458924730837269334803451550
4408908180300009713590313876036950646295255811932331910420173976960
8511078545102058841174742956674264086276222606677216076333832609244
3117163266104428145958606250699868607477542904124446463286078462790
2080416316171887736540720514693121214325169234294535433247282417290

604332479029063540574426435510165761886887575528924905830732266885
794063610726347131451280390967940936849793368148757132986978132119
247305994960140277818648319506098399949029248482264519690766949366
809185292465402548007721990891772919609315660548678027148447837660
439060031471464522967233738210187250391731552458699554238861364979
298934057309118689822968756922198783526788848165620121799323557181
193394789972941131625038237716074760122507890913913600736981616449
615507711562475184867186427418752220983699262511079458767442710260
549101837714149395384601730899334493604769733019287791380270313507
073210981882099042177479582446759902008357116817844883047873914753
449351938140117520881370598439846549557055010189474633178513544780
605002453222898695956109812744537200340506843316195198363031817037
478986266327072440653794392777506117384377391003701560450854244171
829462232309874159926137923103063979751962906214954936751493482955
342557326734057366254563878208772478017012519108061380763294191048
376862061550399017105775493794371981498602274574327687358665472119
372473648368884738636955047230458616875778992624179919242888086846
632765621548945377584642693660170549041069679139658565047231426979
266889208569296287842331651540087970794840446062660205914207157264
149118427257725445185179225229922899892552417931329556162933387610
416084919966631744230877940588735083947873072830991697739834979436
847746344801579069104208387495354926175917185412293597518990089222
621721914459306788619760356221881278063881322456355560680694152552
978974969052102555871166688039462531658155902647017179900039902483
340191847418611177914250879578322003743133899943887879017493217832
857091362259345239879921194135829648604238718240674170986228121901
857333681568570323594309199084131003274241630856070401839676454219
756598215258342288679649061753328803833759251880213557889351191633
363591256530761963446885955556790319313426753383306631643406076972
503374612045657857542749445605773180947349044636421152998533043536
983846609846137669343084617000549083610123916548740215520180743832
046374678390499993518567810792289725874690367749579133853503513360
755073213256002919103155131072831771162507725515312573049623272208
602252146484022028427985932928366887990771408192398837850356220529
453361568028203753139540331764315894056325311235868239472892104281
477709045295704912875935241205135868760328451425827346944885456431
933445606103927719582129219413108746666766592457491385391579446355
239886906767996953556594034008392663094891563705155183329394000503
226417088488994601744966590766868472286681018342347335807481678608
256992636145794143415773796972761953625148160475046445713935285259
217578395278564412027696318595151992537064738543750734841980458523
109952456640263945256711483053596867831113800408161923406923403260
989704104568037934836010544929206927313239109289489416122528772541
725880715769800290232769299265396722223125954237897818796172973692
312698629041329406930477926903407960859369695530828706334988535898
063170379065510234555035981104722630784324378875026808665286661970
123584310754871934469961351102465382307632638598946857435306560582
753001735912983069515639541943378121211180440701536153143845798731
666720361840466592291400072861570470923183888837125901137751101546
728156831261731358454449555693404016062515912214452026304007316786
242123473984156636061570022957579512596067890949180714872199201151
338603342012490334326901903152471111177053767490379250704771080007
807243797219997486780512705438658097738366084557141592231311250769
943850574957208447061617646428970167342485313072653113141132969224
499732589869379336205382310430468811672702967817935315147925262277
150873178413472011750829199181400243851651872933219223671393302183
937180182843192346206861224877124816144643726238466722738716927043
432266762821335957208657592529933570469301671377062937231618402812

81466540339392997647994508355635293134044814997460821573143678277 0
6020903620002365614794817961669533898203303643151976058938824031 31
0458646245390394575637688705927941914463513165656385303413805511 60
7383011523496501602628983311752665408951427645487394364290003104 64
9756341864670633839370264043271999344450176536211941839809140543 54
3120466110710229491479572822300488815098928800520298222195603137 15
5531918072367580873515739494158638634659242649298271246874287378 87
1072117796093428528221850751761203163287865050956785978469694397 06
6857436394417334190563835044072943862175261006067399446571445256 50
8218511081123473497709235330607315603438336668128028972835529497 83
4686120793065366622984886844589730236869505731807170927104880209 36
9886005259423468558242146632371483603347088790508346751416318599 78
7318213771136093379679226713048084006357127404476190169902128050 36
2495514649375628572555347220155291627360048420717450788079507618 45
9136069577882486187479496027948214683255363696480557947519580422 65
9618175754553725757800638500788289428801540451472866450769363642 92
6165614640923760991944230253071776066476460974890130071283206700 95
8344414867959642884426565334806269850089001435859793432049547007 39
7901976240218318645022518735576819538466957130700628882926375616 03
2787642159655931252924924221613295745040653822016726239861866164 85
8143429888315192031590579600733663059264478017682428057937751925 49
9116138740816555196180080619144877294851166256997724515082137146 32
8190365180877334737532213901795694554698558946099509944819766231 60
5827389739243085310494440787084726990640317835935290461384822406 08
1401306739211940359265892291196901683043436227971530484459807315 90
3713539908523055541358503033059942630753008447497312132922813900 41
4937292573158103903671573439298137236609677070372399756471131383 65
0360610405488716098619039618499361053903230560359089527165216882 44
1207600029377720542005493450599593284765791445138948041792035850 85
2529938744500649077050320426246039291347918605296418151407354308 34
5877036201626136356475367166760597478008590314293613337929331917 50
0848550960438971811040988775200492122237069558581249625713314476 06
6506933678827688873103244542439828907735107267733266784393233220 19
2621936564466322054855219636285988698212459059484145389835524317 19
3424912990061814639592356382859406169029756476311262291466746536 62
6582357583297221661709968921215263224954097253009276090968909298 15
3985477810475460397048056409701943861124378321613301721735201695 38
6677893805184729999611330175309536392020079729438433442713241962 98
0107195951189408020760785422475347076597267957086043738013371561 48
4930232571019813287494389614948548783732970942781633625443633308 26
9399055796881049489203758750785453764050536575757195557194024139 21
0826876090887690522636865403018708227018835475847239992289403407 90
7951367963796350726344224554191280957705903158772555892207789691 11
1868653692807238302403892362710498072888312875535071751133424809 69
2876972015866751891421714342557639048959469858075006092798100439 09
2494524081766250952741727415601614543159451852217185574955268475 27
7271673891390290147202350598954961574173169890428553994402830278 38
3776236501085909369192015402769486814408826839215934253185968629 68
8677073556817836034197051841911679193966183372970001938229801502 72
4830835080109717730911105870894894672305428927151182464154409106 64
5329532393545051930527899093172811499649272530603470215987196134 56
5002063107133613651786165441649703573682097625837494386303922487 73
4357175596671101166931279192046208898287538871071536313688155466 79
5901553145462365337277109419292748404169131454197001775401916619 41
9279523260188825373033775233601219617116125553889783561767083773 87
8526075631342058656819701929804205050345095013583730270205832447 06
9646396922369063859331108112201396771000674772455361451739824657 87
3343641455185212468580407288018781059764871776307978933254645800 93

215613548419484217791755933093578596719469919505619129316799344119
459729424346000102857975899404969436566619097579329566805424670138
374499909488656972175297862499944403863256488733167600407677690717
691102171332461667136933577677517966874823798119741641389329665109
832191318891230612883213061753473064594326312369021942487650442656
800640372373565200124319482373191116415861199401623456107055588036
662603162216687847134896499772571443635703187500753298600633308289
970512791458197779206078069420505494926820444046342562971575340949
274355797251601572079797266070199691870098612224188969224783312230
698835193026800133351582348097469113783697448676320781546648812639
240828418651602491495497986442720986605182035717645689499356020430
710489295815865063951917305638559382217514301314348075986693326504
874799038056468350956561639841602315510479659885931684745229784532
711563022567963824580570873833598486159426999235303174720562022037
261527089760668460260887447119518675285250056178297288871967524660
489541310791051300257310392626908884742371565183099163546737457239
943835000925165391918101842370641827844631996490552888569939325282
656262824286907604695912293388882636789052588962979926004365835129
285916601681627115850385950992004502382880525787160799914857795117
410714587892789285944554229757489266391490606122559018467424204898
306960326099241605373198039930958031845874187561196551694103025884
274613267715286041675625997166890091974462057078876061938247144306
820078699951582186915234809462059947336728416187438018376244684311
462271997183540419908572126700675220557081779080207642238770083023
145963243769724843022813747480149945967829765245111647562844948882
391126580223207233939672487353483796834709037217278071821993045796
170874846683226075483119464636316295504614289181870344025516066109
960439682279760085105109039362910919942119388266551364311045937739
823375470223489709893823833496062224144588181571744869858007680176
809831354488908073098010459829884067101286138185559779131126585794
627976344020932540464256523214487854998370452126786486295967723599
386702875890628269927949214888088902597529717747890672029936712367
876345198659570801187477179864845108982519553391404526404027575286
220156098390974367883923433686902937949023880629769925569202312504
277051089435097832023702609078772210288838691730652029707426870592
354303768898474913311508457272408927276852932025683038229026985498
309266427981696215482643789646128368380420732092446348106248237628
678481958108547337889172165033709317162300827835446095355000157087
325853718296069755081704358349922043478239737270858232696362370176
097674845003041090604011687748131236415722492541367350659699997435
146831130004790437633894683811507504479836224977568918706331215982
573656934306098101058107512832028464444446692258358776454107654245
446160237778278842301432414837607752722866645863176868757284362034
638726464703378104558038408699001847001329490672016291067320866560
152720035703770087723639337084619152832048823114035058253541286718
497691898740183701119711247408166154018970145776023023745038112311
099710264661414041857261089563696058312446625103344217698695531230
691835330056188518487114675653747128425378375360270025404781526769
638680028149067082684714366270449383420886829795605591530914319592
305379389709091235016831752315693892208172366779477179713627192414
555888086019038040749460151095181573219926316308153672778639533398
265037693509319621749307103605468274638519238401085893804821537960
570375541363419453179102144027724400228595051052507885300563625487
962039630514167505389028154839893826056184605969254309230501184482
024440573533399486462324698616427152552041418394545883390645070021
120281626903764372367863270923848083570492855665422565700417166434
679427056693169465903559002500981102046159970692226960430393134150
112385202084330783492768521280232291152519737913751743284056717195

786548200968348394935498706334104510911558023997896555372867167199
806356218822908985971359456599565839007199084113529007032127984868
173787637691975015965034762104926792800297988281614426247045499318
735873796114461220750417737680384233088995124892738217191170599517
713453429945729725215214038343046073402932129297183599023367167551
902048367988934857854281307409171121274913518896650388059503648866
001930517747973772006038594794431466501041077192351722447258169876
135731553947360636102260817195494774873346575307697623829299706659
381130355666982838308327669547610966886531811220411325508888982062
797980648030112172279233418196079841299972072008841839387221139034
724731085153277483669837824867965448539605467332451782821837371290
684884322609750319063553017941264823895351147387863995054860224600
033576913603183825695223930439416276778650226367159054260821794162
606278653413781787284203815659300744636406739896675492687649395718
490313212113656202390261522984062873095648128169303501869685037131
095472329376747222478572964170819858940521696598105253378892335031
987258494889372864076832966453384003413973368465664299812962074532
556516610754825373816739692277169563653668258137853929592804863934
624068004561289736777656499264445275561622239943174891109978681413
003408786160964068909193446601068578173996496691929407151979770619
673556327808303748676242818953299379935017437703304126784639410742
390000407519860591815646594775860969999412559689622869881578902426 5
778977792045289457268597880151203918786449716049993622264612495868
772143477181778272154033157908743833318094502935381915728145418326
821124819723259721432234940262895469574762101080787425847657147801
608833404962554650632414744423711596789923705898277665685897719457
925992692904083389327233247930254203274120827944369363547913979579
720396366395782104958416314403965424093860475283325924343500781306
594917949907703881670567144856475901470819362884606343870830873013
999253725298366891041033135943943477132545251112552111092798727785
951382708916366590952074170927525129902620455410308034810322700046
208199313497741033969935705200813490694208037872203790464382890249
902401221380463397980242182106839346850884930167918289662130425493
338799654874386109320851491053327587732269026724129296625673645906
875591489631205017424394526389397902442323703264903596852578213780
965150454498931866068559097566323944226182229519656421572541809032
099804496613813953120985347967114699342694938245149667475159852900
475180527661226007197757224967081515058039143461824012521809293563
442697690775936654520908202506027804671493363267787205816815970250
481840076454284365495003371942335655317061100284423030042053052952
933086763760286456546110382753741547484910093128725956442056976109
993020881040353186694892623960995356572233574757431587861845904831
966429563222726105271648198398546337943708365729640939488820397486
960694333315145791639720748072343344270697628656850889473094981597
190683110612001028675230952011106399785970418819427843873191795483
746036719035569303839940154837381862624892618158175467230946628362
055651216917470327887284570315345444858522369606979868892249345328
209693435676167926010847238262589759905263792325916415032763625594
607746274170433254493457444889477216876271827727072947967992940703
725682106129508999370246217199889894467876686273457941352264033498
177530833993906702966521338034698372728905324760066193925458206592
897014152612950727426292279324657917043837162693207536501119601557
525946940619181818487377713426834444240529306600573344588869058880
393177484511774102397358775282284385958672028239874374352959211556
243224389289630027291056872887268161611773035695272316977436959291
424844621189894575011690312957425148284517441987133717486576746353
974745761595416087815219493803821906317197854636480687724886181039
189448975073053855804909207963214830893523184803790906668134527178

233532246612521949926765291427590890922621175108174670500059568093
135195284008043900757261786657751257452884330535531748414291753374
248775094899335437358359554578827060373973912922693703012439656897
123773945167318596704193173930742310205394492793725566951434978805
545703305908340113045524208837745301823471483685405703839803008349
014666157562782972454384494736538947399853428754328227478538137311
632469929383670295832152967629316901577016376459707311545568276634
901948250420327162355437616062896101031778920813007133134968338654
865407252699942438188746548272867272278105469899924363853838917100
915927170823049066727659616237816864044108587574547936667543859698
670955474999659120236471863025134234286603123083288725426148465049
133391408455713489742121332627956375141588593834370232883676361427
210910916326438119930711805813705320521818716890340408422833149561
397141000910171509937355016250498698021280775524186200458708968444
383063445989495551440098765192200443482688701270198303940692242853
914434437692525690603785633163635916959756362855116855631624525027
754537619629428904366194589680239185158067914386065545763066653855
089791671967227739752076358291905766479671803885645388188660350645
431683355124532052382832782772109259629794743650827334190694841174
771358669416235515154189766502736524377829273750109051093082586789
846241868494722187945092867305656472937265721055693249737530172030
034298462939903576040553269480197521260030669803843503995362245864
967571735364486622960867665022114761971906683670007878619525727724
960774953015827040191563034896276315535912935217020929815099957118
97771246908544676144850835054133397848261343953149537191502413214
925257011457627010326835919788551641036147376475962509762230288111
889540471348042461791153854163232840054371084642690950362186833728
775644555584451321260709365088896899626104066097271490158259265168
477635062365733527671953832978920009067298565323545222748165410194
800740749839188230279326391449423695735288995277041099533947552827
010819433573369718431950816575181773136178920372220046232022502571
019599757952402244477732146208376008348553877306273902091886835251
019639767078418503278393034561640141876545693800041666721878598301
833249780430668413708789977806097087513122453733179210477653219632
269292062444118602403823939582693848769438647992158275076780160750
653635601924781632884895067393170475081966462719511896879259504855
981422537353491882022522322545270640311004505864934019626832439967
502709419772579999621126315498180662935407155836102749719065184274
065659372545125747421356527406125514208736831953589153401830056437
614755600059018875594324899873423544185362988977246414291129851849
531060905307036852909517474704662175927821270284427202763242218865
003628293273448127781908247371971787331228262452933903310566123136
943767215970190562786251023149650838505178495474625792863354846764
750561938956048712724763153542713060257324619707305889144995762866
108051940160877383993594759687934206306164976101628938474378762708
398093652868909362413539742230974044012337734528350622583007681949
535057372712472914630242934201182055942858754096729982477433299525
328938891028826238500291868606622306007695414534401415437802743546
527798112480595010881568865390958105517925178926168594761989018512
885485330019719136580509343086513733915671442531069334558535936906
805731112135220901489843226163964326307761140249595727575518017958
941940131977457342289223309973919624542378153163739920532476645534
806101436730683257957605166743647366202346212054883257962067779465
896153466662849622512559988373663561545738099423982234139778573181
185266945092193334002783956605221904343907952187695286295362583451
142883374188013897668334834519923543727595099724884754998534821287
541602121420007167425273228186584713024374038012472127577155173543
806869321781709846930477213869343623935185177209438091902476791912

350163419749830019434925143922732839989527528454309800613975570079
141708167825793398258034505303504355997163018455281682926422796379
517399826256972139310348886952365033887672353459179213883115787976
624404445856862661187618660778544234578255621751391515121750699702
826712148235376167533902997247943869400984398033723926082575914971
225249699909162516822418830277064831538112236871275612260858402325
217728238991975461696687100468066683951394054683014706632437280971
730852617500405405846357996438713060250466532450985137113504784066
696740812062280849524708273677848967506686806656952046159359064032
782602281023655208379777490999881339305724930668665438786938362894
312535175161385304765696084834268921637953176445418916273051752216
789720804110223722838862096566304326937505381260580743571556442520
301536065982737244631942002726368400072903913523216097806820898002
503971154135638074184333838437755945688993432757328763589953934333
013215225900120838600512520109318668826735672604998799535122658646
076878454488418338341366254221969714632518921172825009741219838894
379964774246111828756492740080109580681071631909055544066376841992
483030382445386120476391807877747840955329367731266650623046349154
209455030131869928385870404977694987623086816011982250603784077829
331371486931955769041248096002894285901471563003599521187511349609
284646438827763668164442908723542365626241849131109707115881107599
568488241862765942931155326435533657810786249366068097352567283282
438804714953365163044632204199356237763659235469498248612224043693
305064454708669838194561327173167062872112922330882782287685661129
367040431097366815821566525309531927357606575536633813081141261504
182742591979158468609756617111553592650472452890139797307483656845
667637660750300080388682744809256019525018228778677511683518513900
923990735105970327066961915407328728911684660750520909200607145646
383935659156554266871106258607999663404577588827698230347449917712
787416589237797961170443306654990881949703719928121853092042455010
101872809707443290433948270288632007292968230071606130096726729562
697918386254192392746603900071210997349610532335584725675941583353
650389695788836122277161020990818078499423562309210965202007496819
097023368204647962109385232105587621508865676768483543211634698215
738765508378320373381431990074202634978428101168489575401021897545
070983266542762146933390803990467531115202415024832005665615806359
792361819323007628827294668878379078853974048969533931470031131324
493093227705326130028850543429077890063403191002285599374199590545
341982948388657641910838216642991461141910541040721718375771550615
135153927714008775520012284097818725816627089312739645464772598088
949046387444120338340398470547482648434216601506040978703871976045
332968159456039741792770386611691754030605604275947492737317580608
753112966079880717230218830918163103554699678999676814113223840584
872150451109777541309273348085613994313891956459179137461296122743
264902894505828696018397663266768184863672978442961082457532735323
785581012799169576075366163284457154796775700222592039479012456471
885952733235380132049867071615509158782889567274613439615495902481
052675789916395615629228002473414729092945654241442384279751348945
730605833955546620662702100141027670794584352116489088168624369796
568234197708223331301580282187684116710285191137349625550441565003
220132187807208363215672758328941194293009420176277343107493222163
016969037110211968178145961129850803567824717557225952337646404023
992449941171332270648140922089039340677416590793358224796176127195
757906232160753334804425925247216637653281249173787913554545318283
886538707564763973408162444498793361431231856965340138644220930574
391287276338158138712550673712242883009985818632101563534940227831
056311703310767124990400513200129348970272130995215492391507859042
140268931300460986561523614052530392725431314097867037236715981350

870414441556847409342428580682669188705870133146463205081915056248
476004435207080754087821149494621150927923356416767368335016422842
786529339283279284533215152892040943012000817086185841075044157621
681026060833568283697384319713651082936212468002579767991155399907
648403804992817180375653459518384595099340093392603110508797537641
335490529395708765991342899729770181614294760801328372843715905906
287968664004706149178465951433808979790174722888221305314151452675
047969517343623347261533030009304974265653945794747407885636678194
708758120346048621221197326839850319839880675123556072123142248397
682069335797025454114267856882868576218146166824675502952377526614
089492621794102342151635411775702690729443076957090896064414965881
671742121668318114963709144779139340867791720363604718337590738200
996909450123084402978243198983074299124747509659505402432113462983
344156393868466638451130417168804680082835017990969544557428581327
744030140033636837871236116275322391852009315108695478540406038514
296753370514492285816823175467578599332489704331947481163136568762
244209211961639847807493990632550658610472649946278570911848293076
400523023957169404530229774843375344969347910427880464975509168928
481102733559380944046934895784831966191619156876786647442091767696
146015961430071187637115981843570948763419739913808562861781819516
833566051319780945322585426552516534052564189836041918098775647547
009333545646386374588183707193089927774747776519400712100160212924
290428843775188556969379841374619594878664049528851797029944034170
922571269836434779234200044508972401956427768435740004691806885788
296382555685769552433481059235369632377665412136136594165896489360
126908303912189079669346387826994625689894323842694790019544917649
079925967283332015020405505639582288322986542152012739038571255115
833894601478826796130705936844627140731766358507487735153608785471
059945081573750376872175758668974763714204508585934755203715928941
449038455518882477822488860567681794844885054248271176560204127562
510816987302947899169290417780732082029453912387288505780471150279
434067819720679870667734689917596857017096422149884386213172333014
036484090622963366139731205126785480197514010687614978678223829515
530144775438800942091958111908455931728419128447542459302404344156
046849603652232207039181979547390237479288943062875587989550434633
272922942658198189938496433903901748591900745498519432437746889715
163506178404476581726383698089797509331606867090273629067967365282
770315463201164237555377992984746403323273985355161097777810752126
229689498605135171656024102871037724129408278075558919925350758497
154770214909146833655432231086547487771386228875760810079271785897
902598759188635196306045666633363192174079445303345927730124049043
232891698863107254908590395013066665927301170260376629810683291888
015400774006822293021385957645423568417243649753033910342475954667
977697080027375943580064715248683506681994620785001781035428128258
352865340395212327966035363240822318089825447710520475037042522647
972286991591452243000708332000742959773227257950376529937676872026
591893146678879839618766508408972120716214708050532965530683823375
864780997017362177525182662259448897555479107900294328073777695412
037888193857533624535557555386215137215790485645195524782723839043
922555586085459837832420422489960586622158423688887828188750328772
057840977870899101239796223592813041542814620670946907294304427637
357079519463824063853539753893251455320403986581318766650671801285
529209290281388464944991314896215110965735382736711051946125607048
321120628812596874969053325465166098551532847050207218448979151303
859961827075525350830941788153307371333348324728777479051810609940
065062184695791416090258633376537026950336325159012400610772655185
040857437205040286964190345060154341482587482135948966805169716220
412921890901365194266163349101517770935418782341159443425730184584

604796749773411239673674607693758490635429993974545300717430914967
401452185883758079084100939528251239939418878000980008529832501179
715524696629805239359426053342566834841710659646899602406759318187
300760771656964600274918478453928375977395610105436229722833079671
242759581913381790783409621408277302609459830241168133924254021024
790829584271922720912310498777436008228204047939823835763173244431
719483156971330010828525340178091758465229417473591973493722187334
865037756637694545173480584127419296480623788474696003236329645607
187500856199400629019636181432769610791010248477449948177473036975
189922813557693575014468454703817964356041927482029664114842647553
884616092843173667326095117141455146642087759372116066400571318718
319403782493035660264211455546550963815617175988326306606354150291
012138175740705460347589437776573433474433136145706954995855206815
968719207955264670235032289325886926552115837404571767926978698309
365844160521753983979691416469213052887124734821526840486335441603
666716454520572878920653903968965700988330392782283124639883225936
818488973007620295019139221746963919008129822447578103017840712413
711813334742069153806373196342037227001353128231561282092730787333
606573188224330352677536168514401284814216046927928006261490423726
475295528980672386898011246352617089223609419514298318505493877642
205598397842354960683843080444630918738982811032326174942490245929
687054290959893277188672788181490220518594249649786437220191508458
725241513773308659016343738990369096183941846604804764128577485733
960243288848561594816539130995078432615276124274373041981321913109
713823323536521962565656841321009977934658671253098091631236945456
552408670990257957373786907357079576233304152045776015138834558474
196237479266731639431708110461614928063588389189301292776504366428
922229524865961964742501563936513045554221841369811550560226456922
426884427092190824913879746046884262153522223215969529720460035628
448018051430923514649064831558147073373909909403306351628476364524
307039902289069103226906335776036486055194090278268031593780882659
283867885892833398144312107432421057444077972553048758075438271808
973816058294605104830293838632112044063237985310181200968004784013
121041931723115880198941289995094490518235202855017478454727620598
636970700962150536736780071040186618081413859627807691530330859735
979222742977968064432368930843822216161344502909244442413428682045
989239144100586494855598206028492271624778702699558974228142701436
725836202019104692411143248113656782388531661678230591013029577237
394942182206285322925329662810562789429374661505175320710232540395
606954202499821431539771325543297586855252724801325259204962363918
642824022950565291717349820738772748645347449926663833468080472843
102113780927195036693983708889807928735328153398474260645007408084
432945021048660235279258531331296531322453687733089541670661483631
106827794190105286544385525475882138943087838755469743892676454966
213807228842572393450520834542156644577393590327231975817176591609
149922300536477728381273341666225338414722426299424119246224009785
447297982912784403926399816969824983199881028202402018949606067126
365661007469397089206468940335704923809270107051053509385611794273
021697988253541628015272720389796835160423690238188359887210402920
190710560875100167903711110517939171375466236838325414471785938653
029705646262609481596059731112820725571828111332460761042177477596
454839111797136188734748786825398458668974921061770350321736670657
082169855598660531527270236429296210603327629512934921752142974883
617498973053872979523177137651695656076009410257209652641367228047
189019484536577305232471845768564345313341809126025754013903941163
886109277630735614771042982037148558809988280770118207688604358180
555697428951349392085027036099852913656672420004093406815626648000
477503692670100671875654983026784039497790284984080411286490427373

```
1878732357492335157779266546405875527019733174152553436934333358781
7743947667698653410903424182885600468244271735589195629962507979 08
2737456067765384902422624243413944410514766832862609811698696299 57
3291894803130938365787720305440635688807392173364316856301974958 8
2407785656464691100584485063221748560278698708254492343500946242878 1
1424792557092875881603713337049894447935541357861767774259300350 19
9487881893546457069989802388428594340235293957359036387799554858 01
8444355982316908424883535500656784002486228853977905919021010083 26
6439140423785834714153921125211966441271967985001403777378161139 54
6945562639343963722916983970344316180226380185350772747903835838 77
6038137578386470121363152065502850438209268547160480494467248770 51
1152956399198461966070480199092254387591936048994177642432378782 45
1275097624575285549009194966343005632504215824785039438656573470 30
2650698002722496538162275541258123830022466850559270192809527663 20
8055323913607488598549525769899507927614076643457646429097181815 27
0408434116864875195291524250698686972091219727276416639989480352 93
8155720610365285429980422793399098463092628786791888447458228183 84
9154137902575761730557372190989173358087060952118139139228370173 30
4768818085099171090504440130249073627223745299812479422165881185 89
6380881296789286027173502479061364226666970965563306010179050522 65
5425750442591979884309629281030657817347163705682133169546753852 5
7041275570407558625868324966663999607717507142454243476380734993 5
0925572652501928764086492761849717304589762514871648859159895125 53
7522822295535780927551577177349425449406463653286438873433421753 07
0279721078884393578408051947775698254173932129280352819043283042 26
6081152771083372809322221614627280225517275940258914049567804027 6
6853683560064837512119565560379290890174970568828924953768000551 17
0445147090402764770952661261789116435270849476633363303750476266 81
8134938316846983860367178618075709038409994416681888508857156733 75
0859452381605828850594971914115773519469163826632910009363196937 62
6265633997143885908306240500221068562483937545166453897795264550 14
5438489917421968312193140137299511841009750979419923746884095425 01
3212364767075328956871649059351028968444317033151388148484475429 11
5655149549323986047347014309945309592965732996406961790565718915 57
1395922522237799661633492924092690021217235135430809375801321612 31
3775451234872903356146091481642758104995200236087135985496480127 59
6933372611487822048271416542861097287385314981069732753696855913 26
8893124658863973778605279647314577443870375512914383631014808801 02
5549750185056343837423264942884038079814325557800163924992969085 28
4589836391329251793706254015022668173596465759859416332244151575 73
6726621923042569556660186221382619088019258120372388154600776003 85
9044903886176642120015712766244087630529283978600293770835310900 43
9186588120000874319507410289980656593798887012309731006970179557 992
6044738696361160786515983764865016794328593343196281286555160845 29
1905914267792049399041189678877878667430392997576167646554681342 47
3563258183134122662690034783369850318720011746032135725115548751 02
2769220143344417041475936503892095454997699002142804930356954589 20
0600890881228980848054976146423981241706535745430437630406316824 99
5543589767797872906794047694811267909513557437820175241646753461 32
9758000981295779099727071190393638094497139562962587268238358947 18
5416563847329242758695098427673777219233217527653968660617728237 15
9657082113035581036381518279132569446119309158813353194273406654 28
8407415997081949240291838849762574831533937525466736508284396554 01
1389663016763904630178354753694786523936554798320943468147633789 84
0657847245614207599449897741287517449458145346573837899796025595 86
2692807395026992775699077608492022155897434673926377917530366643 87
0530714852519470220957089282863695049358558489320909558686670233 45
```

350632589157356879487674191838233061591376859223498332250831999552
784862550590848674550469516024205215252356676382666432062440113462
461848355382319190307897904891564928816756949512976060226185159575
090914427722463313568357223509941125528091622824240694113223256899
532000390302021969682173861309879698007213116386203903272971919955
577059189465177709310867334359701908675463750777494181642136624587
122836257130969042522142409274144442862946764111157333902606899283
995914207344591821012987893827130475037383316679578727390062834881
721234327931679007801792778205762794247419639511777509457395274438
958633533473679660705505270121425442994790804913464473573810923689
307860356623664611507441594192307991226358053752635962493588388549
945357860888234906479016662455720947882310387009991721086516270017
412776478931430636070317268396116681796735997405243721801206234819
404677351511011501357530393553613503983876540463630317292404004439
345422288665043755952167963855990474148107366357622269326643306422
466225136196475599479394475167428303938849538786086663136566087608
674016868254243859509309839009508247414611518279715147925387823632
311603910159790837053267613356530501089255973694782566935222898154
208014466204855019765323210218161662195303465718412880165026448317
775303785757210757216727037351922240314148705332812556025237909652
855171060447447911806731970710020686033490952336928994351734601699
910718450704909528695777413179412053056639315825980800945415945684
740167337619934446441859524845857806791846718267214579330271628648
423325497020868147406915857052483014262513491301317931897383824525
493171754034351063059441518585179933228918463985687661286780829821
411290668500392562077476960056653243485162514854282704856142333971
063396132693140524821184022802087649328246007079295186711877074641
645736456342222618471812428438354882660565417559049879536936295956
649725411837193356979846993998266970823283120991093412559948081987
322038686457497615007315013080359405040673405601232570978746962918
829946496700955322993288831623762277023446084161786295841810033059
517722906006608958130305831313955885880482762259625175518394264980
631200451271810019222194970576697488445965926929976916207972664234
143396980960850145452991168678452787722580150857428597643180504071
622549465121526895079761409835692430941746765451817195667472044498
428603269680371841082593827335584974386855805135952284552875963613
860275898194531001707608944273324746872429589116478218853620984582
946830304075110083054667661213169494465638662336973149053630487890
788328740420726733833969258348281353332462611966397276729576987444
036547136001659167477142386181991645306272289815577356622922661089
717797715008346279464409360584315732063783476195170000165810602100
928784044356820652019452702856826432217607135816017522219734672233
277802743989435971155978038127627806526046703857508556025560810516
667781838263691621120275954763575092735610337565179769946577949596
114491162131167916004607234256813482210917470416102540842483992404
235096219691263681209164349037926693492225463510174034101546543752
831620706105390821226693539714144670163871339195724562013513920405
091861473232182936195189123645492088239049722488287914257299133977
822247818652101339141437160107780810007161296620936804672633770301
940591847858596557308893645078579360008786286866338079763689028078
061985701002322447725140393303221195720569671864238802321863347761
125994354864992447475166117836031669526375416043600635663238710592
79357921756871199982281110891424646101546553565962127042099944031
975873515343983331956098941730938654745465140999389397693553922458
643035887623157615625861587462872818781337112351345878837855804216
977643985259927890499624290653889621582122218978878116258382965907
363248496977987612007130681883372519003703774034872250429734960993
476607284864000163199296066954370714271183192140992442394695825665

420541914512045536142364884148160260537748661498641102837595162909
996220912329819216783392396425613907277536570773639372511982297369
678692468915137165264869759651344357671228268583753144012628041840
462286935889735824637378784844748164121073381675877592282230791549
822108047959043483193387634330733994992519424337213632119153658108
725527549390349701179531056527436888894408547466647272707809098080
469973094052028161295824460656291655076968023561451397859995356144
918568579496089902281540993189622735210747582448567245261951004826
725615270172300934394302906880530192645535304297709997828918871272
977567312250801215690898921046206103032654195355883084346331184232
432667935024698940574739104932355738728624978680751440498738143435
118385255825859650848619765348305165577465354849251847062358463611
289612310634756134878291962080802902154188956716954705784126360651
280509700448653394569212676107464890218260151360021764042075934304
251549604712165606382690726688106032814204741220088866734941517997
246444314878523028195667730092434525278035472371332498112111447527
196051728526390932400074100850410135349534043775070868269290958964
505677769755051816997654774249074987137689708054222310307369986214
421344497048083338862903619246209941700659527552349945608408883527
711995125641178874877554269069537890166583717050597606881779084911
618570218746070392004112101273866342584584512364593848810490498891
712468573926962218064811341034779991028533450433635293559946999107
974838607309383222418565543650497649458385709575475892418107954937
764316896260734364589130152744656521145786141557709921049334371327
654855020781975775613019026316273124397224267414660169404353621126
647620668955718147149979122203905936045317129530955540122855108112
121026572969756546972317828275358932526338331110696576581556117359
486795475942419029558201244575090753733704603536226154971039544311
293340778323908570180904613579628848552716340269965063129190994269
695966225589497975628721287757198542419673475301587463470733050737
845796145354542520644230878240841408078462796736873887889585204470
927908101071211987798727835924233933557556193713249979593876098414
779898213818265034322401306385745448854935897070486251427872429652
100656649787070156838838645399590365080171114364104266278696724141
998326547334111284879330934395808667890754340702026793784774345535
265665129290134337234628978010782011552218872393731201609370970406
863255367709261919003989418841145926153701166686589563673150522163
304107798488677211494160046621106586052485041079547948381425140499
636824970739689414424666717487367463168517045635775424231051505809
864764641739106287459904737924888107274308142629524890931985495762
898324171908961998384100181546644378082375332840225441604148959931
908730084724728557488183769758189534793908801984580628942112361133
354632540040466535717316673238652078450308016619577080902713241189
165462019807089554609187238543726113874966299766658252314714818800
323795003806670118598942195994821840489226045885487688802337594014
215791542952871235682271939416595000624391183593426781640483541623
849679242080877099637573387339727138570051017216390102814006199640
295555510920514823727888939586225063582005762355860460670033354514
888308803206990796123184492379733390033115058829483802068767102409
164859588883944324656344667574633584953224141651880328254882089918
241029406831822065117122105635810950805267608243003755064833828150
365835077439401630802437480979848295664872770213417005589113966218
009352304353954888255902667090006571188533595233013070087619042828
655767907621690733940856070615889361930134878025952499670315914362
442199778519830043798444145486551659082820414113937673181040877195
965789360890060092985718784824543162180245386116837858586234510782
849182169145864330972476771131495903082734618524789221595763617619
415803413031319184160775944101215743941774531300010795056442252510

930673752322368854324279121353055759262100311221186203829750275381
784254173117337551711968165240928436766301402843312361032923452318
918370223034445497414188639739865083728606861694362513165598064294
041596095582815279474489407960067040156066354233056608882241092462
255818735880428279346966420627411245975215220276131826209673609273
703418630680429620948015190112156463233546199496049740834443545314
211500672682516687795066725418216964868333082337244585492412921673
190981802291517170276395390765960845015945874597607378223637182049
117249030372172847521476818938282858524186640140709140991778837139
569216170769790100601923052662978421951009921840123220629140060482
178194901561947902646631312875029083244483715546624849403861524853
532736635483810240007269503753672481333156495813195298329582489456
994701540983863588375105274450387542374163505345484390591298010160
337024065091419654406408930992874563503612249158486023751328733731
306177764383349114167974279563535826432656509343897438769712540489
099543976103094470122301704959677916134546024092072149464971044874
803825509647557923378408501570469654092609937529297506575632445478
640178182086899760355012046052898752372284096564154010430487466276
071995929003518139082264656278006917499381889757550412455262811876
953735750525012728015922292778267737194613719216516400180711103260
665465764572568399041112655103269898477620049452573207633661187946
685468075655577881616833650598047997528938859344621827274827697573
534811670385110008812060026845121931613498729222797354351452516206
264467550435130099588759986591144348733027605783273860610819603256
783353625213985372146327137143733668525942897840927984778786647466
449578835896680820451477672719070312628807710771780875944659287949
105828127513178451193902192043621739992710417481747355300551496807
137461376682610245822978890268640706208716918408059066840210711797
550731636097123210429979833192165994641187673904738358239727102066
913868675822234076837140251287860243360137545695612101211186685695
275760983876242013180600973001510948770418647501460347190956001644
591325816011088700342409510860065966824661861370034045403056501560
321089611195643279401133232062441296852718973390029304387526826413
252372811818734183772668317079822366819849255173111404842922636004
972983664647174703203589251119031455263782036974827376444746579634
703436277452109556074920999706859663108318811970526754076084185209
907452641268309014347673429855065555504958367106871903849244388501
716241895924159706438955179197612480105118326621083951809191931686
471500762285491546332100294923138434804057097770139827445193483922
197130608237016546337256801393503481012122660511497687829462858623
206434741211262663352782157747324524831241354286604414019190563714
456193361673409966378271496009780576875416953445440599479396181489
149477288393444938623785445710715026668290496140379849969979904177
314534985205251546802967974626481966870228616423121477629241242965
831276366150132159956875563032138349578504195023669392820440838149
111506865684280960304485296973825380024172676987094580558823876675
088046999123811364649817803232713886275399981430647461240477541717
786963338613965617885964831756351902365389428609879813243105964107
502022049060393598709159547794213809864179132509391514302291823591
945291150294344931341236215198182158312032029486003940276690126632
207066257065165460052747522401019923873469029975061163166192818509
767792260931005135445649361164596566028491128455262224785726874706
159462603273049260387319098427270223022793637175671192685836471857
815155133520340200942557325702413567497929832606616892374772379092
315644836993982219062239598351292774874049218848651486180067646836
474766349043546852270441815032947346688059802599704514719086726975
420909271463724793987242908001465960306126644166022286040507213318
150829460988850709805662279815499892792431405323990348617380802149

334102633155051103722338875148162043988162961449937118414730654397
256358037320605374193767157215516252026287912434751769566274504051
833871608859843704646720497692571862630681746111178965071273389413
431264004219002284268846322192496026992853768096158931948902304258
339012860852902135855253522872936927725731124839805870962208930684
664626363416474317898670004740615668576378571075842749474296485796
676254876979594106944926811657656925791063739128091743329342766008
234744512264681724479134541128328974457551465078695658990528246653
499093871511116967951536432826151198278986688971093101695910417845
024882873523192384486242263629734975768439282263112020004713218720
170178371097575668553713938247585338118980568055245617589253290124
104460613862625297201449551884592486107615753201952379210693182246
551772858642266047786938398442151913918849477120401248032226146171
138594797565685911745747244418275564366755031861737105312840615915
488212497193717302126743920082041117549854683639841356774608838167
338674171004703304512237269963296753350355683742559327885052848439
709953415176590329384028506921996426091089906842903712845293454949
079349840370395015943656344631399512982458133353138964830395468537
774238675823879959507312791666339121357622930082381374995088042414
367706341186794579020222525197702359954488429230463287549234967220
873007422618532623944158468650826153186560577857699729253351807440
463828973043612131248741664955773205830319852649228400338212296198
294000357218896092227607689217373213756128171401278947680860184617
347613358304779955557011084658991846526471602906243268230972137919
999502600200767792842812801021890465503686449406851637469474009796
705228717466533465347668328529930583917529192568422946133303350299
266147490355309970592944301756633438343223044154343703476466404927
395026581091264882415178063849558473212925984863914337804053563760
280606861278168889215248356454361916584590511206537019448479242546
205587901558333354325586591018391532755634325304791374070246658885
855173264155785108271162140919115020187616175817025131170079441408
634863148319055296155411318677747603095539999860807938437497622730
370371697491622920021830001353391812999182960402359294816224037573
499647898156526226824692246618226600334656315544406919091944613359
229476476175309840144569649498541787417212313607795570046231575740
701647612827340963897976977401987616019415760152910910925312276183
834786795185241937060797916559070575151805129542831018535917318636
529202913084205780739267574115631345641060048148590659777277558923
397304760176118610946668393831705136767659806086454653275384417193
324821035003461438700642574999821742521821218920424698345969460171
454108096717354784790289649005709369565850736027996266961684643111
823719819499540175555079372487801969337650451347412370232785817170
527287540676808677865733191918065414650702346930410760260438076498
398418776243353883813581831396332297830451927354200012443477014391
410202805835137615248683465400922414855558907372029219460949678309
380472522542715397156446139320717562051057479473825563034044998409
055189312252581517064469135994549410789766052839379950219126026120
477205145883687727742039393492746617423169661272448881420286391420
227812419353329742169450946795452067395697738280628009153419557209
296208702178162359573153985804940599130964597843674616880332762471
313321871636394671809366747344033575552621977254844202499963393174
861668116858002416101935718158763913937159153107634250433840677491
100623988859795461135555397558396530539242511338515197295715072567 1
949315914454388674809412700929742577221170197678077755411531464441
588881354640461003436754633954381365737941755202298370463378124045
276311595878742915414204162066248912616238500777039286348472623334
350644174622655488896432896084716921233108446333350533714717333033
190172115307748181597531874032065206546663038340247240443641929585

1566207720195731935194885916298153300551052799525400109233465679859
706454051429106571050430262847937593593880541200846812071657259589
682779436299311192290462874989338151616124180754183887659727170003
19388966533656527359657047298370555651002680279238516795033652066
530917843546800532221181178456832436800443266590254628594599103854
757965209123438950325105958302845145019453098923277198489280787845
546749643627564616966261836486662036715578498138398682528761956385
736085204193320257641086585308207834609373542674417458791798165097
760674803423587943788166111998959566679446483821547715844522357513
096308613259832304456646819209725029344903578658988884052055288786
406593898270941098662152737161752449269126472228562674431790670660
513250331457206783440463795142601733349592062646181273287377940013
015357157366237612685283211039112016619481155877955040394086512236
041949757935718979740811556373467207427424157737740444109123848555
845196736483504888683099313898234421248549562023391981900603548985
180440671358033140872413265815580856335529235650556243406221738635
871005910916669020110600851921062061521729889870836133794588258419
892972813593784638640814620973215748876458545452905648569347625409
289910669192256024642545291001498200945147538869058507821574990164
238325826612333030842360171331330197402643659281051697460061129741
349954361141507789015523161636275821160734521938551112723008960033
993710873634008474458582811692917284014715929271271973822535539639
876459247383693261128037429940138758081761750693604738088259160765
499660285494158397942913044178937413498128512994331756758244076734
176951024244331173208054198122503155476482578701650865766702309785
271213432609608282808472227355161279802179432486389890602925191544
808852944924913238575321489641284456505833651534398394353706322369
086818474891634082930268567197857966041601215228834098644950300613
637984752788790195341774348444672748004363482761808233991610087405
112235165967744517830819216702751251435494699668726687370827849191
991682025903711477659826068464297168288715196482705657937945663048
499534258282710020287457514253134878869888080123918252754748629359
202579750028182197510099462917837851103466716091576507689424057643
488232454106255171455768523557408154552326601776743209479015645205
466875325651052514797632011122660267524833213955089931268326349301
368519242840309426023879053232047876793848815781799120758839989511
824201625492439937529250292683380891296512472328149902698230237888
614435318987992150720017872694765932161051852405076863648912351751
671937073774216243588562940623594770431200526606256976250968421781
211488829880026616044059222329331624176122908743379022287804561701
357723750619521603426862806290537864968871393385712562416964079324
475831369885918272999275782949295751304825043666028532371402054964
473380738245775558257092700759153582136224878739519806447536509228
338732197378945098948812224316665010698739616672989920964420596817
569619231839866191793408474257868154615941458938640602296132950038
120038389767450208633855782667988106569036999081567827785163782934
599361943366980652979221522153666288839940268038621838784138954997
920072289371169507757061724002344872898683808889469325821863378234
356912074028956871885668709606127386219349873263224096065960699176
020054536038165896602143871771287553098370990207133084712303917975
574483810050683280951189329272191231654940906640214568359874463216
265575739792837308702860612939772368385814919939258415742549146335
154820414128505256116414384738621579485025909591694016701922227152
051592446384786736844034101976022548505859620374520210340195867216
081712701926460704607959928713121074803511882506823353044969812655
209567080884541941022535199131368352911597222819779651917510914125
749066752719879928439903727410645886716981183509101205683498176773
100954846991006642170375101296402795266807926201346490826570837312

730887703498538168830180415910735087802789781444525165407708127488
473796550331829893602610515170900920110222071001669479948606498841
609925577821033292542220238243161693794552445077116612781957202899
490592371787630713791620773280519004359506302783720524286071686319
756831994495359654617582379331954922183557140638217262170118990624
363016468349879943067324897484029900626756368663934498668702957463
295592763582274173904767366468327098725400825658274079373013421250
157872246935933602320278802133447547116925472442788234788572020478
481096682495732594650693818393289944085629329548452346954732470720
957681550003136286818305873597665524456292333709800392024465397081
980880975167759000829452339338253873797516636684848199061917189230
530293275282052288738997779857757464433066738428466834238197778223
941515224363898742495170106566785302676664370854624061450751098238
265082329219231169465936055216243701274300239492460008464419137134
537390881710543297199625921785958368900227535469344199270563544994
464648463569211473954542342093035095619125962942760332314028381564
195812399216843570592611552186436729390811404988429954013503045826
1668561511191924704248067778748838713189871896738261924739749089221
696564899815767170428901744966620596800868199091956648398712799600
060660098336650850131726705066780738105362533240436156109801108476
755494877494236585163719465279328497990577018451049091701533568613
6324438948796590343675903495600216642655815244443928278722717359459
483078938720248473420322290052133606846053129294097497598893201349
050155466399788069991700873715889175956776894727061811503019647289
132576784816190919388459773052888173913796341910139122828818689576
669158175066401906642575911857638875482934362992117191271054977385
373015577838101884441860657830592410452724319669227643946881902302
936603689392914352790067834549205228896117886051875408310491808917
759260962571182883270864363467278181627472557148502535750935601944
533705704297279316518324369707363874856092728216957075593521798282
931763040398854389505725017946553411966438406118328171225805809313
865366901632341550423553948803977100712507041056787741620258599084
007176820989414486746229922762892025508580816217315083897553884053
494279190567344876604830970791086659225293101759747853825571471946
452962908784519565174095947894396337685688784133633407353907274376
637220528022445916053457375406618371695805242171800321860228583753
225978883501880423178875689402319751974374446133525974578974005546
624424324975934404953762682364015057347269539801101002565825131195
753891584938212512967996772536212764607639106722691844111059166671
823174812066194772280535025793861898710732931143196219558359007573
254549265440534485876237997048696398212906230465260237154569746398
218504024061606472122473862853691454227582815893032578671920038152
313070301231450016203835585597084636288728568661829588038151412597
924271222800658072175375995609753028168132431908826758112139786458
977991567077123341300614050720737874775422713347772318791387780604
116028338928073229462986109438994804268776309041382820082493276437
844569466685596913509728092965602968378424831906376648975894022974
765233737070759029573229676410744477902854220571083318641606283483
284039376713381480941530810038363462098674092314162577259260164241
310768383853609677439389645388121987184708783576028465758500662643
013183563775983439423256319567388921786474251153914648306105617618
522661484986211735299300394196267978351154324719792100999023599501
018504522633621366295417587904115529116300595092988709372051119953
209519197611911117856568563145823742527336348744262178943734255594
438827210995525834404807815336301231817250476112098586213911950381
276857684222706022880857922802278992701354502689828981286708469480
858690773687310488241352092533779928151782807224730432956057066223
456189965692940799043010318005588385154956003710153628833932963083

886118375725134429296237436256902862399081808966747840721541648215
364669852511183560937695388382477926820540355622931033982346172177
499287611431071126186981767165101021328174843226860492899962137442
648917874708005217789914597936832576908254470499557365460738332954
455037605455616938462993526955598254814369522745135159635012844381
657623878219028344778419434849167543322089886572510721638012574559
205006261383235333100174635632696788299795223122133592295598777147
842562152819660095824803979607418806864814622218467350238464996209
482900237216747151301761618348664856900958044527129241361077448550
164540165882100946953185167094965320283685563439427552586762309399
026264688025210023483988108103139591567221675210364031168276980204
470846827510216007652912859618123289239199898376154654015288476402
389564008009111707771686632584715188865213418100963097892468142777
674442490984819462072099118606178378827256060277489202507756549609
224153721848981913999493043561686936215964291771095256950970699006
323100610856485554482317681694918920335382593839797795520178060026
150453846602234805842806680800540972724248870988991814030172108374
085197168446555068686682595762131761853474144377640981168974620203
712113186150318053481637099280510057939395818396053815727990531735
646204725646756465733752324960442866627542283341194771011586148225
132905747233696454593507786302813970350269335586720254206532019113
645684278522271130499308474015508320553450220711151829250378245841
515954238572909205590931555270937157304365071391970662707208366050
653592578075387996624278296260271908636785842034261794272927838720
742270392586478996988852017285437329638914179856495498712313174210
781117458478347148101130220066918811713906332237746391442787135013
391013614654758235473132163877978594229259092873266039806170514510
518935261384635649007582348632915202586551031103413814049101573516
178860757643964618834101756544414874774396958712593182068392921811
680883559712722653711952674639135472889090102527777429906681680053
198706232475569631647941994318772899895890737174479138221069168303
144302108832718736937223637159824851127773765854395220664987630276
981234613453697621047397548443980664968551500182428724139629300207
842390407701717530874006211038869812751613311076710422656095342065
627964803091959171222256860508660697491958719528511720186301457223
111255958058030059590451780162091560033927158135619396152450582940
942383067522310487602756833193139537061594056900825467163407688518
738062028393764941416952247897644827415924393890738587033683110647
482959165636319407597879773893685682536565679811940555829468907562
097486397051586280616049553801992987901072698852640686948961003323
272842034061884542128979432188689707273827362778501372701149638708
846640786079426555525554856648253672623885530195700899094418141196
819278225214743673023757726479063021362700929435193537520244824650
445028177473530313055878404289052956536166955757460304468400201302
583472857878603479642966228563383909385040595996338205201313459775
949549591528249136758265577370863098534310316569918647749352355876
985616764025694367949650826595164936185639067761340863449496109230
852815957594732446929978437875069577965234066270348934399220039331
420221596404753079877248547192899031903311360675387409926265876145
829524546296274478253060713708610093256561091062901593703234578465
109425415658486336759717141036824690682136459502259382358689803420
521458424156210977125941988605174184609810521802330913491593055323
640211801353993827390760960188127085700221614994202352285301197851
514825409266951856567653410404445485488177660629153334239355883040
977080382629431894438507702390408475017104093236868309790449784932
389215598500214358700771342871584700693024716766312285302839112029
615848332287621873127025440275098869777524186719725803984567834528
672337262681942591376892237327986963699571947508280574929908016092

963856488757743668130599330030106516567168643311600381784331809476
982492426608263925647221085630282122858435912911420360327206018252
323794629310925410251245417005166491749697850176586800128632544573
787252932671277451624334360127340397859302221599617751736148666793
967656332219514934298376790374930825170161852849338344242504183230
302641005578188318544289364087403203966008892343871002340926852388
496732284456687365704234315669893811311708549805563342411090390294
020698788366865009641636917052815658583564774755048831911648430645
989966327033980010970627143154871743704811217006209186084162459632
196275818916875947150823636892761717485163145845180705435637970723
278957450538758447100756455874737245671626075875582631624163830175
894812372734658328426433498421199067903327699506187886673063449032
827837648590916868065398440393171382569665959236573482235687609504
600206957367369539435373448928789454142994492422965419920687071717
990820275112322883020637409332430828407680236599622307450723954829
132510014623152283856699636464816199306108035011934098551287730815
954501549790983261007000843516322091409713166839050930777067825793
848915921320992865980751664776274042102287069580316910197690665849
294116301449041755241528407985584192045942224722408579545248996614
996312956745993178744978341350197476002485583093556978815369731363
214452511408292841812804502491992959845617297886498365296717374065
350275757846534187078421309805735758509870892321833860276680968786
744587673937042506105294559344800003379484411869103438489819927217
800456984088256180027740246971556963453537058177132496654317079548
795257766421120685694340740736941652110453017077751449502966420150
856734185613308793690799085988881954177426188031441417486935293012
862868769796349716441242177380019690974862799608946093642530679104
174593571283190402983113155059303861120619275400347429960129769845
672856800757478682568526558880550446502824723406212267230987650952
467955511675760755189736710818664873391355547303871771482599249820
906556362463688874428163547597380200927033727972357562058520194887
311757364152085688799839625539506720457656370866786849616739928990
516639547348064688416321612696232140430043034978793765895525591261
273349443137493187558515220350488771542061283232155425010369584201
177706058113108574067217688447392412151890674297679952843460462085
104229892955901538861717778596259659024537479964480573754259033955
717369017939751600199875836990940353460200600611457081297272864924
415558859750242749010199752785695834533449432500257802043444408682
890750774396173670553837615787863853870009535733359025946681197512
373898387266536879554300184150448072052764944570257994686803499492
941686747104745236313650471152698278105520599626500224544073428713
991949802538333850588539364994173363696431899803695321146317461717
020388070866349064786340422458469135590424245140281425972094336803
940426469576220351976052537466919686468405748522732221411263468200
732680991283596804337124898651248471333865999581557036241284311923
713805206985546305223962860016932609247618752321257009959416454501
759791304831585226900924405531186581531978459314051354967975019715
913056364079678742743886974318121596332024245369509081085401074867
453223366948874174475845601897763958449021749345971047703154197947
217559031048955150713033750922642894743661501146171128540489836287
823217755403355815130890086002311190892831719794615273396398147557
956104816547218228209282412622440866173161182953146270119621366199
594108793583564320932964189356289507521834160949562866054760820233
943903693829441070690737842159371100843550809934951258480556142602
794888117357782314109215630977556334356892809062401470430406809674
541428500105312911014407193181060055619529375994409816126454374436
773978928455823616806573056868188932905552483777388697883384821269
003385525577296329485036257241617945606880625056743983435840688586

527984713205682033268015840118612253710729945929721983140398249546
430136414120937944647846329673080412403157916714681071721546579759
508437906546392689441643670202671733321428687279300067525680895994
724605400773921436623774703669370647989280683436306662357354918836
306740896905345419625492185959482963529914425068124219578493976249
362699766843201171783094789764534282159211054419253956738906802587
429523470246253627205862445299161425787499201547834925160434238534
924384341030380727377077657014743734358079845112149890213877261130
749312518484971289917459095003932190625680772393254545546917673500
211427825159153713922475215102619575181255589919223775605562518625
777871520402423564300801544064737868647177454853375685133039577305
055429841027452084882456380181174324411508866694172029225138714052
593329218903930234849521783732353344653262693777473250410920550827
627013601076268805734928341061501432117912584109328122674911529496
919441405798335403820079492052726207312385833278588756477905672110
416544166147076128836100062438413053105014008101079875557731522504
246358724208134651707819681326647305265266870097539010235484005431
910303058505073284856662189230736101609798730109604578786272596971
821497774593191217242085520383223097743733627260091079170854159065
400695404757694645269352738958908946566093553216942712942611401893
368175582123366092880936868361084129593136897668254634161807973379
931143491994506197674140383673959104332508378960976546321634429684
475047180877538796601159469105846985693463154671519673105401894347
253273510123305556649244625308979855259889634444538294144883825709
671236053389198293136490349913321228421966087365757136943286363383
874965694154477107061380343673939543299455488946044328621170422810
297576490108461303625809885204445652889253865618355437466905075794
821106981116094362272781719468844223901364355582252243301409371154
840113662138841082479809005429724928690877078639433835697580891344
855483753767771965895936587515432750294934011636286284193306048171
093923998791900884203487294343721494612397017034303370791698316245
766050613624590549183588052452030731298424258801870960784918163583
376321417765526484660862674494777513116337460985326156771682160131
478190445605770892030801852154088126888224610854206843331279758480
921954444388966711314446178931474129366512819879025932919456527368
734483639889338998436121168068986579756748851654888633769003537529
198775769308105735517395144379527270380044704900728573092526263167
309907400068490459975878713209353348147998072978030685925274921540
325080620629679368029096365711965545474983265755760946724722924089
206137105621700979339927932066567094589212083904984604758648011445
523278136028145344579543873365991854029550601001878962582320644671
450963980891996756614659823701412873664688038594032665222408750886
052884106719799914085448700729302201722026030478638071088617263141
531392374899477819178104077545255536936054590363781619286394200226
696480397586822634537581285355079620606463620227634100156253911994
632578678836087025243725262830330102104489432622627532207366765291
091628199888719161678669769861721068950090236405929175721859458476
306892124704365027536328350650043346183189703050828391535850605251
722344229331896294372577616315222687395005813591563799500907045720
072609689883738753698242621863149512139883571673563880630056290325
475145199661817267782078962727991656377480299102250947244094198014
686901886252851004233665906643076501671002367873518980417508647603
805560882711984788639116966057125758111614332203162398619539960810
644891151299038321892449671151819857985027704469785184162807329531
875221707375427807836745060608436887769304983023041436468913983700
826939640606945628816416952916654437390847572819696146411957158066
368813124848782960051923653816696914413164378212808037745822319142
506653727318660158555763100054588191460863415120134066056861830539

9109284222097222772766642007099875823159076294391295163496720838 0
9897247230420387327835086014741160482852042007439596077939676657 45
4574157343814376292956109531158482092000199683492227462223320349 22
9787977209325937345893185303632200218523329226604326327773869929 52
5440037460654804476294982724042291465600529045986614905305330341 18
4232774713475287632417746860051035196802595048933541617738765023 89
3191084066521380466746652964357719605228927287905823336267171801 04
7870741509786532744155522815509790153143256991410913299525027699 16
4121847989035341734180288807859437047470037468716698072913698781 05
1913482317431997181756973247169341124042193238323758158340750503 25
1210242327215999762255953608171639659554592152006263493832779387 17
4509876695534287878977466443638551706502650448577147587895166390 52
6126187671738754045938775924493697246870221984680515191826034341 46
3515337517354398346584036650078008251337619581112539605958941718 80
4721787463604668507755956087664614979975907257254669309501812266 05
9756338320451208463864464994775567471104882581862451811482160241 73
1135115533763941801619860829325848285029721564124935435493701472 21
8371490931352746516140422988403472587358480471003049710367861996 90
3966400318902701410218747143973930479667127146967452485821961590 44
3588575047471161083558276186011598867992523277670077913488062706 78
4305823037684432240837285577758508216273267775521575385493139188 94
4331137097187976549309906304370838121079727316041468874104427329 40
3072777436378288442397759487234629173289643236489504230303395254 77
2328529225182097863294127922776106997648396446154980303910368747 63
6700744207201348680420978344656707808500851248926091270815723789 68
1795389714716653163541792741324937455510490677088305382910466098 61
8013354927364715788231751702295292557476729438071843235282789387 87
3058507172169878408709360848912758296731845035233009100824500894 60
0016837289698553478156770898606637024379918187127137483594244296 36
4320947275727110418044334601305107022177824729198840954442915592 47
2967931476641686467990945637704603699887007961285734670508717635 79
9267264190775864829795801509614971798643932311870590230974516834 35
7125233587442571650251307838439678124895410287899686721555835181 82
1976729237267508827191325928904570539216996231573413598101626063 43
8419741115955987121948557079154040991260843153449472936182597146 66
3520940304301794361263079707780953877079498286453666763263533422 06
8945343030626974857296018880846564902097499552566734013380282307 886
2980681870520541252040119990430428919912401546306489607552348001 92
9454875288055706505545235487917895598744025091300741641918093997 29
4682210357018981186767215490449502844625996837678251688727079295 33
4993551398511723804911695566612441880493518211954231454579329549 73
2901154976327970042572529288516760556706957888189166689264962782 66
0684281788855135682201059864864426897310404206420388620214159313 34
3356506079776483728611747854101318195388209632637397818675015670 20
1035161382762235549907816708176258006326519090723097311326126453 94
8061274615763974697290381991575806307458753851733483346860760889 64
6227012140401657955979081551364317926971432781160003950929530530 15
6640538544014468195674168914395005060129899532520624256402569997 35
4056335685117062631293788209655763055783267561616292221703945185 899
5939277954633373520501688984643648882073146139928560157646190608 82
7005218388294490528350185640650433641753501393498570510063500442 32
7755328051663250155536001685586063216180167882288985927773980708 23
4430121876498298821950764879374527324977571646794376825978653807 77
0909315826869893218567541022181137066289150507191692405571751537 29
7985467954771694404608728583402007168255878503502580689802794309 46
1846725801862557176999143666925677662478882563671023905089297579 82
4895222709418467443414664411911976248630886752269173795608464341 63
6763558830851295486537112507449037322882719925727151996600021666 93

8956050382795190662337107102964526112535482018081623405931612383338
3278721545090905442719803200644225323600124989344843636759371914 23
2277851596265768452530758485537358308416515247778499835560996791 45
2905537128993380417358033223313804348260191619102805347598662385 41
5120389560611327005564966892813167555129799676336653554047090793 98
8866895306857810173302660568853689560211807721622589219199243117 30
4892522497125531228211758822528265092358229122520413837008286387 95
9940875331422920255378831925901788817597894307727113160489156785 08
6783738812236288755855266118657336744602261173633288022556206861 49
5846722660537793575255583609340989163829636599800730784500136994 58
8212051974271662951889363661788724519387988391498507463670116146 23
5590918089146487824769832377597870963455931545706800552820706294 64
3107638481718364124284448832224163453064177764928060031678970019 137
3441459952908181300827357120244541781460612372671440187538225274 53
5151552424500790797536879918711567102845303187326563112819187358 14
2050423077462972254036963523357483065620485610864093427383318334 63
4327351271592642393900491279730288837834637442360464419658158438 40
5319108290323239391500637052537770106594292190766393180810878765 57
5969070784073173239732355063441358556746002928122819448262638691 85
8136721604139546331879072561693081540996943760021476848236668959 58
3386445843391397341957739544589473799649939650197318018758215438 81
8580492440153865707188767878906058943439705724396806766233077750 21
5424777082377904412690412076066171751458329065681240190888065205 92
1445972236876022617302455546374056207480813993774670094125222153 27
3448841706368152443582561186966261363834029286644970066037996750 17
9376316763918069437678433862149089623561820105640614012377885098 83
5667084731143716888913942684794853876466509841171954337028921584 83
5072586019765152460415435606762746411781037958055110585275094244 72
9655712945889544502046822567201062098620677182166748688559677813 33
6730489413888303965661219189330587140477845513287672803014322099 27
0529021061771392127737590526124680357832336122316724513143018328 27
8987695299046550698848503343483983359922741648106833596317970504 04
8017163575811696110898875265050394554508189045782033398880552733 61
7405890660762567887602344899655818219507130679827984374701471305 67
0367804002790888262609687517984330621616836497577339489618134418 82
4168865022899678081627975625692274980874020887688103594369299203 95
7265613050681288387614411959186240022364452480039479994244058253 17
2682465135209489596658726936634884015099283759846475342403056155
9065105449169124218607878117680038993076090690483506727951214030 03
4045948829208453567271632950120071121468376544941407069259621433 28
5678745746838018539304546243136985598732642070733736209526825330 02
2465956542110218831635555322102232583541986992666491353192963187 82
3490149158700147749921910894650128017261865842411995774784463808 88
1792358967236549615822753535499698413029394932056796213757769896 65
4209615618393575485106101873663140267325061995658143840958843545 92
7104275247448553201536290028879027363715117097611575104474448575 00
2325858148560788985128350955612212441353238781623331816561192925 76
2099918516879242862423080170586007655853464509921222138629193200 62
9166710405344413253099405031484201600328999231910328401724803603 26
4117395877373643931580547563446116674421959053416946656368004997 46
0891763261639369972680056711919008111646000296009990629766649508 01
0850800515867038581971813055231732463017352876930349789853304607 61
2670691519805210418792169386199911313682841025843874830863102275 56
6524082814123688895195062447293752240366903159218186432340269192 93
2376887151770807674952389899214924574176299185804334862960608936 31
1062581001413806306012314943627930687332687687714744549611824196 60
3717301173226721154889414471580764346364476457590703340858879379 38
8551175194674235340453941225240645707121446590466567348092426153 88

417502636499676403979640395064536033058467106591608694936427670638
418752507639689615603173119292686338323867446335181133083074391303
543372279071410307952822716588411034443485788218090802820829554428
122003801952660218635952461056660631495761270251582303335224947078
904661050788518613260070870531252100924188140333110980343254472187
535643394322040465954026928504488556461425105265479584721663057299
456357882715607728021482175044787001124779365707056730989211387219
305929058086497839863194346632579224283402027520796201076674604694
071705609535133339937607492713011765060222240784478082149383963988
120054778938005665780359904311487101637277035214494728448065980210
246296286374329333750053421098402485860977159460346265070892757684
803201836190549885228928095376821315150435582517203728601695960958
7642513950138220984049612226242281734043402808939972622257739330366
102986819922133775791637356034537807550181325596156935501032832994
238499747515243381001151950121317805013879646562849154332489194337
183269470192681676759606159187889763652603208651265852264245241199
590189818788450828769443767663184922384879924137400767229406807310
528039535402366035209984205504305921203882755655930480839116597306
245017725252787907988546850842585551738383833851994344288915912253
644118669644171242400135887960721910613494230833029789663443088271
107467000523629974326102318027142266222618750572543969077381474263
522155244832400804375696699071029472640517803015161891026800926358
769818418013034526647105519950731606432675504048745317728164797498
493168163518881132546149964031831401208499997545056544056651148358
387174381071044446819957363462868930027137176430696041478322732756
789030508095769143478308670354016162028184911441232008439992821318
184843322881342551248886686544852708423042840098831385549010037940
264844762363637536465110550081029406609915248147926317308774406420
709539199916755639316762475890832242707294829544328151229529031647
506098107151709493216616813022200848999073351928484090014332369886
937917599779238728056448586363560471696443660204452597048682215144
197815912322747578772163986575276098408998893737775089374040658456
115404534488982635679449628642247071613265874995955834400802449400
525647531127582945824555238339938861602167095409039509622984369753
605794438167782815663517171901560867850102297106693787721490988919
368454386725973007974938110342945358118921302910485720499673562211
673336635007643262740588295448615756961432047896330591725250029655
954680487653626281549757676580277875590236787348162504245315702741
835390649972371430862395364283337985258809365635808787587211416735
820002378585791714654161211202603427255738422155180158746305776779
395293678912532977700508226250081937416451141684737365725226777890
874579968237345277327360629946429241699671550862292806080316787715
019020416166302049350758837769066186746162964701677056344183089676
266188744032970517788145243401251222679410412177617218288850815972
164208384793333982956699403495937907282033978008796049701378070294
014570618322752960348530283719222610059395644991241509277875461366
823146128946998167258824711898544761466413597472404001167264640338
329990401502635271218579913818751838215422530479921538890284616537
929472363796333479312708466427227370435410768537912131903433119245
063452076733343809168129039267109298757177148028222733070858590225
913929052589740024375710216995532657613335185187663860276199700398
052393052742893370901691023675207451770169640472375386382876543190
430290357981930446828632045430189142160750516996685123364451883139
431581404652068503559767528406209686484001463298802638325495627213
258275734485355830002225513318596228864977249448196664152819040702
879710950567775583836470750892928012992146550898465270072696571688
974013243287957198217231190281099092249421069115194270447735875202
660217787299739380432917832163467212887284336979031693485924557721

```
8682033736722013612851719579917906788879489778741557950785828040005
1987951437931024097351375424452291066587300786546254141882080807307
1926898391350492537754374420265701651485490390378491533578352391950
0918422941007958179462613046216881844121746806220722871046251493870
6491783338925853594154399135800585902429854085572504489429103113060
6841061052521529436405894282256195150902988534967011852089646433200
4187932153336684750090937947458624405009441979525930580847057304410
7142280778565703712794758093456290877047988346971693235516960591550
1290394654649194697695658010447721221152971788524206301449359990300
6470488168696394545987395664956844680082797406485939762888615420630
4495952047787647960222248140451871122057621282895120964242624397690
1077791875989150916967488496901404178146248821899204721539789701000
4100445191637463548493777672408963056176085749019066419920856498800
2441665925913641149797211057092004834635621911259205315949520772850
7285350227717869113431709507474177404611259771054406639288875718390
3323600024450260387599951742135949797649404000144093986809319328600
4233231380731072605234702226995502975336413333363768383076991222390
1147770558599778428742569645259730458979891618440091187547381046980
0438055951700629630329433750112437691659207229530151254321394054430
3778916278191406215516820884736345341979998879516117261028410632330
6985345662271408982502069128670444116902582047965765068060833893540
4908621143873825659946434978803232721758292694516998631267358751090
5484558784631407597172019624337085219967792883082041708362821886710
0429402426005844004377358753310704188814221920924607149133502963690
0584664488320319474101734611287867351794220941454660418534030155180
1556232143165747332666107989803109068170082688732101936459561785850
1734505472858980078728721154172567402441979028843225315410192140130
5091238671110323213731459405115614706721289593263819675803769072310
3032161582473040701388589334636633597677154707019773249548814517140
9561588915972704031644349512185974704146717150973113294738480850210
0707300489521237484215403899818595132249014418572919357094375241590
2155456929631150144938470339489307624355383423543950785791770587580
8732868726361377231317957631881191749399736458295599559616847144780
4415189854307741455943009162727706400678452622188606338106724847
2690244026426741339072193530058424406225946425394836856547845053430
4905296743058974864956438929352506968728255730738865347979569737960
3739416312512211357236612420140264683198752349137532591965158061930
8726661939160510493592652713216922096224639699245339494168148769750
9450227569316017372978252259321139227972644699078707972112927010070
2893164141328975540511298607130045424497219982559230173355939919660
6258862848902801610297714147281472179960743046863683943583762096637
0592178003581516991294673154832624347225298003800959587555545136300
5248529233660366613345215784920268506151949203452902146178514203240
2331042284863520896879742184540038734941728320117627378226479639780
4677713658735111930207072225600375074940781039463389519984544166310
4322973160808440498281354303038336316353145405299148316425601251060
8208565690016030297291658467891832210586994891004078010769247782570
2806721865866449357592377066019997260659255433273364250389479833600
6014319930730848093451615088048076463666752908667169362062492873980
1488799043653337163969116727369702731265374284086097348697293255200
7885419930190416842823213958579660248737540654392608495318634134690
4686789235833606803394455761856487011325964277558202631925680997150
8944893454073545166932384492149911855493382445770766882305254697
9612822440415996689237159295093923732119547894507408067744489003800
6244345752246115557238942268385930515277549765454318083490238729190
8467486931626088717921512482924761589351414914158904235105073534960
```

852125132616644947370461248186099014395654637271017556216112211047
224792650608818792187856456477020191870817409827426388517851782319
529341904819315715640400178260080474641545364258579688221314712021
950687073703931215333223942964710143388176399181150742155542260482
199024500820520315515880310767656881219857503845120447360279692388
489439850407766939191917803851311790463726457872800566499501595762
530276734247490355778730320694669762067937109531408787466090719090
054787150227573861562284031199979360148174018140726855934642470818
651372676127973427764124089407024122505759128332044876750838248233
549006224319625729282648056600967750928532573038883418242504410194
438374908292890770441518151343279012631862709344102805833319718393
808451124787757790528799614248096853758097666763701569484348743174
757489914638891633504338362739885110295590997268995590471511291794
555912698359429306738574304869898985594432619896425343492171171761
949868813811537360119252837634812218777109439259322057370956269816
464526459305254130817680476849179967094590975627099457464166873129
985177713155886207655433151026302360849223532018400246442694982220
093885619814174235294211012044888786517620477231007235577371175696
4540267737869878293238488846586854824307251322459971819517637820651
677017349639072911973231521104508388963690034363456497713884180568
029841405323097836878788733235745843716778596231931182129965442642
274603311656218995807385709140748170907770720601258255372559881825
540001709679090974133855179150503462413627962943375279803921216124
494228573480554092996174221867552670663871540197164959258041982845
727233943587273849129806250522990823041441796420186323933597564085
626472114098710275684232847105442047692737227958693432551623728706
130624894831768300595031627353927222155596037191260927056320900168
844642239974599076283603861451560114679086719522744225341537356304
363680765820929448168157562440758354209445041481836940072478719937
160807471437048052724122720576200148265567384258527615204225756167
756634489083551590403475597055278114985130250874121655616058542729
230289933165473549907915612178664717813433928249941590501409236320
169840868059967723646311800323091723144906596018394433573246799472
136366714309332268725922769959786634219848604764038331215159824633
481575389136213747050626776094939156543444966503071575601905256149
343412398650086334976877258201426160358764218865753091740518241749
178412153032223830041880663938545588917876200687881404876692760597
626388508418767172390688215137534469074205279687593862965749865441
776294251870300911496135284438920514500715511087309466495949907089
979305234012957349386688178592724423081521590660649960755027237608
127238705851213727455288861773544544959385158956877519518026877985
648252026624094448618828672705420747504353679984584680211816124511
917916408388220977886418275681058507677565728648482836037024932871
581980604355587998037575747633172000054495984987251668856570630335
287606809308159018141059372137856078810315129253175041105096097516
542537103085517485489928079279216508267024775246374998378504723411
487224038878779685621658918415735659396870303193507502981382895299
683035730430607120754662998058479510773229041914306816287029509007
188141342145828415611632764589797794318524467033357220151830080677
300984342814598555943657389719903262861007167469115090265946427923
755624937423512174450803121349987410210504026254115763114123064033
738402302484473936132777143177832648722787200003132437991158454107
320083254717655335778841973881119878308116128253343500137910973264
580456753562692848345510253175697613783144368252477854306937063143
255096407622494270969727621061679816307458647731362102916913190193
505391736338772095930772880211384952253085233564200914758211321508
141634559373276638164620996415041814279261478485611225096974418073
994012186495761708774298539083941990118885877336373113130171013577

790334756204439526260767797656853850415178002862202601739831535789
490454442716570559649205222318835447428311193469603711941218609396
474369683521630084113092122137612361931555091187753464456042937379
215166896202425471680377818274638590796820735640934299433427179208
028875221125433179011414911600479638960331877220471455192593058948
693350499223357652070639336657861080859200577595735770605634693457
603884910805066955160938106943662128758827331613228648314314717672
115704619235614650037740538721762741113660178235855845173100298207
789993646817768759805771969044293265641492888950616174327395453482
331666399791748498402747835405359120022260943990531207076601966727
432146673132505991961537491912061092648781953777906142535189223466
139609531960625261784257158699243782660916171746497163472047738961
314867194294824902919894191675830888923397311741555417268094753310
273779799709817565045054736022767862106975404505926143883778151617
925379010606402291673802696257343430464530042110425276623030552072
475739306792726393713188722880126958554904248663228307022774015552
803422055731726091592927513287204433777236381546602242627227955242
640479069128534664743956703901536664482511862340278040253780886661
135356644106913769723882365405370572032648513307118001886217776805
979532180654367532102225042800043994061851812889536140733723950663
115170700057138631530213293685538018489869696302851089301202179506
470724877503209994836756871724700290558145698405144674694507188717
376368028734735561968531753075661201569305703443098761497230689528
664441564074834588089865256616643797202895868442203921819431715127
564111776147563714059368640001035880263891259692381706227637167628
748062838160227594105114626922888091294330277664959472497384473093
376327460037108435907859976671800558687028730183229667292566511959
261005941581003650892906260399978910764693101952271744645199443616
999155564156412151087143820808868075229785081480228623413531843920
566639711524608904813184451923149291063281540279224893782282515457
682716245961176395668864617423953715865744626643996155478905163732
521825783332535644589892905951926058659798671344827447826266678984
191962736059352022149668157043655690416708257527445881757281160956
148185722436954647505083028443075317077923557132934876117839081302
910599183552262237468671157570593774909379757938195247331632266235
982695699804734334402616879654751304293461624266134607473252695703
114881469691642933690719481545481790829291072069429731875971973101
542619933564615328361822870151559033107061465304217006688253379701
323449506071416835268609881312272205409030946646066185857999914153
978144847741564082258903540644906463510615433719400401386160350714
559736014278623451486573479621797846757021898995133336443819291905
300857739950452349349571896846127113768895759793323495332089538145
398467702851241091399996240942861535615495201564188996212593005126
442096865972528994184350366818804807529105972336008365482357019198
685509260350048765737882951629237418327132367686584946400059670950
677834536100367442594918858195595926902512393110725951212115633824
158960673748007183246877841307809693824148291518956042755017542065
174420881340145436070713556026763499597575960041036160961213773621
820223563980101455924936015689714897933365854991863497304103495007
905509710373294892197640588699532018966493350820431004885230594298
486801785556564538971529638687139823938927886283130538898704416338
748532366550562543023828613176831474399344615609310765384947584648
931621515835889893391956732944334790390909645002015254529742236093
348737748570906018648070516991257559332518203044120573389116924949
793744441817210180048695274815824860757712217241382985252976703526
885042133034637032059011127692708423122473740399034467618957001025
917858966147045611886905543180001357411454538480916238456019398214
576980154036744730933242141647275552190877396917417373506414595184

6078512401813774545883762985179066094251799695036587235132911540694
4118558004057561078043579191051543895293017860705688578117217421394
1550953207211970898415221542531647919304616049811760099940434131900
9911892155136512261155018131107351940674896418609402848692830550221
1199243438663096612299837616589812747306690040713313153258193032024
8149674557028927119805023083429490724610549109579955078936602634697
8465662818805549010438789895744093141529641433776902605064364098326
6821763362870988262723974302300550638516752892264837509508861372199
8333534606984890685568590244467888633643960437818236493160750697955
2536617770448078628521046820932682668289722071591098008197780192647
9525383047246360795893917370036932896635802205065980285338702996804
9222867542712913386999402663357736086375404720211499273339955963865
7139414159950635550381622713179928761432989245958663210228050727204
1766328290281395136246392598794084119774242147849748879285348132927
2617580429695360568496416333588361246477604717663033985377267173736
2323243519297973342376460670072590569784778225901022471861849551089
7004140155276349224305850649791746999412247016670031010443276265307
9930152842068424685952359105309696810584311855103760808536810333178
0953490813488313117223593774387414621839265017156090327940281899359
6126944963967143320782904731916667808518255197717288006277354539910
1592789034010786288963661157080757926371251575321256434587976758222
7986056217853904634438782602247698316447309116773137698654394413973
4813448003818298103754950588539835429146322753291226062391782931991
6213986918817711118424419627718789923057350447245775383119433851795
3221285766035212168779011404776589767784356963513653291514930963806
3910475450116996758780279997955389558550059045533297935637026407700
3334811205596791096608804654458199117569673353817940202977420844672
1405547625380016657961957199126200807816682028859158624857236155994
4016255477707914111600676407826080771078947343728991156761306850735
2249631591231634197588462764728819202367627163751947669533254204902
8916102491648373349659172708001471152710129089029612110404724620653
6228209632836266708889728464849194505485241475581339237736269212761
6280901070396032994626272509471411769121429133539751301514317746712
6858402905968622217080111036660714630206206422073967367402754445112
1531868035737119706126321435523468555443824565325519496223092442226
6276161810763532712184867110387486332416707890468852233292111150193
7900987237667401554791675344748589116281268686736042229943560768264
9783317351763941137568187311853109391473316134714642957480258866128
0984333362644789232779921718938110490257508983329575231138511638413
1810192449913293008778472536273658801679273239119566773773460292313
1671472527543877323954096440741744930881033569016899447326506293564
8124074685916892546509211091423164339664349653553999052260304711485
7117501951086036214378879284074498252703324251691779534323933805375
5341542863344920057275796819187421842721885884666266028133915912268
5087032955629743121006084764623824061202097408858510971345024453453
6269674845217493795199836601359599598044210553393057994635412156595
2603739545481307090026816164735807530907005794698595121857669282047
3359313336580210439358016107908279426644487820352801574984777187534
6663886871469284922335979702018592163752637064707239232807117749754
5236536241706263154632700590266304024739804533530204093931304973973
1307917181514886323851603514091871517272596320603977518189877379426
9833548962149298830651687972617323342951860291979123542091466176185
5808120657850975540518126245478535871423498722824507628021855541643
3937355728734131770795331826410695802318126782729262172479047867339
1323026028790147648543358099932443723491884995859948625830676000125
2047336344668680030217744283089567321206573109092985212685308293531
5203316260961238719270474910316941151648388474797456771234335574428
9812684461432753371060377023811587306886288969394132363006060504289

996520045106037486769613649172511721417104539723698376574825092862
531991761037960505070047452751987069243830797208133651074580862533
987045295036577394794375194325536600142105564641482243606164677079
171658511765610859235634609485497644779621165511318700969902914073
151483903908991815918578332650277953957841825197056152467518107456
330457082959442889150666715929760412803354745155100439949339911357
400368108214520100371663337695212133753239590644515065233379074750
428578159695275696181784704238178420315992417112157281753138255289
908317222708031933401849974624661506864137178679359480593272851964
335736880274143158690076520872345466373639831869120209656207541348
874115504351794570520219208662862157046501295951312793744072467620
419226655674453334447296817148735449387338480166542826423783384831
756543833361744087321879219971430971939075615289979919334816845664
869894315760143802862633533136185723793167236606367549438005252967
139974035099407121933737585712045559496028444564046130603362226362
162934122457615116541938791684813280962469524445695462125087911893
539832219637899949870575517487718861051045258709120015502718111214
008330339459997728658704523419166730406855700471728611726335884968
271071745003538903363106665809112216112279535205973563154238786279
221174002792992766027230910087889644867197751064485285423676068067
832870271602149122089073835986791677907984654684765443288633275459
268997647136118219193637197094309189760958933074195091535789981594
562681740310911862136112387032663287459251238017221859237596420397
178011973301354548630311562876453973330103535199368908917165821184
472025394047093178330601239641672709312163693791933239184259773052
761479229302123013163652956137623330528454637744966783855724163055
532861053275520784389404424723308700149400756485394938970856366624
723511554968426370742241985340721884331711808624785109999817623225
805812020490727023675155996038558466728397347325959612710449694899
692807040872355613550188348609827334494211927951159638914217013371
362540595915840065763710336218594354090721495079719264247416878866
135096201313031939816564431842319103674142051255686332809855207709
323995574220458372892438309481108423300876415366308472416897637519
419399848086392769531790164372780297768880616249084193376410364509
612604065127369473343213647516686745418754235332490452514001261991
025504942206089908653489121851977852080353829793516473616363948528
497562849714885627036425437615253034856791421813834154676563036293
594327156888851139645341755011355523422660951773817818038938644309
083053992738653198839237082514434976695795125406640558213249534760
824464237959520467403716910402286506016440118821281688727839234273
692926062064096409195961459043145172341616179151070617767174151129
700974362635716917980979131076075544400727482316585363917076912591
900555112850732808167705134749074145011950248108427677735773081036
084500375556502686582708949066409611462996904292269838084349681389
149247988622487167128124089262797006509374129142801201881922065421
593897363381932259127071303848942162931911004907149225362821862035
617644685446995943076419072713387818263384790269051413488524088341
597040931667176458485165390460010963472932317024526860807864918007
702454260533859200916633150792778732483259016044217156687494057915
189677115913189275017804451824993743874329932914355437468094683402
608346425268170735136026784411711754768030257828432741271295550926
710857402304746960026445711893018058112189257572500241791066473020
112946937549533383927107678381585580887567061329996499158939499040
874977823550392105136301646716340862269365394034567695186527752685
603128680881568916991604601367935600028878486501738703611861366168
233700637624901718703548391653008880657523737679906815547888893864
623380433678814473862636975144463533151364503365250987795413093994
146760112222850127827345575515956198448726728886216911391278644418

2650107159343331816055288098093137576021954484236689181404876129698357403680117551891330057226994759192287243969471072449770404732967513384853728989198514487912693399562727628630157178270573552384501936652886942503015712886490989930558977451480649740071081376020676606100283353983207243594567205949451216844025305614161150472376796871252693156319309816082329795042589816674800878152648677364144935695842879538795111120900413882435069998882091565554032892502288051416967879299266268622246705254906674953625013269700318245101140735192981527091168287631615254533623132422680452228896149709173971135352554401236086188154541470853204672299469390714881886033268282617228269647851698409755613280910904929942058902099758680270118297143811306166501656069405094174470841365931729460368323148867837834015846665262779381103471856527342901126469689951352204381388359254084508757429340483048052570263674681999971113924994308238094814731925760115285382473572083149105271608169922281418675329911795524477487920246982478357701790581768433766677768902177649062193699589654676599694287218010978136921367446220974783004092718190513763561232548612721452226168051802932568183109314139665924531034423688433970673528726638300045419514644230326230190718975985612470235865005420759825248981990750316538032495026016937230583148173147524304359424989148791890628026340912272673533448537779853276889704761672615852883514060352527088519929217133070578576387493937455594009676153752177828011626903772652898962034412615988106321682532064438164061291711721200955674738391672229623555746124390155990544883226264416256871268704850034492114157576143154878838226244938257190720528224356540306686433949527866391978261966212889029317080915069335476093630695038779648380650097087712584207442114997169855615899897478765137505785362724536521780662897775073271570349854774716789029566639583511119977254308821083008387197030016360375482320318110345196341997195708016263754256069696618343629726907066223061431318636181161133168418495161296479946354081551662886453122010561796238101443846201413252468510264137934116621666604435554339672608390029334249856059230477254301604859689878161532425234889479927499568040575087859615846563996882770505824808037526244409922842655810719653139621474222234153507700313618665229024242427339752232201197300895968910498540544742769756380596262269087888476436765519375681951996304422809024719659779814112299761130996689484065470304306161542840528984605556105277431670945479765425699944325615151270411776840247262990518468739384403174909227786713746504877565400352618233613582209691595165310030299470261213798326995515479430045282504041161789922994791117641217399269377416582020283502426115579535771019286950264605435924118006680782334174983342235251194039578690357868099795735556646348184109235356638053216250587339612730165179209152696307741603539343614876508656958944166875931028197227084213006069890327681248136434088291450693535007842690028338969289003676630651962125691137082514952641307300205723426006143479478418466207633742474019652349063930296622337730820640228704088095403944892602375593027578381867271119555903626438180369441026989560997022402685189290570563411576345663453530917836449127065514652145274516095709269601981935148250423083093324020856938232573732465561978380507982367839148964413212119032538371930512612143512054346721380249172084457240675607838911836144206172196093241887871539065311934562423143050595975813896800145932726803699031531485898178421841408627035413234057140637242334416230520114600537243354544085804784915273835605370083298419441940878577289428942989055641118489012798817424271309417325022464998977618499584448243196333877136064170050575881120626018903546125859345154561817568409731473384201495189375815899601208752575627603329500301183188095642910867929936491408742632266721386849152241299032914629320268

237349095662579032064280453385167557256633596432829836906797154489
491441442844573661312147165257729283228387225191227818503331845753
752311813889104687301120253329343303322817674447909206656325018838
874991783124527795687803251857087877108213218175422991370299903463
408243198220018181430169501586756477231845517351601935397411806816
255498633469297427936383683122862090150084763296027154205540923472
197748755577372771253584379299733675504135390096260754601770478320
092090000437030477206239693112361996923069451921228075128062610903
396080855119939362576645605845474892984566105164377632302047629334
883313664553345734804735715674449977347178219815739262943566148533
256352573800753734245856962732264432925391218548350084718726153761
193599211755449468751722095340217149673323008543031277343008442170
392235658052374699781195238474449333837385774851142746225220393467
572123278506610526913279773063462887372622241958467166720221516808
291000526702236415126522740776004619794966850442414929033037526153
247556530093153145577415607854888437204157140600876512807613311400
021517609289824898629450626479863972781208733447929847854531512329
334051406847255746928486263150354770925719144201422185887802572791
283311779822123368077931168758654777139994623954398600178217140445
115877933764582521759199108819238300516633102828372361341272140722
462379539129338836418793155329932894879874861538613915230746891741
006626186077722679134871363221475165685084419917806948619546019340
893708192321419263827753375919457032645023630434756871734529583995
536709739473113745139433281977911222269397254591249383798231266070
963822259670190083814532862904610606586856320978015085422334848110
590617385229862052817896049500732570427222020393613638247958310354
325985507262140340985962778601721689559875030328828176804094685209
388640336365236494428576533381097953342025875230660994737779174834
099640562083733043167671087592982666684354670095997048589537484151
152214502249945441528386578029285301765856291013881441726693837902
070500341910121386791346354652287481407153382029019192351467212683
827510001739480517922357591031062941178267158381863781954648843122
973630207590729496131322642355108491026499847418870181274039872030
679358312315482878780386867207634549849519911344509912442473105052
272527668320660348538056734851263693194665299251629026264658941634
139609150972187236402755002697010883868324941421257120488696456582
963616098653685988378839028020706070296399620892916924201175646292
127178414438660944484153071327538274180512475604700845614196078604
954485925581307161527176818710961041702864624451063869927990313298
023938322923078600246111212562537492992069623605549739779337090550
915061599580746264769307061465473365729538801084659307737092643932
709617335897987551332985173533580576198203756071739649512102605682
421535394322065787806543336816683791839254310296299786255831381508
429023460414642850633182078026674085750429654935395449486518527564
708814351323195973497899171415169373256883389331628338964518488703
226398930556894518391912430829325156540236753850043094552275229862
193634999307995606896844661874598947488234136640851885321936731143
758946356570214222303717414812012726282910573318578392273347952606
800413122404444690695700343265791095617342284655138302877708170928
004370327526445576200902948987017264718228932761788234679959538966
801140286687052633670600630426129946084949956382755990602647776521
970253758306411814612875438760985782899634221059502253415043982609
618760983521652316543316977214412517700380390215981379748913202929
277554387117033911632248075246572497296231247650935179435674838114
315286413330290891237771466124690448645511649267993463415562118822
817564230240516948954442816831414049043805788605901073700671829849
936504074947027855738627203271084260273269569006412015558094691371
012984255290544957645064575600374031494587908210547355911363990672

780648145919170643387069714773665247784433863025569838810258987930
950197131284070891871969674939400265719405722159295868834578669810
318183594938102719311615251530174090403194517238322459633052678626
421000745736336797264614352971498884605529190782295721345692646383
479217594057805130367348879544947334464560679667691278267990494200
362880699002603522166525266488097224672121294616782282247427178341
053585849093818084382076967122622155649252446410116006638391181830
873085635422672150172188913491114434074231672018580154409683941721
845529247030666331743969920320999137230793920870633268149502702418
363237393557565948355864342758527153036475346746011816231218086111
379932483545148228986306253693327937473726404693126737565340199730
090761426212286501158568944820803714283612048583161747503907712876
046503361236135224312142049114096204585829225543574900902717114310
056202779664273282036840883514218997367661285154174170155055966929
543355338498868702324902061064458071692286334339185539443465974183
103315453291025913036064622666879779455734904546748823275317375995
937232273103710445211331153382893042477397241957274401165418484315
564894048921358055708557627558495534889191385643791638342408939602
209788019587504761416457873384344319808735157516674968200379153796
102973494432109476073270046363343661259071179260382965776504898339
968200528464234206854494699303871249646642485811604420004666933985
741685551729836982926358491044717933844683250433844717587252699366
862337570798586379951176474378774221029593262173881717992112564960
766549050364753011284605971998642239727843391967774038958231917557
325994193790085492825980660767894985484333553305204429781468642226
215463907056678047938913177651922049935761663882196322357224138758
048818728755477834305533714162429159181440724910183373607258613130
585839379636913731605046386537876161997656835278960391654122119712
316370646384350875058804657553196720080481063208311821537956138009
835355952609363700064531708064420288837726690826800942475061577365
306953699946473444264179908807236585691623899636517578076237318613
662803000677595254569830359350209310340106654882387605906309667152
580319027018056510774179659964177889506640602788471706807792755570
351022237147306795006509607538053426398202615407127213785603227432
886168024173389459790505032137974846614903095301740230095495752617
958896983609703142914084804583842017705933308727898829210653986085
497841770226800199431723125607279669350937846167380814534710813293
763452196474416319331178690649982482372761620561502444394472323379
106960839688560326743659447613243668623910583435263725870265527272
354681097361367537998854340224782973219586473847079849851417285386
752779230658409174320605010991022389298189386457216041689492340208
559404805979888719907538994483624575918179587264785482436871784280
511816570103599948961675645814411774359994155741564054198094077706
078181787327808839235166527298117294704518248948869402539784970404
012578501708525229480032644855398293395410250493410544461435613045
371236961682202427087546803225777224676453869069173584632909965978
927085724136068529472284189988811197694925777567347314920454188249
935386075448538327349316024944583018400520110059712112248818992601
409033905843014105055980718844415476335609338929558270335638391892
072441156624136346793755416738908930918686080312637892309129166075
500989808404308771738687684930623853335091504106000383060163948853
687921061238941057439403460624016371854842521771675451639760025505
022643961152599429430869349869074629783759970161295030843803660660
058922658529305637886695846678487572600253291839307185472610120143
531812300826282453907565263848166284306712414091535323017373577722
317054545331857330398636116290928079651400076258029586832521130356
252134998540067832905798100262663767805172062475401635370252168218
735528720401996359618873606934730672840960812886498922816545218524

0832827912818493863635272203008598275445998989995835111574368787 88
8127048557173814857403078036294204859420644334157901693839596815 33
5852775087815743971924322779883170605463400533096961159954373203 94
1299551771974092493728193869104247191680745755805413172816833655 37
9652759510402582937660069379484763050243686693087498612911515579 02
9908914751147143616550977810891689159389043228611630980896160154 36
5423970713173398762556138393349278906057471453816915692648820151 02
6214721832503409165624542935311732839683741755506978877246043985 56
2610853373740287709972880476114915778576510475290891138178065469 22
2072171325415946797805559574054495325587792843232475048202572961 07
2119305427203445431119018432651599832951192425499568866292451206 15
5443548518778433760228457318552553020385780679964233347394328325 50
7976814317493529036535523570833622729540297603622459678702246796 10
8729006536915811032977241127196871846317120153108720228291216785 13
6832868288998410063083059699732951240183437928080758668778898496 04
3772754027589522929366853922675139928237161596447373298270175090 83
7568027446669159111149779944667113569108892437919930942472130807 30
8198426259314434796579085670082562885883611446330706901910636068 59
9518538704171062385680432411229940699769765217189489934971880450 38
6432175982864331340232731735034487552793783486413104199496595525 77
0669045671843550215620189672793973426821625686085922488113166647 34
1429891013875712757048305145943663609924661062720112440987239997 10
4207565439150686310201357598460146730265119903429865063967600069 66
8795828289243397825905874856782626926330346837233212406615776029 51
5653722610682290383661336834150499989593428093201865424703607359 07
6560816219599759343820172461807695817834722127150399123937330805 98
1643494623136717495999946304211763818147830191021334473569265625 88
0571016446879845566172037587428149099843393046523931220003564424 86
5028020022103872381508554360806108595381742785324654979231101510 18
1266741384662946267400340729092430677564917857934277516529509846 00
0986282198651935014863141311338234081864181019598887229593585603 43
7224236723960151462789656548533533174007419842426013606673552984 07
5440257317771495402192754876256636632097951348389232398473093428 27
2993909549226286852582803762571040814041407092153377982471219334 64
8252071838785374450072385259360567659576220402194519247929124130 75
8546485918127845559512533948537732743954653252016862250537285001 30
4537240004647444790745978251029444790475972689949375374692808933 11
5543550514205161236368344100734984299470708653487282616826119499 54
4459888850359607914367111963913932091120095413351288550899249339 28
5379476656164159254527588534790680348593042101431778577117245113 74
1846243215533722405654121494232234673410032864092372275714731703 80
9305846661141052866534929215704384371938758254891849894465897489 21
1239804355925364919086589066917390808867500913233054266548207715 73
6402520816248301658987303608659808379615767364117736273466976156 66
5392134829345642399129280785997987881520429221519091416907854973 61
8725169309999132270006749972335155765795143664747023748766149644 04
9261348608299760978362604927823173889497922468520977599508049882 69
7239249576598722306469511876779916054956726996908515258226529522 73
8588543930217342747557439187441137663399412859483123438484881279 45
7601367100667616597439589632554530670816842945121140912212009108 66
6989989150010205569248485237225542131071661391982827657429818829 17
5183372084175238696768280591023151992531280144537722164743682595 08
6088863644346720804079957456104290101965608808393098287160616049 12
1636045869086222897375645574135743071591089367242331664477332829 68
2418831492171649497251401194936905670952961527043291961756410101 85
1405960839542210112530043203244772904509568672868692837978994453 34
7325407832005428354880451308874136319369558168287460790465669459 00
4074428841873812325676996716469267998695588605208063729838321123 86

246812028817043481558140629498830626345933449988840386526057374223
073857866400023774153128859094551257535393369408694442939407522182
847100107766580951275670201477540829825943655390077790618030037104
030191092185293284782411655189092287029012404160045214931709357753
608163420856552332014438453889583422068417138823995322706356387242
611330217236088753196924820117906522275084815465360634684320835251
951083321606843173343658468059130157408787018229598765822830020425
283556693204501981988171458261171598400011723232484622368023378498
390571958420833941883302500041002600378834221148367305474960967792
429704499983799479044054349710896265896766913002849909603860630462
400933379790920357551625516664005711218771723903001503960954051845
816999386430449804010399161286593474495582760668348248909337338629
266989646970531741560892296662428914381927372356726030305011034159
701503907594115991561792511656228924417675577202639271089785260599
471315335700459048301245358602245707716058212332185295875822030519
372890200177343206194287342147523788608300702997965315568103011287
992589391833877964700675202703688772405840664369190902874387633882
097145801017495101346458402812780113168139897806509007407674642209
638998045332620765149608259774522758423904134502684618616814579533
717594622683030636661453659920280300843252851498178817712725738675
355028513383679230567432436869620272756904956947214224246798843604
119226316915567882764842223911962740367145989741445431800616886293
376356239752548161092018062894420650865088651743884451744029361570
891066530518191344083524173853908952947331269090022881476173592405
472755741008722118602480706552734785464670810033252880494872818846
476645138719484647002739836639678691108722490689445254499301361359
823021009664966265824979074179330260447961646789612176304735470941
059054767787436276981114648195946765395331326021604518805685201238
185383599352509055867304816958939312668888710724516375807869185298
046443759849390149864088672912156151469350544680039277537716280028
444617088728346133201602784693514171037189813592856544404738893533
643422529953563067148643575822661507084722421213957490588123647260
807956653918210780697591919627299613768250527190168013501825936503
904314892374222182997294359105047665101984354967715836390356050902
744094547376200086625518953798973986955249442094528368937291622558
644588185723220050973402112420242701338138097506387073687862241346
162660761418658903675756728049468513929492469474976704482862785037
993942832787912203329713975438436447227794195248300533133083265941
268165481431836724185190716453711839456188537671861146345100987635
561039688240346932274316386856389366920782628786664631623058656232
080344670332241489658442908620119179775183607898117847087626296153
194003478154640506345659858453959336783920471778161961151978159915
334832397561116212221045289683087138354599880658578013548593749042
639560201729578681154940798878998952785944953129124758248171371088
590969140706193303618003033238919132168402423711785594147938175122
615373552928204846201190878355782410767958987282648380188363060516
258745813238071702127070311601599319566532110559086844637230112193
935288299328435695606597198930148418941924696514195047131003620913
846840871436786883238124871873805822177969166872677052869491723296
929757412937157650310486149826499639425425153552278926558176593281
228135199049986283389176950986498709388528652246416241498009133604
809416167206933424250017253335902412245206966274283806079157097461
019323432744228427903009219716781979659790595491272105538644724076
008310005880818190724478703436574542794750466602116861532820793670
422831576774109787065652889958092151207900910624889386465174860336
630488088385858365475419590635290169607959866719791951547267539998
847762188847851073660556792237455158009612734637037295470996414489
544035707005097959712497079149894057504201650307392100837573941328

165780857198028511304247961345145042777636660548705739016497996388
006749276335699901742142470860427633687015388954255448605196615601
145707431101267836061897633765408595584416739699898991714686664840
902419001493111173462062958230778705794867646385567587210995136468
309977716094546557201681228539377673740994283039515574945316920658
203714520458277535783379827116157535547547595988090288825001513269
030621837535588152280080499462199263139514759007671504441201028640
422323467572146522255433374645407695544296373365183294408114816553
112317888568534493625651092338223250887519700640217856262405043920
393115512742419812786611804575203790313522638215002107721305024066
241830028624776559111141308947497641704427632877747366695141529627
972984736229019636223154363191418417996968962803592775061551398755
785367266353781400817153183187933147980316630735418382498547746143
475821220350330394913462672508437397313313461349718786522154847952
113280655897451002032487297922392568927537490270425986685614904053
752845046626144264259912295769949845956168866129342741521686045369
508582771055380684247063968607781328993106285511287995439433670099
191520888614455564574422792533094751032786399982860866477824697766
936469596820933063048325230272861628840918540210758575059523354917
451756350558943167491291170862073846960048789782639109056257395994
874924959790110901916146590802074849626393582792650583647676708383
011968855505051861579809721852980782027546790777352845948855486420
957184809577355026418379662201056062017672410164759618231771444198
810096102794777608196256246820854574993759391755772555043901644270
909099403336820210181891880943144687251194488397607261064289476377
050838168092847287045308547161072786663101220366887582906462496532
944215040426089607955960284837681158331065639818871541022291856363
755468086146768060626175912547513262658963341657062651172681705493
010940658630266922042298948302376443236714219463649003200189102951
055373197420393993038094287078665529147692881385645878149664779808
233148266402166554846713406240185971412175424409787127718287785341
343837382580995377745556686390309700061492840773024700917201995246
206245391985859237134507423999851718224954288951323435031823344837
883192959553348790109921171899225365294293653362582595390946552963
581374497293699746511875338537487094217708081745701742251604090438
846121574124452850202379839036999113896967347788049704208886393128
438915798686149953572063769482149209306281251312280804996662625532
242838399173520256674525229908409946325864683411130420845898803241
428782414860826210577494753300377060215168255421685888255205289137
193877249869082025393362940473047505009970440709469358919699005334
783044635811964910483163816068074323974751887377450485393208011892
092176200325412859001921285078008780108096121869972156727878783603
783428505022335910473861003790033681958215347953124203321923791186
979738109328501036782788060812745282883103918315704414803727152691
119589138273502062661678813673893005894349871926275421758678377586
169291156419695497805005027174414821422531771664564897625594375826
764309491260552928577535565273114929560879110821596194017570249204
462620779468053776955441637902384442862707600133588293722905895613
531099244879237739700126380103906210362971005400902332662052868551
292388936540076639663983925724508244968989262459924394384508765578
909028189856834334510996196384091164376705960548419525350568787230
520679162057973980086958750046561196154504016297677700965470185284
334977644679496028037224229231209258155238064515073175826397848971
659561076294495873794568519845906093691349732270242823829358483476
200972795732039739082440490265245937396257295449117729608598859109
798319161919237155743147773056132758650301867128792233399940922106
267909462585081169282796692381723798551276299352386088317714689728
571559104796911352900853677375489955124718689039574466000484795401

447802882232082425670184511475458385946399776041212321829451207207
790817682331516184554219598749744558901511992706236051896340735393
487564095315603407069359582576081667695587492098240480666527562455
192322003251452941755396468271902352195763796378975941750521586754
201928536559666201450456338552783571256712051282275196092953909245
784188554012712828606220318403041625230457334991986203368394185491
917443128141702746834805331236365464080095227986799808167861438767
022991764204219357703030288924063382337118831666892347256653147154
261973692488185677444236830676285808035577667085249394327267591827
130580282047449868310923884518396569291282691413580228508792026381
557594458857783917630415382477745027363004796768568959057429077532
824031838874195328472505758236998984185573609737934792621075648001
276066005684856289529627036503340728499245707682166060043085192144
993994615927401867906702492509188084254975382500057364115276562788
206831683745613611646610594529609876478761781065732569944130069604
044127574848059081543152521914759307810414099180436770663956672634
435356245619356407513565467271679094118794884808680923093832873822
500428513086155646738231344891197653033059034948850709043640855117
089681596818853555968367767082875926959001222681306340790521808314
175342883875013165292187663333574314371010163477966588836188698834
998328981164007025965502047611990688459306411880137433528093795109
830522058657551902553313247393551842157260882310168318176409724179
664282170553923573318235997210559146758099096015712545362591465735
834510808497696708071726694371830812496641392852932420581483522627
446937585856957168703450223775777783598158580954566745546272979473
079756932050856264050352830255672286677544482840862099813897930370
925326425964038534996170546386083723031489481001371999013197012628
010849698683279080599525074937754235999978783744657783712375357578
526777106381435613678907947372479242618159928019155423635840922410
926951949867583701400806912594594455592546704732039280047011160015
595417020287950359292017703968601134563044492333977435455716545727
149517353452904622158776693210397256540533868239130580966002121232
483113870490726163498817775250633988037352830441378850405352914195
734486262214803329495448889085450792480542683741940669188555167572
166221109208997318526676782935266132904276171207173433002345258919
537355747509268743152936342844964077178567399584381489421046285181
038496434277355192443854011056003640918609065983002337368459149958
401444990129369372589395288983481155645581061030794545804756646504
893576785275211183407994598744205675506984616282974816927434031957
448112126921989132435503198370546644424960963633748486558714369342
400084268306946647268678216054307605555515711301054996369421412014
528605671549281450356360885793542044988312557195995587078583365330
551210839284998411268479057129722024655013870820524474927234191950
360303939460347677085153472543380769135430210323311827099410525437
316371791899608133844403673509209111063173376587401600018697304252
984202448885270331725146924974753931982350352522617616094384809705
351245708751318689267370050744277412070979040734631226205290006391
892909903319643533353377827730338009564355202372811893414222213163
841246621876265629262131653747440952305454016919059121029833254873
844314996900817917666244456257105500140603668001332495809064102834
877164193564714304095505763803857385220987161679591048522208070839
544381665295350087746068113602730824885662613928667728371703032378
323346716406418651059916248176707063456531467640744926589904002492
943382034766548273034152265790423510131092975678304848136329763976
322746732729909893927449638572144129084870644807046616306718326269
730189550522617503670443765606386089754748091995263944035360465439
982377356190246502693129589140222105988734088163222562586861744532
441158949303555099774824741515073734119475733373556527627418519164

245146201049878262945368950884462321176358003511841835926759864297
128139853841446909691719079951674046781893587502744350355118079967
776249870628475929132726168844888493914112874532057248359162360674
161634463880131235116126332141573507358737890898646033191010479049
510880532762436343801953205313641343554593647041984399732731928183
025760085767530258321696714646834358840039142037072426708260176162
533902989867152675622198130603529594844646404039688560064817661090
330560790650387689684467316948543438918368935379334168987646104050
602410935985553266431299975939026367969692513769369261591022851172
165414889215726223597736677014639845855210470747638897225490221795
578347385363008193343789887481568027697599949512125441570271376490
277515078779949109561489574262273987940332212825753245784561955271
497177374892311071758004485261087533971440933423641670007394747605
338766380254295863552936913034769868990613336245908473538052999169
523740650576570393490154739065565289258081944696284012213924551119
876038074056609941052311643601925684722053285107258758837088787835
407461779760153173049500582938124750525030217002361095736709078402
235116222597238130144407984791813303210544324431102719791005913738
093483775863613997719436720065592456993814702761918466612118042961
718665283106957766092437716159831512459361728010390163655204661937
092525125363139655920117782142768019428047658653485815874703119926
770979133504911072051652432462312538315744875129541560355275026367
961454610934441685357810273138996999546867343518103443255259516930
023300505925727997815904820223589052604792034825075042171734554664
253125285259478440684213337897972455998381452902491341277243424509
717951186446150628152839286502372129264368408132689423169315188818
953852681800476310307780389924412151871985827222544989996778751458
791602397076666044133305940017725196828827618138902540142141154032
221880752214931387303943894838634880488587257312960544022675401194
443442712395569023790715007138610641985838887956880548633517280844
464472481327723859561052130130910151062642932763162472228598525710
263715946299940132265505188044657398980037754421846299791933040060
517616187986026555760768914956796240330209203533823006419857512128
054908768126499986629682021600839357742569239001450967655189683001
149858039500662463386168022550668707591274831975300014554060154119
807841134948294656806017074182194482694202914591931179729442535235
139331011218688316780023266376919519389893049565596364430499826362
332222131737958633752729015980267624382084908943642831249679621625
001635299668930446258458041672490710904142795447432277640558606449
799377481597906129222029306198335261800426117966549675805482901810
689473722161202657162630436353022821293372450839435343709678543243
805831288950527866356571712880369852845487149507985624665557793170
507902899868597143645930779735070140152275447669341982392638989294
535343190218016938758502877868797020461682319735199280766975865127
606468238391696014867111500960384593882005106152664625627270863739
947150257718107230896204362641552557152127904583542959059101205185
086051998335829520276445242512357735153614513291221335783411967187
075856606350002976645872189965684680983542255567976997861529583162
065743207372109968440619460852752139972077460283796182940677826598
099698358660897438651036562425562508423543545630151219711116732833
655070583247917273565142769410984986357066618802528434536119774234
900016041091359806582532510477723487375858846669785802999922419736
650411551196281600473215765070051662898453996379194144719612753684
963848418407835392194951607607529847670841382746044030177075799966
676756861253610514003917168172567805013897837186583796897615017209
848060227215120876367111635529356196130402092739641852869360472651
396687556304008753585686831314128686092282555124226959567993035024
901136677093640349903748458741989108901894570519857812478440357578

671393197085549893809997065410579169020959889749873844727261372435
180656164993163897351119703310393978040928094799734337726502122497
143409823782365196589288627922327799039418205068569837671166237721
514412022766337949173743734228317972794011937453904905797144617183
602567322140552194621862859145438965623402489453798119559649687070
730218607805131930946785284844420212843249930715413564423079386272
526585208492269484399394853053527270682335863948608170577407516973
852120210628959417716079254130699134608143824632866935231265907343
036680953859560845016739322909654282885409786377872218259072743419
564661165959340871344812029957960400057641468485638419208402583268
552123795496248911586260094009876541358587061925113653719481486085
710770837602097237465955311440307339494234844861525237226662531720
908162269400021122759183425529828168997196876101438519190128988074
242805283555533252325715485875614477520119468011155094405429657310
193621595918758219482207475615307833480300854994330873982134027070
003112858879279673962736609207126971151381953771554641063374555849
196316917552555991892240897978331242735453841796027845958986470600
952841808664677110946415984315000959749470220759587493696093489235
131553087952267531922887519326905699269590112428008437808975802237
272111281427715809215786190314382328222158431197363867972722768495
813632814701827652361699870383165480571461752017797801074900520098
622253867134378987984881044503027177386068210671823485666103281598
409185714908477074125773721529623628951428193949344923100247552946
876881422826882633819921070500314822969078127068502360967952456156
317625378443908683885454717662505486886145388589401906509184101588
520883369612987731672752691975623864276095136945838426185218338957
051864132632025229313913483808212879643388136298455390423731285738
559006232871979159091218171033492088287365725960067510345169173034
840664773124728536498697032255058028512103145813971655005402199912
584671247522962330479476204174835733965129338846259860546690206872
743107989200936008629962585264955692634224434907588987120754055723
917788898374740062831103598936397536831431637915535084459949981517
903571916645957972640535635796228522323209995625290729565968625666
476118217436889365526584209735880483823563270384629174104274634032
764044247217919633892333004523529200287573013563038211172897133169
436372206175085815202908497246369055667628921842626517819765195385
246430364256203212959160895853359815407065024525216570882264388969
553200330712386017719942697998742711966035304852835818441460854913
450644431713086666567324744794322805473391376062758189042836565865
989546648856170985902335718936471102219155448014160810863286526572
025037347796586980289697568759695665517157299781741491255194508337
794974466980602686431815234229243167763265101550537467770920415647
646247512496723011428848395397060605607246531422732188958383550139
850224798061638234945366128994040935591780926586823606419849478639
492739255146759621855648434028716399842416564079224320499215193527
094274925509720983764055479950763696237008961585314208285497806440
657569461074012428301167709175408804880626657504874497001006448172
817033718571687699052050431269126758942354642426321926816126071352
559377998468768487666374637370848309130230318759755192524399178262
640279966163670943691125300862843502978866714838773557009540850951
092542672370871628508720499100146666069343525439681324227750520412
084311778362086425913741403701893905849130885307671803377759779815
450406004508428169265395494242417343968257979429633223312132181078
012932197936027503888526310458725788790499330172493716992903363545
290749651464056091275487528815748748504665647881571336432427015771
206508826472570911545293554151064551035094710720178800179246413597
213842994871045977552798427450697742656414883406830080923054646260
389483267223960406246465945742025221084288128266889675278980243468

265578962656266379745368910929346892092484109702357131627533023890
207698673143258427609481838812458575873401409706867189561813112229
470021978448241581544509819889152942428906934660562607956566439433
934279983588235711675751163292556214994709518352233124581091315865
577359175847036941484881503863264098660524416089944214237244673185
768540526164596080359046160459477472320562878910886992342019575526
455549151862881037098556289818492084536281760741755782246663879072
604677554834517443481890496880563765032503535926271374514988624054
829562473693334496233090273911370810584071237265540394440666165466
698127940161174380314425458361131387001800510642225047421267495399
707590971527103141655363347732005496354914667194992566437711135196
471224844213383344829914740191692970978273304820965702365744166216
404138597571994011075505481383567509753677020862148022476905759312
845796120520106065272215959974558956392927416101354477714866027222
280787891903104933048606423488894126536509198046804726679290797077
022905020257671384436845815634829002226658722453892420758678126480
742598431037231448350739349163285687087989353089830355384383950079
707801508993166772121535578504768244806681206008160925249005506560
688200539439752940429777997773909548121823388281599786284393448937
918615556384584794259298949054384503736976473332256852424021601959
044724016399444925891545222094738197285735608141629442012082969234
213675190569210533735923778160066566876364146366579043573782443665
166851049351957765790791933549005424537483625826410516843786445029
591835898396440568593688826368637105027687838531277770566599560300
157235823714715472190567142601433687966468436491439499957272215058
042899218100989507993449442141990214468925539286769175103982467582
463734380523973508302806871873446064187629932031217040704830461291
642631982086285078695172901899700143428968262441780781916264417195
044507576668563242456745817551859136043599958574598825035538466741
328204525370108050902351148404819530588806416040823552351294128140
484544881037085694262600027163923010086037214242484291264957195698
732190524275633949016224645462593474567030056728375084672498252798
367349561770898365165478278894261861051832769208503603621780033915
249337148444550141579116250506890910713827580224465050986098688327
677971183257939187162167678835622419886753868393157565897768652016
394528273886744065178756600689498217355748074443255775906927363784
818051335709627018971520589097081198620052276793499133040582845672
035856647241058894553087522364618384396402596011254852876608866284
830763601287006667228026700036149423026125416550458296169931638437
058296750705322926910916119674936127372916312058636884790525095273
515438062221932730028959924079390744385736690935294925868944010734
221780243707715281612425319088227173271543382374014745436218433325
680295994077130149833237045109699654532027453350702177037070611381
910516358803074747708198082653195105524034346189080408772855887102
619129910922959508822518192058518874419863486251882456654507803295
363481026348433030837241811365562783019391016183517403223845097914
687521623877144239223232455763641079747001255398324712260190530488
666649333228486329053808683517096435404402568667911688444342169402
517726916720054236587952458648729193194196398370591083465955654573
745542747225256387204919648468045612163467555780018391145805072029
104091774619788296504861235552872697552000423820381832076425536409
632089339245449675981523092151894730501978535100152995735305428112
836484236594743595960959569801620275302395941995334462820826497923
607942188680411060241587415085751945806156888083430185412537819545
969741423677874187066721584275223193527707018877628030323374028626
604207305052378520354210425772442559140427008749076435248269386810
716376693073037272374171754245852247735758270295996649854102311510
138743237047991591787902994485501682558654515388125485742541460429

120123228556148895327177172401226279944108268691399729874382556815
8111262387326261042642491914673031393240789967378614329041420844 11
467415351674268973370321906902874770602008842219032125165528911717
385674777311366153734391751962707954921617093780054340457873789689
579406584026092226706663974706474619148511446524438074152055212868
620200671723263684717967231549153359492453428928874859317664269936
209673407497745053070568431410133263287775921305762314700874373845
076260305875774978732420714066513617994956945601081928431937367328
417989351895954235197022893472976977104975358649956731850469509873
966280139531524733606745957465367342250965950109876696237341406068
393503481983827182118684406017615765602547011395373572678345269455
960791770944971727234694733436780387223775747916868955520413621538
014282548673776952837038414279340044001305689783556227986071360705
966044685334333224708199605172761522010806671065237950190709749374
182163352993865189170077889883476360923618805269060064082807971343
497894275959288720261078515554112397373046097592317883468807253835
105908002186604490289791189672593675521396472906857973507367571821
697403667069896134578745061097120350147956537516416615312164732544
167892775072459436281923825623362981037565328913282392322272506794
170946913185669962267630084749332949237724820251680550666316199034
578005029621609509712783134975497484970807501469286177972053920877
355735426344654046917507878362978303712221263449953760458706825466
567329277539722860367819247326075875375036396055575515247044790468
927900741744080991621535352379551593168250391708411573389472148337
705878936954153482731607170302320249290945466553120552501263225317
414273729408935823231304140359670910492571838352019535775111030301
893738736672956883475900280466901502804156922062794107897682809626
966101213748811955631196777980468124930647837405316274760628345868
471645943824367753427608269557653234427605339971298708052089898561
442065934722157535135731353150964325686326997601181676887233090478
473878261088300271876502608262925233194476909940416700264006555597
136991814669791135677806574510572964711963826438069896023388113530
721498585368708628587178926879629780160894163936301209416355230277
734299630152634357751250413519834118736205833454731185380745726843
372069052208562550105061009379428561404741845592117933927270859725
115288005694028053614114492402092462087948741836224854453701673479
359020150069908947111950095477169960645156934098095760872306116798
593054474249458559276375426550790985078262274524142805641961957947
016181410188593967029288408817507132694912645147924587138834722095
701254537628711546135844710131132320149549094464014760003023763285
717139536547149001355586963306925811264047920053172809211791287009
678813893732959490687691623091782228643533340593396791602428932748
444663155945748561132045178306464916622418132462957675091859029883
332306551450236294043474054925561176422160938847117341895740719985
035273669869338669851702573938066023027910628085352549353166194585
293885401347619818297901927026997553976270972133207752142888313638
279403779548104363968462169524948229844322968969208533555308531740
953971002744873252835275736247945801278044550361060645585780357362
625255636064773490568638324600588264572996728670647068819718804899
591820953876986724126105812313371883281538730532406351716048837318
634831944878552453402131059605432697873627899027362358152686677286
484137632175406689989734882611860180029360022362615884959038938183
834781502164731089138369537380868316436990879808593012837352876220
600536227587287679465791680576358143240925305502388654829492572512
760977104308414241327149223014555024915380116515701072599196608891
033445877802018420198687255798348589279411579165489841807965598165
292440028600089283308995984612515413473641247553705658072496073372
896863956551034497585830017188013929340815934657740749168731401990

382842771226233324460588756739838593500769513118556316845738386555
122929408030684220362567245918113860635048015522616706356496428673
234596566937992435872932911668849839364206979703901915931945597036
125926270637083717136079722292448389736599492632218594309529344551
705400945927487032843519938814026708591528949635950763638073234705
346230932441509575691850480891957173919165310002415714293566869097
067553848502610804074340645742634283252211020710345037453834072171
927286093079709087864027403756034196203260951802333194466047043934
800540635869102941831438198076626369229201519626745478890548730085
334220881597403289253567824780457234485556638842993651785938154287
147347054077625040798071086832571272096595247028093129849059790306
196750805994442179885069831610963804318575734932089702792144339391
342829009838902927600998103497167534005535026657548513582069817189
431736521873727270386652434205926968399585877165807536293049174582
102753301267023622273305213709274757549275403224866536323928428878
807181194344775443943157463373774219051446263840148384522306013263
650278845147170479058318058348940856949424994415155483863342377204
069960193358031375344976028444995154109011381560664132329431053540
356633498250090053413621495974752980282398461972836700621058461397
781582746765798260178472965764639589418774249633169588422839119159
056564022819349680175816384013942920814208820454690299463765205998
819783175448012711996556221317324427160802193166446071845067024516
046120117976382723921134833943879896290584017968636094325530065062
888973239251361632702390752395982653489399468065805948768646275141
094064993115341987321729914312591009777188686945571244449358286138
125976463755113427984573762023435625689831225304205902149070999674
160321546707538816502965863991553151342905513331653248308850347019
549055674484101032187658995675839455823828688310814186283547319475
525274711575402543480466177480387868598378715694913427853082947288
735412043190232090595295432861066132697607626692661135211466252769
841277340852419138268582809550758375787518294419538166996475933805
810974419704088768832525737438561825911089750196431479372572070809
405896055397098285800445563078599861108297845198039988230941625098
680263516282280756081650704834896441683618365946329769197332664504
433270265296440733260835948712972056368036299922692205555021936131
309439292561689825893809531154348132895184916542872546286351978103
023730034903799179307688612204532651318101381689879195678466786614
433105801438125991279141588766717029067599907122292817274527854431
917637751864885446905521418294754607553734560608556346420396176670
957528745494901204660351964636873577292974282347505496786544592736
062760898924697824189071366910300926678191303055919511695693178319
754079624033842110466446524045818686393260964635303347112921315436
957144220672372701903216128316366068353535914027988526095314744197
670576401090753060472138657067665499726561399562590818508530304555
928407614124652218099654353071631850748864789331371598040191058010
242554171356618961206011069761203387121769536277481470240462879594
479656892916665615162911773694618494617768316635945285117164140087
961096558671942116381654578935594374741659601910402650699653760891
088490540908807662422362445253132852178568721171075072872580243702
749583566462456351397720596477873476721370969778743722222285444150
516258147590016001034987342164287379415209172808743852870687452996
758506346236156568380656846858665912883929939874919280450975993576
219153034533964024162816375645733798596901282927418796276250380640
305799822393935095892199527851029164638047832936209192780407715041
873006891785738178253793126532269564298480575057043385936993433934
560449623259372433043576671477116642620566716193777375770182049361
597820655177596044557427140159585062420861432022102794700328644097
498531194933972205256017243806783980806301980330387140108237370202

1780239991965948474208100416246313999893872678129698371396533436978063946676428600241528248737856394129279353836077076083007500854688366849683447381380001948099946392793972548092617557123230722879914729499627829318121179995311913933682914217080039171083920399625324657124267114807621873238886630273263260510227485587685824829962737856303750205262948831696089490129163137263488580498192487545535248873262394393675045016547689340206821458565566171050775119437380589413425696041313947581919706682302632423409024450540958834108768898805836001905800856199491033238845013313960419454688283590614806279170274255056983630386819040807698607465088442367761705462260845439722219403554202652033104455269007046882774582145696636674469994288417347114807023479517943077836152757400116754238104978226516996793270179099132535969256413102120317675960263679551086925989193605152931611639993790605221621826257344736334202630750572642522552550069625037213380532448446537714971705777121738555021403641091178389721417976354731764860997323702087657166232862736406666652522444844237047431260270194052932539203881245611678392260714780011957184750455611615250384482208269186674529500194547955474267031195338846336750475341192430517289055830639606427300931789903397134393158405916100858639382213820227170819247577821001503916384866601709081390913595334061901462690424095680526240107056477766184073651996598312015914861912479104532820849003769623579045204928147481448465817268742916011125678009811772691222090702378514866112437144591984668576309473751209424335200446505329739125167083018255429713022606746609800526039196275579838950906924319004737564018360745493485910179447557716286315055488761028672918186758647664447865962782729403999320990533549691384757430422035802668200501835248565151703420994311072603747508216434958854143210457355741980118294006516384590778313094730099299395418271818059977319955225376562352261687988048284720314958906256968944242784076171974785212111708675294460367053355570333619526994064352330819095743708046560784123500619341564951004973317383620400422734437891578965349586115919181358972444956070703223227828015791485580886632670092404234203139271646896301370562218550399034622946791769783297015241275735845801308975952586398550215463677050900703329079755832652569733099251994233523426743245262878343487803932099014786974131728112549644590427779736912668770753379381052959792195600945196472452145664478112940888425973995022893156732048900359565314881818133524884486986948006125364742775500050420404621034425555880866214425237932464586130867091526143968878163367734969512409007739167264140941242164561853646208583805219480898873774634285140004397923506702424670667069730792355322976556684570476290256322597831961833397249154695255251435143479730725058985393503441430103727693308287010755526122132379489153242485015478457009774568367395706462453231678342716059951325335038447646180452988910089257614236456892093712162335777919010169852746507433133940386055838356051252991146475251049740083923818804095246656978219067500774512734041374694859890324303842177375760809258836398494285249166123974213403066399683994573153145921895618542973694163929127458660214919325606290835478894538705890991028776842634490924275819538227715445507550828207848836009388575040713380643144643510663577254200107215128214873801278325521947726666964351963995138809766453243327235576842641531380978229804632131537746252354042906035801705619274468848477598491780867455498329658519534616200108125422426766724465919850037372467000945314183285138022443386726425015956759211414749624518491204720646756094059335988791797905900136748853864506869620656149908349682257856811345564839572728890376856473485870278747092443784170154003374569827482324692217767073805998507558616687137871868309680967655837021661114077220785221064026826988873072896051684378352036740225

330129422087997280733552033208498251879476366174290552837591285641
649741372819365114332541321596654479750889663784405834138448245573
385931223675087756917458077706663761431383703360433458674650157199
994935709263149831353947601099746000005376581449457332674586106330
493215029738393935442737099386415060481731338107605825309439419878
575323657233230479592495750580234655485760174078300407648946768258
640951038804374399269553415069260955209966849636219609754199025668
927300183039884115526354875841019186258565195894991754367013775262
962123556260890759814472451063453168437420392696341251225494255324
466039223854149218025474882876575364066956656854499049481491528050
382535285564672004425228943146357459705605413211134776183459143500
680409751657893967117854851652292067783571075255139531452823122246
077432648578021471069671258249054953252002980118743298038560982084
749878105162425738536217494683456079440138680427259737217799597613
484926836925904945447285453485554767285509262696633351543953191992
620902229011791650354053205354155732396286587788501001210509448364
369355456565298702510427337311270368643270185393046229863901849849
779085270466381007410606419934676834879214901823792623153577676004
525398309488349953129731567381103576713809506026898810326066044317
643550299533074351217835363742263073089411890983341196386055152202
496844393942530531427282384519772446016604039958354727913725799487
690563099638920470629376050565218205421345799773554893538368033652
820760812514894362469001742501483694891032497863941911460054023062
161855699086102467315486460988020278107347373777049188343981529606
960617171547709155804539147213794488630702751062591007953739995139
486174490302297892181523395588210157649640209459194090016061165874
111119807343351033819020401202992932403144329877164721941875892567
634592321990922901557239337288860713694061776164509345671522804998
274750927830263599319816399168556260449567993519483203844703965009
899853801126586133337947755213032889161978793373276844741328316215
382135050223298247951985584253064406273275670404854215795371733438
301365792271697658152542272531902691721583563479065501433932221184
545774337318654527185594102106229488252043473087838122229831687235
778373373445155994823292339269578929447998242009493926642707394323
274713200971603475707441072850307963039075727028380502095916175507
000501662779242931812450523867239968585193177959038840467556513325
575821494315351795949879017593995401869958616206697153893332575600
180920779578501271585250132437026798381532168315105880273745589398
225165079655680674055293358041645869285231652892506244103450725475
174669695766475991206556847983177883862444164695419191341166383135
950942698407897055494658072945983183865462177521063114551043363353
661775730503740634292089127750223620941830938203794204943018325648
815146217473149531227249665194033266694654817482534172522912474970
511461616005428188054035419894723457255907901419851829814814599027
140514326607102622963491948125934214533789872458309760486188866958
513039072917339207722568960983652091279311482179747506446559761340
387575922402239603473570849183378112149892582953233544437853183336
101743721712707556161914380532726602449486684750343807525183922459
239571783023471419022350350380794112727748728950400230804740722455
600124762073159921250457886191338649903391268514724330910608559436
605624848676475330103363659857748963154641346528176374126158110078
173670124954479654116012249009394603499330999402392749438135040080
294489916879393667610867550354692386570894147039461647784558930701
189503601696843007815886653291356205568916972515781275439554162151
952105300131336221871938145719744354678463679883187413333055129221
001574730478222747354362338060820098336645368558689256331574692024
315168312340672977314170507985368300211465536273578120633869732468
790648595875816722867648874376546504490483805651802297321117954056

543794461504202156340664560806217490834492965788882953793035047260
862168232015498493360658850369596066660761363412546677142657669669
382533335382968667780185547637587413756149740851683629386444454372
825282127596573341880697804038637562432135935333827691436403187220
519444882699899867804379050317265195333242884761680065162980299075
023247883443424065678288128860769637406496025630715656767505203705
308391361662839216418450982844674305122844423983346413015302739217
504201192661457275082813903767336357639254460529716017653757738989
469139770671718421230296681287204971364532552899308640123305232260
540816113878892531948786172327631527480204769970108414222399792911
010289569196329428033277083535253890351431858828631937429265422212
927628526004225453979981005955366783999892392918091503877736140092
815308194078606647484238225957635285178492414744484368434252066821
565966919769728805736670362156355124994436122668933058039480454627
750978873567271612375825713839139410872431955195160533765155558925
355182697971475606689317353105319152122983591730230267583927416493
142243938974431008744911962224480737158524947552758284137168733885
684513971935717435137665104895239029017063092712264684066927834839
988628595942396793645641735587184019901875725463460676207062627896
232203480537183635179469108776385199110783793669022647896142652819
899498944095836469265144316565821247179207892033514059366782849401
779896529798150547543580317758562255869061012302340109361295535357
635843299746307928840816702336678897012814595884742819942874986614
377118597010460786118312228567494691319004482564302826200724878752
539439790125220351799067010886444417333294270385047776295948438149
909989126253488800224701126853866059437662227036508267221232223515
725503765038540952531017575868733835311996936024166003965092807274
380713754704848445688684891968721231098199098730747953205414010395
973619696752305244216405619005267427599397913726868627853543055179
125750471576601849237182239348493919692953944998838019657266250365
175749403311969597941172125762371383165114796260557917844027818812
255383408963982704978907257430443033411791081090599505417122077373
797477503036812582030995844119486799985794011171393324239526270361
992706377241703397811133323827156827734201479054726165434019322671
442180196105337050263337427319045518794871348524986266822221111131
891445576221042289834739034998125977811080901318642567088910367429
803049136365142132498203398923826233114577540076316382512686668485
031584111114115588642679072134604092217050745982472070245524314035
201195653139245833100914253634958789790743937136597095527255566660
070242028391007459462466313074544675113059937775120411928055649729
151234915055327810229864306084053764409891744431076998717276003815
163442860652183069210091799279417093193629424774580681733533597017
598932860314853201568769791565212418967004030959172775708160301869
459714079982443633328754319221407359969526268303856595845208956554
977810132745394340864386526954140660420525015130837808664572997492
569037617093002816162250318700303273714486051251640723900700882382
390681147399580435559035124122182329827436677789038538586239181478
158835325813789319130516472390159051500732925827462042891439266753
4952154942924092785612941425869372951468931427054442270000932416109
334447817626188849164416925608135907757944738620601592404012063374
998954252911634095244853142318247458686792135102696628751705210646
078470497466615451881415103516734981578308880506290252472784913288
358585719687703163300975539049048845664489746888824842250422741076
906915478241586198518421957909459139269455393497074170826012991361
372933199089961244761127027704388927170172348861763196368502467208
266987608481975265151178468397433083172604878540303329427864436091
148976287974130203367539268931859458016183291794401009583249805875
064583664127695292859826577033300623458265495553231665323056373735

121952849214896392942381059559822709275997303299473750568744987281
293470260662447761583466617049162697571797587242929114187975074878
217153341997452680557322560031417046342203189757820773023738624697
850416509797584452716458522043551397592875295089546522806626969434
499014880200418118642039774220404270266955446032990925495943520252
796488734580054345846849452975353915837929113057037617736633757952
397710873933795473321185487906192685422400839536103687789915221045
210650200380051808347709316151054412972685089966422824644897764232
319476756024380976946310016887760572567989369280086502487446760824
545957501328381000122974730565399913766112760678583451295803038405
025304166311739822211379220747439396630034070496076432882198733987
733380285979360982153546559100724317097157060971059686886906647906
795150810115197051363575163611207596373863757385849998378645305790
304439430129504109743783727473215821070222676757039661418608774439
690962477761429826812572551820738210629142917928982577970023307492
988858235399319356394252680619486420670833245104681706704055421341
876516419219776188680295892187243673912979296702170026047079540759
988069653829470682629475007992091780545010872131836710302140341239
939886741014047291317644420908011091980352443211333653582852718284
326236725037002411625948225597448808317606737015485628911866544655
045630521377904505732818512019796654094302700497446325461212241411
283293664379403219844792766561092717076355940122055359024467307073
784068108916048402263161316537882261306234764932281552291952234092
518396017149557062533930191906745971899007765435853945373057085876
733937752255618875908626655726071481360268430480946337810894870533
253346931528652281848501503993800336638789733893411288434577352332
199976257543876194782906084104923170869792726685650177178453576014
440687171686900952806803431893356304270972778706508863333729703100
159320223247970041018149467646133696884479094536114901744629897493
230037580253191769550524162500655284261143730762265420826822134594
675370336621842181656644347757209630013688515145967947203601213939
946326114541444682752648661586756681602323921704745125701348659061
643086005885568792084783360624630419584641747083033660653300534206
204283686318888324266816035175214007464026900758761089479463515084
495961700050182770896682426327475529391344648268756009627622242507
296272188378746955853968086987312689237481269813501287025948529870
938537227129950556301593716628582188659160520740380572603304513197
216792914771867563052935572768823902922662197305804873114011753081
338921701186180117337251436635308756573420894170480721933598874797
364268619879410285421295294104365480616664665609535068126798608377
234268522061587747745045440859724123572813629395024877213229181447
460352824090500401017736626986417021816703518189746705120427960543
666279452174941485648640342337595905490601360969309168410629163679
468923218912091274019517061803872122843070879607731137254413060541
729899505483788277270466638641911377988697406327767999608103275565
628709067701614858118516715255720673109259432660248555938871841243
042256167746151083897288342422589148505084729051760618997775830070
656525208474082088421733739107673981148807733322016588911410051585
422388406367286567250897128850384529403162918837144537878661305400
091705011115471854363558310332072119813348586311534236019202937183
043526169084401955004814506589376871523847124185820705644135304874
205156145120866680968865536473070145171155583996458356780034909490
393274451441177991637963103382544506126729662982076892834738348275
637617138396079392508938287519388908374248283953342256640130058887
766579178359774040670750177108719391145784682542500121104011567813
812956625725510917646036596778057996130862820011501251679248494760
484988420373339395434686685902354575230954073815304116759191964033
950082322121220319485821924434755293375301739351818146692053006768

3549832608976267360301178458554875270307322003532412239102967066481671955925453221347824974025002702748059981683762141181833876083487925809813815166160414642080752020537454958013051355297538783179556066095345275028999528430525995863149779903125995926852386759975764413602257604706511987193235262649108130193591599676247754200546833291360809332318453091032664269570273636886158684198635589869662161263694234626987065295164603659088977630943695328921497180259712631079198634234336833798542781592437536105952313676705884251472686692596225562333882544491533895148078035316009623627236262932109383812134429259616897760712961096532858126385635284069187072690950871990848758805976806154343849833078622373299505385954465287258009173848216395247618669194284409202032528586359734273652108417792406533769948709190400653628400265799102780858816942811241986780321267661190821206876943902568983185502950735813628332588132934978756119965706477032335460135933015737186998527595278840155231304466646700704457016737473029447784258379713395798102341927430114166335631047200206230346672004347363362091860740637938741083779837265910226226628166836817461450888105867940209169623707026722707855670246696621523592324890655654114232165300123066831581370950117516497474177077104786711442312703082596497028065230972652259535026093760320464181040128257029715290996630179728749671607818738643460436560312600913080199055913449698243059810448121422323919883233051748761776106038024224869336078269834879905318712019365657188113798828547000366180337646164180800562110656657135445738035572162702066987066596116302669281335128597234227347404355045030184366157059758602591897297176293782075851521436630058441375435301528736386393755920249401991229614783120533902040215249571623751771392074048121632069561687837440675142766118193570409262254428125724467479356699022400016162793569997737936222932889951096671881472547244744233245083281611358850626177813475226377416689306796189069817385426207116834520208661722554021513152030142615363529241762488724019384328470314533568553211634603241191096900498066163653704830044010118129186561089746980695576919135851555938337915890679818785736968733491665317029348327448262349678936713440726772268408403907850447337091690161948341749284476857660558238949976266570726095917281026112370882204240489674179817610597121652434189876973254051835763906896752464304945981403996019833681862821705860733720146993569728500023185154135769994130028979845463872060925991656750042574557721385582160662381881843260855908648842305772902458375483327194659221890608225577193031024428450880238041182458745459540599118793898665243467776067162411186100101040907349130306713696907321594348481297454532146506161170158707923782677675224366356639191960427312642890214401873475928547074256703449969176752335984781388655657058999833186012346150364759381711586038569704789249935904441279760418898209130348330214953067826196903024060825099184094962411171475019366825471966844473398515303878500511069790200649735354559385757078833367688924611079346271444198027290305966709465426946680003655724825053853726570034645529843754856057664365484689591987032555090859093742098048624130992674323728635611761809716368736588525875429289986840706674091310523331169139017590611779084055504104097301267508771676860043264047173173087489445795368280651668288418809763876877516772254015070039336937988371358231367550158528752403375539868709478397561579463085259914621207238560952292201024194226436550096437281621236592956492120341931085580480579252070560970733110036108725733655124436397417268775153220654225639339142498791922029924304015135326183042516398217599879940327177063065296019659466033166091932252139785174202756045328225580091107055701608519778065710143163012118809125580649860309480491466761077207455026345069561581532830704419644626444019789530416738083329238465454

153725133316840331525638965894711008798811829532364680046133945376
701491217704282194282850506622188463050880409783570115326654916255
249526385096275796749475771603492347359628017615562674390623303470
044538119409528697550938580679702661145684844846308991494315152488
178024416974099890603908439441850253047357246937305616185379340688
294601425402211423373139724085744945862377619322551855689110364637
684070516003606140643570811847797770405995641200104601413000890788
089377595295745047655039053183599146854554075702541944535881728230
217184087340156065947706698217296638659132127716519251666291242160
026082404556418182824207155593041412847921238148595144839965671505
764602713610407345488817072271800832968140120396622375240917625930
501196457437538992864618902187410750169415517307487965557943412213
401861945711114145143476791105087385843795432281462392510321525178
061022002985061171511522924684406233670927089226453241078178623493
002036486152993070136846970506636958762130387191849673626286128773
135307721316622088806901178452231994936532272443177479044080521012
426828275776057685207211032353363551733222846585385579072592997658
497868869011934529274642275255585048782417415962774392726950863003
739197232432809642332098580674697455115723670387955932445758453122
600239564518634241370010986150265195096501276333828196736597643559
400008983705072192268375625342457964215208141538140352834232745745
282188653998454027744122254522942265414501024628838852570646391990
412738586374723771970181661501559306552580402449092982449535013277
809532564263426263432798995168669229691978769462307638213428791853
401663826586138981055665067401063420828539478180020453642269679016
347991779681426970196243141837017933239208206963911456865343575178
937024664269595259600654326091604270903277334124879376220897854569
431847419434510620397466555147205617061019461222686681596904838394
290430992831677354144429372219257639217779234223773397148488181910
169982018278621131812845363263984386215655096776531988541783185586
741582390043053451170737372867280188233545785306959967788067417964
300979384132540544812380831903058654085153227854231354283742353758
721688236322055070652706495251356963675212104632064184322393563779
520998965454720016968351074307701939884197870709476949874864200855
470745726706021712740956692665431438337769024013142789997756778724
179571357223060632305238563514763132557264467597733776986284175094
033938121692142673563864623543402066943063507513940274428897658237
003075649301065734518698212694757885041191961361046093431644074153
374395772435885256502313780947543195773054518785207209863861162273
043345329587547485512733832797221918503504787189788424928710689618
210899417158677612083801516188865145400128585971646301364496516055
149382279283444908376743281989211429104310611108686921655279207982
016493293745813421507655118784892767382548793511783235161120855178
410837621175281500785185477818607679428641484323323319109726685003
293412891404585820443155761077878576257742383848993157237395983811
060781246778635855689965273688452409425287045964359207605793466843
241453255963562487488211791208183970347846417549291422486198816983
583681912923190240717129570007687463345058546053618974136529114874
878826670127663175041210072031578108892437664036773091175530904092
817119613621053923413873342259376787685262571351224341348244924378
633188527682753743104903544552421435713693138564029040006569936253
681779918785587184473077058252974350574866412708465442603847274453
318352984893683898897808289018623074484047084490852849403039434295
546385274085475901526881600037477252281178116115742371398195074067
417534318414635054434243835745192486115808800396066834394019089873
781924404002198322845207651547921136925507478741658366024221854621
946430775152186135581519887540463551761409590543738570052501358093
904859672162021606984416156907877168406812741437661409111813963108

```
2312060488195654935028235797994376777571835665900690204179933690 91
7282410490623132712442494160142851609628077906360383358414199270 91
5422768425817749922199305725803259512377120129944248407012279686 79
4447341806792582657934958914767888378915440932631656700608894731 09
3256105619880308605486520877456454524748535315405011168124284749 57
9043721594155394367029071257786536897542289496401161850244371314 08
4346303543580647721271143504313625484386609243615500319651085500 50
9071583370415025568891024584004181933520252124498457167679255682 21
8023266396231570964589079686994941373432621181495473897856248821 72
0105582789845333331365484894508887856751904044595926531952158119 24
4898113529022134550383565982719369493176565781867600470077316918 16
4550341947667743801815903330993025665956668060102509265301151501 60
6224686163897193090214321417040021914577268584078652097221680980 63
4034097430869072988223097519519831002986126704890817788276877579 61
1783302232901846001907160874768423152240507743607793306997142082 66
1884079404692580632742472750415657425467147233099626039572865385 90
5528880059112225774689762192823890406555213719794522321276833845 1
5514576846611277668820788347588586006488657357631652755699941191 08
3466144561867068127494633928642736615115589122408685970789270075 03
3942198758365359734300410695592267610355330599310591763127935116 29
7140796065012532936194013665063079415700502111880435814945337913 20
8587325484304636596357544534702368957640754770441557149317686793 02
2777531198821848373019117862893069401115893599512748299120530681 29
5519298249382721477955410129443773451756425117165262161669991858 35
6468746493579240977245513328023629366757099076978525142266411911 93
5854345013740960793760050865528342280657264780220420613079516996 39
5332476166228915466846940969145152525634154269767270965428923669 68
4031925350949067384509020297243180912312701825519513384600293788 21
7620776766147017910569870953277066003084161810592065874865600514 83
9521848249925432548561325085851974364170725538031964069280715632 21
3221733454518766155755263903183393965684200294607011191290037403 22
3439767010625918954941108166177756219216231211370903139719951093 00
0601030071533334529015978893587985958847841800525379600879834711 09
2657875489541907538610662201899597895405934378739470638423676775 02
1833692887286605278345445220240580571136296007597466519777111126 30
9694695034238465105314336670951107606862905878290788220871334642 00
3643903663329809885008513378149631661885771080663125580443242076 98
6475122165823616208346814841408315252753960506270666965263019025 93
8487440341266063574737719247252151652293940669552453422481299918 32
6565944237591205598820047286420420670742228727590740971398215723 79
6321454991672967308028648644840683221903368490269899297102009204 11
8657870251785918357505527033476887756385854627396075099761474005 72
1928981829667262012031145826081585538269225101382561102542944306 7
9624364008997810054400678021342767076425499259367101022846748662 25
9411752940516675558186269417505939971153767539966509833016157369 70
9227005573096959556492723851825757875534178887526397885559646244 74
9232640748216285423380363359493748995268060167541421978835090237 31
0576875032819182590521253318493183061007022026785805278515630243 24
1955539385657113306225224623414797114479325789937362652202228457 99
2303460117710415744094124681972950029114139867615503525998194807 35
2391545285811182229818156494479275635533223506290496237602188857 72
9408189351405639433389353397655456340866555282658136000816463334
5254494845059555667051631077088725052066260225605736292144516747 21
1388601691629300542051242064155552724019455873595097526255337290 93
8999075288085242342552687896232612745355757808171530910245963535 53
9481476277196916419842611182758862589058043661548756206816374340 80
```

6159129242713631367317761244589933859177730611332988466552457482 83
4925231194587069989123810600838202270265985625763339190336729400 01
2642906996683842381794361274698665931896190453222232936031663296 01
4943687182809327430491523893225625519111473007531481288072064268 42
2269811361855201544798087601072876094502692494540614879525977809 86
3600696691013778141234900206869198389264153767225517687495152040 14
8830312041130202278064596458948058713779967688734939187037982143 91
6720645908696518972256916985099903102030966573633018772157910787 81
4264457256174115841858776996356352915766115171611755619121463772 13
8011365226362712785035214533306584240427193465708056180564286269 98
8319327273724685080806372534586774314356471343299136108458711456 70
1768060241563987452403858336379398356339349445950307144276942139 21
6593351516100280682600186217108027589909163454624602269858671745 42
3109772973060195045575021217866729268633665125807105050017472133 69
2072698071927790633012919033429182201301171302068612463736153617 63
9480556112267903595998345820736803032156050836640166915464026087 26
0506651984907574962129633119204608642470105996627520406799085211 11
8873939526222171718394567435843662502594075677874552068831770210 18
2263928929333199461895562143393987537774182334907763855993540087 19
3532155781063434926469216680197306958779347172225448079118111196 39
2639276480012351772571927478830578397113669060645525433191903222 89
1936095497184324910090454066272923850274056338385485901882681494 35
8436458439802626111161717658428160979576525067876117951163239926 35
1700326195341509297500553404886640965835191659794919350863488219 26
1598144843692437545565112204194805526823075332476974088472778743 54
5235927210880405262583536868919931984460989716084467426367359168 00
5528478634062691271721731717560616771714634755616198078843903113 58
4777164260510474745766361438320854993672197457399797866522775035 39
8061891408888385909321374375272033623025787795610472928563860851 30
9157784649600087363339203104897781691990454837211576932614722101 69
3733956770865691376111086915327835405568948605071082295424809180 55
8080958528406673528781480386538021466467571438965475808604345129 55
3935513095869321108629931110605839939424965760106574952402644946 36
5524442407305990365284908966648040467945517605689027631717191876 87
2772574890336567177856382321653056921291150503264128157327075011 38
3551978930940891074880342610908827414137119409123094371678696136 36
0724776571046234861504060685470464577187891660382140143475097305 36
9103110844079695504562377538119827552159521365018775633970735439 58
0120471966019512882510545033173051621634109051819226052554631226 43
5532259295747572882001626270808236042444590358136199045960449167 54
0375537272061819889995147771614932760797999354053231793037435275 84
9954268171872137473000259335615361921111292616389162184695669562 03
3564970596509332371688551878420333041807503066505560625174160505 26
2331664091925223825887095521890288129575052171165597917130825340 46
0843307977465476881666919681447689732848391792177677642710321517 45
2447950735880763289054167316031811926102417003817756596118256541 52
5180967987602616343017278370327961732925081347047654857656059010 72
7673521385459827689298733297583299446853656599192720272312841968 96
6632593594772667223500113719502646730844926286095985262052240952 18
2235920031470698269779266722504236559291924920543503544423909408 80
5762010504653092697731349410857279976380113049279739865584198988 76
5833201593343961046875079635201784729873173044084272669658406096 18
0546546563193025050149598884019250855963188092332801473038791291 95
7958251012920437765334741089180758072471272402761666296862622222 31
6607044875229214715071461596077335123827216691545527291307887613 67
0400334477105207700594289972711773659192429913212080970648963125 58
8439119442642483455502072746152267209925644565283467989949066034 17
4136847615577313440734698003798042141226713203724653210732173573 76

049193206275564676654903913028689978015277912027247510532924595527
398642066245295718008680915733555397019651293100483231470413504942
935965118265724049820443139756703147053709850613146155991545967908
038206332711270539764389461306833524669156764448058479053185626495
783935454683629709750886407255782366929906508127064320767425390436
885713810940745855659674181134810267297801287659770581626728457561
593281266064575328698356754169437335171869154494298039532809562532
967176474278419217105496385341428321986214861895267914830400454230
243724462494276958818851304787948051509240221847272687432602896204
859856831807437521486290992133913992180695380744363471106230210202
399080166428312197903931088989028681277449139877816012369634935383
790483373886164973988642408564038860012173560371256630282419328441
393715260355025536500684691379951253301570881693176198059576609611
328145362486381437470813760997339279340713871021835604437946559576
321085972638056113173862779961866282810658000636060566965160500275
463200064283833990047068610621589780135918708023883757689557911171
327021871913861244609228509466217880091235664671425284581316883233
438617026345453106357326861714173268252109927195832490783232192898
048512298230337937859269722693195895033354126067763684519202799011
294351329008525896049061348176846124481858634526732494412395033702
428955285667455763776548313039154490724174469903334896301032696085
126405368878222121462152194238250907818894026435367515689104488568
329212836025815748009984583205487653084082425613508935972296031858
838858038358185664412153867087676012483101046308447443218801447909
336747468844785641481744590912453981032300885920637101563587565164
309596112739640158617697813140879507371428831776043668981962641347
500697194056519504550516774239794019689986252789008523744580732886
706974177396357254506098542345678985204250732286070942026394841828
669256606166544407204577568393923122654078124783166688018030184422
504520053551868684850558453085253849754261205794305353308074775082
649608852944557278500344139558937933505118403022529870616291505964
225999600585648957233653179869136696994427866578912525684626041479
811086568557173907213307893310852590333311371858772870349262790271
567329168662716674908199318258316683282850015757078016119316922193
151475493775515980465409283999109493742010371708560860588178544900
570410413604043513764246899815268060925540112346532950434918053747
735616666710469298309567892031648206393173922124840551203478063211
131681337322406321645541558823784609194273808850283831236226654974
430055809989829957425843235376429863146563505528356047709075747328
263677043963097923465629794934456641396085146437130393213677421247
090445272154068792154263064259726029201899465529811514261260490076
386714173023572727683904155972345066669386646058829201247114417883
178223482153389187605836327618181943322769555311258190484751746290
562001346899644071619823205434718461102051131555093022682510749199
014960817856260510885903658474515037638491513400032951639910621924
055728300810352176197961683221398169240835763955621165712611219290
508716325525855864961663825419359148218187619592329205699550637645
818268557522115278701180299433546741536276207749785405413330313633
542368241010846476374906388527984149007646469764854009479635895497
546144813763697059163569983681198752505479306935320757076678014844
770142471624190816682249007420711186488154772891718653596776539579
933503342728214605416964960098470697958559264304287036366471307131
478233061157641991322242064609989883076268583605552740990478467610
760424178421506285175573529996478625529542836742987066457943375801
014074021161861448432976574426342852870477855630830963143527878304
194501970294657577773281674685808745393160393725331589928057943463
140873586086177882633492774615118491165513068184671367734882334108
513640394793920887688633633946138235834479408156961091429387734713

893423773619109646056424447477908207604966027135616895410644483213
659808293890972961891211834291490616389638610693752089534688398334
446718982124347807238740745769755450743684674713502485881839966556
819634452881194183317263682505061186490039412552057457120360355780
251419043526718372192138482990580322469584243231589844325103965443
535053543229216747040778614684859762557446153511880031430569954927
847167454497269761283933251838197222328360707522781292813010656941
262948730634268837338181742170608647548276394242391402753218042951
903411635170469807423351556057857562450999253201787499636640473477
038985587306507603870997731843128109897898820854355955094325390237
189521682023344245572575307879263398550901645594237339662522335164
875058955694217297244895998825089232112034795894154654603037878617
591571661398869326873749684730549653293782147564810579380828530053
244708050656929422340010959348294614539078890661626402150130735330
033192074563726377077099939992288621224324880206263485088853036010
723436890136064275814252839878594917997961121963797576519245218670
960880921371119775000878159304307293448839309575741592413752859777
972918934538505080383198677459002518657917237080857416429715380788
406071306868036198241971577476389507253468404569192759531937223702
229015580065607604738547359904477996748749969769427137668695533195
125337764098587096683863263926164945608684140374568420719405950701
743035469182150900466493998551741389385197573121568261622862231881
096729747606013028331193716114087472706762558567775119956667486151
964912970193318084994109618139296492789360902125354433273750642606
242994120327362558244174983450947309453436615907284163193683075719
798068231535737155571816122156787936425013887117023275555779302266
785803199930810830576307652332050740013939095807901637717629259283
764874790177274125678190555562180504876746991140839977919376542320
623374717324703369763357925891515260315614033321272849194418437150
696552087542450598956787961303311646283996346460422090106105779458
151

www.ingramcontent.com/pod-product-compliance
Lightning Source LLC
Chambersburg PA
CBHW071341210326
41597CB00015B/1529
* 9 7 8 1 6 3 2 7 0 5 3 7 2 *